浙江省普通本科高校"十四五"重点立项建设教材

高等学校水利类应用型本科系列教材

水利工程施工

主　编　王玉强　金芝龙

中国水利水电出版社
www.waterpub.com.cn
·北京·

内 容 提 要

本教材是浙江省普通本科高校"十四五"首批新工科、新文科、新医科、新农科重点教材建设项目。教材共九章，主要内容包括导截流工程施工、爆破工程施工、基础工程施工、土石坝工程施工、混凝土坝施工、隧洞及地下厂房施工、河道及输水建筑物施工、施工组织设计、施工管理。

本教材既可作为水利专业及相近专业的专业教材，也可作为相关工作人员的辅导学习资料。在学习过程中，可以结合实际教学目标及教学时数对内容选取讲授。

图书在版编目（CIP）数据

水利工程施工 / 王玉强, 金芝龙主编. -- 北京 : 中国水利水电出版社, 2025. 3. --（浙江省普通本科高校"十四五"重点立项建设教材）（高等学校水利类应用型本科系列教材）. -- ISBN 978-7-5226-3267-4

Ⅰ. TV5

中国国家版本馆CIP数据核字第20256YU861号

书　　名	浙江省普通本科高校"十四五"重点立项建设教材 高等学校水利类应用型本科系列教材 **水利工程施工** SHUILI GONGCHENG SHIGONG
作　　者	主　编　王玉强　金芝龙
出版发行	中国水利水电出版社 （北京市海淀区玉渊潭南路1号D座　100038） 网址：www.waterpub.com.cn E-mail：sales@mwr.gov.cn 电话：（010）68545888（营销中心）
经　　售	北京科水图书销售有限公司 电话：（010）68545874、63202643 全国各地新华书店和相关出版物销售网点
排　　版	中国水利水电出版社微机排版中心
印　　刷	天津嘉恒印务有限公司
规　　格	184mm×260mm　16开本　19.75印张　481千字
版　　次	2025年3月第1版　2025年3月第1次印刷
印　　数	0001—2000册
定　　价	**56.00元**

凡购买我社图书，如有缺页、倒页、脱页的，本社营销中心负责调换

版权所有·侵权必究

前　言

本教材是浙江省普通本科高校"十四五"首批新工科、新文科、新医科、新农科重点教材建设项目。教材编写组以习近平总书记"节水优先、空间均衡、系统治理、两手发力"治水思路为引领，围绕新时代全面振兴本科教育、打造教育"质量中国"的重要精神，结合当前经济社会和水利事业的发展，在教材编写中积极融入"以全面提升水安全保障能力为目标，以优化水资源配置体系、完善流域防洪减灾体系重点，统筹存量和增量，加强互联互通，加快构建国家水网主骨架和大动脉，加快形成'系统完备、安全可靠、集约高效、绿色智能、循环通畅、调控有序'的国家水网，为全面建设社会主义现代化国家提供有力的水安全保障"的理念。

教材着重讲解水利工程中常见水工建筑物的施工方法、施工技术和施工组织管理等内容。在参考借鉴有关教材内容和科技文献的基础上，构建本教材的知识体系及内容知识点，力求突出科学性、先进性、系统性，注重理论性、实用性、针对性的深度融合。同时，教材内容积极融入有关水利工程法规、规范、规程及标准。

教材内容充分体现了工学结合的人才培养思路。在编写过程中，结合工程实际与应用案例，认真听取行业企业专家及工程技术人员的意见，吸收了水利工程施工方法技术、组织管理的新理论、新方法、新设备、新工艺，以适应新时期水利工程施工和水利工程建设管理体制的要求。

参加本教材编写的人员有：浙江水利水电学院王玉强、刘林松、颜成贵、朱春玥，浙江省水电建筑安装有限公司金芝龙，平阳县水利局倪立周，浙江河口海岸工程监理有限公司胡军法，杭州临安青山殿水电开发有限公司蔡炉军，浙江丰铎建设有限公司王亚伟。具体编写分工如下：绪论（王玉强），第一章（王玉强），第二章（刘林松、朱春玥），第三章（金芝龙），第四章（胡军法、颜成贵），第五章（王玉强、蔡炉军），第六章（金芝龙、蔡炉军），第七章（王玉强、王亚伟），第八章（刘林松、倪立周），第九章（王玉强）。

董邑宁、徐存东、陈斌三位教授在教材编写过程中仔细审阅书稿，提出了宝贵的意见，使得教材在内容及章节编排上更加合理。本教材的编写也得到了浙江水利水电学院潘迎春、浙江江南春建设集团有限公司王绍斌、范柯杰以及浙江省水利水电工程质量与安全管理中心倪立建的支持与帮助，在此表示衷心感谢。

  本教材由王玉强、金芝龙任主编，刘林松、倪立周任副主编，由徐存东教授、陈斌教授主审。

  由于编者水平有限，书中难免存在不妥和疏漏之处，恳请各位读者给予批评和指正。

编者

2024 年 7 月

目 录

前言

绪论 ··· 1

第一章 导截流工程施工 ·· 6
第一节 施工导流 ·· 6
第二节 围堰工程 ·· 12
第三节 导流水力计算 ·· 21
第四节 截流工程 ·· 26
第五节 施工度汛 ·· 31
第六节 基坑排水 ·· 33
【练习与思考】 ·· 39

第二章 爆破工程施工 ··· 40
第一节 爆破基本理论 ·· 40
第二节 爆破器材 ·· 43
第三节 爆破基本方法 ·· 47
第四节 爆破施工 ·· 51
第五节 特种爆破技术 ·· 54
第六节 爆破安全控制 ·· 59
【练习与思考】 ·· 64

第三章 基础工程施工 ··· 66
第一节 土基处理 ·· 66
第二节 灌浆基本知识 ·· 69
第三节 岩石基础灌浆 ·· 73
第四节 砂砾石地基灌浆 ··· 87
第五节 高压喷射灌浆 ·· 90
第六节 防渗墙施工 ··· 95
【练习与思考】 ··· 106

第四章 土石坝工程施工 ··· 107
第一节 土石料种类和性质 ··· 108
第二节 土石坝筑坝材料 ··· 110
第三节 土石方开挖与运输 ··· 114
第四节 土石料压实 ··· 128
第五节 土石坝坝体施工 ··· 135
第六节 面板堆石坝施工 ··· 145
【练习与思考】 ··· 154

第五章 混凝土坝施工 ··· 155
第一节 钢筋工程 ··· 155
第二节 模板工程 ··· 161
第三节 混凝土制备与运输 ··· 168
第四节 混凝土施工 ··· 180
第五节 特殊混凝土施工 ··· 190
第六节 大体积混凝土的裂缝与温度控制 ··· 198
第七节 混凝土施工质量检测与控制 ··· 201
【练习与思考】 ··· 204

第六章 隧洞及地下厂房施工 ··· 206
第一节 隧洞的开挖 ··· 206
第二节 掘进机开挖 ··· 213
第三节 隧洞的支护与衬砌 ··· 214
第四节 水电站厂房施工 ··· 223
【练习与思考】 ··· 229

第七章 河道及输水建筑物施工 ··· 230
第一节 堤防工程施工 ··· 230
第二节 渠道施工 ··· 245
第三节 水闸施工 ··· 250
第四节 渡槽施工 ··· 257
【练习与思考】 ··· 260

第八章 施工组织设计 ··· 261
第一节 基本建设程序 ··· 261
第二节 施工组织设计 ··· 265
第三节 施工进度计划 ··· 268
第四节 施工总布置 ··· 284
【练习与思考】 ··· 287

第九章　施工管理 ·· 288
　　第一节　施工进度计划管理 ·· 288
　　第二节　质量管理 ·· 292
　　第三节　成本管理 ·· 297
　　第四节　施工安全管理 ·· 299
　　【练习与思考】·· 303

参考文献 ··· 304

绪　　论

水是生命之源、生产之要、生态之基。进入 21 世纪，水利行业已成为对国家经济建设、社会进步具有重大影响的行业，也是国家重点投资的基础产业。党的十八大以来，国家十分重视水利事业发展，提出"节水优先、空间均衡、系统治理、两手发力"的治水思路，为新时代治水兴水提供了科学指南和根本遵循。

三峡水利工程的建设、南水北调工程的实施，这些举世瞩目的水利工程为我国的水利工程建设奠定了坚实的基础。随着经济发展和科技进步，水利事业已从传统水利向现代水利、可持续发展水利、数字孪生水利转变。

为了解决我国水资源分布不均衡给经济社会发展带来的问题，2021—2035 年的《国家水网建设规划纲要》中指出，我国经济已转向高质量发展阶段，推动经济体系优化升级，构建新发展格局，迫切需要加快补充基础设施等领域短板，实施国家水网重大工程，充分发挥超大规模水利工程体系的优势和综合效益，在更高水平上保障国家水安全，支撑全面建设社会主义现代化国家。随着全球气候变化影响加剧，需要加快完善水利基础设施网络，提升洪涝干旱防御工程标准，维护水利设施安全，提高数字化、网络化、智能化管理水平，推动建设高质量、高标准、强韧性的安全水网，保障经济社会安全运行。

在水利事业大力发展的背景下，水利工程建设推动了施工技术的发展，特别是新型建筑材料、大型专用施工机械和信息化的高速发展，水利工程由传统的人力施工转向机械化施工、数字化施工后，对水利工程施工和管理提出了更高的要求。

水利工程建设一般分为规划、可行性研究、设计、施工和工程后评估等阶段，反映了建设工作所固有的客观规律和经济规律，是建设项目科学决策和顺利进行的重要保证。水利工程因其规模大、费用高、制约因素多、失事后严重等特点，施工阶段必须以规划和设计成果为主要依据，结合当地经济、社会状况和施工条件，采用新技术、新工艺、新方法和信息化的施工技术，综合运用工程建设和组织管理等方面的知识，精心组织和科学管理，将设计方案转变为工程实体。根据工程质量控制、进度控制及投资控制等要求，施工阶段要做到安全、快速和经济。

一、水利工程施工发展概况及展望

纵观历史，水利工程的建设历来受到各族人民的重视，在古代就修建了许多兴利除害的水利工程，如郑国渠、安丰塘、鉴湖、它山堰、都江堰等。特别是黄河大堤、钱塘江海塘、灵渠及京杭大运河等工程显示出古代水利工程施工技术的成就。在河工方面，我国有着几千年防御与治理洪水的历史，在处理险工和堵口截流等施工技术方面积累了丰富的经验。

截至 2023 年年底，我国已建成各类水库 9.5 万多座，5 级以上江河堤防 32.5 万 km。20 世纪 50—60 年代，修建了一批坝高 100m 左右的混凝土坝，如三门峡、丹江口、新丰江、刘家峡等；70—80年代，建设了高100m以上的混凝土坝，如龙羊峡、乌江渡、安康、凤滩、黄龙滩、潘家口等，其中规模最大的是葛洲坝工程；90年代，高100m以上的混凝土坝有二滩、李家峡、宝珠寺、万家寨、三峡等，其中三峡工程为混凝土重力坝，是世界上最大的水利枢纽，也是最大的水利工程，单机容量70万kW。其他如小浪底工程，拦河大坝采用斜心墙堆石坝，是一座集防洪、防凌、减淤、供水、灌溉、发电于一体，综合利用的特大型水利枢纽工程。

改革开放以来，为满足国民经济快速发展对水利和电力的需求，以溪洛渡、小湾、锦屏一级、乌东德、向家坝等为代表的一大批特大型、大型水利项目开始兴建，天荒坪、张河湾、西龙池等大型抽水蓄能电站的建设及世界级调水工程南水北调工程的建设等，构成了我国水利建设宏伟壮观的场面，水利工程施工技术取得了长足的进步，主要表现在以下方面：

(1) 施工导流与截流技术。经过多年工程实践，在宽河床或狭谷河床上建坝，采用分期导流或一次围堰断流，各种挡水泄水建筑物，如隧洞、明渠、围堰等，在修建或拆除等方面积累了丰富的经验。如河道平堵截流有船舶、浮桥、缆机施工等方式；立堵截流有单戗、双戗或多戗等形式。所用材料除土石外，多用混凝土多面体、异形体及混凝土构架等。

(2) 地基处理技术。针对不同地基状况，选择和采取有效的技术措施。如灌浆方式有帷幕灌浆、固结灌浆、接触灌浆、回填灌浆及化学灌浆等，各种灌浆材料如超细水泥、胶状浆体及化学灌浆材料相继得到应用和发展；软弱地基加固有换土或采用砂垫层、桩基础、沙井、沉井、沉箱、爆炸压密、锚喷、预应力锚固等措施。振冲加固和高压喷射灌浆技术的广泛应用，使得地基处理技术不断提高。

(3) 土石坝施工技术。由于岩土力学理论的发展和新技术、新设备的采用，土石坝的施工技术不断提高。许多工程从料场开采、运输、上坝到压实的全过程实现了机械化联合作业；重型压实机具、筑坝材料的使用范围进一步扩大，如利用开挖出来的土石料筑坝等。特别是以碾压堆石为主的混凝土面板堆石坝的迅速发展，如关门山水库、西北口水库、小浪底工程等，使得混凝土面板抗裂、防渗及滑模施工技术等不断提高。

(4) 混凝土坝施工技术。随着自动化拌和楼、门（塔）机及胶带机运输系统的使用，混凝土坝施工综合机械化程度和水平不断提高，砂石骨料开采加工、混凝土生产预冷、大坝混凝土浇筑三大施工系统技术获得飞速发展。

同时，一些新技术、新方法在水利工程施工中应用越来越广泛。主要表现在以下方面：

(1) 数字技术。主要用于科学计算、信息采集和信息处理、管理自动化、施工模拟等。

1) 在水资源规划方面，借助计算机技术，引进许多先进的规划理论和方法，用于资料整编和数据收集处理，使宏观决策更具科学性。

2) 在工程设计方面，用于科学计算、计算机绘图以及BIM (building information modeling) 施工，如工程设计中一些物理模型、数学模型求解和结构优化设计、计算机辅助设计等。

3) 在防洪减灾方面,用于雨情、水情的预测预报,防洪措施联合调度及灾情评估等。

4) 在管理应用方面,用于施工管理、用水管理、运行管理、监控自动化等。工程施工中可通过信息化技术进行调度,生产统计报表、砂石料配方、混凝土生产等由计算机监控,实现自动化生产。

(2) 3S 技术。3S 技术,即遥感技术（remote sensing,RS）、地理信息系统技术（geography information systems,GIS）和全球卫星定位系统技术（global positioning systems,GPS）的简称,其在水利工程中有着广泛的应用,如用于水库工程选取坝址、水库测淤、滑坡体判断等。

(3) 信息技术。信息技术集合了计算机网络技术、卫星通信和光导纤维技术的成果,是当前发展最快、影响最广的高新技术之一。如水利行政系统或水利行业系统的网络可快速进行信息交流,流域或梯级开发的水库群通过网络系统进行实时监控和联合调度。

(4) 系统分析法。计算机的应用和系统分析法的发展,对工程规划与勘测、设计与施工、运行与管理等方面的方案优化和决策,发挥了积极和重要的作用。如在三峡工程、小浪底工程中采用系统分析法取得了明显实效。一些工程运用适宜的数学模型和科学预测决策法,对施工方案进行科学评价,对工程进度计划进行合理分析,取得了良好的经济效益。

目前,运用系统工程的理论和计算机技术进行水利工程施工的科学组织与管理已贯穿于施工准备、主体工程施工及工程完建投入生产等各个阶段。但现代管理的一些新理论和方法在应用中受到一定限制,如工程中受制约因素多,模型应用与实际出入较大,需积累大量资料等。此外,我国高效多功能的施工机械系列化、自动化程度以及数字水利的应用仍有待提高,水电资源开发利用程度还较低,新技术、新工艺、新设备的研究和推广还有待加强,需要不断提高施工技术水平和管理水平以及施工过程中信息化、数字化的应用。

二、水利工程施工的任务和特点

在新阶段水利高质量发展的形势下,工程的质量、安全以及水利建设对环境的影响也越来越受到重视,水利工程施工阶段的重要性和地位日益表现出来。在建设项目管理中,形成了以项目法人责任制、招标投标制、建设监理制为核心的建设管理体系,其目的在于促进参与工程建设的项目法人、承包商、监理单位三元主体,应用项目管理科学、系统的方法,确保工程质量,减轻风险和提高投资效益。水利工程施工的主要任务可概括为以下几点:

(1) 科学地编制施工组织设计。根据工程特点和施工条件,充分利用有限的资源,如设备、材料和人力等,合理进行资源优化配置,使工程质量控制、进度控制和投资控制相统一。

(2) 精心组织施工和加强施工管理,确保工程质量。工程的质量管理是核心,管理工作要紧紧围绕此中心。同时,必须做好施工前的各项准备工作。

(3) 有效开展观测、试验研究工作。根据工程的特点和管理要求,要卓有成效地开展观测、试验研究工作,为工程设计、科学施工和管理积累经验,不断提高施工技术水平和管理水平。

在水利工程建设中,施工受自然条件的影响较大,涉及许多专业工种和环境保护问题，施工组织和管理比较复杂，施工中必须注意以下特点：

（1）在江河上施工，大多数需修建导流工程，其受地形、地质、水文和气象条件的影响较大。不同的导流方案，其工期、投资不同，如全段围堰法导流和分段围堰法导流，隧洞导流、明渠导流、涵管导流和底孔导流等。同时，水利工程要充分利用枯水期施工，有很强的季节性和必要的施工强度，有的工程因受气候影响还需采取温度控制措施。

（2）工程施工所需材料、设备和生产资料的数量巨大，运输任务繁重且交通不便，场内外运输能力对工期有直接影响。为保证工期和降低工程投资，需要对场内外运输方案进行系统的分析和比较，合理解决场内外交通运输问题。

（3）工程多数远离城市，需在工地建设专用砂石、混凝土工厂、钢筋加工厂、机械安装、仓库及堆场、供电工程等，施工工厂和临时设施较多且规模大。

（4）工程涉及专业工种多，施工技术较为复杂，需精心做好施工组织设计。如截流、控制爆破、边坡开挖支护等。另外，一些大型机电、闸门安装也涉及复杂的技术和设备。从设计和施工的角度看，涉及的专业比一般建筑、市政、公路等工程要广。合理的施工进度、工期和相应的资源配置，是连续、均衡、高效组织施工和保证施工质量的重要前提。

（5）高度重视工程质量，并采取切实有效的措施。水利工程一旦失事将对当地乃至国家产生难以估量的损失或带来毁灭性的灾难。在施工过程中，要落实"责任制"，进一步传承和弘扬"忠诚、干净、担当、科学、求实、创新"的新时代水利精神，要明白责任所在，敢于负责，要有一份担当，有一份责任。在施工组织和管理中，必须结合施工规范，层层把关，严格控制和确保施工质量。不忘"跳塘精神"，确保修建水利工程的平安之责、发展之责、富民之责。

（6）新技术的发展和创新对工程建设影响较大，如大型机械、温控预冷和制冷技术的发展，可加快工程建设速度，缩短工期和降低造价。

（7）工程建设必然会对流域生态环境产生影响。如减轻水旱灾害，改善水质和局地气候，使生态系统向有利的方向发展；但也可能带来不利影响，如施工管理不善等。因此，施工期要注意环境保护，减少森林的砍伐与植被的破坏，坚持山水林田湖草沙一体化保护和系统治理，全方位、全地域、全过程加强生态环境保护，坚决防止水利工程建设施工过程中产生污染和对环境的破坏，要坚持绿色、循环、低碳发展的建设理念，确保水利工程建设过程中天更蓝、山更绿、水更清。在施工过程中，特别注意废渣的堆放，保护水质、减少扬尘及噪声污染等。

今后，我国水利工程建设的步伐将进一步加快，自然条件越来越复杂，许多复杂的技术难题有待解决。从水利工程施工的需要和特点出发，要进一步分析和研究有关安全、快速和经济施工的技术和方法。在施工组织与管理方面，从系统工程的观点出发，按照施工的科学规律和基本建设程序，建立健全各种规章制度，确保各质量保证系统的正常运作，使工程施工的各个工序和环节有计划、有步骤地进行。

三、课程性质和主要内容

根据专业培养目标和要求，"水利工程施工"课程强调实践性和综合性，是关于各种水工建筑物的施工工艺、施工方法、常用施工机械、施工质量安全保证及组织管理等内容的一门课程，是水利类专业学生学习的专业核心课。涉及建筑材料、土力学、水力学、水工钢筋混凝土结构、水工建筑物、水电站及其他相关专业课程相关内容的运用，内容广泛，知识性强。通过施工课程的学习，理论和实践相结合，进一步加深对专业知识的理解和掌握。

根据工程的应用和要求，教材的主要内容分为两部分：第一部分主要介绍导流工程、爆破工程、基础工程、土石坝、混凝土坝、隧洞及地下厂房、河道及输水建筑物施工等，有针对性地介绍典型水工建筑物的施工方法和技术要求；第二部分从工程施工与管理的角度主要介绍施工组织与计划、施工管理等内容。以上两部分内容融入国家及地方有关水利工程规范、规程及标准，以培养岗位技术应用能力为主线，强化常见工种的学习，阐清施工的基本方法和施工组织与管理的基本原则、方法及手段，培养学生分析解决问题的能力和实际动手的能力。

学习本课程时，涉及有关水利工程规范、规程、标准、法令、法规的运用，要利用先修课程的有关知识和工地实习获得的感性认识，重点学习各种类型水工建筑物的施工方法、施工质量安全保证措施以及数字化在工程建设中的应用等，进一步理解和掌握各章节的知识点和技能点。

同时，及时了解和注意国内外水利工程施工新技术、新设备、新工艺以及数字水利的发展，为今后从事水利工程施工和管理工作奠定良好的基础。

第一章 导截流工程施工

施工导截流是水利工程施工中的关键环节，其目的是通过合理控制水流，为工程施工创造干地施工条件，并确保工程安全，也是选定施工方案、确定施工程序和施工总进度的重要影响因素。

施工导流贯穿水利工程施工的全过程。导流设计与施工是妥善解决从水利工程建设初期导流到后期导流整个过程中的拦泄水问题，在保证水利工程干地施工条件和施工期不受水流影响的同时，确保水利工程施工过程不影响水资源的合理使用。其水流控制一般可概括为导、截、拦、蓄、泄等。导流设计和施工的主要任务是：研究分析水文、地形、地质、水文地质、枢纽布置及施工条件等基本资料，在保证施工要求和施工期水资源使用要求的前提下，选定导流标准，划分导流时段，确定导流设计流量；选定导流方案及导流建筑物的型式，确定导流建筑物的布置、构造及尺寸；拟定导流建筑物的修建、拆除、封堵的施工方法以及截流、度汛及基坑排水的措施等。

施工截流是指在工程建造过程中，河道被缩窄到一定程度后，所留缺口（龙口）的封堵工作。目的是截断原河床水流，使河水通过导流建筑物下泄，以便开展主体建筑施工。

施工中导流是截流的前提，截流是导流的延续，两者共同保障主体工程施工进度与安全。其对水流控制一般可概括为"导、截、拦、蓄、泄"等施工措施。

第一节 施 工 导 流

在河床上修建水利工程，为了使水工建筑物能够在干地上施工，需要用围堰围护基坑，并将河水引向预定的泄水建筑物泄向下游，这就是施工导流。

施工导流可分为一次拦断河床围堰导流方式（全段围堰法导流）和分期围堰导流方式（分段围堰法导流）。导流方法不但影响导流工程的规模和造价，且与枢纽布置、主体工程施工部署、施工工期等密切相关，有时还受施工条件及施工技术水平的制约。选择和确定导流方法时，应考虑如下问题：

（1）适应河流水文特性和地形、地质条件，满足通航、过木、排冰、供水等要求。
（2）利用永久泄水建筑物，尽量减少导流工程量和投资。
（3）河道截流、坝体度汛、封堵及蓄水等环节应合理衔接，确保工程安全施工。

一、全段围堰法导流

全段围堰法导流，又称河床外导流，即在河床主体工程的上下游各修建一条拦河围堰拦断水流，使河水经河床外预先修建的临时或永久泄水建筑物向下游宣泄。在坡降很大的山区河道上，若泄水建筑物出口处的水位低于基坑处河床高程时，也可不修建下游围堰。

采用全段围堰法导流时，主体工程施工受水流干扰小，工作面较大，有利于高速度施工,并可利用围堰作两岸交通。但专门修建临时泄水建筑物,会使导流工程费用增加。

结合工程应用,全段围堰法导流按泄水建筑物形式一般可分为隧洞导流、明渠导流和涵管导流等。

(一)隧洞导流

隧洞导流是在河岸中开挖隧洞,在基坑的上下游修建围堰,河水通过隧洞下泄。如图1-1所示。对于一般山区河流,当河谷狭窄、两岸地形陡峻、山岩坚实时可采用隧洞导流。据统计,我国约49%的大中型水利工程采用隧洞导流,其中土石坝约占56%,混凝土坝约占44%。

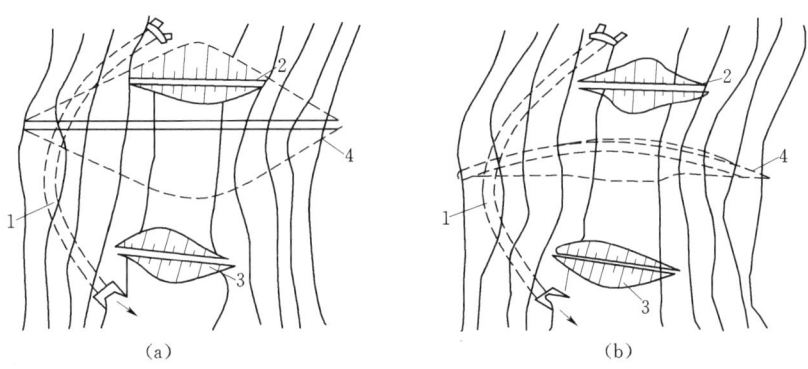

图1-1 隧洞导流示意图
(a)土石坝隧洞导流;(b)拱坝隧洞导流
1—导流隧洞;2—上游围堰;3—下游围堰;4—主坝

导流隧洞的布置取决于地形、地质、枢纽布置以及水流条件等因素,可从平面和立面两个方面考虑。

导流隧洞的平面布置主要是指隧洞路线的选择,应特别注意地质条件和水力条件,一般可参照以下原则布置:

1)应将隧洞布置在完整、新鲜的岩层中,避免隧洞轴线与岩层、断层、破碎带平行,洞轴线与岩石层面的交角最好在45°以上,层面倾角以不小于45°为宜。

2)隧洞尽可能布置成直线,有弯道时其转弯半径以大于5倍洞宽为宜。

3)隧洞进出口应与上下游水流相衔接,与河道主流的交角以30°左右为宜。

4)隧洞进出口与上下游围堰之间要有适当的距离,以免对围堰造成较大的冲刷,一般要求在50m以上(对斜墙铺盖式土石围堰应更慎重)。

导流隧洞的立面布置主要指进出口高程的选择,应考虑以下几点:

1)隧洞应有足够的埋深,进洞处顶部岩层厚度通常在1~3倍洞径之间。

2)进出口底部高程应考虑洞内流态、截流等要求。一般出口底部高程与河床齐平或略高。对于有压隧洞,底坡在1‰~3‰者居多,无压隧洞的底坡主要取决于水力计算。

3)隧洞出口消能也应给予足够重视(特别是有压隧洞或永久隧洞)。扩散消能、挑流鼻坎、消力池等布置方式均有应用。

隧洞断面形式取决于地质条件、隧洞工作状况(有压或无压)及施工条件,常用断面形式有圆形、马蹄形、方圆形，如图 1-2 所示。圆形多用于有压洞；马蹄形多用于地质条件不良的无压洞；方圆形有利于截流和施工。

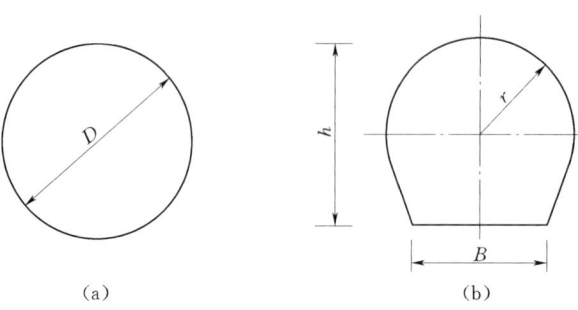
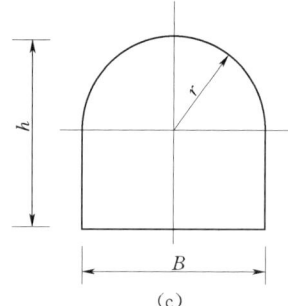

图 1-2 隧洞断面型式
(a) 圆形；(b) 马蹄形；(c) 方圆形

洞身设计中，糙率的选择是十分重要的问题。糙率的大小直接影响断面的大小，而衬砌与否，衬砌的材料和施工质量，开挖的方法和质量则是影响糙率大小的因素。一般混凝土衬砌糙率值为 0.014～0.025；不衬砌隧洞的糙率变化较大，光面爆破时为 0.025～0.032，一般炮眼爆破时为 0.035～0.044。设计时根据具体条件，查阅有关手册，选取设计的糙率值。对重要的导流隧洞工程，应通过水工模型试验验证其糙率的合理性。

导流隧洞设计应考虑后期封堵要求，布置封堵闸门门槽及启闭平台设施。有条件时，导流隧洞应与永久隧洞结合，以节省投资（如小浪底工程的三条导流隧洞，后期改建为三条孔板消能泄洪洞）。一般高水头枢纽，导流隧洞可能部分与永久隧洞结合，中低水头枢纽则有可能全部结合。

特别指出，隧洞导流不但适用于施工初期，也适用于中后期。当隧洞导流适用于几个施工阶段时，应根据整个控制阶段的洪水标准进行设计。水利枢纽设计有永久隧洞时，应尽量使导流隧洞与永久隧洞结合，统一布置，如图 1-3 所示。

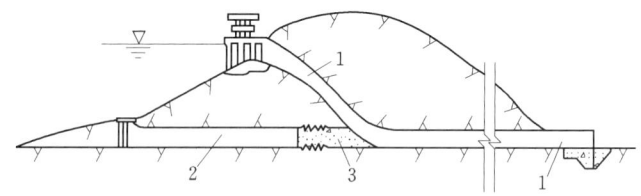

图 1-3 导流隧洞与永久隧洞结合布置（龙抬头）
1—永久隧洞；2—导流隧洞；3—混凝土堵头

（二）明渠导流

利用上下游围堰一次拦断河床形成基坑，保护主体建筑物在干地施工，河道水流经河岸或滩地上开挖的导流明渠泄向下游，这种导流方式称为全段围堰法明渠导流。

1. 明渠导流的适用条件

当坝址河床较窄，或河床覆盖层很深，分期导流困难，且具备下列条件之一时，可考虑采用明渠导流。

(1) 河床一岸有较宽的台地、垭口或古河道。

(2) 河道流量大，地质条件不适合开挖导流隧洞。

(3) 施工期有通航、排冰、过木等要求。

(4) 总工期紧，不具备洞挖设备和经验。

在导流方案比较过程中，如明渠导流和隧洞导流均可采用时，一般倾向于明渠导流，这是因为明渠开挖可采用大型设备，施工进度快，对主体工程提前开工有利。如施工期间河道有通航、过木和排冰要求时，也是采用明渠导流更为有利。

2. 导流明渠布置

导流明渠布置有在岸坡和滩地两种布置形式。如图1-4所示。

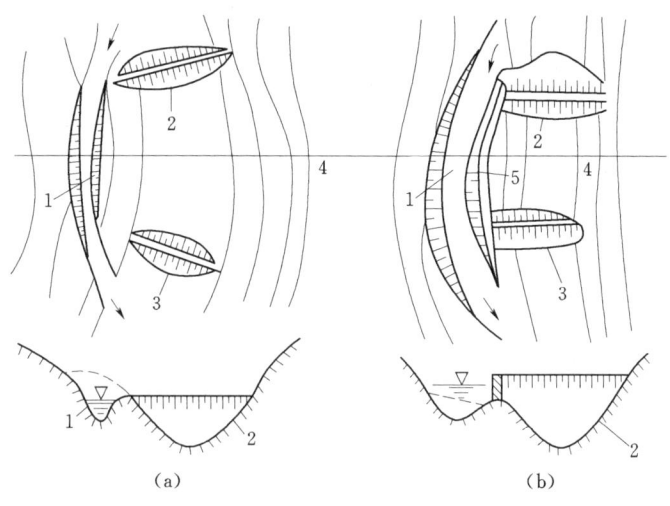

图1-4 导流明渠布置示意图
(a) 在岸坡上开挖的明渠；(b) 在滩地上开挖的明渠
1—导流明渠；2—上游围堰；3—下游围堰；4—坝轴线；5—明渠外导墙

(1) 导流明渠轴线的布置。导流明渠应布置在较宽台地、垭口或古河道一岸；渠身进出口要外延至上、下游围堰坡脚外一定距离，水平距离要满足防冲要求，一般为50～100m；明渠进出口应与上下游水流相衔接，与河道主流的交角以30°为宜；为了减少冲刷，保证水流畅通，明渠转弯半径应大于5倍渠底宽度；明渠轴线布置应尽可能缩短明渠长度和避免深挖方。

(2) 明渠进出口位置和高程的确定。明渠进出口的水流条件要力求不冲、不淤和不产生回流，形状和位置可通过水力学模型试验进行调整；进口高程按截流设计选择，出口高程一般由下游消能控制；进出口高程和渠道水流流态应满足施工期通航、过木和排冰要求；在满足上述条件下，尽可能抬高进出口高程，以减少水下土石方开挖量。

3. 导流明渠断面设计

(1) 确定断面尺寸。明渠断面尺寸由导流设计流量控制，考虑地形、地质和允许抗冲流速要求，应按不同的明渠断面尺寸与围堰的组合，通过技术分析和经济比较确定。

(2) 确定断面型式。明渠断面一般设计成梯形，渠底为坚硬基岩时，可设计成矩形。有时为满足截流和通航的不同目的，也设计成复式梯形断面。

(3) 确定明渠糙率。明渠糙率大小直接影响明渠的泄水能力，而影响糙率大小的因素有衬砌材料、开挖方法、渠底平整度等，可以根据具体情况确定。

4. 明渠封堵

进行导流明渠布置时，应考虑后期封堵要求。当施工期有通航、过木和排冰任务，且明渠较宽时，可在明渠内预设闸门墩，以利于后期封堵。施工期无通航、过木和排冰任务时，应于明渠通水前，将明渠段施工到适当高程，以加快二期施工进度。

(三) 涵管导流

涵管导流一般在土坝、堆石坝工程施工中采用。涵管通常布置在河岸岩滩上，其位置在枯水位以上，这样可在枯水期施工时，不修围堰或只修一小段围堰，通过涵管将河水下泄，枯水期后再加高形成上下游围堰，如图 1-5 所示。

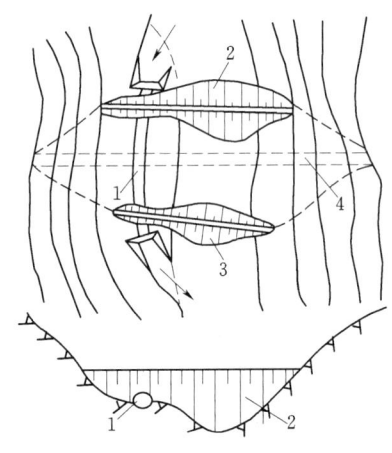

图 1-5 涵管导流示意图
1—导流涵管；2—上游围堰；
3—下游围堰；4—土石坝体

涵管一般是钢筋混凝土结构。当有永久涵管可以利用或修建隧洞有困难时，采用涵管导流是合理的。在某些情况下，可在建筑物基岩中开挖沟槽，必要时予以衬砌，然后封上混凝土或钢筋混凝土顶盖，形成涵管。利用这种涵管导流往往可以获得较好的经济效果。由于涵管的泄水能力较低，一般用于导流流量较小的河流或担负枯水期的导流任务。

为了防止涵管外壁与坝身防渗体之间的渗流，通常在涵管外壁每隔一定距离设置截流环，以延长渗径，降低渗透坡降，减少渗流的破坏作用。此外，必须严格控制涵管外壁防渗体的压实质量，以及涵管管身的温度缝或沉陷缝中的止水质量。

二、分段围堰法导流

分段围堰法，也称分期围堰法或河床内导流，就是用围堰将建筑物分段分期围护起来进行施工的方法。图 1-6 是一种常见的分段围堰法导流示意图。

分段围堰法导流要解决好分段分期问题。分段就是从空间上用围堰将河床围护成若干个基坑进行施工；分期就是从时间上将导流过程划分成若干个施工时段。

需要注意的是，导流的分期数和围堰的分段数并不一定相同，因为在同一导流分期中，建筑物可以在一段围堰内施工，也可以同时在不同段内施工。必须指出，段数分得越多，围堰工程量越大，施工也越复杂；同样，期数分得越多，施工的工期有可能受到影响。

分段围堰法导流一般适用于河床宽阔、流量大、施工期较长的工程，尤其在通航河流或冰凌严重的河流上。这种导流方法的费用较低，在大、中型水利工程采用较广。分段围堰法导流，在混凝土坝中采用底孔、缺口等导流方式。

(一) 底孔导流

底孔导流主要用于河床内导流的工程。导流底孔是在坝体内设置的临时泄水孔口或永久底孔。导流时让全部水流或部分导流流量经底孔宣泄到下游，如图1-7所示。

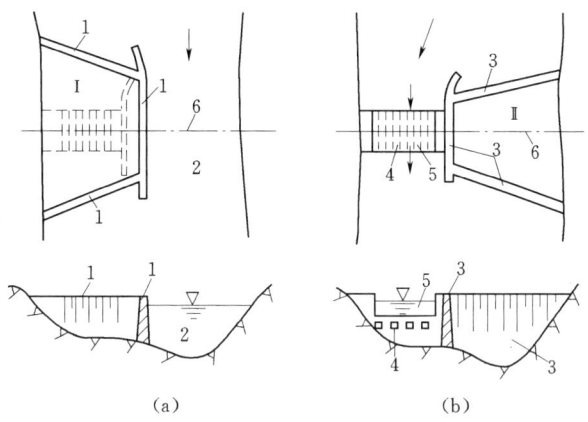

图1-6 分期导流布置示意图
(a) 一期导流；(b) 二期导流
1——期围堰；2—束窄河床；3—二期围堰；4—导流底孔；5—坝体缺口；6—坝轴线

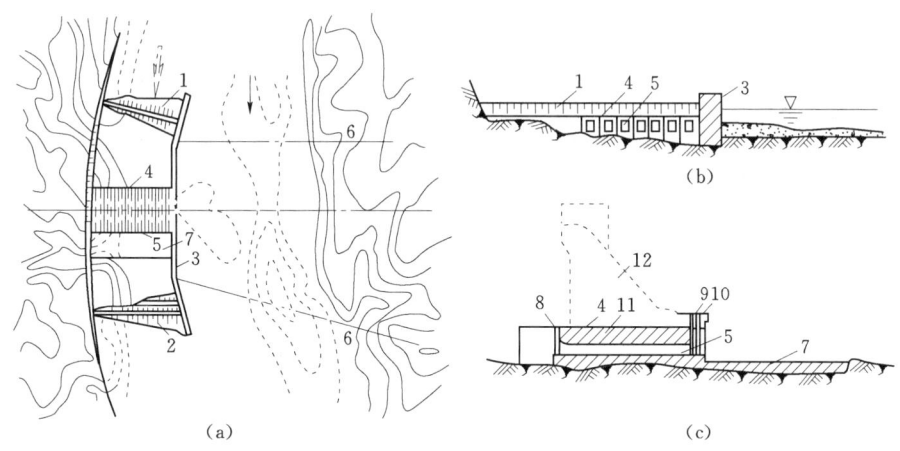

图1-7 分段围堰法底孔导流布置示意图
(a) 一期导流（束窄河床导流）平面图；(b) 下游立视图；(c) 导流底孔纵剖面图
1——期上游横向围堰；2——期下游横向围堰；3—二期纵向围堰；4—预留缺口；5—导流底孔；
6—二期上下游围堰轴线；7—护坦；8—封堵闸门槽；9—工作门槽；
10—事故闸门槽；11—已浇筑混凝土坝体；12—未浇筑混凝土坝体

底孔导流可使挡水建筑物上部的施工不受水流干扰，有利于均衡连续施工；若坝体内设有永久底孔用于导流则更为理想。底孔导流的缺点是设置临时底孔，会使钢材用量增加；如果封堵质量不好，会削弱坝体的整体性，可能会引起漏水；在导流过程中，底孔有被漂浮物堵塞的危险；另外，底孔封堵时由于水头较高，安放闸门及止水等比较困难。一般底孔的底坎高程布置在枯水位之下，以确保枯水期泄水。

(二) 坝体缺口导流

山区河流汛期河水出现暴涨暴落，对混凝土坝，当导流建筑物不足以宣泄全部流量时，为了不影响坝体施工进度，保障坝体在涨水时仍能继续施工，可以在未建成的坝体上预留临时缺口措施，如图1-8所示，配合导流建筑物宣泄汛期洪峰流量，待洪峰过后，上游水位回落，再继续修筑缺口。所留缺口的宽度和高度取决于导流设计流量、建筑物的泄水能力、建筑物的结构特点和施工条件。采用底坎高程不同的缺口时，需要适当控制高低缺口间的高差，避免各缺口单宽流量相差过大，产生侧向泄流，引起压力分布不均匀。根据经验，其高差以不超过4~6m为宜。由于这种导流方法比较简单，在修建混凝土坝，特别是大体积混凝土坝时，常被采用。

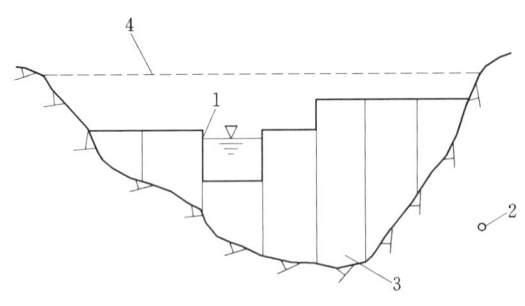

图1-8 坝体缺口过水示意图
1—过水缺口；2—导流隧洞；3—坝体；4—坝顶

【工程实例】 三峡水利枢纽工程导流方案

三峡水利枢纽工程采用三段三期导流方式。第一期导流，利用中堡岛修建一期土石围堰围护右岸，一期基坑内修建导流明渠和碾压混凝土纵向围堰，同时在左岸岸坡修建临时船闸。本期江水及船舶仍从主河床通过。第二期导流，修建二期上、下游横向围堰，与混凝土纵向围堰形成二期基坑，进行河床泄洪坝段、左岸电站坝段、左岸电站厂房施工，同时在左岸修建永久通航建筑物。二期导流期间，江水经导流明渠下泄，船舶经明渠或临时船闸通行。第三期导流，修建三期碾压混凝土围堰，拦断明渠并蓄水至135m高程，左岸电站及永久船闸可开始投入运用。三期围堰与混凝土纵向围堰形成三期基坑，修建右岸大坝和电站。三期导流期间，江水经永久深孔和设于泄洪坝段的22个临时导流底孔下泄，船舶经永久船闸通行。

第二节 围 堰 工 程

围堰是保护大坝或厂房等水工建筑物干地施工的挡水建筑物，一般属临时性工程，但也常与主体工程结合成为永久工程的一部分。在导流任务完成后，若对永久建筑物的运行或另一期导流有妨碍时，应予以拆除。工程中围堰型式的选择，一般应遵守下列原则：

(1) 安全可靠，能满足稳定、抗渗、抗冲等要求。
(2) 结构简单，施工方便，易于拆除并能充分利用当地材料。
(3) 堰基易于处理，堰体便于与岸坡或已有建筑物连接。
(4) 能够在预定施工期内修筑到需要的断面及高程。
(5) 必要时应设置抵抗冰凌、船筏冲击破坏的设施。

水利工程中的围堰型式可划分如下：

(1) 按使用材料的不同，可分为土石围堰、草土围堰、钢板桩围堰、混凝土围堰、管带围堰等。其中，混凝土围堰常用作纵向围堰和过水围堰。

(2) 按围堰与水流相对位置的不同，可分为横向围堰和纵向围堰。

(3) 按导流期间基坑是否淹没，可分为过水围堰和不过水围堰。过水围堰除需要满足一般围堰的基本要求，还要满足堰顶过水的专门要求。

一、围堰基本型式及构造

（一）土石围堰

土石围堰是水利工程中采用最为广泛的一种围堰型式。它可以就地取材，充分利用当地材料，构造简单，可以在水流中、深水中、岩基上或有覆盖层的河床上修建。施工时，可与截流戗堤结合，可利用开挖弃渣，并可直接利用主体工程开挖装运设备进行机械化快速施工，是应用最广泛的围堰型式。

土石围堰的一般断面型式如图 1-9 所示。土石围堰抗冲刷能力较低，占地面积大，堰身沉陷变形大，一般多用于横向围堰，但在宽阔河床中，如有可靠的防冲保护措施，也可用于纵向围堰。如葛洲坝工程的一期导流工程和三峡工程的导流明渠施工均采用了土石纵向围堰。

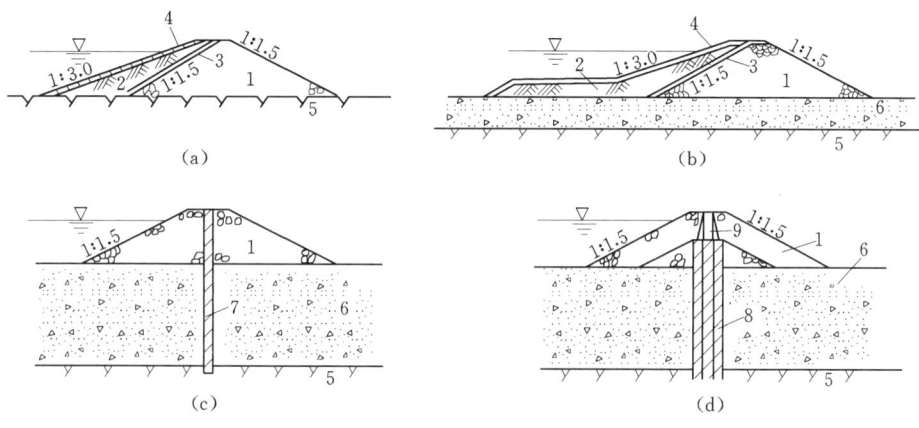

图 1-9 土石围堰
(a) 斜墙式；(b) 斜墙带水平铺盖式；(c) 垂直防渗墙式；(d) 灌浆帷幕式
1—堆石体；2—黏土斜墙、铺盖；3—反滤层；4—护面；5—隔水层；
6—覆盖层；7—垂直防渗墙；8—灌浆帷幕；9—黏土心墙

土石围堰一般不允许堰顶过水。但有时工程受水文、地形、地质等条件的制约，采用围堰全年挡水会导致导流工程规模过大，在采取一定防冲措施的情况下也可以堰顶过水，如采用钢筋石笼、块石或混凝土柔性板等对围堰溢流面进行保护，其中较常使用的是混凝土柔性板和块石。过水围堰对地基适应性强，但应注意土石方填筑量不宜过大，围堰挡水流量标准也不宜过低，以便有足够时间完成围堰的过水保护，并避免围堰全年频繁过水而影响施工。

江西上犹江工程的过水围堰高 14m 以上，包括覆盖层在内则超过 20m，堰顶曾通过流量为 1820m³/s 的洪水，单宽流量约 40m³/(s·m)。围堰断面如图 1-10 所示。

柘溪工程过水围堰的下游坡面，如图 1-11 所示。有约 5m 高的范围处于水跃区，原设计用混凝土溢流面板，施工中临时改为钢筋骨架铅丝笼护面，经过 5 次溢流［最大单宽流量约为 10m³/(s·m)]，部分铅丝笼内块石全被冲走，钢筋和铅丝扭在一起，坡面遭到局部破坏。在两岸接头的溢流面上，因水流集中，冲刷更为严重，个别冲深处达 2.0～2.5m。实践证明，在水跃区流速大于 6m/s 时，坡面结构仍以混凝土溢流面板为宜。

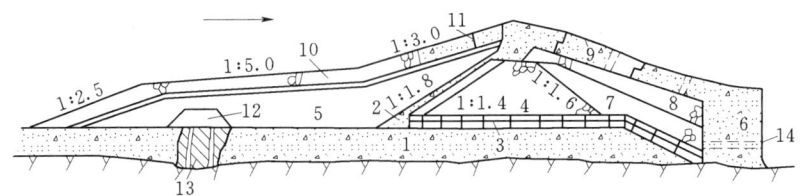

图 1－10 江西上犹江工程的过水围堰
1—砂砾石地基；2—反滤层；3—柴排护底；4—堆石体；5—黏土防渗墙；
6—毛石混凝土挡墙；7—回填块石；8—干砌块石；9，11—混凝土护面板；
10—块石护面；12—黏土顶盖；13—水泥灌浆；14—排水孔

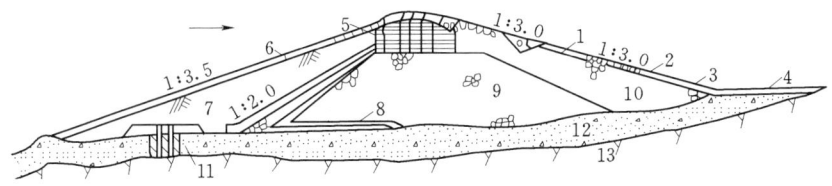

图 1－11 柘溪工程过水围堰
1—混凝土溢流面板；2—钢筋骨架铅丝笼护面；3—竹笼护面；4—竹笼护底；5—木笼；
6—块石护面；7—黏土斜墙；8—过渡带；9—水下抛石；10—回填块石；
11—帷幕灌浆；12—覆盖层；13—基岩

土石围堰常用土质斜墙或心墙防渗，在防渗料不足或覆盖层较厚时，可用混凝土防渗墙或帷幕灌浆解决防渗问题，也可用土工膜等材料防渗。早期堰基覆盖层防渗常用黏土覆盖或水泥灌浆，随着造孔成墙技术的发展，混凝土防渗墙被广泛采用，特别适用于高土石围堰。20 世纪 90 年代以后，高压喷射灌浆开始在许多工程中采用，如二滩、东风、飞来峡和小浪底等工程。

（二）草土围堰

草土围堰是一种草土混合结构，如图 1－12 所示。黄河、淮河等地区的灌溉工程和河堤堵口工程就一直采用麦草、稻草、芦柴、柳枝和土为主要材料，用捆草法修建。在八盘峡、刘家峡、青铜峡等大型水利工程施工中，都曾采用过草土围堰。

草土围堰施工简单、速度快、造价低，能适应沉陷变形，但不能承受较大水头。仅限于水深不超过 6m，流速不超过 3.5m/s、使用期在二年以内的工程中应用。

草土围堰的断面一般为矩形或边坡很陡的梯形，坡比为 1:0.2～1:0.3。根据实践经验，草土围堰的宽高比，在岩基河床上为 2～3，在软基河床上为 4～5，堰顶超高一般采用 1.5～2.0m。草土围堰的施工方法比较特殊，就其实质来说也是一种进占法。按其所用草料型式的不同，可以分为散草法、捆草法、埽捆法三种，实践中的草土围堰，普遍采用捆草法施工。

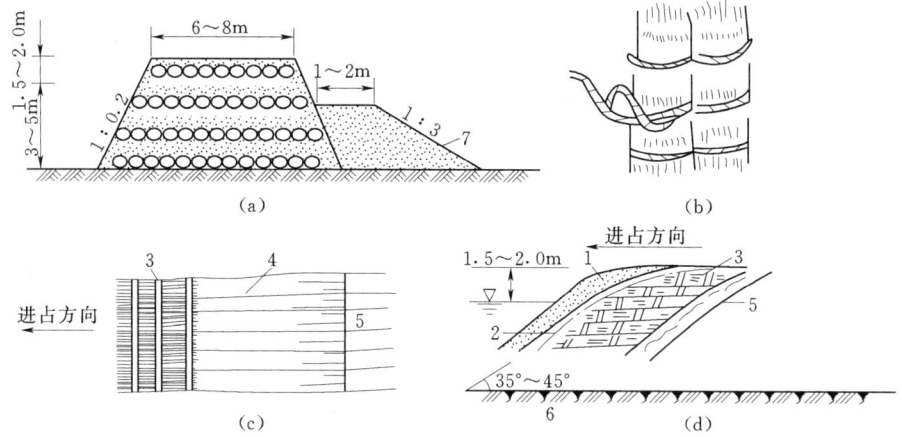

图 1-12 草土围堰及施工过程示意图
(a) 草土围堰；(b) 草捆；(c) 围堰进占平面图；(d) 围堰进占纵断面图
1—黏土；2—散草；3—草捆；4—草绳；5—已建堰体；6—河底；7—戗台

草土围堰适用于岩基或砂砾石地基。若河床大孤石过多，草土体易被架空，形成过水通道，使用时应有相应的防渗措施。由于细砂或淤泥地基易被冲刷，稳定性差，在细砂或淤泥地基不适宜采用。

（三）钢板桩格型围堰

钢板桩格型围堰是重力式挡水建筑物，由一系列彼此相接的格体构成，按照格体的平面形状，可分为筒形格体、扇形格体和花瓣形格体，图 1-13 为钢板桩格型围堰的平面示意图。这些型式适用于不同的挡水高度，应用较多的是圆筒形格体，如图 1-14 所示。它由许多钢板桩通过锁口互相连接而成为格形整体。钢板桩的锁口有握裹式、互握式和倒钩式三种。格体内填充透水性强的填料，如砂、砂卵石或石渣等。在向格体内填料时，必须保持各格体内的填料表面大致均衡上升，避免因高差太大使格体变形。

钢板桩格型围堰具有坚固、抗冲、抗渗、围堰断面小等优点，便于机械化施工。钢板

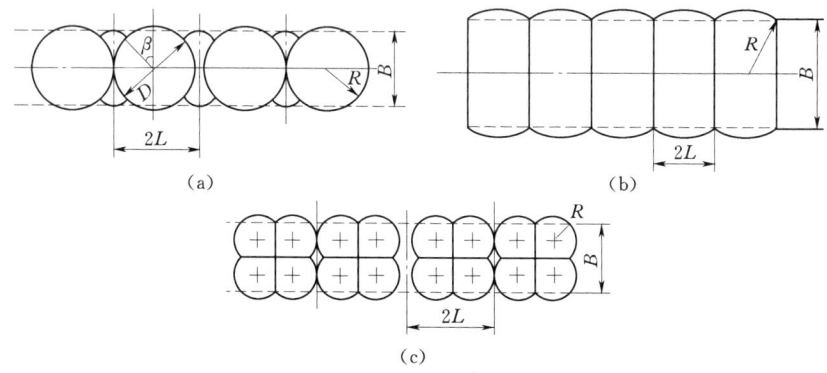

图 1-13 钢板桩格型围堰平面示意图
(a) 圆筒形格体；(b) 扇形格体；(c) 花瓣形格体

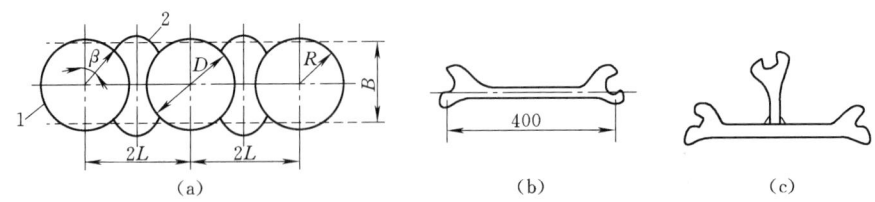

图 1-14 圆筒形格体钢板桩围堰
(a) 平面图；(b) 一字形钢板桩；(c) 钢板桩异形接头

桩的回收率高，可达70%以上，尤其适用于在束窄度大的河床段作为纵向围堰。但由于需要大量的钢材，且施工技术要求高，我国目前仅应用于大型工程中，如葛洲坝工程采用圆筒形格体钢板桩围堰作为纵向围堰的一部分。

圆筒形格体钢板桩围堰一般适用的挡水高度在18m以下，可以建在岩基上或非岩基上，也可作为过水围堰用。该围堰的修建，由定位、打设模架支柱、模架就位、安插钢板桩、打设钢板桩、填充料渣、取出模架及其支柱、填充料渣至设计高度等工序组成，如图1-15所示。圆筒形格体钢板桩围堰一般在流水中修筑，受水位变化和水面波动的影响较大，施工难度较大。

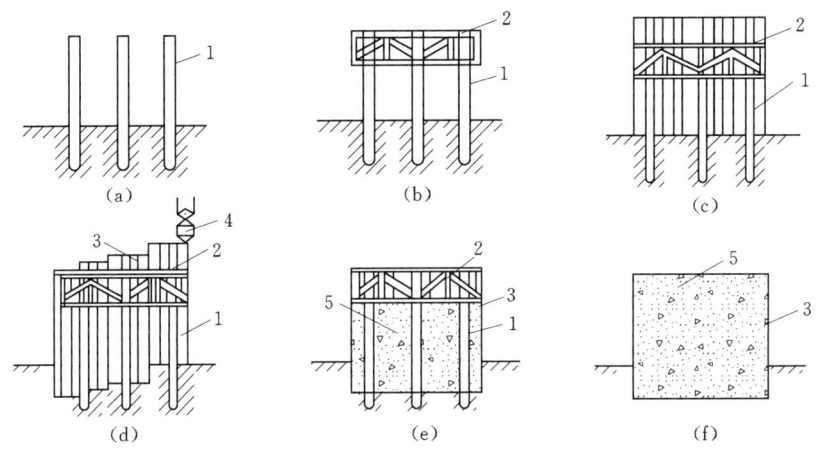

图 1-15 圆筒形格体钢板桩围堰施工程序图
(a) 定位、打设模架支柱；(b) 模架就位；(c) 安插钢板桩；(d) 打设钢板桩；
(e) 填充料渣；(f) 取出模架及其支柱和填充料渣到设计高程
1—支柱；2—模架；3—钢板桩；4—打桩机；5—填料

（四）混凝土围堰

混凝土围堰的抗冲与抗渗能力大，挡水水头高，底宽小，易于与永久混凝土建筑物相连接，必要时还可以过水，因此应用比较广泛。混凝土围堰一般用于分段围堰法导流中的纵向围堰，可兼作第一期和第二期纵向围堰，两侧均能挡水，还能作为永久建筑物的一部分，如隔墙、导墙等。

重力式混凝土围堰可做成普通的实心式，与非溢流重力坝类似。也可做成空心式，如三门峡工程的混凝土纵向围堰，如图1-16所示。纵向围堰需抗御高速水流的冲刷，所以一般修建在岩基上。

为保证混凝土的施工质量，一般可将围堰布置在枯水期出露的岩滩上。如果这样还不能保证干地施工，则通常需另修土石低水围堰加以围护。重力式混凝土围堰可采用碾压混凝土围堰，以降低造价。

如三峡导流工程的纵向围堰，右岸导流明渠全长 1218m，最大堰高达 95m，碾压混凝土量达 142 万 m³。再如岩滩水电站，采用导流明渠，上下游围堰均为

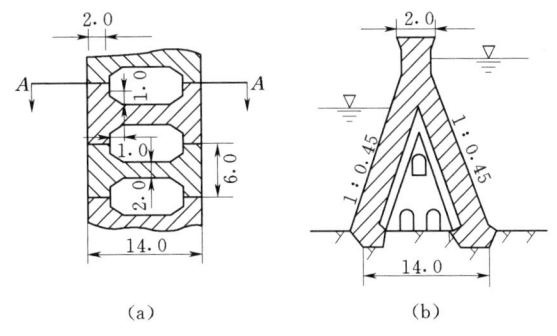

图 1-16 三门峡工程混凝土纵向围堰
(a) 平面图；(b) A—A 剖面

碾压混凝土。碾压混凝土围堰与常规混凝土围堰相比，造价低、施工速度快、工艺简单，有条件时应优先考虑。

（五）土工织物充填管袋

土工织物充填管袋是用土工织物缝制而成的一种土工包裹系统，在土工织物管袋中，充填粉细砂堆叠形成挡水体，如图 1-17 所示。它广泛应用于沿海临江地区的海堤工程、河道治理工程、围堰渗漏处理工程、环保清淤等工程中。

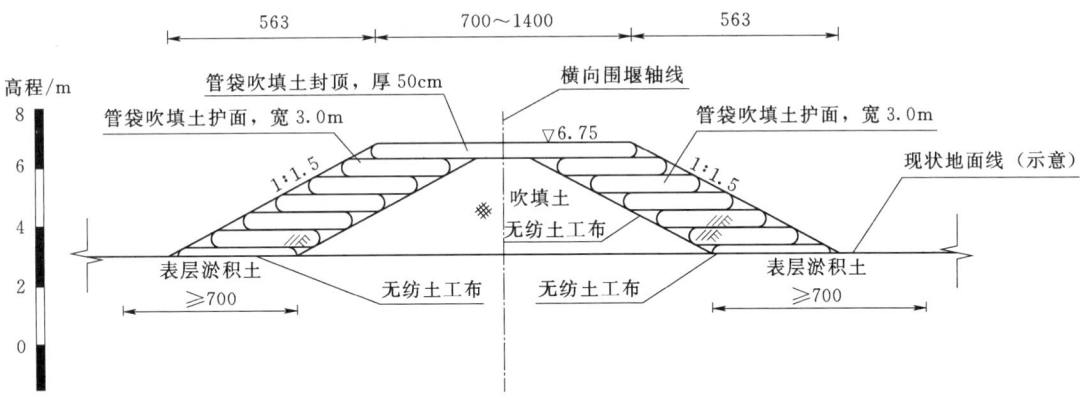

图 1-17 土工管袋围堰示意图（单位：cm）

1. 土工织物概念

土工织物是由纺织布、非织造布、编织或缝黏纤维或纱线形成的扁平材料物，土工织物质地柔软且具透水性，是工程中广泛应用的一种土工合成材料。它具有重量轻、整体连续性好（可做成面积较大的整体，目前在长度上可特制成数百米到上千米长）、易加工、施工方便、抗拉强度高、耐腐蚀和侵蚀、渗滤性好、施工方便、能与土很好地结合等诸多优点，广泛地用于隔离、过滤、排水、加筋、包裹（排污、排废）和水土保持等方面。

2. 土工管袋的优点

土工管袋是由聚丙烯纱线编织并缝合而成，砂浆在高压泵的作用下灌入模袋中，多余的水分可以从织物空隙中渗出，最后形成管状结构。

土工管袋具有以下优点：

(1) 施工速度快，施工周期短。土工织物管袋使用水力充填，机械化程度较高，施工速度快。

(2) 就地取材，减少费用。采用当地淤泥或砂进行施工建设，可减少土或砂石的运输，节约成本。

(3) 施工工艺简单，不需要复杂的机械设备。

(4) 维护生态平衡，有利于保护环境。施工占地面积小，同时土工管袋可用于江河湖海淤泥处理，市政污泥处理，工业污泥处理等。

土工管理袋技术始于20世纪50年代，在国外河口、海岸堤坝工程中得到了大规模应用。在我国80年代才开始使用，现在已成为河口整治与围垦工程领域的主流技术。为我国围海造地、航道治理、抗洪抢险、环境保护、垃圾处理等方面作出了卓越的贡献。随着土工管袋技术的逐步发展，土工管袋应用范围日益广泛，将越来越多地应用到我国的工程建设当中。

（六）CSG围堰

CSG（Cemented Sand & Gravel 胶凝砂砾石）技术是一项新型筑坝技术，这种技术的核心，是将胶凝材料和水添加到河床砂砾石或开挖废弃料等在坝址附近容易找到的岩石基材中，然后采用简单的拌和装置拌和，得到的一种新型廉价的筑坝材料。CSG技术性能介于堆石坝材料和碾压混凝土之间，具有比堆石坝材料更好的抗冲刷能力，允许表面过流，具有一定强度和刚体性质，可以减小坝体的体积，同时又具有良好的地基适应能力，减少了地基处理的工程量。

目前，CSG技术国外主要用于围堰、拦沙坝和中低高度的大坝建设；在国内，CSG技术刚刚起步，主要用于围堰填筑方面。例如，福建霍童溪洪口水电站上游过水围堰，福建尤溪江街面水电站下游围堰，贵州道塘水库上游围堰等。

国内外典型CSG围堰见表1-1。

表1-1 国内外典型CSG围堰

序号	围堰名	所在国家	堰高/m	建成年份
1	Nagashima坝上游围堰	日本	14.9	1991
2	道塘水库上游围堰	中国	7.0	2004
3	街面水电站下游围堰	中国	16.3	2005
4	洪口水电站上游围堰	中国	35.5	2006
5	功果桥水电站上游围堰	中国	50.0	2009

CSG围堰的基本剖面为对称梯形，堰体的拉应力较小，运行期体应力变化较小，堰体内部应力分布均匀，堰体在强烈地震荷载作用下其拉应力也较小，具有较好的抗震性能。

CSG围堰的体型比土石围堰小，可以减少投资和缩短工期，即便和混凝土围堰相比，依然具有较大的优势。洪口水电站工程上游主围堰采用CSG围堰方案，2006年6月5—8日洪水期间，流量约5400m^3/s（接近50年一遇洪水标准），围堰多次过水。过水时间长达40多个小时，期间堰前最高水位为83.45m，最大过水水头7.95m，比设计过水标准高

1.45m。洪水后检查，围堰损坏较轻，主体完好，未发现裂缝，围堰漏水量与过水前无明显变化。同时，与原定 RCC（roller compacted concrete）围堰方案相比，工程造价降低了 28%，工期缩短了 25%。

CSG 围堰的施工工艺和碾压混凝土类似，采用装载机拌和，自卸汽车上坝，反铲式挖掘机摊铺，振动碾碾压的施工工艺。正式施工前还应进行现场工艺试验，以确定胶凝砂砾石材料的具体配合比以及装载机拌和遍数和振动碾碾压遍数。

二、围堰的平面布置

围堰的平面布置如果布置不当，围堰围护的基坑面积过大，就会增加施工排水的设备容量（尤其是初期）；基坑面积过小，则会影响主体建筑物的施工；纵向围堰的平面布置更是关系到各时段的水流宣泄和围堰、岸坡的冲刷问题。

围堰的平面布置，主要包括确定堰内基坑范围和围堰外形轮廓布置两个问题。

（一）围堰内基坑范围确定

无论是全段围堰法导流还是分段围堰法导流，上下游横向围堰的位置都取决于主体工程的轮廓。一般情况下，基坑坡趾离主体建筑物轮廓的距离，不应小于 20m，以便布置施工道路、排水设施等，如图 1-18 所示。全段围堰法导流的横向围堰一般都垂直于河流方向，以将围堰的工程量降到最低。分段围堰法导流的上下游围堰一般不与主河道垂直，其平面多为梯形布置，既可保证水流的顺畅，又便于施工道路的布置与衔接。

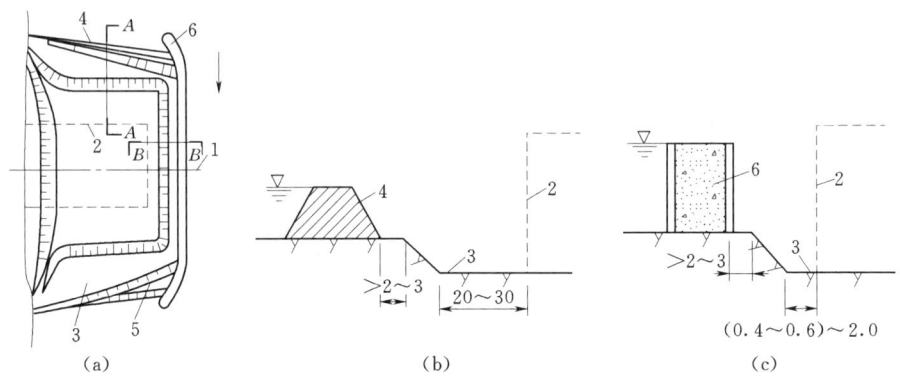

图 1-18 围堰布置与基坑范围示意图
(a) 平面图；(b) A—A 剖面；(c) B—B 剖面
1—主体工程轴线；2—主体工程轮廓；3—基坑；4—上游横向围堰；
5—下游横向围堰；6—纵向围堰

纵向围堰位置的确定，应在分析水工枢纽布置，纵向围堰所处地形、地质和水力学条件，通航、筏运、进入基坑的交通道路及各段主体工程施工强度等因素后确定。束窄河床段的允许流速，一般取决于围堰及河床的抗冲允许流速。但在某些情况下，也可以允许河床有适当的刷深，或预先将河床挖深、扩宽或采取防冲措施。在通航河道上，束窄河段的流速、水面比降、水深及河宽，还应与当地航运部门协商确定。

纵向围堰不作为永久建筑物的一部分时，纵向基坑坡趾离主体建筑物轮廓的距离，一般不大于 2.0m，以供布置排水系统和堆放模板。如无此要求，只需留 0.4～0.6m。

此外，布置围堰时，应尽量利用有利的地形，以减少围堰的工程量。有时为照顾个别建筑物施工的需要或避开岸边较大的溪沟，而将围堰布置成折线形。对于一些重要的大中型水利水电工程的围堰布置，还应结合导流方案，必要时可通过水工模型试验来确定。为了保证基坑开挖和主体建筑物的正常施工，基坑范围应当留有一定余地。

（二）分期导流纵向围堰布置

在分期导流方式中，纵向围堰布置与施工是关键问题，选择纵向围堰位置，实际上就是要确定适宜的河床束窄度。束窄度就是天然河流过水面积被围堰束窄的程度，一般可用下式表示：

$$K=\frac{A_2}{A_1}\times 100\% \qquad (1-1)$$

式中　K——河床的束窄程度，%，一般取值为47%～68%；

A_1——原河床的过水面积，m^2；

A_2——围堰和基坑所占据的过水面积，m^2。

纵向围堰位置与以下主要因素有关。

1. 地形地质条件

浅滩、小岛、河心洲、基岩露头等都是可供布置纵向围堰的有利条件，这些位置便于施工，并有利于防冲保护。

2. 水工布置

尽可能利用厂坝、厂闸、闸坝等建筑物之间的隔水导墙作为纵向围堰的一部分。

3. 河床允许束窄度

允许束窄度主要与河床地质条件和通航要求有关。对于非通航河道，如河床易冲刷，一般允许河床产生一定程度的变形，只要能保证河岸、围堰堰体和基础免受淘刷即可。束窄流速允许达到3m/s左右，岩石河床允许束窄度主要视岩石的抗冲流速而定。

4. 导流过水要求

进行一期导流布置时，不但要考虑束窄河道的过水条件，还要考虑二期截流与导流的要求。主要考虑的问题包括：一期基坑中能否布置下宣泄二期导流流量的泄水建筑物；由一期转入二期施工时的截流落差是否太大。

5. 施工布局的合理性

各期基坑中的施工强度应尽量均衡。一期工程施工强度可比二期低些，但施工强度相差不宜太过悬殊。如有可能，分期分段数应尽量少一些。导流布置应满足总工期的要求。

分期导流时，上、下游围堰一般不与河床中心线垂直，围堰的平面布置常呈梯形，既可使水流顺畅，同时也便于运输道路的布置和衔接。当采用全段围堰法导流时，上、下游围堰不存在突出的绕流问题，为减少工程量，围堰多与主河道垂直。

纵向围堰的平面布置形状对围堰的过水能力影响较大。但是，纵向围堰的防冲安全，通常比前者更重要。因此常采用流线型和挑流式布置。

三、围堰堰顶高程

围堰堰顶高程的确定，取决于导流设计流量及围堰的工作条件。

下游围堰的堰顶高程由下式决定：

$$H_下 = h_下 + \delta + h_a \tag{1-2}$$

式中 $H_下$——下游围堰堰顶高程，m；
  $h_下$——下游水面高程，m；
  δ——围堰的安全超高（对于过水围堰可不予考虑，对于不过水围堰采用表 1-2 数值），m；
  h_a——波浪爬高，m。

表 1-2　　　　　　　　　不过水围堰堰顶安全加高下限值　　　　　　　　　单位：m

围 堰 型 式	围 堰 级 别	
	3	4～5
土石围堰	0.7	0.5
混凝土围堰、浆砌石围堰	0.4	0.3

上游围堰的堰顶高程由下式决定：

$$H_上 = h_下 + Z + \delta + h_a \tag{1-3}$$

式中 $H_上$——上游围堰堰顶高程，m；
  Z——上下游水位差，m；
其余符号意义同式（1-2）。

必须指出，当围堰要拦蓄一部分水流时，堰顶高程应通过调洪计算确定。

纵向围堰的堰顶高程，要与束窄河床中宣泄导流设计流量时的水面曲线相适应。其上游部分与上游围堰同高，下游部分与下游围堰同高，中间纵向围堰的顶面往往做成阶梯形式或倾斜状。

四、围堰拆除

围堰是临时建筑物，导流任务完成后，设计上要求拆除的应予以拆除，以免影响永久建筑物的施工和运行。

（1）以散粒材料堆成的土围堰、土石围堰、草土围堰，可用挖土机械直接挖除或用爆破方法拆除。

（2）钢板桩围堰，先用抓斗或吸石器将填料清除，然后用拔桩机拔起钢板桩。

（3）混凝土围堰一般用爆破法拆除。

需要注意的是，在选择围堰拆除方案时，不论采用何种方法拆除围堰，都不能影响永久建筑物或者其他设施的安全和运行。

第三节　导流水力计算

导流设计流量是选择导流方案、设计导流建筑物的重要依据。施工前，若能预报整个施工期的水情变化，可据此拟定导流设计流量，选择最经济、安全的设计流量方案。目前,导流设计流量是按照导流时段,根据导流标准确定的。

一、导流标准

导流标准是选择导流设计流量进行施工导流设计的标准。导流标准的高低实质上是风险度大小的问题。它不但与工程所在地的水文气象特性、水文系列长短、导流工程运用时间长短直接相关,也与导流建筑物、主体工程及遭遇超设计标准洪水时可能对工程本身和下游地区造成损失的大小有关。同时还受地形地质条件及各种施工条件的制约。

1. 导流建筑物级别及其洪水标准

当前施工洪水计算是用数理统计法,将洪水作为随机事件,以概率形式预估可能发生的情势,然后根据导流建筑物的级别,选择某一洪水重现期作为导流标准。导流建筑物属于临时性水工建筑物,根据《水利水电工程等级划分及洪水标准》(SL 252—2017),其级别应根据保护对象的重要性、失事后果、使用年限和临时性挡水建筑物规模按表1-3确定。当导流建筑物按表1-3指标分属不同级别时,其级别应按其中最高级别确定。但对3级导流建筑物,符合该级别规定的指标不得少于两项。

表1-3　　　　　　　　　　　临时性水工建筑物级别

级别	保护对象	失事后果	使用年限/年	临时性挡水建筑物规模 围堰高度/m	临时性挡水建筑物规模 库容/10⁸m³
3	有特殊要求的1级永久性水工建筑物	淹没重要城镇、工矿企业、交通干线或推迟工程总工期及第一台(批)机组发电,推迟工程发挥效益,造成重大灾害和损失	>3	>50	>1.0
4	1级、2级永久性水工建筑物	淹没一般城镇、工矿企业或影响工程总工期和第一台(批)机组发电,推迟工程发挥效益,造成较大经济损失	1.5~3	15~50	0.1~1.0
5	3级、4级永久性水工建筑物	淹没基坑,但对总工期及第一台(批)机组发电影响不大,对工程发挥效益影响不大,经济损失较小	<1.5	<15	<0.1

导流建筑物的洪水标准,根据建筑物的结构类型和级别,在表1-4规定的幅度内,结合风险度综合分析,合理选用。对失事后果严重的,应考虑遭遇超标准洪水的应急措施。

表1-4　　　　　　　　　　　临时性水工建筑物洪水标准

建筑物类型结构	导流建筑物级别 3	导流建筑物级别 4	导流建筑物级别 5
土石结构/[重现期(年)]	50~20	20~10	10~5
混凝土、浆砌石结构/[重现期(年)]	20~10	10~5	5~3

2. 坝体施工期临时度汛洪水标准

施工中后期的施工导流,往往需要由坝体挡水或拦洪。当坝体填筑高程达到不需围堰保护时,其临时度汛洪水标准应根据坝型及坝前拦洪库容按表1-5规定执行。

第三节 导流水力计算

表 1-5　　　　　　　　　　　坝体施工期临时度汛洪水标准

坝　型	拦洪库容/$10^8 m^3$		
	≥1.0	1.0～0.1	<0.1
土石坝/[重现期(年)]	≥100	100～50	50～20
混凝土坝、浆砌石坝/[重现期(年)]	≥50	50～20	20～10

3. 导流泄水建筑物封堵后坝体度汛洪水标准

导流泄水建筑物封堵后，若永久泄洪建筑物尚未具备设计泄洪能力，坝体度汛洪水标准的确定，应对坝体施工和运行要求进行分析后，按表 1-6 规定执行。汛前坝体上升高度应满足拦洪要求，帷幕灌浆及接缝灌浆高程应满足蓄水要求。

表 1-6　　　　　　　　　导流泄水建筑物封堵后坝体度汛洪水标准

坝　型		大 坝 级 别		
		1	2	3
土石坝/[重现期（年）]	设计	500～200	200～100	100～50
	校核	1000～500	500～200	200～100
混凝土坝、浆砌石坝/[重现期（年）]	设计	200～100	100～50	50～20
	校核	500～200	200～100	100～50

导流泄水建筑物的封堵时间，应在满足水库拦洪蓄水要求的前提下，根据施工总进度确定。封堵下闸的设计流量可用封堵时段 5～10 年重现期的月或旬平均流量，或按实测水文统计资料分析确定。封堵工程施工阶段的导流设计标准，可根据工程的重要性、失事后果等因素，在该时段 5～20 年重现期进行选择确定。

二、导流时段的划分

施工过程中不同阶段可以采用不同的施工导流方法和挡水、泄水建筑物。不同导流方法组合的顺序，通常称为导流程序。导流时段就是按照导流程序所划分的各个施工阶段的延续时间。

根据河床的水文特性，一般可划分为枯水期、中水期、洪水期，如图 1-19 所示。若导流建筑物只在枯水期内工作，因流量小、水位低，导流建筑物工程量不大，可以获得较大的经济效益。但又能只追求导流建筑物的经济效益，而有碍于主体工程的施工，因此，合理地划分导流时段，明确不同时段导流建筑物的工作条件，是既安全又经济地完成导流任务的基本要求。

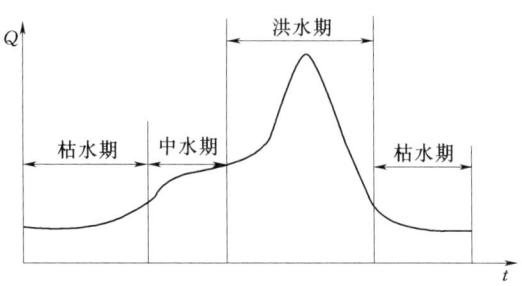

图 1-19　河流流量变化过程线

导流时段的划分，实质就是解决主体建筑物在整个施工过程中各个时段的水流控制问题，也是确定工程施工顺序、施工期间不同时段宣泄不同导流流量的方式，以及与之相适应的导流建筑物的高程和尺寸。导流时段的划分与主体建筑物型式、导流方式、施工进度等有关。

一般土石坝、堆石坝等不允许坝顶溢流，如导流建筑物在一个枯水期不能建成拦蓄洪水，导流时段就要考虑以全年为标准，其导流设计流量就应以年最大洪水的一定频率来设计。如能争取让土坝在汛前修筑到临时拦洪断面，既可缩短围堰使用期限，降低围堰高度，减少围堰工程量，又能达到安全度汛、经济合理与快速施工的目的。这样导流时段可按不包括汛期的施工时段为标准，导流设计流量即该时段按某导流标准的设计频率计算得到的最大流量。若土石坝、堆石坝在施工期间坝体泄洪，应通过水力计算或经水工模型试验，专门论证确定坝体堆筑高度、过流断面型式、水力学条件及相应的防护措施。

对于混凝土坝、浆砌石坝等施工期允许坝顶溢流的建筑物，可考虑洪峰来时，让未建成的主体工程过水，部分或全部工程停工，待洪水过后再继续施工。选择的导流设计流量越低，基坑的年淹没次数就越多，年有效施工天数就越少，相应的基坑淹没损失就越大，而导流建筑物的费用则越低；反之，则基坑淹没损失就越小，而导流建筑物的费用则越高。因此，从经济的角度应选择导流总费用曲线的最低点，如图1-20曲线3，然后再论证该方案的技术可行性。在采用允许基坑淹没的导流方案时，应注意对未建成的主体工程及施工设施的保护，如电站厂房、已开挖基坑、建在基坑内部的拌和站等。

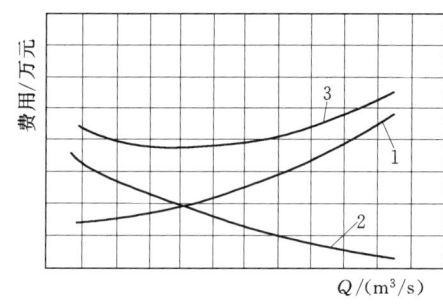

图1-20 导流费用与设计流量的关系
1—导流建筑物费用曲线；2—基坑淹没损失曲线；3—导流总费用曲线

三、导流建筑物的水力计算

（一）束窄河床段的水力计算

束窄河床段的平均流速，可粗略按下式确定：

$$V_c = \frac{Q}{\xi(A_1 - A_2)} \quad (1-4)$$

式中 V_c——束窄河床段的平均流速，m/s；

Q——导流设计流量，m³/s；

ξ——侧收缩系数，一侧收缩时采用0.95，两侧收缩时采用0.90。

束窄河床段前产生水位壅高，如图1-21所示，其壅高值可由下式估算：

$$Z = \frac{1}{\varphi^2} \times \frac{V_c^2}{2g} - \frac{V_0^2}{2g} \quad (1-5)$$

式中 Z——水位壅高，m；

φ——流速系数，随围堰的布置形式而定，当平面布置为矩形时 $\varphi=0.75\sim0.85$，为梯形时，$\varphi=0.8\sim0.85$，如有导流墙时，$\varphi=0.85\sim0.90$，见表1-7；

V_0——行近流速，m/s；

g——重力加速度，m/s²。

第三节 导流水力计算

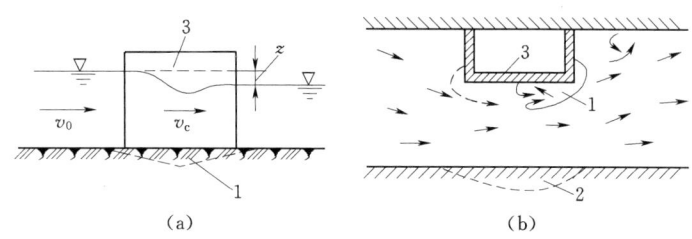

图 1-21 分段围堰束窄河床示意图
(a) 围堰布置剖面图；(b) 围堰布置平面图；
1—原河床；2—河岸；3—围堰

（二）泄水建筑物的水力计算

泄水建筑物底孔、坝体缺口、涵管、渡槽、明渠、隧洞等尺寸，均须通过水力计算来确定。下面仅就隧洞导流水力计算加以简要介绍。对于分期分段导流的坝体缺口、底孔等泄水能力，可分别按宽顶堰、孔流等流量公式计算。

表 1-7 不同围堰布置的 φ 值

布置形式	矩形	梯形	梯形且有导水墙	梯形且有上导水坝	梯形且有顺流丁坝
布置简图					
φ	0.70～0.80	0.80～0.85	0.85～0.90	0.70～0.80	0.80～0.85

1. 隧洞压力流

当隧洞为有压流时，上游从进口底坎算起，计入行近流速的水深 H_0 可按下式计算：

$$H_0 = h_p + \frac{V^2}{2g}(1+\sum\xi) + \left(\frac{V^2}{C^2 R} - i\right)L \qquad (1-6)$$

式中 h_p——下游计算水深（根据隧洞出口处河流的水位流量关系曲线得出：当下游水位低于洞顶，为自由出流时，h_p 可按 $0.85D$ 计算，当下游水位高于洞顶，为淹没出流时，h_p 按实际水深计算，D 为隧洞直径），m；

  V——洞内平均流速，m/s；

  $\sum\xi$——局部水头损失系数总和；

  C——谢才系数，$m^{1/2}/s$；

  R——隧洞水力半径，m；

  i——隧洞底坡；

  L——隧洞长度，m。

2. 隧洞无压流

当隧洞为无压流时，水流流态有急流和缓流两种。

（1）急流。下游水位对上游隧洞进口水深无影响，上游水深 H_0 可按非淹没宽顶堰公式计算：

$$H_0 = \left(\frac{Q}{mb\sqrt{2g}}\right)^{2/3} \qquad (1-7)$$

$$b = \frac{A_c}{h_c} \qquad (1-8)$$

式中　m——流量系数，采用 0.32~0.38；

　　　b——隧洞进口处水面的计算宽度，m；

　　　h_c——隧洞进口处临界水深，m；

　　　A_c——隧洞进口处过水断面面积，m^2。

（2）缓流。下游水位对上游隧洞进口水深有影响。在一般情况下，隧洞长度较长，这种情况可忽略不计，故隧洞进口处水深可按正常水深计算。按下式可近似求得上游水深 H：

$$H = \frac{1}{\varphi^2} \times \frac{V^2}{2g} + h_0 \qquad (1-9)$$

式中　φ——考虑侧向收缩的流速系数；

　　　V——洞内平均流速，m/s；

　　　h_0——洞内正常水深，m。

第四节　截　流　工　程

施工导流过程中，当导流泄水建筑物建成后，应抓住有利时机，迅速截断原河床水流，迫使河水经完建的导流泄水建筑物下泄，然后在河床中全面展开主体建筑物的施工，这就是截流工程。分段围堰法截流过程和全段围堰法截流过程如图 1-22 所示。

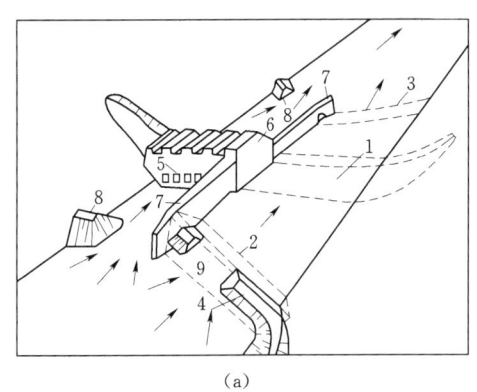 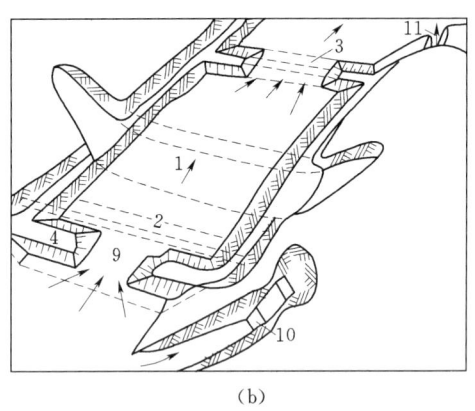

图 1-22　截流过程示意图

(a) 分段围堰法截流过程；(b) 全段围堰法截流过程

1—大坝基坑；2—上游围堰；3—下游围堰；4—戗堤；5—底孔；6—已浇坝体；7—二期纵堰；
8——期堰残留；9—龙口；10—导洞进口；11—导洞出口

第四节 截流工程

一般截流过程包括戗堤进占、龙口裹头及护底、合龙、闭气等工作。先在河床的一侧或两侧向河床中填筑截流戗堤，这种向水中筑堤的工作称为进占；戗堤进占到一定程度，河床束窄，形成流速较大的泄水缺口（龙口）。龙口一般选在河流水深较浅，覆盖层较薄或基岩部位，以降低截流难度。常采用工程防护措施，如抛投大块石、铅丝笼等（裹头与护底），保证龙口两侧堤端和底部的抗冲稳定；一切准备就绪后，应抓住有利时机，在较短时间内进行龙口的封堵，即合龙；合龙以后，龙口段及戗堤本身仍然漏水，必须在戗堤全线设置防渗措施，这一工作称为闭气。截流后，戗堤往往需进一步加高培厚，达到设计高程，修筑成设计围堰。

由此可见，截流在施工中占有重要地位，截流工程在技术和施工组织方面也相当艰巨和复杂。如不能按时完成，会延误整个建筑物施工，河槽内的主体建筑物就无法施工，所以在施工中常将截流作为关键性工程。为了截流成功，必须充分掌握河流的水文、地形、地质等条件，掌握截流过程中水流的变化规律及其影响，通过精心组织施工，在较短的时间内以较大的施工强度完成截流工作。

一、截流的基本方法

截流的基本方法有立堵法截流和平堵法截流两种。实际工程中，应结合水文、地形、地质、施工条件及材料供应等因素综合考虑。

（一）立堵法截流

立堵法截流是用自卸汽车，将截流材料从龙口一端向另一端，或从两端向中间抛投进占，逐步缩窄河床，直至合龙截断水流，如图1-23所示。立堵法截流又分为单戗、双戗和多戗立堵截流，一般适用于截流落差不大于3.5m的情况。

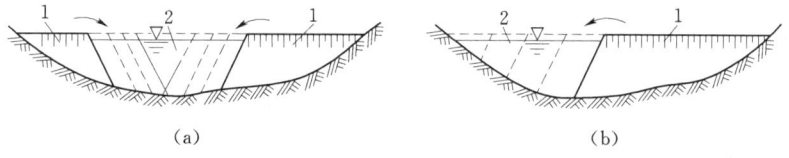

图1-23 立堵法截流
(a) 双向进占；(b) 单向进占
1—截流戗堤；2—龙口

立堵法不需要在龙口架设浮桥或栈桥，突出的优点是施工简便，没有（或很少）水上作业，造价较低，尤其在大型土石方施工设备，如挖掘机、推土机、汽车等日益使用普遍的形势下，此法应用更加广泛。其缺点是龙口单宽流量和流速较大，流速分布不均匀。在封堵龙口的最后阶段，往往需用单个重量较大的截流材料。由于工作前线狭窄，抛投强度受到限制。

立堵法截流一般适用于大流量、岩基或覆盖层较薄的岩基河床上，对于软基河床只要护底措施得当，也可使用。国内如龙羊峡、葛洲坝、安康、水口、李家峡等工程均采用了立堵截流。

在实际工程中，上述平堵法和立堵法通常结合使用。为了充分发挥平堵水力条件较好的优点，降低架桥的费用，可采用先立堵、后架桥平堵的方式，称为立平堵法；对于软基河床，单纯立堵易造成河床冲刷，往往采用先平抛护底，再立堵合龙的方案，称为平立堵法。

此外，一些工程河道截流还采用河道上建闸、定向爆破等方法，但由于造价较高或施工技术复杂，一般只有在条件特殊、充分论证后方可使用。

（二）平堵法截流

沿戗堤轴线，在龙口处设置浮桥或栈桥，用自卸汽车沿整个龙口宽度，全线均匀地抛填截流材料，逐层上升，直至露出水面。如图1-24所示。

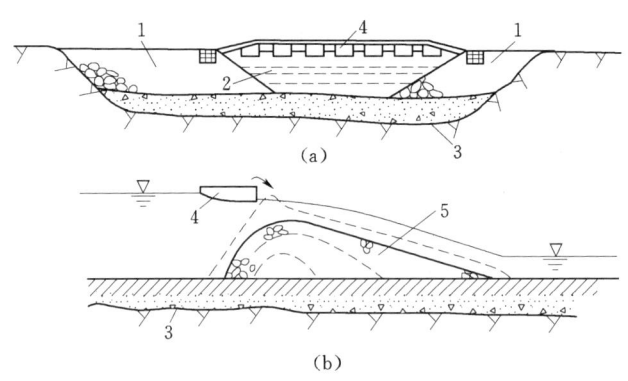

图1-24 平堵法截流
(a) 立面图；(b) 横断面图
1—截流戗堤；2—龙口；3—覆盖层；4—浮桥；5—截流抛石体

此种截流方式，龙口的单宽流量及最大流速均较小，流速分布比较均匀，截流材料的单个重量也较小，截流时工作前线长，抛投强度较大，施工进度快。但在通航河道上，搭设浮桥或栈桥会影响河道的通航，施工技术复杂、造价相对较高，通常用于流量较大的软基河床上。

我国二滩工程采用了架桥平堵的截流方法。二滩电站截流平抛钢桥长135.7m，宽6m，龙口宽度52m，最大流速7.14m/s，截流实际流量1440m³/s，合龙用特殊材料为0.7m石料，截流历时3.4h。

二、截流时间和截流设计流量

（一）截流时间

截流时间的选择，主要取决于水文气象条件、航运条件、施工工期及控制性进度、后续工程的施工安排、截流施工能力和水平等因素，不仅影响截流本身能否顺利进行，而且直接影响工程的施工布局。因此截流时间应选择在枯水流量期，风险较小的时段进行；同时又要为后续的基坑工作和主体建筑物施工留有余地，不影响整个工程的施工进度。确定截流时间时应考虑以下要求：

（1）截流以后，需要继续加高围堰闭气，完成排水、清基、基础处理等大量基坑工作，并把围堰或永久建筑物在汛期前抢修到一定高程以上。为了保证这些工作的完成，截流时段应尽量提前。

(2) 在通航的河流上进行截流，截流时段最好选择在对航运影响较小的时段内。因为截流过程中，航运必须停止，即使船闸已经修好，但因截流时水位变化较大，亦须停航。

(3) 在北方有冰凌的河流上，截流不应在流冰期进行。因为冰凌很容易堵塞河道或导流泄水建筑物，壅高上游水位，给截流带来极大困难。

综上所述，截流时间应根据河流水文特征、气候条件、围堰施工及通航过木等因素综合分析确定。截流多选在枯水期进行，此时流量小，不仅易于断流，耗费材料少，而且有利于后期围堰的加高培厚。此时可以保证截流以后，全年挡水围堰能在汛期到来以前修建到拦洪水位以上。一般截流时间应尽量提前，安排在枯水期的前期，使截流以后有足够时间来完成围堰的后期工程及基坑内工作。在有通航要求的河道上进行截流，截流日期最好选择在对航运影响较小的时段内。一般来说，截流宜安排在 10—11 月，南方一般不迟于 12 月底，严寒地区应尽量避开河道流冰及封冻期。

国内一些工程截流一般安排在当年汛末至第二年汛前的非汛期进行。

(二) 截流设计流量

截流设计流量是指某一确定的截流时间的截流设计流量。截流流量是截流设计的依据，如选择不当，将使截流规模如龙口尺寸、投抛料尺寸及数量设计过大造成浪费，或规模设计过小造成被动，影响整个施工全局。

截流设计流量一般按频率法确定，根据已选定截流时段，采用该时段内一定频率的流量作为设计流量。截流设计流量一般采用截流时段重现期 5—10 年的月或旬平均流量。

除了频率法以外，也有不少工程采用实测资料分析法。当水文资料系列较长，河道水文特性稳定时，可应用这种方法。至于预报法，因当前的可靠预报期较短，一般不能在初设中应用，但在截流前夕，有可能根据预报流量适当修改设计。如水文资料不足，可用短期的水文观测资料或根据条件类似的工程来选择截流设计流量。同时，须根据当地的实际情况和水文预报加以修正，作为指导截流施工的依据。

在大型工程截流设计中，通常选取一个流量，再考虑较大、较小流量出现的可能性，用几个流量进行截流计算和模型试验研究。对于有深槽和浅滩的河道，如分流建筑物布置在浅滩上，对截流的不利条件，要特别进行研究。

此外，在截流开始前，导流建筑物应已完工，具备过水条件，并完成截流所需的材料、设备、人员、交通道路等准备工作。

三、截流材料

(一) 材料种类选择

截流材料的选择，主要取决于截流时可能发生的流速、落差及工地上现有起重、运输设备的能力。一般应遵循以下原则：

(1) 充分利用当地材料，特别是尽可能利用开挖弃渣料。

(2) 入水稳定，流失量少。

(3) 抛投料级配满足戗堤稳定要求。

(4) 开采、制作、运输方便，费用低。

(5) 对工程施工设备的适应性良好。

国内外大河截流一般首选块石作为截流的基本材料。当截流水力条件较差时，使用混凝土六面体、四面体、四脚体及钢筋混凝土构架等材料，如图1-25所示。如葛洲坝在进行"大江截流"时，关键时刻采用铁链连接在一起的混凝土四面体，最终取得截流的成功。

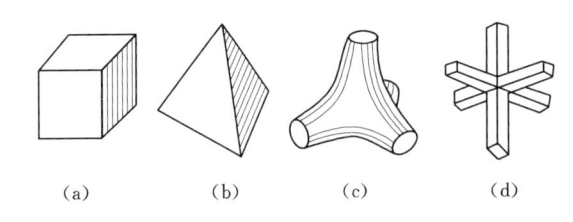

图1-25 截流材料类型
(a) 混凝土六面体；(b) 混凝土四面体；
(c) 混凝土四脚体；(d) 钢筋混凝土构架

（二）材料尺寸的确定

在截流中，合理选择截流材料的尺寸或重量，对于截流的成败和节省截流费用具有很大意义。采用块石和混凝土块体截流时，截流材料的尺寸或重量主要取决于龙口的流速等因素，可通过水力计算初步确定，然后，考虑该工程可能拥有的起重运输设备能力，作出最后抉择。各种不同材料的适用流速，见表1-8。

表1-8 截流材料的适用流速

截 流 材 料	适用流速/(m/s)	截 流 材 料	适用流速/(m/s)
土料	0.5～0.7	3t重大石块或钢筋石笼	3.5
20～30kg重石块	0.8～1.0	4.5t重混凝土六面体	4.5
50～70kg重石块	1.2～1.3	5t重大石块、大石串或钢筋石笼	4.5～5.5
麻袋装土（0.7m×0.4m×0.2m）	1.5		
Φ0.5m×2m装石竹笼	2.0	12～15t重混凝土四面体	7.2
Φ0.6m×4m装石竹笼	2.5～3.0	20t重混凝土四面体	7.5
Φ0.8m×6m装石竹笼	3.5～4.0	Φ1.0m×15m柴石枕	约7～8

（三）材料数量的确定

1. 不同粒径材料数量的确定

无论是平堵或立堵截流，原则上可以按合龙过程中水力参数的变化来计算相应的材料粒径和数量。常用的方法是将合龙过程按高程（平堵）或宽度（立堵）划分成若干区段，然后按分区最大流速计算出所需材料粒径和数量。实际上，每个区段也不是只用一种粒径材料，所以设计中均参照国内外已有工程经验来决定不同粒径材料的比例。例如平堵截流时，最大粒径材料数量可按实际使用区段（$Z=0.42Z_{max}$～$0.6Z_{max}$）考虑，也可按最大流速出现，直到戗堤出水时所用材料总量的70%～80%考虑。立堵截流时，最大粒径材料数量，常按困难区段抛投总量的1/3考虑。根据国内外部分工程的截流资料统计，特殊材料数量约占合龙段总工程量的10%～30%，一般为15%～20%。如仅按最终合龙段统计，特殊材料所占比例约为60%。

2. 备料量

为确保截流既安全顺利又经济合理，须正确计算截流材料的备料量。备料量通常在设计的戗堤体积的基础上再增加一定的裕度，主要考虑堆放、运输的损失及其他不可预见原因造成的用料增加。

备料量的计算，可以设计戗堤体积为准，另外还得考虑各项损失。平堵截流的设计戗堤体积计算比较复杂，需按戗堤不同阶段的轮廓计算。立堵截流戗堤断面为梯形，设计戗堤体积计算比较简单。戗堤顶宽视截流施工需要而定，通常取 10～18m，可保证 2～3 辆汽车同时卸料。

备料量的多少取决于对流失量的估计。实际工程的备料量与设计用量之比多在 1.3～1.5 之间，个别工程达到 2.0。例如，铁门工程为 1.35，青铜峡采用 1.5。有些工程截流实际合龙后还剩下很多材料，因此，初步设计时备料系数不必取得过大，实际截流前夕，可根据水情变化适当调整。

第五节 施 工 度 汛

一、施工度汛标准

当坝体填筑高程达到不需围堰保护时，其临时度汛洪水标准应根据坝型及坝前拦洪库容按表 1-9 规定执行。

表 1-9　　　　　　　　　　坝体施工期临时度汛洪水标准

坝　　型	拦洪库容/$10^8 m^3$		
	≥1.0	1.0～0.1	<0.1
土石坝/[重现期（年）]	≥100	100～50	50～20
混凝土坝、浆砌石坝/[重现期（年）]	≥50	50～20	20～10

二、度汛高程的确定

洪水来临时的泄洪过程如图 1-26 所示。一般导流泄水建筑物的泄水能力远不及原河道。洪水来临时的泄洪过程中，t_1～t_2 时段，进入施工河段的洪水流量大于泄水建筑物的泄量，使部分洪水暂时存蓄在水库中，抬高上游水位，形成一定容积的水库，此时泄水建筑物的泄水量随着上游水位的升高而增大，达到洪峰流量 Q_m。到了入库的洪峰流量 Q_m 后（即 t_2～t_3 时段），入库流量逐渐减少，但仍大于泄水量，蓄水量继续增大，库水位继续上升，泄水量 q 也随之增加，直到时刻 t_3，入库流量和泄水量相等时，蓄水容积达到最大值 V_m，相应的上游水位达最高值 H_m，即坝体挡水或拦洪水位，泄水建筑物的泄水量也达最大值 q_m，即泄水建筑物的设计流量。t_3 时刻以后，入库流量 Q 继续减少，库水位逐渐下降，泄水量 q 也开始减少，但此时库水位较高，泄水量 q 仍较大，且大于入流量 Q，水库存蓄的水量逐渐排出，直到 t_4 时刻，蓄水全部排完，恢复到原来的状态，以上便是水库调节洪水的过程。显然，由于水库的这种调节作用，削减了通过泄水建筑物的最大泄量（如图 1-26 中，由 Q_m 削减为 q_m），却抬高了坝体上游的水位，因此要确定坝体的挡水或拦洪高程，需要通过调洪计算，求得相应的最大泄水量 q_m 与上游最高水位 H_m。

上游最高水位 H_m 加上安全超高便是坝体

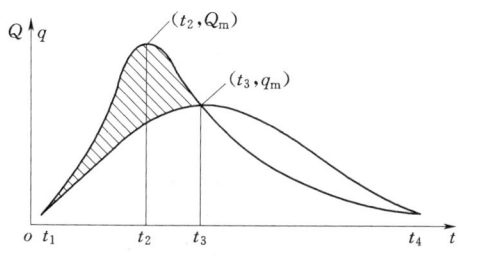

图 1-26　入流和泄流过程示意图

的挡水或拦洪高程，用公式表示为

$$H_f = H_m + \delta \tag{1-10}$$

式中　H_m——拦洪水位，m；

　　　δ——安全超高，m。

依据坝的级别而定，Ⅰ级 $\delta \geqslant 1.5$；Ⅱ级 $\delta \geqslant 1.0$；Ⅲ级 $\delta \geqslant 0.75$；Ⅳ级 $\delta \geqslant 0.5$。

三、拦洪度汛措施

根据施工进度安排，汛期到来之前，若坝体不能修筑到拦洪高程时，必须考虑拦洪度汛措施，尤其当主体建筑物为土坝或堆石坝且坝体填筑又相当高时，更应给予足够的重视，因为一旦坝身过水，就会造成严重的溃坝后果。

（一）围堰挡水度汛

截流后，应严格掌握施工进度，确保围堰在汛前达到度汛高程。如果堰体土石方量过大，汛前难以达到度汛要求的高程，需采取临时度汛措施。如设计临时挡水断面，并满足安全超高、稳定、防渗等要求，顶部要有一定宽度，以满足运输、防汛抢险的要求。临时断面边坡必要时做一定防护，避免受到地表径流的冲刷。在堆石围堰中，可采用大块石、钢丝笼、混凝土盖板、喷混凝土面层、顶面和坡面设钢筋网，以及深入堰体的加筋护体等加固措施，保证过水时不被冲坏。如果围堰是挡水坝体的一部分，其度汛标准应参照永久建筑物施工过程中的度汛标准，施工质量应满足坝体填筑质量的要求。

（二）坝体挡水度汛

1. 混凝土坝的拦洪度汛

混凝土坝一般是允许过水的，若坝身在汛期前不能浇筑到拦洪高程，为了避免坝身过水时停工，可以在坝面上预留缺口度汛，待洪水过后再封填缺口。此外，如果根据混凝土浇筑进度安排，虽然在汛前坝身可以浇筑到拦洪高程，但一些纵向施工缝尚未灌浆封闭时，可考虑用临时断面挡水。在这种情况下，必须提出充分论证，采取相应措施，以消除应力恶化的影响。如拓溪工程的大头坝为提前挡水采用了调整纵缝位置、提高初期灌浆高程和改变纵缝形式等措施，以改善坝体的应力状态。

2. 土石坝拦洪度汛措施

土坝、堆石坝一般是不允许过水的。若坝身在汛期前不能填筑到拦洪高程，一般可以考虑采用降低溢洪道高程、设置临时溢洪道，并用临时断面挡水，如图 1-27 所示，或经过论证采用临时坝体保护过水等措施。

采用临时断面挡水时应注意以下几点：

（1）临时断面顶部应有足够的宽度，以便在紧急情况下仍有余地抢筑子堰，确

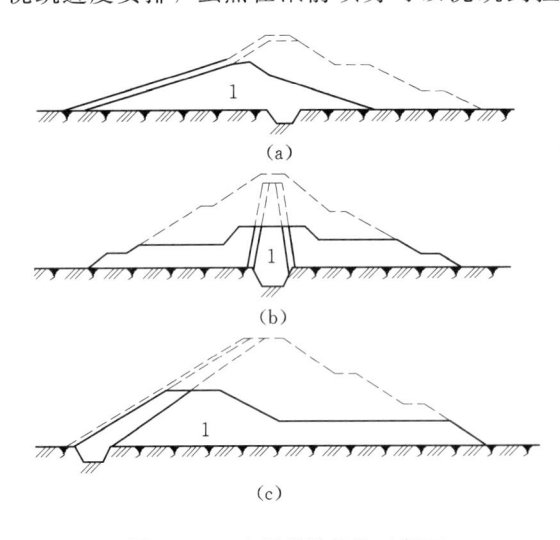

图 1-27　土坝拦洪的临时断面
(a) 坝体临时断面度汛；(b) 心墙临时断面度汛；(c) 斜墙临时断面度汛
1—临时断面

保安全。

(2) 临时断面的边坡应保证稳定，其安全系数应不低于正常设计标准。为防止施工期间由于暴雨冲刷和其他原因而破坏，必要时应采取简单的防护措施和排水措施。

(3) 心墙坝的防渗体一般不允许采用临时断面。

(4) 上游垫层和块石护坡应按设计要求筑到拦洪高程，否则应考虑临时的防护措施。

下游坝体部位，为满足临时断面的安全要求，基础清理完毕后，应按全断面填筑几米后再收坡，必要时应结合设计的反滤排水设施统一安排考虑。

采用临时坝面过水时，应注意以下几点：

(1) 为保证过水坝面下游边坡的稳定，应加强保护或做成专门的溢流堰，例如利用反滤体加固作为过水坝面溢流堰体等，并应注意堰体下游的防冲保护。

(2) 靠近岸边的溢流体堰顶高程应适当抬高，以减小坝面单宽流量，减轻水流对岸坡的冲刷。

(3) 坝面高程一般应低于溢流堰体顶 0.5～2.0m，或做成反坡式坝面，避免过水坝面的冲淤。

(4) 根据坝面过流条件，合理选择坝面保护型式，防止淤积物渗入坝体，特别注意防渗体、反滤层等的保护。必要时上游设置拦污设施，防止漂木、杂物淤积坝面，撞击下游边坡。

第六节 基 坑 排 水

围堰合龙闭气后，应及时排除基坑的积水和不断流入基坑的渗水，使基坑基本保持干燥状态，以利于基坑开挖、地基处理及建筑物的正常施工。基坑的排水工作按排水时间和性质，可分为初期排水和经常性排水。初期排水是指在围堰合龙闭气后，排除围堰内的积水、围堰的渗水和降水。经常性排水是指在基坑开挖和建筑物施工过程中，排除基坑内的渗水、降水和施工废水等，按排水的方法可分为明沟排水和人工降低地下水位两种。

一、初期排水

在选定排水设备流量时，需估计基坑内的水量，考虑地质情况、工期长短、施工条件等因素，可按下式估算：

$$Q=\frac{KV}{T} \tag{1-11}$$

式中 Q——排水设备流量，m^3/s；

K——积水体积系数，主要与围堰种类、防渗措施、地基情况、排水时间等因素有关，大中型工程采用 4～10，小型工程采用 2～3；

V——基坑内积水的体积，m^3；

T——初期排水时间，s。

排水时间（T）受基坑水位下降速度的限制。允许下降速度视围堰型式、地基特性及基坑内水深而定。水位下降太快，则围堰或基坑边坡中动水压力变化过大，容易引起塌坡；下降太慢，则影响基坑开挖时间。一般下降速度限制在 0.5～1.5m/d。初期排水时间，大型基坑一般采用5~7d，中型基坑一般不超过3~5d。

根据初期排水流量即可确定所需的排水设备数量。排水设备常用普通离心泵或潜水泵。为运转方便，应选择容量不同的离心式水泵，以便组合使用。

排水水泵的布置应结合实际情况认真考虑。如布置不当，可能会降低排水效果，甚至频繁转移，造成人力、物力和时间的浪费。

二、经常性排水

初期排水工作完成后，围堰内外水位差增大，此时渗透量相应增加。为保证基坑内施工在干地进行，必须进行长期的抽水工作即经常性排水。经常性排水是将围堰及地基渗透入基坑的水流、降雨和施工废水等不断排出。

初期排水工作完成后，围堰内外水位差增大，此时渗透量相应增加。

经常性排水的方法主要取决于基坑的土质条件、地质构造。土质不同、地质构造不同，其地下水的渗透系数、渗透流量也不同。按排水方法可分为明沟排水和人工降低地下水位（或称明式排水和暗式排水）两种。

渗透系数大的粗颗粒土层宜用明沟排水法。渗透系数小的细颗粒土层用明沟排水法会产生较大的动水压力，使开挖边坡塌滑，产生管涌，这种情况宜采用人工降低地下水位方法，如管井法、井点法，各种排水方法及适用条件可参照表1-10。

表1-10 各种排水方法及适用条件

土的种类	渗透系数 K		适用的排水方法
	m/d	cm/s	
砂砾石、粗砂	>150	>0.1	明排法
粗、中砂土	1~150	0.001~0.1	管井法、轻型井点法
中、细砂土	1~50	0.001~0.01	轻型井点法、深井点法
细砂土、砂壤土	0.1~1	0.0004~0.001	真空井点法
软砂质土、黏土、淤泥	<0.1	<0.0001	电渗井点法

人工降低地下水位的方法，使土由浮容重变为湿容重，为开挖创造了条件，地下水位降低后，开挖边坡可以放陡，减少开挖量，降低造价，缩短工期，但排水费用较高。明沟排水法机动性好，可以充分利用初期排水设备，排水费用较低。

1. 明沟排水法

明沟排水是在基坑开挖过程中的排水系统，一般将排水干沟布置在基坑中部（以利于出土）；集水井布置在轮廓线的外侧，且低于干沟沟底，便于水向外抽排，且不妨碍开挖和运输工作。

明沟排水适用于地基为岩基或粒径较粗、渗透系数较大的砂卵石覆盖层。当采用明沟排水法，在开挖地下水位较高的细砂、粉砂及亚砂土等基坑土时，随着基坑底面的下降，坑底与原地下水位的高差越来越大，坡脚及坑底土壤中会形成较大的渗透压力，当此压力超过一定数值（土颗粒的浮容重）时，就会产生流土现象，导致基底土丧失承载能力，施工条件恶化，严重时会造成边坡滑坡、坑底隆起，甚至危及邻近建筑物的安全。为避免产生流土，可采用滤水拦砂稳定基坑边坡，或改变排水方法，采用人工降低地下水位的方法。

明沟排水的步骤为排水入沟渠—沟渠水入泵站集水井—水泵将水抽出集水井。排水系统的布置通常应考虑以下两种情况：

(1) 基坑开挖过程中的排水系统布置。基坑开挖过程中布置排水系统的布置如图 1-28 所示。应以不妨碍开挖和运输工作为原则，一般将排水干沟布置在基坑中部，以利两侧出土。随着基坑开挖工作的进展，应逐渐加深排水沟，通常保持干沟深度为 1.0~1.5m，支沟深度为 0.4~0.5m，集水井底部应低于干沟的沟底 0.5~1.0m，或深于抽水泵进水阀的高度。

集水井井壁应进行加固，以防井壁坍塌。井底可填 20cm 厚碎石或卵石。

(2) 修建建筑物时的排水系统布置。基坑开挖完成后修建建筑物时排水系统的布置如图 1-29 所示。通常布置在基坑四周，以免对工程主体施工造成影响。排水沟应布置在建筑物轮廓线以外，且距离基坑边坡坡脚不小于 0.3m。排水沟的断面尺寸和底坡大小，取决于排水量大小。

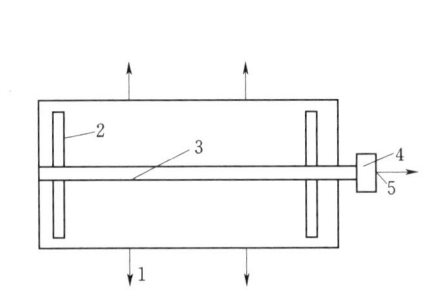

图 1-28 基坑开挖过程中的排水系统布置图
1—出渣方向；2—支沟；3—干沟；
4—集水井；5—抽水

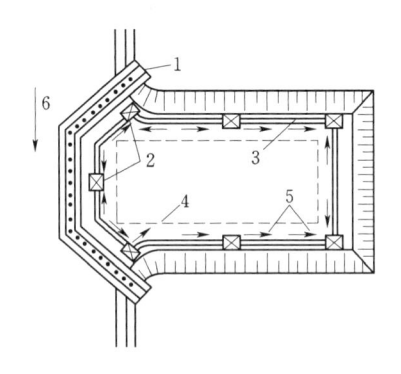

图 1-29 修建建筑物时排水系统布置图
1—围堰；2—集水井；3—排水沟；4—建筑
轮线；5—沟内水流方向；6—河流

集水井布置在建筑物轮廓线以外较低的地方，干沟、集水井与建筑物外缘的距离应考虑立模、堆放材料、交通等所需要的宽度。

当基坑开挖土层由多种土组成，中部夹有透水性强的砂性土时，为避免上层地下水冲刷基坑下部边坡造成塌方，可在基坑边坡上设置 2~3 层明沟及相应的集水井，分层阻截并排除上部土层中的地下水。此法可保持基坑边坡稳定，减少边坡高度和水泵扬程。适用于深度较大，地下水位较高，且上部有透水性较强的土层的基坑开挖。

2. 人工降低地下水位法

在地下水位以下含水土层中大面积开挖基坑时，由于地下涌水量较大，采用一般的明沟排水方法难于排干，遇到粉、细砂层时易产生流土（砂）等现象，使基坑开挖施工条件恶化，边坡失稳甚至坍塌。此时，可采用人工降低地下水位的方法防止流砂的产生。

人工降低地下水位是在基坑开挖之前，在基坑周围钻设一些滤水管（井），并在基坑开挖及基坑内建筑物施工过程中不断抽水，使基坑地下水位始终处于开挖面或基底以下，基坑内土壤始终保持干燥状态。该方法可以明显改善基坑内的施工条件，防止流土现象发生，基坑开挖边坡可以酌情变陡些，从而减少开挖方量。一般情况使地下水位维持在开挖基坑底部 0.5～1.0m。

人工降低地下水位按排水原理可分为管井法和井点法两类。管井法是单纯利用重力作用排水，适用于渗透系数 $K=10～250m/d$ 的土层；井点法还附有真空或电渗排水作用，适于 $K=0.1～50m/d$（真空法），有时也用于 $K<0.1m/d$（电渗法）的土层。

（1）管井排水法。管井排水法就是在基坑周围布置一些单独工作，内径为 20～40cm 的管井，地下水在重力作用下流入管井中。井中抽水可应用各种抽水设备，主要是普通离心式水泵、潜水泵或深井水泵，分别可降低水位 3～6m、6～20m 和 20m 以上，一般采用潜水泵较多。

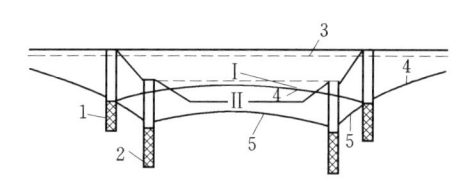

图 1-30 分层降低地下水位
Ⅰ—第一层；Ⅱ—第二层；1—第一层管井；
2—第二层管井；3—天然地下水位；
4—第一层水面降落曲线；
5—第二层水面降落曲线

管井一般设置在基坑边坡中部，井的纵向间距通常为 15～25m，当土层渗透系数较小时，间距较小；反之，则间距较大。当采用普通离心式水泵，且要求降低地下水位较深或基坑较长时，应分层设置管井，如图 1-30 所示。当要求降低地下水位较深（大于 20m）时，常采用专用深井水泵，每台深井泵均独立工作，适当加大各井之间间距可以提升排水效果，可以减少管井个数。

管井通常由埋设钢井管组成，也可用预制混凝土管代替。井管的下部安装滤水管节（滤头），有时在井管外还需设置反滤层，地下水从滤水管进入井内，水中的泥沙则沉淀在沉淀管中。滤水管是井管的重要组成部分，其构造对井的出水量和可靠性影响很大。要求过水能力大，进入的泥沙少，要有足够的强度和耐久性。如图 1-31 所示。

管井埋设可采用射水法、钻井法和振动射水法等。采用射水法下管时，可用专门的水枪冲孔，井管随冲孔而下沉。采用钻井法埋设时，可先下套管，后下井管，然后再一边填滤料，一边起拔套管；当采用射水法下管时，可用专门的水枪冲孔，井管随冲孔而下沉。射水法是先用高压水冲土下沉套管，较深时可配合振动或锤击（振动水冲法），下沉到设计深度后，在套管中插入井管，最后在套管与井管的间隙中间填反滤层和拔套管，反滤层每填高一次便拔一次套管，逐层上拔，直至完成。

（2）井点排水法。和管井排水法不同，井点排水法把井管和水泵的吸水管合二为一，简化了井的构造。根据井点排水法降水深度能力的不同，分为轻型井点、深井点和电渗井点等，最常用的是轻型井点。

1）轻型井点系统由井管、集水总管、普通离心式水泵、真空泵和集水箱等设备组成。如图 1-32 所示。

轻型井点系统的井点管为直径 38～50mm 的无缝钢管，间距为 0.6～1.8m，最大可到 3.0m。地下水从井管下端的滤水管借真空泵和水泵的抽吸作用流入管内，沿井管上升汇入集水总管，流入集水箱，由水泵排出。轻型井点系统开始工作时，先开动真空泵，排出系统内的空气，待集水井内的水面上升到一定高度后，再启动水泵排水。水泵开始抽水后，为了保持系统内的真空度，仍需真空泵配合水泵工作。这种井点系统也叫真空井点。

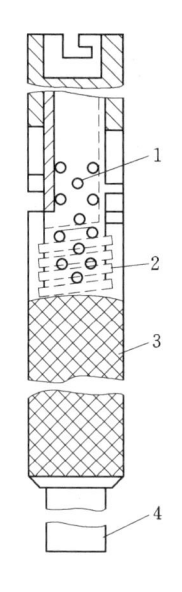

图 1-31 滤水管节构造简图
1—多孔管；2—绕面螺旋铁丝；
3—铅丝网，1~2层；4—沉淀

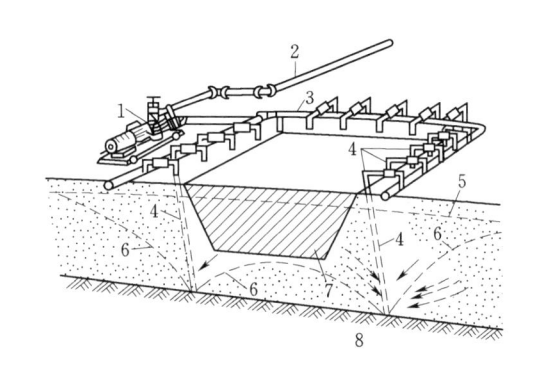

图 1-32 轻型井点系统
1—带真空泵和集水箱的离心式水泵；2—排水管；
3—集水总管；4—井管；5—原地下水位；
6—排水后水面曲线；7—基坑；8—不透水层

轻型井点系统排水时，地下水位的下降深度，取决于集水箱内的真空度与管路的漏气和水头损失。一般集水箱内真空度为 53~80kPa（约 400~600mmHg），吸水高度为 5~8m，扣去各种损失后，地下水位的下降深度为 4~5m。

当要求地下水位降低的深度超过 4m 时，可以像管井一样分层布置井点，每层控制范围 3~4m，以不超过 3 层为宜。分层太多，基坑范围内管路纵横，妨碍交通，影响施工，也增加了开挖方量，而且当上层井点发生故障时，下层水泵能力有限，地下水位会回升，基坑有被淹没的可能。

真空井点抽水时，在滤水管周围形成一定的真空梯度，加速了土的排水速度，因此即使在渗透系数小到 0.1m/d 的土层中也能进行工作。

布置井点系统时，为了充分发挥设备能力，集水总管、集水管和水泵应尽量接近天然地下水位。当需要几套设备同时工作时，各套总管之间最好接通，并安装开关，以便相互联通工作。井管的安设，一般用射水法下沉。距孔口 1.0m 范围内，应用黏土封口，以防漏气。排水工作完成后，可利用杠杆将井管拔出。

2）与轻型井点不同，深井点的每一根井管上都装有扬水器（水力扬水器或压气扬水器），因此它不受吸水高度的限制，有较大的降深能力。深井点有喷射井点和压气扬水井点两种，如图 1-33 和图 1-34 所示。

喷射井点系统主要由喷射井管、高压水泵及进水排水管路组成。喷射井管由内管和外管组成，在内管下端设有扬水器与滤管相连。高压水经外管与内管之间的环形空间后，经扬水器侧孔流向喷嘴，由于喷嘴处截面突然缩小，压力水经喷嘴以很高的流速喷入混合

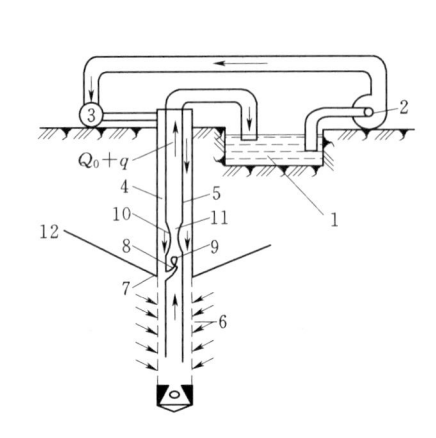

图 1-33 喷射井点排水示意图
1—集水池；2—高压水泵；3—输水干管；4—外管；
5—内管；6—滤管；7—进水孔；8—喷嘴；
9—混合室；10—喉管；11—扩散管；12—水面线

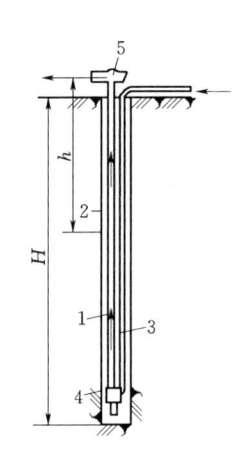

图 1-34 压气扬水井点
装置示意图
1—扬水管；2—井；3—输气管；
4—喷气装置；5—管口

室，使混合室压力下降造成真空。此时，地下水被吸入混合室与高压水汇合，流经扩散管，沿内管上升，经排水总管排出。

通常一台高压水泵能为 30~35 个井点服务，其降水深度可达 8~20m。喷射井点的排水效率不高，一般适用于渗透系数为 3~50m/d、渗流量不大的场合。当基坑较深而地下水位又较高时，采用多级轻型井点使得工期较长，基坑挖方量大，可改用喷射井点。

压气扬水井点是用压气扬水器进行排水，其系统主要由扬水器、输气管、喷气装置及管路组成。排水时压缩空气由输气管送来，由喷气装置进入扬水管，管内容重较轻的水气混合液在管外水压力的作用下，沿水管上升到地面排走，为达到一定的扬水高度，就必须将扬水管沉入井中有足够的潜没深度，使扬水管内外有足够的压力差。压气扬水井点降低地下水位最大可达 40m。

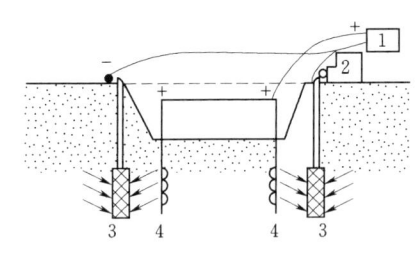

图 1-35 电渗井点排水示意图
1—直流发电机；2—水泵；
3—井点；4—钢管

3) 电渗井点排水时，沿基坑四周布置两列正负电极，通常用钢筋或其他金属材料作为正极，以轻型井点或喷射井点的井点管作为负极，正负极的数量相等。如图 1-35 所示。通电后，利用土中水在电场作用下的电渗作用，加速地下水向井点管的渗透，然后由井点系统的水泵排出。正极垂直埋设在井点管的内侧，埋设深度一般较井点管深约 50cm，露出地面 20~40cm。

对于渗透系数小于 0.1m/d 的黏土或淤泥降低地下水位时，采用轻型井点或喷射井点降水效果较差，宜改用电渗井点排水。

采用轻型井点和喷射井点排水时，正负极的间距分别为 0.8~1.0m 和 1.2~1.5m。

【练习与思考】

1. 施工导流的主要任务是什么？
2. 施工导流方式有哪些？各有何特点及适用范围？
3. 什么是分期？什么是分段？二者有何异同？
4. 导流隧洞布置时，应注意哪些主要问题？
5. 围堰的平面布置应注意哪些问题？
6. 什么是导流标准？如何确定导流设计流量？
7. 截流的基本方法有哪些？各有何优缺点及适用范围？
8. 施工导流方案确定要考虑的因素有哪些？
9. 土石坝拦洪度汛措施有哪些？应注意哪些问题？
10. 经常性排水的基本方法有哪些？怎样选择排水方法？
11. 井点排水方法有哪些？各有何特点？

第一章 视频、课件

第二章 爆破工程施工

在水利工程施工中常用爆破方式来开挖基坑和地下建筑物所需要的空间。爆破施工不仅施工简便、节省人力、加快施工进度、提高劳动效率、降低成本,而且受气候影响较小,能完成许多机械和人工无法完成的工作。水利工程在建设过程中往往需要开挖大量土石方,爆破就成为了最常用的施工方法之一,如山体内设置的水电站厂房、水工隧洞施工等。也可以运用一些特殊的工程爆破技术来完成某些特定的施工任务,如定向爆破筑坝、水下岩塞爆破和边界控制爆破等。

随着社会发展和科技进步,爆破技术发展迅速并渐趋成熟,其应用领域也在不断扩大。爆破已广泛应用于矿山开采、建筑拆迁、道路建设、水利水电施工、材料加工以及植树造林等众多工程与生产领域。

需要注意的是,作为土石方开挖的有效方法之一,爆破施工在满足工程设计要求的同时,必须保证周围的人和物的安全。

第一节 爆破基本理论

爆破是炸药爆炸作用于周围介质的结果,利用炸药的爆炸能量,使炸药周围的介质(土、岩石及混凝土等)发生变形并被破坏,如松动、破碎或抛掷等。

一、无限均匀介质中的爆破

在均匀的无限介质中起爆一定质量的球形药包时,爆炸产生的能量将呈同心球面向外传播,并对一定区域内的岩体产生不同程度的破坏作用。由于受到的作用力有所不同,因而产生不同程度的破坏或振动现象,这种破坏作用距药包中心越近,破坏程度越大,被影响的全部范围就叫作爆破作用圈。根据破坏程度大小,可将介质大致分成压缩圈、抛掷圈、松动圈、震动圈四个圈,如图2-1所示。相应的半径为压缩半径或粉碎半径R_c、抛掷半径R、松动半径R_p、震动半径R_z。震动圈以外爆破作用的能量就消失了。以上各圈只是为了说明爆破作业而划分的,其爆破作用与炸药特性和用量、药包结构、爆炸方式以及介质特性等密切相关。

(1)压缩圈。图2-1中R_1表示压缩圈半径,在这个作用圈范围内,介质直接承受了药包爆炸产生的巨大的作用力,如果介质是可塑性的土壤,便会遭到压缩形成孔腔;如果是坚硬的脆性岩石便会被粉碎。所以把R_1这个球形地带称为压缩圈或破碎圈。

(2)抛掷圈。围绕在压缩圈范围以外至R的地带,受到的爆破作用力虽较压缩范围内小,但介质原有的结构受到破坏,分裂成为各种尺寸和形状的碎块,而且爆破作用力足以使这些碎块获得运动速度。如果这个地带的某一部分处在临空的自由面条件下,破坏了的介质碎块便会产生抛掷现象,因而称为抛掷圈。

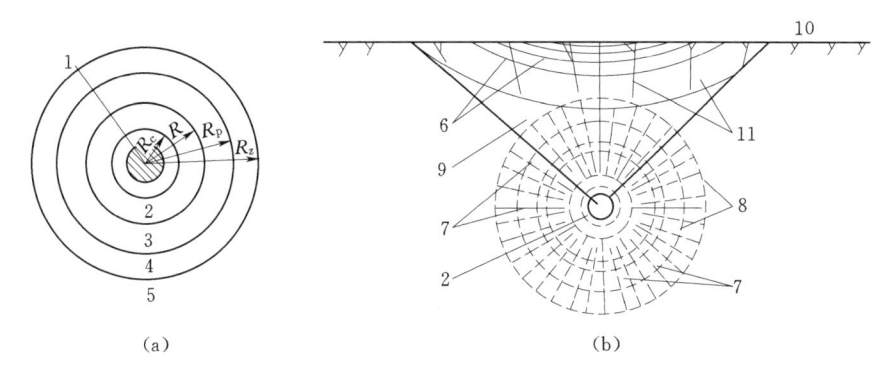

图 2-1 爆破作用范围示意图

1—药包；2—压缩圈；3—抛掷圈；4—松动圈；5—振动圈；6—弧向裂缝；
7—径向裂缝；8—环向裂缝；9—爆破漏斗；10—临空面；11—临空面裂缝

（3）松动圈，又称破坏圈。在抛掷圈以外至 R_p 的地带，爆破的作用力更弱，除了能使介质结构受到不同程度的破坏外，没有余力使破坏了的碎块产生抛掷运动，因而称为破坏圈。工程上为了实用起见，一般还把这个地带被破碎成为独立碎块的一部分称为松动圈，而把只是形成裂缝，互相间仍然连成整块的一部分称为裂缝圈或破裂圈。

（4）震动圈。在破坏圈范围以外，微弱的爆破作用力甚至不能使介质产生破坏。这时介质只能在应力波的传播下，发生振动现象，这就是图 2-1 中 R_z 所包括的地带，通常称为震动圈。震动圈以外爆破作用的能量就完全消失了。

二、有限介质中的爆破

土岩介质与空气或水介质的交界面称为自由面或临空面。当自由面（临空面）在爆破作用的影响范围以内时，自由面将对爆破产生聚能作用和反射拉力波作用。有限介质的爆破是指药包埋设深度不大，爆破作用受到临空面影响的爆破。当药包的爆破作用具有使部分介质抛向临空面的能量时，将形成以药包中心为顶点的一个倒圆锥形爆破坑，称为爆破漏斗，如图 2-2 所示。

爆破漏斗的几何特征参数有：药包中心至临空面的最短距离，即最小抵抗线长度 W；爆破漏斗底半径 r；爆破作用半径 R；可见漏斗深度 P；抛掷距离 L。爆破漏斗的几何特性反映了药包重量和埋深的关系，反映了爆破作用的影响范围。

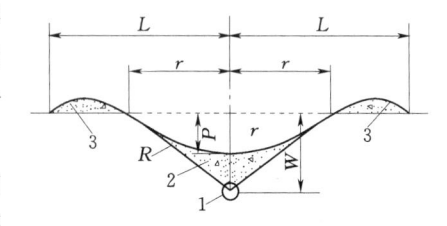

图 2-2 爆破漏斗示意图
1—药包；2—回落的石渣；3—坑外堆积体

爆破漏斗底半径 r 与最小抵抗线长度 W 的比值称为爆破作用指数，最能反映爆破漏斗的几何特性，它是爆破设计中最重要的参数，即

$$n = \frac{r}{W} \tag{2-1}$$

根据爆破作用指数的大小可以判断爆破作用性质及岩石抛掷的远近程度，同时它也是计算药包量、决定漏斗大小和药包距离的重要参数。一般用 n 来区分不同爆破漏斗，划分不同爆破类型，n 值大，形成宽浅式漏斗；n 值小，形成窄深式漏斗，甚至不出现爆破漏

斗，如图 2-3 所示。

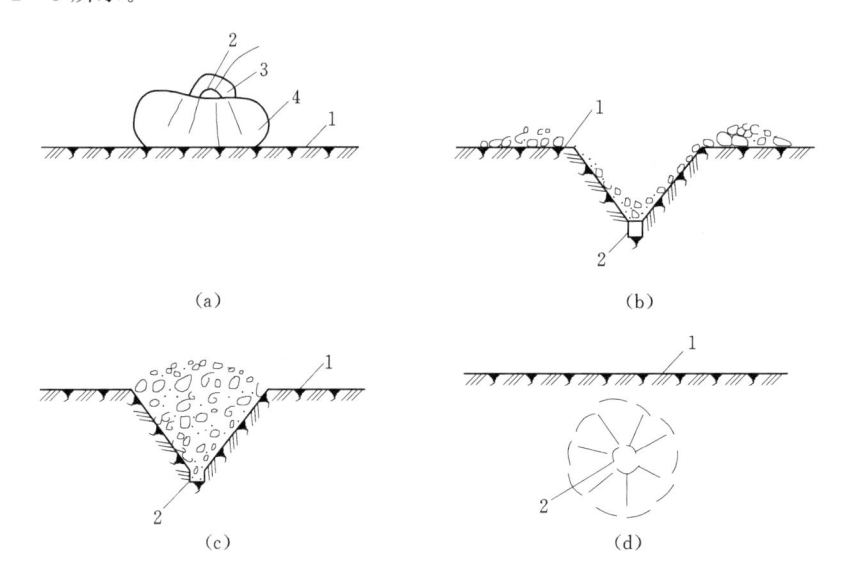

图 2-3 爆破类型
(a) 裸露爆破；(b) 抛掷爆破；(c) 松动爆破；(d) 内部爆破
1—临空面；2—药包；3—覆盖物（砂或黏土）；4—被爆破的物体

当 $n=1$ 时，即 $r=W$，称为标准抛掷爆破。
当 $n>1$ 时，即 $r>W$，称为加强抛掷爆破。
当 $0.75<n<1$ 时，$r<W$，称为减弱抛掷爆破。
当 $0.33<n\leqslant 0.75$ 时，称为松动爆破。
当 $n\leqslant 0.33$ 时，称为隐藏式爆破。

各种爆破对应的药包称为标准抛掷药包、加强抛掷药包、减弱抛掷药包、松动药包和内部药包。不同爆破类型有不同的应用，加强抛掷爆破用于定向爆破筑坝，标准抛掷爆破用于爆破试验，松动爆破用于采石场和保护层的开挖。

三、药包及其装药量计算

为了爆破某一物体而在其中放置一定数量的炸药，称为药包。药包的类型不同，爆破效果也不同。按形状，药包分为集中药包和延长药包。当药包的最长边与最短边的比值 $L/a\leqslant 4$ 时，为集中药包；当 $L/a\geqslant 4$ 时，为延长药包。对于洞室爆破，常用集中系数 $\varPhi$ 来区分药包的类型。当 $\varPhi\geqslant 0.41$ 时为集中药包；反之为延长药包或条形药包。

由于影响因素多，爆破工程中炸药用量的计算十分复杂，一般都是根据现场试验方法，大致得出爆破单位体积介质所需的用药量，然后再按照爆破漏斗体积计算出每个药包的装药量。

对于单个集中药包，装药量可按下式计算：
$$Q=KV \tag{2-2}$$
式中 K——爆破单位体积岩石的炸药耗药量，简称单位耗药量，kg/m^3，可根据实验确定；

V——标准抛掷爆破漏斗内的岩石体积,m³。
$$V \approx W^3$$

故装药量计算公式可以写为

$$Q = KW^3 \qquad (2-3)$$

对于加强抛掷爆破:

$$Q = (0.4 + 0.6n^3)KW^3 \qquad (2-4)$$

对于减弱抛掷爆破:

$$Q = \left(\frac{4+3n}{7}\right)^3 KW^3 \qquad (2-5)$$

对于松动爆破:

$$Q = 0.33KW^3 \qquad (2-6)$$

式中 Q——药包装药量,kg;
W——最小抵抗线长度,m;
n——爆破作用指数。

对于延长药包,当药包与临空面垂直时,通常装药长度为孔深的 1/3,堵塞长度为孔深的 2/3,最小抵抗线长度为孔深的 5/6。其装药量为

$$Q = KW^3 = \frac{125}{216}KL^3 \qquad (2-7)$$

当药包与临空面平行时,延长药包爆破后形成的爆破漏斗为三棱柱体,其体积为

$$V = \frac{1}{2} \times (2rW)L = nW^2L \qquad (2-8)$$

这时装药量为

$$Q = KW^2L \qquad (2-9)$$

装药量的多少,取决于爆破岩石的体积、爆破漏斗的规格和其他有关参数。上述公式都是以单自由面集中药包为前提,在工程实际中,为了改善爆破效果,都尽可能多地利用临空面进行爆破,这样就使爆破漏斗形状和大小变得复杂,在实际工程计算中,要按具体情况确定每个药包所能爆破的体积和所需要的装药量进行累计,计算出总装药量。

第二节 爆 破 器 材

爆破器材主要包含爆破过程中使用的炸药和起爆材料。炸药是破坏介质的能源,而起爆材料则使炸药能安全、有效地释放能量。起爆是爆破过程中的重要环节,合适的起爆方法及可靠的爆破网络,对充分利用炸药能量和保障爆破的安全可靠有着重要的作用,同时也有利于控制爆破抛掷方向,降低爆破振动效应。

一、炸药的主要性能指标

通常,凡能发生化学爆炸的物质均可称为炸药。爆破应根据岩石性质和施工要求选择不同特性的炸药。反映炸药特性的基本性能指标主要有以下几个。

1. 威力

威力分别以爆力和猛度表示。前者又称为静力威力,用定量炸药炸开规定尺寸铅柱体

内空腔的容积来表示，它表征炸药破坏一定体积介质的能力。后者又称为动力威力，用定量炸药炸塌规定尺寸铅柱体的高度来表示，它表征炸药爆炸时粉碎一定体积介质的能力。威力的大小主要反映在爆速、爆热、爆温、爆气量与爆压等方面。

2. 安定性

炸药在长期储存和运输过程中，保持自身物理和化学性质稳定不变的能力称为安全性。物理安定性主要有吸湿、结块、挥发、渗油、老化、冻结、耐水等。化学安定性取决于炸药的化学性能。例如硝化甘油类炸药在50℃时开始分解，如果热量不能及时散发，可能引起自燃与爆炸。

3. 敏感度

炸药在外界能量的作用下，发生爆炸的难易程度称为敏感度。不同炸药对外界能量的敏感程度往往是不可比的。炸药的敏感度常用爆燃点、发火性、撞击敏感度和起爆敏感度来表示。爆燃点是指在规定时间内（5min）使炸药发生爆炸的最低温度；发火性是指炸药对火焰的敏感程度；撞击敏感度是指炸药对机械作用的敏感程度；起爆敏感度是指引起炸药爆炸的极限药量。

炸药的敏感度常随掺和物的不同而改变。例如：在炸药中掺有棱角坚硬物（砂、玻璃、金属屑等）时敏感度提高；当掺有水、石蜡、沥青、油、凡士林等柔软、热容量大、发火点高的掺和物时，敏感度降低。

4. 最佳密度

最佳密度是指炸药能获得最大爆破效果的密度。炸药密度凡高于和低于此密度，爆破效果都会降低。

5. 氧平衡

氧平衡是炸药含氧量和氧化反应程度的指标。当炸药的含氧量恰好等于可燃物完全氧化所需要的氧量，则生成无毒的 CO_2 和 H_2O，并释放大量热能，称为零氧平衡。若含氧量大于需氧量，生成有毒的 NO_2，并释放较少的热量，称为正氧平衡。若含氧量不足，只能生成有毒的 CO，释放热量仅为正氧平衡的 1/3 左右。显然，从充分发挥炸药化学反应的放热能力和有利于安全出发，炸药最好是零氧平衡。考虑到炸药包装材料燃烧的需氧量，炸药通常配制成微量的正氧平衡。氧平衡可通过炸药的掺和来调整。

例如，TNT 炸药是负氧平衡，掺入正氧平衡的硝酸铵，使之达到微量的正氧平衡。对于正氧平衡的炸药药卷，也可增加包装纸爆炸燃烧达到零氧平衡。

6. 殉爆距

殉爆是由一个药包的爆炸引起与之相距一定距离的另一药包爆炸的现象。殉爆距是能够连续三次使该药包出现殉爆的最大距离。

7. 稳定性

炸药起爆后，若能以恒定不变的速度自始至终保持完整的爆炸反应，称为稳定的爆炸。在钻孔爆破中影响爆炸稳定性的因素有药包直径（d）和炸药密度（ρ）。

二、炸药种类及常用工程炸药

1. 炸药种类

炸药一般分为起爆炸药和主炸药。起爆炸药是用于制造起爆器材的炸药，其主要特点有：敏感度高，爆速增加快，易由燃烧转为爆轰；安定性好，特别是化学安定性好；有很好的松散性和压缩性。常用的起爆炸药有：雷酸汞，又名雷汞 $Hg(CNO)_2$，50℃开始分解，160℃爆炸，对温度敏感；叠氮化铅 $Pb(N_3)_2$，比雷汞迟钝，不溶于水；二硝基重氮酚 $C_6H_2N_4O_5$，安定性好，起爆能力强，相对安全，价格便宜等。

主炸药是产生爆破作用的炸药，其主要特点有：威力大，能被普通雷管引爆；成本低，种类多（适用于各种条件），安全可靠。常用的主炸药主要有三硝基甲苯、硝化甘油、铵锑炸药、铵油炸药、浆状炸药、乳化炸药和黑火药等。

2. 常用工程炸药

(1) 三硝基甲苯（TNT）。TNT 是一种烈性炸药，呈黄色粉末或鱼鳞片状，安定性好，遇火能燃烧（特别条件下能转为爆炸），机械敏感度低，难溶于水，可用于水下爆破。爆炸后呈负氧平衡，故一般不用于地下工程或通风不好的隧洞爆破。爆破爆速 7000m/s，爆热 950kcal/kg，价格昂贵。由于威力大，常用来做副起爆炸药（雷管加强药）。

(2) 胶质炸药。主要成分是硝化甘油，威力大、密度大、抗水性强，可做副起爆炸药，可用于水下和地下爆破工程。它价格昂贵，爆力 500mL，猛度 22～23mm。如国产 SHJ-K 水胶炸药，不仅威力大，抗水性好，且敏感度低，运输、储存和使用均较安全。

(3) 铵锑炸药。淡黄色粉末，本身有毒但爆炸气体无毒，敏感度小，价格低，易潮湿结块。主要由硝酸铵加少量的 TNT（敏感剂）和木粉（可燃剂）混合而成。调整三种成分的百分比可制成不同性能的铵锑炸药。国产铵锑炸药品种有：露天铵锑炸药 1 号、2 号、3 号、岩石铵锑炸药 1 号、2 号和安全铵锑炸药等。

(4) 浆状炸药。浆状炸药可以是非黏稠的晶质溶液、黏稠化的胶体溶液或黏稠并交联的凝胶体。几乎所有的浆状炸药都含有增稠的胶凝剂，含有水溶性胶凝剂的浆状炸药又称为水胶炸药。水胶炸药性能主要取决于其配方和胶凝系统的制造工艺。其优点是炸药密度、形态及其性能可在较大的范围内调整，有突出的抗水性能，但其抗冻性和稳定性有待改善。

(5) 乳化炸药。乳化炸药以氧化剂水溶液与油类经乳化而成的油包水型的乳胶体作爆炸性基质，再添加少量氯酸盐和过氯酸盐作辅助氧化剂。乳化剂胶体是乳化炸药中的关键组成部分。乳化剂是一种表面活性剂，用来降低水油的表面张力，形成水包油或油包水的乳化物。乳化炸药的爆速较高，且随药柱直径、炸药密度增大而提高。其抗水性能强，爆炸性能好。

(6) 黑火药。由 60%～75% 硝石加 10%～15% 硫黄再加 15%～25% 木炭掺和而成，制作简单、成本低廉、易受潮、威力小，适用于制作导火索以及小型水利工程中松软岩石爆破。

三、起爆器材

起爆器材包括火雷管、电雷管、导火索、导爆索和导爆管等。

1. 火雷管

火雷管即普通雷管，由管壳、正副起爆炸药和加强帽三部分组成，如图 2-4 (a) 所示。管壳材料有铜、铝、纸、塑料等。上端开口，中段设加强帽，中有小孔，副起爆炸药压于管底，正起爆炸药压在上部。在管沟开口一端插入导火索，引爆后，火焰使正起爆炸药爆炸，最后引起副起爆炸药爆炸。火雷管具有结构简单，生产效率高，使用方便、灵活，价格便宜，不受各种杂电、静电及感应电的干扰等优点。但由于导火索在传递火焰时难以避免速燃、缓燃等致命弱点，在使用过程中爆破事故多，因此使用范围和使用量受到极大限制。

2. 电雷管

电雷管分即发、延发和毫秒微差三种。

（1）即发电雷管。即发电雷管是由火雷管和1个发火元件组成，其结构如图2-4（b）所示。接通电源后，电流通过桥丝发热，使引火药头发火，导致整个雷管起爆。

（2）延发电雷管。普通延发电雷管是雷管通电后，间隔一定时间才起爆的电雷管。延期时间为半秒或1秒，用精致火索段或延期药来达到目的。采用精致导火索段的结构称为索式结构；采用延期药的结构称为装配式结构延发电雷管的结构如图2-4（c）所示。

延发电雷管主要用于基建和隧道掘进、采石、土方开挖等爆破作业中，在有瓦斯和煤尘爆炸危险的工作面不准使用延期电雷管。

（3）毫秒微差电雷管。毫秒微差电雷管的结构有多种形式，根据延期药的装配关系分为直填式和装配式，装配式又有管式、索式和多芯结构式。毫秒微差电雷管有等间隔和非等间隔之分，段与段之间的间隔时间相等的称为等间隔；反之称为非等间隔。

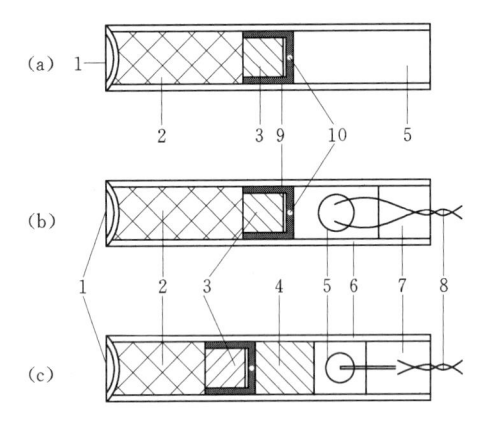

图2-4 雷管结构图
（a）火雷管；（b）即发电雷管；（c）延发电雷管
1—聚能穴；2—副起爆炸药；3—正起爆炸药；
4—缓燃剂；5—点火桥丝；6—雷管外壳；
7—密封胶；8—脚线；
9—加强帽；10—帽孔

毫秒微差电雷管在爆破工作中作用越来越大，它对降低爆破地震、保护边坡、控制飞石等起到了很好的作用；对控制爆破、保护地基基础也起到了重要作用。毫秒微差电雷管正在向高精度、多段数、多品种、多系列的方面发展，同时还要求能够抗静电、抗杂静电、耐高温、抗深水，以满足各种特殊要求的爆破需要。

3. 导火索

导火索是用来起爆火雷管和黑火药的起爆材料，用于一般爆破工程，不宜用于有瓦斯或矿尘爆炸危险的作业面。它是用黑火药做芯药，用麻、棉纱和纸作包皮，外面涂有沥青、油脂等防潮剂。

导火索的燃烧速度有两种：正常燃烧速度为100～120m/s，缓燃速度为180～210m/s。喷火强度不低于50mm。

国产导火索每盘长250m，耐水性一般不低于2h，直径5～6mm。

4. 导爆索

导爆索用强度大、爆速高的烈性黑索金作为药芯，以棉线、纸条为包缠物，并涂以防潮剂，表面涂红色，索头涂防潮剂。

导爆索的优点是不受电的干扰,使用安全;起爆准确可靠,并能同时起爆多个炮孔,同步性好,故在控制爆破中应用广泛;施工装药比较安全,网络敷设简单可靠;可在水孔或高温炮孔中使用。缺点是:价格高,网络连接后孔内无法检查;不能实现炮孔孔底起爆,影响能量充分利用。

5. 导爆管

导爆管是一种半透明的,具有一定强度、韧性,耐温、不透水的塑料管起爆器材。在塑料软管内壁涂薄薄一层胶状高性能混合炸药(主要为黑索金或奥克托金),涂药量为 (16 ± 1.6) g/m。具有抗火、抗电、抗冲击、抗水以及导爆安全等特性。

导爆管主要用于无瓦斯、矿尘的露天、井下、深水、杂散电流大和一次起爆多数炮孔的微差爆破作业中,或上述条件下的瞬发爆破或秒延期爆破。

第三节 爆破基本方法

工程爆破的基本方法有孔眼爆破、洞室爆破和药壶爆破等。孔眼爆破又分为浅孔爆破和深孔爆破。爆破参数主要包括爆破介质与炸药特性、药包布置、炮孔的孔径和孔深、装药结构及起爆炸药量等。施工过程包括布孔、钻孔、清孔、装药、捣实、堵气、引爆等工序。爆破方法取决于工程规模、开挖强度和施工条件。

对于明挖钻孔爆破,设计内容有爆破区地形、地质条件,爆破区周围环境及质量、安全标准,梯段高度和爆破参数,边坡轮廓、建基面及爆区附近建筑物等保护,炸药品种、装药方法和堵塞,爆破方式与起爆方法,单响最大起爆炸药量,爆破安全距离计算,施工技术要求和质量、安全措施,附图(表)(如孔网平面布置图、起爆网络敷设图、单孔装药结构图和排孔装药量明细表)等。

一、浅孔爆破

浅孔爆破是指炮孔直径 $D<75$ mm,炮孔深度 $L<5$ m 装药引爆的爆破技术。它适用于各种地形条件和工作面情况,有利于控制开挖面的形状和规格,使用的钻孔机具较简单,操作方便,但劳动强度大,生产效率低,孔耗大,不适合大规模的爆破工程。

1. 炮孔布置原则

炮孔布置合理与否,直接关系到爆破效果。设计时要充分利用天然临空面或积极创造更多的临空面。例如在基础开挖时往往先开挖先锋槽,形成阶梯,这样不仅便于组织钻孔、装药、爆破和出渣等流水作业,安排出渣运输和基坑排水,避免施工干扰,加快进度,而且有利于提高爆破效果,降低成本;布孔时,宜使炮孔与岩石层面和节理面正交,不宜穿过与地面贯穿的裂缝,以防漏气,影响爆破效果。平面上炮孔一般采用梅花状布置,如图 2-5 所示。

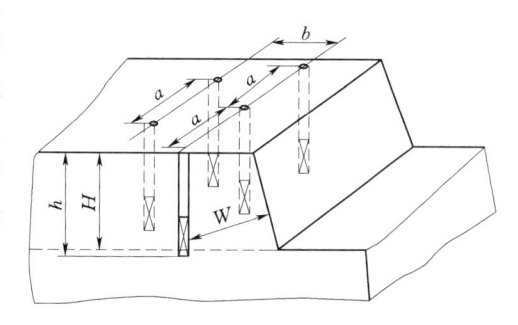

图 2-5 浅孔爆破炮孔台阶式布置示意图
a—炮孔间距;b—炮孔排距;H—台阶高度;
h—炮孔深度;W—最小抵抗线

47

2. 技术参数计算

(1) 抵抗线长度 W_p(m)：
$$W_p = K_w d \tag{2-10}$$

(2) 阶梯高度 H(m)：
$$H = K_h W_p \tag{2-11}$$

(3) 炮孔深度 L(m)：
$$L = K_L H \tag{2-12}$$

(4) 炮孔间距 a(m)：
$$a = K_a W_p \tag{2-13}$$

(5) 炮孔排距 b(m)：
$$b = (0.8 \sim 1.2) W_p \tag{2-14}$$

(6) 装药长度 $L_{药}$(m)：
$$L_{药} = (1/3 \sim 1/2) L \tag{2-15}$$

式中 K_w——岩石性质对抵抗线的影响系数，常取 15～30；

K_h——防止爆破顶面逸出的系数，常取 1.2～2.0；

K_L——岩性对孔深的影响系数，坚硬岩石取 1.1～1.15，中等坚硬岩石取 1.0，松软岩石取 0.85～0.95；

K_a——起爆方式对孔距的影响系数，火花起爆取 1.0～1.5，电气起爆取 1.2～2.0；

d——炮孔直径，m。

二、深孔爆破

深孔爆破是指炮孔直径 $D>75\text{mm}$，炮孔深度 $L>5\text{m}$ 装药引爆的爆破技术。深孔爆破适用于料场和基坑规模大、强度高的采挖工作，且多采用松动爆破。深孔爆破具有爆破单位体积岩体所耗的钻孔工作量和炸药量少，爆破控制性差，对保留岩体影响大等特点。常用冲击式、回转式、潜孔钻等造孔。

1. 深孔布置

深孔爆破的炮孔布置原则与浅孔爆破基本相同，平面上也采用梅花状布置；垂直方向上主要有垂直深孔和倾斜深孔两种，如图 2-6 所示。倾斜孔由于 W_p 全等均匀，所以具有堆渣高和宽容易控制、爆后坡面平整等优点，但倾斜孔技术复杂，装药也相对较难。

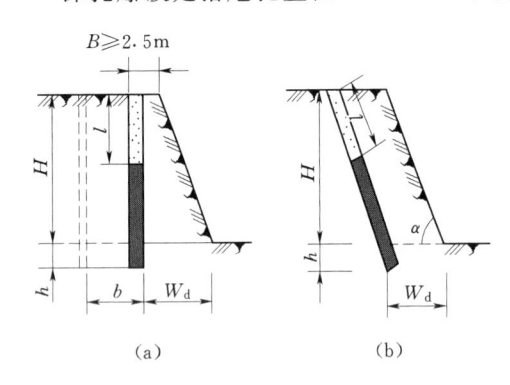

图 2-6 深孔布置图
(a) 垂直深孔；(b) 倾斜深孔

2. 技术参数计算

(1) 抵抗线长度 W_p(m)：
$$W_p = H D \eta d / 150 \tag{2-16}$$

(2) 超钻深度 ΔH(m)：$\Delta H = L - H = (0.12 \sim 0.3) W_p \tag{2-17}$

(3) 炮孔间距 a(m)：$a = (0.7 \sim 1.4) W_p \tag{2-18}$

(4) 炮孔排距 b(m)。一般双排布孔呈等边三角形，多排呈梅花形。

$$b = a\sin 60° = 0.87a \qquad (2-19)$$

(5) 药包重量 Q(kg)： $\qquad Q = 0.33KHW_p a \qquad (2-20)$

(6) 炮孔最小堵塞长度 L_{min}： $\qquad L_{min} \geq W_p \qquad (2-21)$

式中 D——岩石硬度影响系数，一般取 0.46~0.56；

η——阶梯高度系数，见表 2-1；

d——炮孔直径，mm；

K——系数：坚硬岩 0.54~0.6，中坚岩 0.3~0.45，松软岩 0.15~0.3；

其他符号意义同前。

表 2-1　　　　　　　　　　　阶梯高度系数 η 值

H/m	10	12	15	17	20	22	25	27	30
η	1.0	0.85	0.74	0.67	0.6	0.56	0.52	0.47	0.42

三、洞室爆破

工程设计和施工中，有时需要开凿洞室装药进行大量爆破，来完成特定的施工任务。如采料、截流或定向爆破筑坝等。根据地形条件，一般洞室爆破的药室常用平洞或竖井相连，装药后须按要求将平洞或竖井堵塞，以确保爆破施工质量和效果。如图 2-7 所示。

1. 导洞与药室布置

导洞可以是平洞或竖井。当开挖工程量相近时，平洞比竖井投资少、施工方便，具体应根据地形条件选择。平洞截面一般取 1.2m×1.8m，竖井取 1.5m×1.5m，以满足最小工作面需要。平洞不宜太长，竖井深度也应不大于 30m，以利自然通风。对于群孔药包，为了减少开挖量，连接药室的洞井宜布置成 T 形或倒 T 形。对条形布药，可利用与自由面平行的平洞作为药室。集中装药的药室以接近立方体为宜。药室容积 V 可按下式计算：

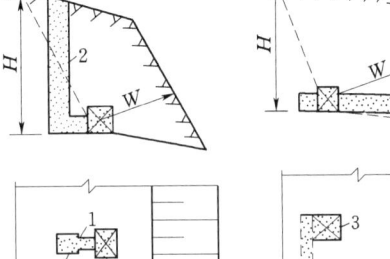

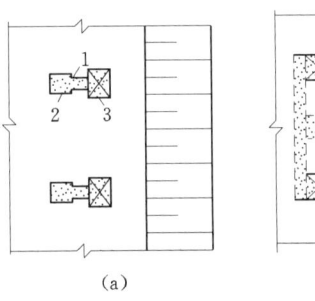

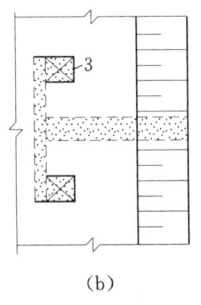

图 2-7 洞室爆破布置示意图
(a) 竖井爆破；(b) 平洞爆破
1—平洞；2—竖井；3—药室

$$V = CQ/\Delta \qquad (2-22)$$

式中 C——炸药的装填系数，与药室支护及装药方式有关，有支护时可取 1.5~1.8，无支护时可取 1.1~1.25，散装取小值，袋装取大值；

Q——装药量，t；

Δ——炸药密实度，t/m³。

集中布药时，药室间距 a 和药室排距 b 可分别按下式计算：

$$a = (1.1 \sim 1.2)W_p \qquad (2-23)$$

$$b=(1.3\sim1.4)W_p \tag{2-24}$$

式中 W_p——相邻药室的平均最小抵抗线长度，m。

$$W_p=(0.6\sim0.8)H$$

2. 洞室爆破施工

(1) 装药。装药前应对洞室内的松石进行处理，并做好排水和防潮工作。

装药时，先在药室四周装填选用的炸药，再放置猛度较高、性能稳定的炸药，最后于中部放置起爆体。起爆体重 20～25kg，内装有敏感度高、传爆速度快的烈性起爆炸药，其中安放几个电雷管组或传爆索。起爆炸药量通常为总装药量的 1%～2%。导洞和药室应采用 12～36V 的低压电照明。

(2) 堵塞。堵塞时先用木板或其他材料封闭药室，再用黏土填塞 3～5m，最后用石渣料堵塞。总的堵塞长度不能小于最小抵抗线长度的 1.2～1.5 倍。对 T 形导洞可适当缩小堵塞长度。

(3) 起爆系统。起爆网络可用复式并串联，即药室内雷管间用并联，药室间用串联，同样的并串联网络设两套，最终并联在同一条主线上。起爆电源的电压要稳定，电流不应低于安全准爆电流。

四、改善爆破效果的方法和措施

改善爆破效果的目的是提高爆破的有效能量利用率，应针对不同情况采取不同的措施。

1. 合理利用临空面，积极创造临空面

充分利用多面临空的地形，或人工创造多面临空的自由面，有利于降低爆破的单位耗药量。当采用深孔爆破时，增加梯段高度或用斜孔爆破，均有利于提高爆效。平行坡面的斜孔爆破，由于爆破时沿坡面的阻抗大体相等，且反射拉力波的作用范围增大，通常可较竖孔的能量利用率提高 50%。斜孔爆破后边坡稳定，块度均匀，还有利于提高装车效率。

2. 采用毫秒微差挤压爆破

毫秒微差挤压爆破是利用相邻段炮孔爆破时间间隔创造临空面，使岩石内的应力波与先期产生残留在岩体内的应力相叠加，从而提高爆破的能量利用率。在深孔爆破中可降低单位耗药量 15%～25%。

3. 采用不耦合装药，提高爆破效果

炮孔直径与药包直径的比值称为不耦合系数，其值大小与介质、炸药特性等有关。由于药包四周存在空隙，降低了爆炸的峰压，从而降低或避免了过度粉碎岩石，也使爆压作用时间增长，提高了爆破能量利用率。

4. 分段装药爆破

一般孔眼爆破，药包位于孔底，爆后块度不均匀。为改善爆破效果，沿孔长分段装药，使爆能均匀分布，且增长爆压作用时间。分段装药的药包（或药壶）宜设在坚硬完整的岩层内，空穴设于软弱岩层内。在孔深 20m 以内，一般分 2～3 段装药，底部药包通常占总药量的 60%～70%。堵塞段长应不小于计算抵抗线的 0.7 倍。

5. 保证堵塞长度和堵塞质量

一般堵塞良好时的爆破效果和能量利用率较堵塞不良的可以成倍地提高。工程中应严格按规范进行爆破施工质量控制。

第四节 爆 破 施 工

水利工程施工中一般多采用孔眼法爆破，其施工程序大体为炮孔位置选择、钻孔、起爆方法选择、制作起爆炸药包、装药与堵塞、起爆等。

一、炮孔位置选择

选择炮孔位置时应注意以下几点：

(1) 炮孔方向尽量不要与最小抵抗线方向重合，以免产生冲天炮。
(2) 充分利用地形或利用其他方法增加爆破的临空面，提高爆破效果。
(3) 炮孔应尽量垂直于岩石的层面、节理与裂隙，且不要穿过较宽的裂缝以免漏气。

二、钻孔机具

钻孔的效率和质量很大程度上取决于钻孔机具。爆破施工中多采用孔眼爆破法。钻爆作业中，当开挖厚度和方量较小时，可采用手提式钻机；开挖场面较狭窄、交通困难或在高陡坡上，宜用移动方便的轻型钻机；开挖场面较大、地势较平坦的梯段爆破，可用潜孔钻机或履带式液压钻机。采石、基础开挖等作业多用大型钻机进行深孔作业。

1. 风钻

浅孔爆破作业中，向下钻垂直孔，多采用轻型手提式风钻；向上及倾斜钻孔，多采用支架式重型风钻，所用风压一般为 $4\times10^5 \sim 6\times10^5 Pa$，耗风量一般为 $2\sim 4 m^3/min$。国内常用 YT-23 型、YT-25 型和 YT-30 型以及带腿的 YTP-26 型风钻。YT-23 型自重轻，钻孔效率高。

2. 回转式钻机

回转式钻机一般以钻孔最大深度表示钻机的型号。例如国产 XJ-100 型和 X-300 型回转式钻机。回转式钻机可钻斜孔，钻进速度快。钻杆端部可根据钻孔孔径要求安装大小不同的钻头，如钢钻头和嵌有合金刀片的各种型式钻头、钻石钻头等。钻进过程中为了排出岩粉、冷却钻头，由钻杆顶部通过空心钻杆向孔内注水。钻松软岩石时，可向孔内注入泥浆，使岩屑悬浮至表面溢出孔外，泥浆还起固护孔壁的作用。

3. 冲击式钻机

冲击式钻机工作时只能钻垂直向下的孔，如图 2-8 所示。钻具凭自重下落冲击岩石，其自重和落高是机械类型的控制参数。如国产 CZ-20 型、CZ-2 型钻机。钻孔时每冲击一次，钢索旋转带动钻具旋转一个角度，保证钻具均匀破碎岩石，形成圆形钻孔。钻进时应向孔内加水，冷却钻头。

4. 潜孔钻

潜孔钻结构较以上钻机有进一步改进，钻孔方向有 45°、60°、75°、90°四种。如图 2-9 所示。钻进过程中，将粉尘由设在孔口的捕尘罩借助抽风机将粉尘吸入集尘箱处理。潜孔钻运行可靠，是一种通用的、功能良好的深孔作业钻孔机械。

三、起爆方法

利用外能使药包爆炸的过程称为起爆，它是爆破设计施工的重要环节。结合工程应

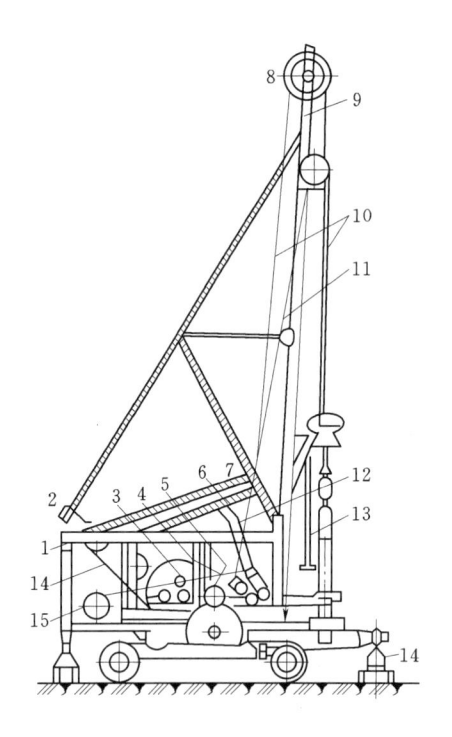

图 2-8 冲击式钻机示意图
1—机架；2—导向滑轮；3—钻具提升绞车；
4—清渣筒绞车；5—冲击轮；6—摇杆；7—压轮；
8—钻桅；9—天轮；10—提升钻具钢索；
11—提升渣筒钢索；12—连杆；13—钻具；
14—千斤顶；15—发动机

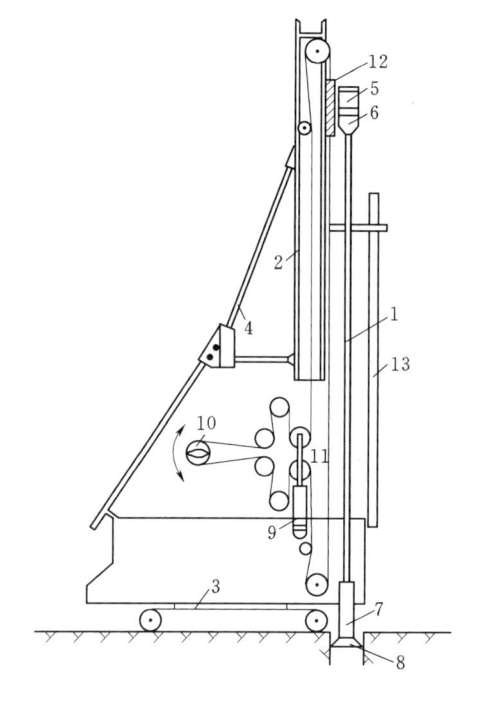

图 2-9 潜孔钻结构示意图
1—钻杆；2—滑架；3—履带行走机构；
4—拉杆；5—电动机；6—减速箱；
7—冲击器；8—钻头；9—推压气缸；
10—卷扬机；11—托架；
12—滑板；13—副钻杆

用，主要起爆方法有导火索起爆法、电力起爆法、导爆管起爆法和导爆索起爆法。

1. 导火索起爆法

导火索起爆法又称火雷管起爆法，是利用导火索产生的火焰使火雷管爆炸，从而引起药包爆炸的方法。

导火索一般由压缩的黑火药做线芯，外缠纱线并涂沥青防水。导火索在储存、运输和使用中应防止折断，使用前应进行燃速试验。导火索的长度由炮工撤至安全区及点炮所需的总时间来确定。火花起爆虽然简便，但一次点炮的数目不宜太多，不宜用于重要的、大型爆破工程。

采用导火索起爆法应注意以下几点：

（1）火前用快刀切除导火索点火端 5cm，严禁边点火边切除。

（2）应使用导火索段或专用点火器材点火。

（3）在爆破区附近应有点炮人员的安全避炮设施。

2. 电力起爆法

电雷管与火雷管的不同之处在于管的前段装有电点火装置，当电雷管中输入大于安全准爆电流后即可起爆。

电力起爆法适用于远距离同时起爆或分段起爆大规模药包群。可用仪表检测电雷管和起爆网络，保证起爆的安全可靠性。为了安全准爆，要求通过每个电雷管的最小准爆电流：直流电流为1.8A，交流电流为2.5A；雷管电阻为1.0~1.5Ω，成组串联的电雷管电阻差不得大于0.25Ω；不同种类的即发和延发雷管不能串联在同一支路上，只能分类串联，各支路间可以相互并联接入主线，但各支路电阻必须保持平衡。

常用的电爆网络连接方法有串联法、并联法和混合联。串联法要求电压大而电流小，导线损耗小，接线和检测容易，但只要有一处脚线或雷管断路，整个网络的雷管将全部拒爆。并联法要求电压小而电流大，导线损耗大，只要主线不断损，雷管间互不影响。串联法和并联法只宜用于小规模爆破。为了准爆和减小电流消耗，施工中多采用混合联，如串并联和并串联。对于分段起爆的网络，各段分别采用即发或某一延发雷管，宜采用并—串—并联网络。起爆网络连接方式选定后，须进行电路设计计算。如网络的总电阻、准爆总电流、所需的总电压以及通过每个雷管的电流强度等。

采用电力起爆法应注意以下几点：

(1) 只允许在无雷电天气，感应电流和杂散电流小于30mA的区域使用。

(2) 爆破器材进入爆破区前，现场所有带电的设备、设施，导电的管与线必须切断电源。

(3) 起爆电源开关须专用，且在危险区内人员未撤离、避炮防护工作未完前禁止打开起爆箱。

3. 导爆管起爆法

导爆管传递的爆轰波是一种低爆速的爆轰波，只能起爆与之相匹配的非电雷管，再由雷管爆炸引爆孔内炸药。导爆管用火或撞击均不能引爆，须用起爆枪或雷管才能起爆。

导爆管是一根外径3mm，内径1.4mm的塑料软管，内壁涂有薄层烈性炸药，其传爆速度为2000m/s以上，在起爆网络中多用串联连接。它适用于非电引爆的起爆系统，只能用雷管起爆，不受爆点附近杂散电流及火花影响，储存、运输和使用比较安全。

采用导爆管起爆法应严格执行以下规定：

(1) 起爆导爆管的雷管聚能穴方向与导爆管的传爆方向相反。起爆雷管应捆扎在导爆管末端不少于15cm的位置上。

(2) 集中起爆的导爆管用连接块连接传爆，采用捆扎法均匀捆扎在起爆雷管的周围，导爆管不得超过两层。

(3) 寒冷季节或高寒地区出现导爆管硬化易折断时，不得使用导爆管起爆法。

4. 导爆索起爆法

利用绑在导爆索一端的雷管起爆导爆索，由导爆索引爆药包，即导爆索的传爆可直接引爆起爆炸药包。该方法多用于深孔和洞室爆破。

导爆索是由黑索金或泰安等单质炸药卷成，外涂红色或红白间色。导爆索可用火雷管或电雷管引爆。施工中导爆索的连接，一般采用搭接和扭接的方法。连接处的两根导爆索之间不得夹有杂物，且接合紧密、两端捆紧。

采用导爆索起爆法应注意以下几点：

(1) 进入孔内的导爆索，须与起爆炸药包紧密结合。

(2) 起爆导爆索的雷管聚能穴应朝向导爆索的传爆方向。起爆雷管应捆扎在距导爆索末端不少于 15cm 的位置上。

(3) 孔口堵塞前应对导爆索进行检查。

需要指出，当工程爆破为群体药包时，可用同时、延期或组内同时组间延期的方式起爆。同时起爆能增强爆破效果，但爆炸破坏及震动影响随之增大。为保护围岩的完整性和相邻建筑物的安全，常需限制一次同时起爆的炸药用量。延期起爆常采用电力起爆方式，选用秒延发或毫秒延发雷管控制延发时间。秒延起爆有创造辅助临空面和减震的作用。

四、炮孔装药与堵塞

1. 装药

在装药前首先了解炮孔的深度、间距、排距等，由此决定装药量。根据孔中是否有水决定药包的种类或炸药的种类。同时还要清除炮孔内的岩粉和水分。在干孔内可装散药和药卷。在装药前，先用硬纸或铁皮在炮孔底部架空，形成聚能药包。炸药要分层用木棍压实，雷管的聚能穴指向孔底，雷管装在炸药全长的中部偏上处。在有水炮孔中装吸湿炸药时，注意不要将防水包装捣破，以免炸药受潮而拒爆。当孔深较大时，药包要用绳子吊下，不允许直接向孔内抛投，以免发生爆炸危险。

2. 堵塞

装药后即进行堵塞。对堵塞材料的要求是：与炮孔壁摩擦作用大，材料本身能结成一个整体，充填时易于密实，不漏气。可用 1:2 的黏土粗砂堵塞，堵塞物要分层用木棍压实。在堵塞过程中，要注意不要将导火线折断或破坏导线的绝缘层。

上述工序完成后即可进行起爆。

第五节 特种爆破技术

特种爆破是为达到一定预期目的，在某一特殊条件下的控制爆破。本节结合水利工程应用，主要介绍定向爆破、预裂爆破、光面爆破、水下岩塞爆破等。

一、定向爆破

1. 原理

爆破工程中，当进行抛掷爆破时，介质从爆破漏斗中抛出。实践证明，临空面对抛掷速度有明显的影响。介质流主要沿药包中心至临空面的最短距离，即沿最小抵抗线方向抛射。

向外弯曲的临空面及曲心称为"定向坑"和"定向中心"，是单药包爆破时设计的关键。群药包定向爆破，绝大部分介质流的运动是沿着几个药包联合作用所决定的方向。只要药包布置得当，群药包定向爆破的效果比单药包好。在陡峭且狭窄的山谷中实施定向爆破，有时可以不用抛掷，因介质流还受重力的作用，靠重力将爆松的土岩滚到沟底预期位置（崩塌爆破）。爆破时应尽量利用天然地形布置药包，或利用辅助药包创造人工临空面，以满足工程定向抛掷的要求。

定向爆破可以用来截流、筑坝、开渠、移山填谷等。陕西石砭峪水库采用定向爆破筑坝技术，总药量 1589t，上坝堆石 143.7 万 m³，为我国规模最大的一次定向爆破筑坝工程。

2. 定向爆破筑坝

(1) 基本要求。

1) 地形条件。地形上要求河谷狭窄，岸坡陡峻（通常 40°以上）；坝肩山体有一定的高度、厚度和可爆宽度，要求山高、山厚为设计坝高的 2 倍以上，且大于坝顶设计长度。同时满足这些条件的地形是不多见的，根据经验，所选地形有某一方面突出的优点，也可以用定向爆破筑坝。

2) 地质条件。地质上要求爆区岩性均匀、强度高、风化弱、构造简单、覆盖层薄、地下水位低、渗水量小，爆区岩石性质适合作坝体材料，坝址地质构造受爆破震动影响在允许范围内。

3) 整体布置条件。定向爆破筑坝要满足整体布置条件，泄水和导流建筑物的进出口应在堆积范围以外，并满足防止爆震的安全要求；施工上要求爆前完成导流建筑物、布药岸的交通道路、导洞药室的施工及引爆系统的敷设等。

(2) 药包布置。药包布置的总体原则是在保证安全的前提下，尽可能提高抛掷上坝方量，减少人工加高培厚的工作量，且方便施工。

在已建成的定向爆破筑坝工程中，有 20% 左右采用的是崩塌爆破。尽管崩塌爆破为首选方案，但目前能直接采用崩塌爆破的地形很少，所以多采用单岸或双岸布药爆破。

条件允许时应尽可能采用双岸爆破，双岸爆破一般一岸为主爆区，另一岸为副爆区，即使在很平缓的岸坡上也可以布置几个药包作为副爆区。如果一岸不具备条件或河谷特窄，另一岸山体雄厚，爆落方量已能满足需要，则单岸爆破也是可行的。药包布置如图 2-10 所示。

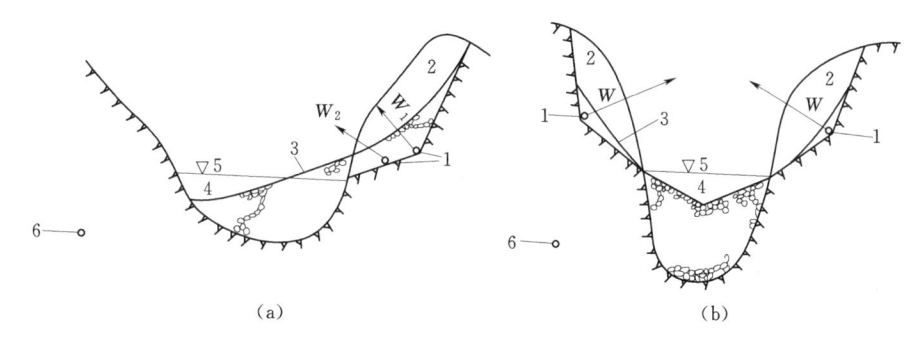

图 2-10 定向爆破筑坝药包布置示意图
(a) 单岸爆破；(b) 双岸爆破
1—药包；2—爆破漏斗；3—爆堆顶部轮廓线；4—鞍点；5—坝顶高程；6—导流隧洞

药包布置的高程，一方面，为了提高抛掷上坝方量，减少人工加高培厚及善后处理工作量，药包布置应尽可能低；另一方面，从维护工程安全出发，为了防止爆破后基岩破坏造成绕坝渗漏等问题，要求药包位于正常水位以上，且距离大于垂直破坏半径。药包与坝肩的水平距离大于水平破坏半径。

在实际工程中,定向爆破筑坝一般都采用群药包布置方案,药包布置位置按"排、列、层"系统考虑。药包布置应充分利用天然凹岸,在同一高程按坝轴线对称布置单排药包。当河段平直,则布置双排药包,利用前排的辅助药包创造人工临空面,利用后排的主药包保证上坝堆积方量。

二、预裂爆破

1. 机理

预裂爆破即在开挖区主体爆破之前,先沿设计开挖线钻孔装药并爆破,如图2-11所示,使岩体形成一条沿设计开挖线延伸的宽1~4cm的贯穿裂缝,在这条缝的"屏蔽"下再进行主体爆破。冲击波的能量通常可被预裂缝削减70%,保留区(开挖区以外的保留体)的震动破坏得到控制,设计边坡稳定平整,同时避免了不必要的超挖和欠挖。预裂爆破常用于大劈坡、基础开挖、深槽开挖等爆破施工中。

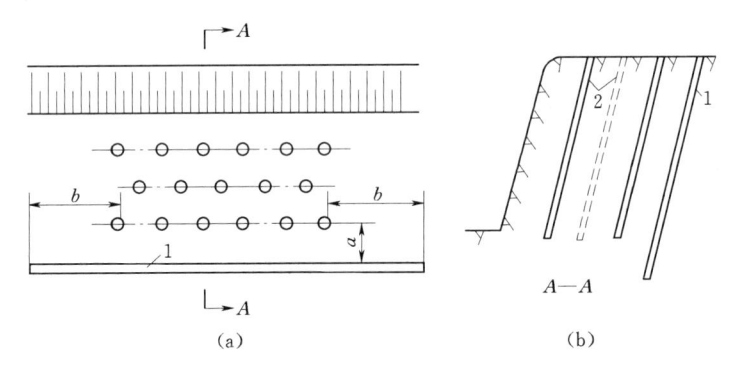

图2-11 预裂爆破布置图
(a) 平面图;(b) 剖面图
1—预裂缝;2—爆破孔

预裂孔采用的是一种不耦合装药结构(药卷直径小于炮孔直径)。由于药包和孔壁间环状空隙的存在,削减了作用在孔壁上的爆压峰值,不致使孔壁产生明显的压缩破坏,只有切向拉力使炮孔四周产生径向裂纹(岩石抗压强度远大于抗拉强度)。滞后的高压气体,沿缝产生"气刃"劈裂作用,使周边孔间连线上的裂纹全部贯通成缝。

2. 设计与施工

影响预裂爆破效果的主要因素有炮孔直径D、炮孔间距a、装药量及装药集中度、岩石物理力学性质、地质构造、炸药品种及其特性、药包结构、起爆技术、施工条件等。

(1) 炮孔直径d。预裂爆破孔径通常为50~200mm,浅孔爆破用小值,深孔爆破用大值。

(2) 不耦合系数η。为避免孔壁破坏,采用不耦合装药,不耦合系数一般取2~4。

(3) 炮孔间距a。炮孔间距与岩石特性、炸药性质、装药情况、缝壁平整度要求、孔径等有关,通常为$(8\sim12)d$,小孔径取大值,大孔径取小值,岩石均匀完整取大值,反之取小值。

(4) 线装药密度$Q_{线}$。预裂炮孔内采用线状分散间隔装药,单位长度的装药量称为线装药密度,根据不同岩性,一般$Q_{线}$取200~400g/m。为克服岩石对孔底的夹制作用,孔底药包采用线装药密度的 2~5 倍。

（5）钻孔工艺。钻孔质量是保证预裂面平整度的关键。钻孔轴线与设计开挖线的偏离值应控制在 15cm 之内。

（6）堵塞与起爆。预裂炮孔的孔口应用粒径小于 10mm 的砾石堵塞。起爆时差控制在 10ms 以内，利用微差爆破提高爆破效果。

（7）预裂缝。为阻隔主爆区传来的冲击波，应使预裂孔的深度超过开挖区炮孔深度 Δh，预裂缝的长度应比开挖区里排炮孔连线两端各长 ΔL，同时应与内排炮孔保持 Δa 的距离，表 2-2 为葛洲坝工程预裂爆破开挖区与预裂缝的关系。开挖区里排炮孔宜用小直径药包，远离预缝的炮孔可采用大直径药包，前者为了减震，后者可以改善爆破效果。

表 2-2　　　　　　　　葛洲坝工程预裂爆破开挖区与预裂缝的关系

药包直径 d/mm	Δa/m	ΔL/m	Δh/m
55	0.8~1.0	6	0.8
90	1.5~2.0	9	1.3
100~150	2.5~6.0	10~15	1.3

特别指出，在岩基爆破施工时，为防止上部梯段爆破造成水平建基面岩体的破坏（如出现爆破裂隙或使原有节理裂隙面明显张开和错动），而预留一定厚度的岩体（保护层），通常有分层爆破法、保护层一次爆破法和无保护层一次爆破法。对于无保护层一次爆破法，基础岩石开挖采用梯段爆破法，水平建基面开挖采用预裂爆破法。

3. 质量控制

预裂爆破的质量控制主要是预裂面的质量控制，通常按如下标准控制：

（1）预裂缝面的最小张开宽度应大于 0.5cm，坚硬岩石取小值，软弱岩石取大值。

（2）预裂面上残留半孔率，对坚硬岩石不小于 85%，中等坚硬岩石不小于 70%，软弱岩石不小于 50%。

（3）钻孔偏斜度小于 1°，预裂面的不平整度不大于 15cm。

三、光面爆破

1. 机理

光面爆破即沿开挖周边线，按设计孔距钻孔，采用不耦合装药毫秒爆破，在主爆孔起爆后起爆，开挖后沿设计轮廓保留良好边坡壁面的爆破技术。

光面爆破与预裂爆破在爆破顺序上恰好相反，是先在开挖区内对主体部位的岩石进行爆破，然后再利用布置在设计开挖线上的光爆孔，将作为保护层的"光爆层"爆除，从而形成光滑平整的开挖面。其设计、施工比预裂爆破复杂，要求也比预裂爆破高。

光面爆破被广泛地用于隧道（洞）等地下工程的施工中，它具有成型好、爆岩平整光滑、围岩破坏小、超挖少、效率高，与喷锚技术结合，施工质量好且安全可靠，省材料成本低等一系列优点。

2. 设计与施工

影响光面爆破效果的主要因素有炮孔直径 D、炮孔间距 a、装药量及装药集中度 $Q_{线}$、最小抵抗线（光爆层厚度）W、周边孔密集系数 m、岩石物理性质及地质构造、炸药品种及其特性、药包结构、起爆技术、施工条件等。

光面爆破设计说明书主要包括标有起爆方式的炮孔布置图、周边孔装药结构图、光爆参数一览表及其文字说明和计算、技术指标和质量要求等内容。

(1) 炮孔直径 d。对于隧洞，常用的孔径为 35~45mm，光面爆破的周边孔与掘进作业的其他炮孔直径一致。

(2) 不耦合系数 η。一般 d 为 62~200mm 时，η 取 2~4；d 为 35~45mm 时，η 取 1.5~2.0。

(3) 周边炮孔间距 a。a 值过大，W 值大则须加大装药量，从而增大围岩的损坏和震裂，W 值小则周边会凹凸不平；a 值过小而 W 值取大，则爆后难以成缝。通常 a 为 $(12\sim16)D$，具体视岩石硬度而定。如果在两炮孔间加一不装药的导向孔效果更好。

(4) 线装药密度 $Q_线$。一般当露天光面爆破 $d\geqslant50$mm、$W>1$m 时，$Q_线$ 取 100~300g/m，完整坚硬的取大值；反之取小值。全断面一次起爆时，适当增加药量。

(5) 光爆层厚度 W 与周边孔密集系数 m。光爆层是周边炮孔与主爆区最边一排炮孔之间的那层岩石，其厚度就是周边炮孔的最小抵抗线 W 长度，一般等于或略大于炮孔间距 a，在隧洞爆破中 W 取 70~80cm 较好。a 与 W 的比值称为炮孔密集系数 m，它随岩石性质、地质构造和开挖条件的不同而变化，一般 m 取 0.8~1.0。

(6) 周边孔的深度和角度。对于隧洞开挖，从光爆效果来说周边孔越深越好，但受岩壁的阻碍，一般深度为 1.5~2.0m，采用钻孔台车作业时为 3~5m，以一个工作班能进行一个掘进循环为原则。钻孔要求"准、平、直、齐"，但受岩壁的阻碍，凿岩机钻孔时不得不甩出一个小角度，一般要求将此角度控制在 4°以内。

(7) 装药结构。常用的装药结构有三种：一是普通标准药卷（Φ32mm）空气间隔装药；二是小直径药卷径向空气间隙连续装药；三是小直径药卷（Φ20~25mm）间隔装药。

3. 质量控制

(1) 周边轮廓尺寸符合设计要求，岩石壁面平整。露天光爆壁面不平整度控制在 ±20cm 以内；隧洞工程欠挖和超挖均控制在 5cm 以内（含 5cm）；岩石起伏差控制在 15~20cm。

(2) 光爆后岩面上残留半孔率，对坚硬岩石不小于 80%，中等坚硬岩石不小于 65%，软弱岩石不小于 50%。

(3) 光爆后，地质好的无危石，地质差的无大危石，保留面上无粉碎和明显的新裂缝。

(4) 两排炮孔衔接处的"台阶"，露天大直径深孔光爆应控制在 30~50cm，地下隧洞工程应控制在 10~15cm。

四、水下岩塞爆破

1. 概念及施工要求

岩塞爆破是一种水下控制爆破。一般从隧洞出口逆水流方向按常规开挖，待掌子面接近进水口位置时，预留一定厚度的岩石（称为岩塞），待隧洞和进口控制闸门全部完建后，采用爆破将岩塞一次炸除，形成进水口，使隧洞和水库连通。

水下岩塞爆破施工应满足以下要求：

(1) 预留岩塞一次爆通,如采用复式爆破网络。
(2) 岩塞口成形良好。
(3) 岩塞口的洞脸及附近山坡安全、稳定。
(4) 岩塞口附近建(构)筑物安全。
(5) 集渣坑安全稳定及施工过程安全。

由于使用预裂等特种爆破技术,爆破形成的进水口一般都能满足设计形状和水力方面的要求,对周围岩体和附近建筑物的影响也可以控制在允许的范围内。该施工方法不受水位、季节、气候等条件的限制。

2. 岩塞布置及爆落石渣处理

(1) 岩塞布置。岩塞布置应根据隧洞的使用要求、地形、地质等因素确定,宜选择在覆盖层薄,岩石坚硬完整,且层面与进口中心交角大的部位,特别应避开节理、裂隙、构造发育的地段。岩塞的开口尺寸应满足进水流量的要求。岩塞厚度一般为岩塞底部直径的 1~1.5 倍,太厚难以一次爆通,太薄则不安全。

(2) 岩塞爆落石渣处理。岩塞爆落石渣常采用集渣和泄渣两种处理方法,如图 2-12 所示。前者为爆前在洞内正对岩塞的下方挖一容积相当的集渣坑,让爆落的石渣大部分抛入坑内,且保证运行期坑内石渣不被带走。后者为爆破时闸门开启,借助高速水流将石渣冲出洞口。采用泄渣方式时,除了要严格控制岩渣块度、对闸门埋件和门楣作必要的防护处理外,为避免瞬间石渣堵塞,正对岩塞可设一流线型缓冲坑,其容积相当于爆落石渣总量的 1/4~1/5。泄渣处理方式适用于灌溉、供水、防洪隧洞一类的取水口岩塞爆破。

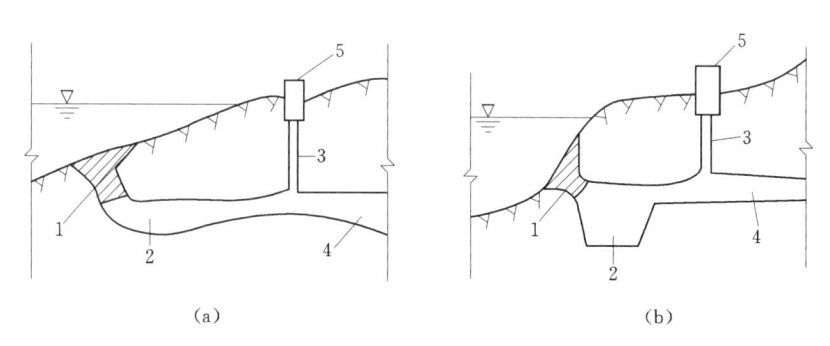

图 2-12 岩塞爆破布置图
(a) 设缓冲坑;(b) 设集渣坑
1—岩塞;2—集渣坑;3—闸门井;4—引水隧洞;5—操纵室

第六节 爆破安全控制

在完成岩石爆破的同时,爆破作业必然会伴生爆破飞石、地震波、空气冲击波、噪声、粉尘和有毒气体等负面效应,即爆破公害。因此,在爆破作业中,应采用有效防护措施,确保保护对象的安全。为防范与控制爆破地震波、飞石和空气冲击波等的危害,一般应根据各种情况对安全控制距离进行计算,以便确定警戒范围和安全保护措施。

第二章 爆破工程施工

一、爆破作业安全防护措施

1. 严格规章制度，加强安全教育

建立严格的爆破器材领发、清退制度，工作人员的岗位责任、培训制度以及重大爆破技术措施的审批制度；加强对施工人员的安全教育，未经专门培训并考试合格取得相应资质的人员，严禁从事相应的爆破作业；管理中一般起爆器材与炸药要分开运输、储存和保管；爆破器材在运输中不得抛掷、撞击，严防明火接近；炸药储存地点相互应有足够的殉爆安全距离；装药洞室内应用36V以内的低压照明。

2. 提高工艺水平，增加技术含量

爆破作业应尽可能采用分段延期和毫秒微差爆破，减少一次起爆炸药量，调整震动周期和减少震动；通过打防震孔、挖防震槽或进行预裂爆破，保护有关建筑物、构筑物和重要设施；尽量避免采用裸露爆破，节约炸药，减少飞石和空气冲击波压力；水下爆破可采用气幕防震，利用气泡压缩变形吸收能量，减轻水中冲击波对被保护目标的破坏；尽可能选择小的爆破作用指数和孔距小、孔深浅的爆破，减小抛掷距离和飞石；可采用调整布孔和起爆顺序的方法来改变最小抵抗线的方向，避免最小抵抗线正对居民区、重要建筑物、主要施工机械设备及其他重要设施。

3. 加强保护措施，防止飞石破坏

对飞石的防护措施可根据被保护对象的特征和施工条件而异。在平地开挖宽度不大于4m的沟槽，可采用拱式或壳式覆盖；挡板式覆盖的架设拆除费时费工，要求架设在高于爆破对象的天然或人工支撑上，距爆破表面不小于0.3m；网式和链式覆盖多用于房屋建筑的拆除爆破；浅孔爆破在孔口压土袋，大量爆破用填土覆盖被保护建筑物，对防止飞石破坏有明显效果。

二、安全控制距离

在制订爆破作业安全措施时，应根据各种情况对安全控制距离进行计算，以便确定安全警戒范围和安全保护措施。

1. 飞石安全控制距离 R_F

爆破时个别飞石对人的安全距离 R_F 可按下式计算：

$$R_F = 20n^2 W K_F \tag{2-25}$$

式中 W——最小抵抗线，m；

n——爆破作用指数；

K_F——安全系数，一般采用1.0~1.5，大风时取1.5~2.0。

计算时应注意以下几点：

（1）飞石对机械设备影响，按上式计算值减半。

（2）一般抛掷爆破的个别飞石飞散范围可参考表2-3。

（3）在不同爆破条件下的爆破作用指数 n 值可参考表2-4。

2. 爆破地震作用安全控制距离

爆破地震安全多采用质点峰值振动速度 V 进行控制，即以实测质点振动速度是否大于允许振动速度 $[V]$ 来判断该点处的建筑物是否安全，见表2-5。

第六节 爆破安全控制

表2-3　　　　　　　　　抛掷爆破个别飞石的安全距离　　　　　　　　　单位：m

最小抵抗线 /m	对于人员 n 值					对于机械及建筑物 n 值				
	1.0	1.5	2.0	2.5	3.0	1.0	1.5	2.0	2.5	3.0
1.5	200	300	350	400	400	100	150	250	300	300
2.0	200	400	600	600	600	100	200	350	400	400
4.0	300	500	700	800	800	150	250	500	550	550
6.0	300	600	800	1000	1000	150	300	550	650	650

注　当 $n<1$ 时，将最大药包的最小抵抗线 W 换算成抛掷爆破的最小抵抗线 W_p，$W_p=5W/7$，再根据 $n=1$ 条件下按本表查得碎石飞散的安全距离。

表2-4　　　　　　　　　不同条件下的爆破作用指数 n 值

爆破条件		n 值	爆破条件		n 值
多临空面	抛掷	1.0~1.25	坡	抛掷	0.8~1.0
	加强松动	0.7~0.8		加强松动	0.65~0.75

表2-5　　　　　　　　　部分保护对象的爆破振动安全允许标准

保护对象类别	允许质点振动速度 V/(cm/s)		
	$f<10\text{Hz}$	$10\text{Hz}\leqslant f\leqslant 50\text{Hz}$	$f>50\text{Hz}$
土窑洞、土坯房、毛石房屋	0.15~0.45	0.45~0.9	0.9~1.5
一般古建筑与古迹	0.1~0.2	0.2~0.3	0.3~0.5
运行中的水电站及发电厂中心控制室设备	0.5~0.6	0.6~0.7	0.7~0.9
水工隧洞	7~8	8~10	10~15
永久性岩石高边坡	5~9	8~12	10~15
新浇大体积混凝土（C20）			
龄期：初凝~3d	1.5~2.0	2.0~2.5	2.5~3.0
龄期：3~7d	3.0~4.0	4.0~5.0	5.0~7.0
龄期：7~28d	7.0~8.0	8.0~10.0	10.0~12

质点峰值振动速度用下式计算：

$$V=K\left(\frac{Q^n}{R}\right)^a \qquad (2-26)$$

式中　V——质点峰值振动速度，cm/s；
　　　n——药包形状系数，欧美等国家的 n 值通常取 1/2，我国一般取 1/3；
　　　Q——最大单响药量，kg；
　　　R——爆心距，即测点至爆源中心距离，m；
　　　K——与地质条件、爆破类型及爆破参数有关的系数。

在没有现场试验资料的情况下，不同岩石的 K、a 值，可参考表2-6确定；对于较重要工程，应通过现场试验确定。

表 2-6　　　　　　　　　　　　不同岩性的 K、a 值

岩　性	K	a	岩　性	K	a
坚硬岩石	50~150	1.3~1.5	软弱岩石	250~350	1.8~2.0
中等坚硬岩石	150~250	1.5~1.8			

在混凝土浇筑或其基础灌浆过程中，若邻近的部位还在钻孔爆破，为确保爆破时混凝土、灌浆、预应力锚杆（索）质量及电站设备不受影响，必须采取控制爆破。控制标准见表 2-7。

表 2-7　　　　　　　　　　允许爆破质点振动速度　　　　　　　　　单位：cm/s

项　目	龄　期 3d	龄　期 3~7d	龄　期 7~28d	备　注
混凝土	1~2	2~5	6~10	
坝基灌浆	1	1.5	2~2.5	含坝体、接缝灌浆
预应力锚索	1	1.5	5~7	含锚杆
电站机电设备		0.9		含仪表、主变压器

3. 空气冲击波影响的安全距离 R_b

空气冲击波为球形波，为保证人身安全，其波阵面的超压不应大于 $1.96 \times 10^4 \mathrm{Pa}$。对于建筑物避免危害影响的半径可按下式计算：

$$R_b = K_b \sqrt{Q} \tag{2-27}$$

式中　Q——一次同时起爆炸药包重量，kg；

K_b——与装药情况和限制破坏程度有关的系数，可查表 2-8 确定。

表 2-8　　　　　　　　　空气冲击波影响安全距离系数 K_b 值

破 坏 程 度	安全级别	K_b 裸露药包	K_b 埋入药包
完全无损坏	Ⅰ	50~150	10~50
玻璃窗偶然破坏	Ⅱ	10~50	5~10
玻璃窗全坏，门局部破坏	Ⅲ	5~10	2~5
隔墙、门窗、板棚破坏	Ⅳ	2~5	1~2
砖、石、木结构破坏	Ⅴ	1.5~2	0.5~1
全部破坏	Ⅵ	1.5	

进行地下爆破时，人员保护的安全距离应根据洞型、巷道分布、药量及损害程度等因素，经测试确定。水中爆破冲击波对人员、船舶的安全距离分别见表 2-9、表 2-10。

表2-9　　　　　　水中爆破冲击波对人员的最小安全距离　　　　　　单位：m

装药及人员情况		装药量		
		≤50kg	50～200kg	200～1000kg
水中裸露装药	游泳	900	1400	2000
	潜水	1200	1800	2600
钻孔或药室装药	游泳	500	700	1100
	潜水	600	900	1400

表2-10　　　　　　水冲击波对船舶的最小安全距离

爆破方式	装药量/kg	非机动船/m	机动船/m	
			停泊	航行
裸露药包	5～20	90	120	200
钻孔装药	200～500			
裸露药包	50～150	120	150	300
钻孔装药	100～500			

4．有害气体扩散安全控制距离

炸药爆炸生成的各种有害气体，如 CO、CO_2、SO_2 和 H_2S 等，在空气中的含量超过一定数值就会危及人身安全。空气中产生的有害气体浓度随扩散距增加而减少，直到许可标准，这段扩散距离可作为有害气体扩散的安全控制距离，爆破有害气体的许可量视有害气体种类而异，可参考有关安全规程确定。

5．库区外部安全距离和库间殉爆安全距离

炸药库与炸药库之间、炸药库与雷管库之间要相隔一段殉爆安全距离，防止一处爆炸引起另一处爆炸。根据规范规定，炸药库房之间、雷管库与炸药库间的最小安全距离分别见表2-11、表2-12。爆破器材库或药堆至居民区或村庄边缘的最小外部距离见表2-13。

表2-11　　　　　　炸药库房之间允许最小安全距离　　　　　　单位：m

炸药类别	存药量								
	150～200t	100～150t	80～100t	50～80t	30～50t	20～30t	10～20t	5～10t	<5t
硝铵类炸药	42	35	30	26	24	20	20	20	20
梯恩梯	—	100	90	80	70	60	50	40	35
黑索金	—	—	100	90	80	70	60	50	40
胶质炸药	—	—	—	—	100	85	75	60	50

注　1．表中距离为各库均设有土堤的最小距离，不设土堤时表中距离需调整。
　　2．相邻库房储存不同品种装药时，应分别计算，取最大值。
　　3．导爆索按每万米为140kg黑索金计算。

表 2-13 雷管库与药库间的允许最小安全距离　　　　　　　　　　单位：m

库房名称	雷管储量/万发									
	200	100	80	60	50	40	30	20	10	5
雷管库与炸药库之间	42	30	27	23	21	19	17	14	10	8
雷管库与雷管库之间	71	50	45	39	35	32	27	22	16	11

注　表中距离为各库均设有土堤的最小距离，不设土堤时表中距离需调整。

表 2-13　　　　爆破器材库或药堆至居民区或村庄边缘的最小外部距离

存药量/t	150~200	100~150	50~100	30~50	20~30	10~20	5~10	≤5
最小外部距离/m	1000	900	800	700	600	500	400	300

注　表中距离适用于平坦地形，遇山坡（沟）时需调整。

三、盲炮及其处理

1. 产生原因

通过引爆而未能爆炸的药包称为盲炮。通常炮孔外有残留的导火线、引爆电线或传爆线，炮孔附近地表有裂缝而无明显松动和抛掷现象，炮孔或药室间有明显未爆破的间隔等都是盲炮的迹象。

造成盲炮的原因，一方面是起爆破材料的质量检查不严，起爆网络连接不良和网络电阻计算有误，及堵塞炮泥操作时损坏起爆线路。例如雷管或炸药过期失效，非防水炸药受潮或浸水，引爆系统线路接触不良，起爆的电流电压不足等。另一方面，执行爆破作业的规章制度不严或操作不当也容易产生盲炮。

2. 处理方法

爆破作业后，怀疑或发现盲炮应立即设置明显标志，并派专人监护，查明原因后进行处理。对于明挖钻孔爆破，一般盲炮处理方法如下：

1）当网络中有拒爆引起盲炮，可进行支线、干线检查处理，重新联线再次起爆。

2）炮孔深度在 0.5m 以内时，可用表面爆破法处理。

3）炮孔深度在 0.5~2m 时，宜用冲洗法处理。可先用竹、木工具掏出上部堵塞的炮泥，再用压力水将雷管冲出来，或采用起爆炸药包进行诱爆。

4）孔深超过 2m 时，应用钻孔爆破法处理，即在盲炮孔附近打一平行孔，孔距不小于原炮孔孔径的 10 倍，且不得小于 50cm，装药爆破。

对于洞室爆破出现的盲炮，尽可能重新接线起爆。洞室爆破若属起爆体内的问题，则应清除堵塞物，并取出起爆体进行检查处理。

【练习与思考】

1. 爆炸与爆破有何不同？试加以简述。
2. 炸药的主要性能有哪些？
3. 如何理解炸药的敏感度、安定性和威力？
4. 试比较浅孔爆破与深孔爆破的特点。

【练习与思考】

5. 爆破设计主要应确定哪些参数？
6. 常用的爆破方法有哪几种？如何提高爆破效果？
7. 什么是预裂爆破和光面爆破？地下洞室开挖为什么多用光面爆破？
8. 爆破安全作业应注意哪些问题？
9. 什么是微差挤压爆破？它有何特点？

第二章 视频、课件

第三章 基础工程施工

水工建筑物一般修建在具有足够的强度、抗压缩和整体均匀性都比较好的地基基础上,基础承受建筑物的荷载,保证建筑物稳定,不产生过度变形;另外,地基基础还必须具有足够的抗渗性、耐久性,以减少扬压力和渗漏量。天然的地基基础一般很难满足强度、整体性、抗渗性以及变形要求,因此在水工建筑物施工之前,应该先对地基基础进行处理。

地基按地层性质分为两大类,一类是软基,包含土基和砂砾石地基;另一类是岩石地基。由于水工建筑物对地基的要求不同,处理地基的目的和方法也不同。在水利工程中,软基中的土基常采用桩基础来提高地基承载能力,对于砂砾石地基则常用灌浆进行加固处理,提高抗渗能力;而岩石地基则常常采用灌浆来提高抗渗性。

第一节 土 基 处 理

在基础处理中,开挖是最常见的方法,但受工期、费用、开挖条件和机械设备性能等客观条件的限制,同时还需考虑工程对地基处理的要求,采用更有效的方法。

一、土基处理的基本方法

土基处理通常是为了提高地基的承载能力,或是改善地基的防渗性能,或二者都有。提高地基承载能力常见的处理方法有预压、打桩、置换等,改善地基防渗性能常见的处理方法有防渗墙、帷幕灌浆、深层搅拌桩等。

二、土基加固

当上部建筑物的荷载比较大,地基软弱,采用天然地基沉降量过大,或建筑物较为重要不允许有过大的沉降时,可采用桩基础。桩基础按桩的传力及作用性质的不同,分为端承桩和摩擦桩两种;按桩的横断面分为圆桩、方桩和多边形桩;按桩的材料分,则有木桩、混凝土桩、钢筋混凝土桩、钢桩和砂石桩等;按桩的制作方式和施工方法不同可分为预制桩和灌注桩两类。

预制桩是在工厂或施工现场预先制成成品桩,然后用打桩设备将预制好的桩沉入地基土中。沉桩的方法有锤击沉桩、静力压桩、振动沉桩等。灌注桩是在设计桩位先成孔,然后放入钢筋骨架,再浇筑混凝土而成的桩。

(一) 钢筋混凝土预制桩

钢筋混凝土预制桩施工主要包括预制、起吊、运输、堆放、沉桩等过程,一般应根据工艺条件、土质情况、荷载特点等予以综合考虑。

1. 桩的制作与起吊

现场预制桩多用叠浇法施工,重叠层数不宜超过3层。桩与桩间应做好隔离层,上层桩或邻桩的灌注，应在下层桩或邻桩混凝土达到设计强度的30%以后进行。预制场地应平整夯实，并防止浸水沉陷。

当预制桩混凝土强度达到设计强度后，方可起吊和运输。起吊时，吊点位置由设计决定。当吊点少于或等于3个时，其位置应按正、负弯矩相等的原则计算确定；当吊点多于3个时，其位置应按反力相等的原则计算。长20～30m的桩，一般采用3个吊点，如图3-1所示。

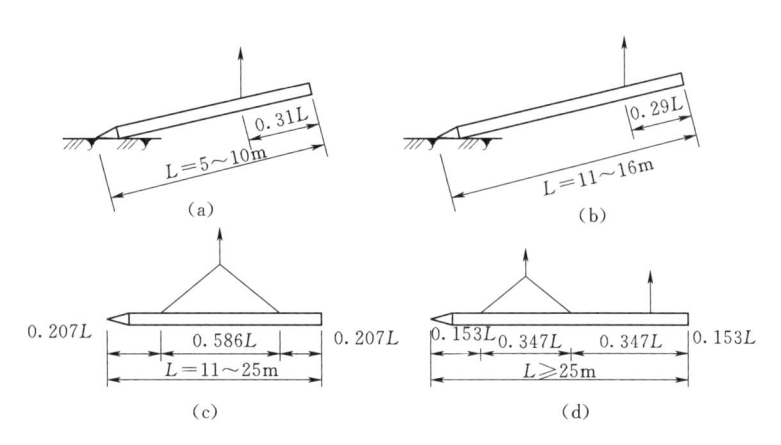

图3-1 预制桩吊点位置
(a) 一点起吊；(b) 一点起吊；(c) 两点起吊；(d) 三点起吊

2. 打桩机械设备的选择

打入桩靠桩锤或其他撞击部分落到桩顶上产生的冲击能而沉入土中。如图3-2所示。打桩用的机械设备主要包括桩锤、桩架和动力装置三部分。在选择打桩设备时，一是根据地基土壤的性质，桩的种类、尺寸和承载力，工期要求；二是根据桩锤的性能和所要求的动力装置等两方面的因素综合考虑。

根据现场情况及现有打桩设备条件，确定桩锤类型后，还要选择桩锤重量，锤重应根据地质条件、桩的类型与规格、桩的密集程度、单桩极限承载力及现场施工条件等因素综合确定。

3. 打桩顺序

打桩顺序一般分为逐排打桩、自中央向四周打桩、自中间向两侧打桩和分段打桩四种，如图3-3所示。

逐排打设容易导致土壤向一个方向挤压而不均匀，使后面的桩打入深度逐渐减少，最终引起建筑物的不均匀沉降。因此，实际工程中多采用自中央向两边缘打设和分段打设两种方法。

（二）灌注桩施工

灌注桩是一种就地成型的桩，可直接在桩位上成孔，然后灌注混凝土或钢筋混凝土而成。与预制桩相比，灌注桩施工方便，节约材料，可降低成本1/3～1/2；但操作要求较严格，容易发生缩颈、断裂现象；技术间隔时间较长，不能立即承受荷

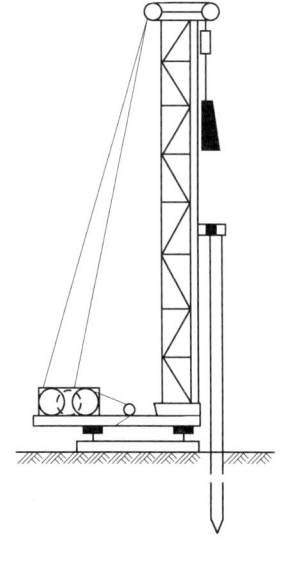

图3-2 打入桩示意图

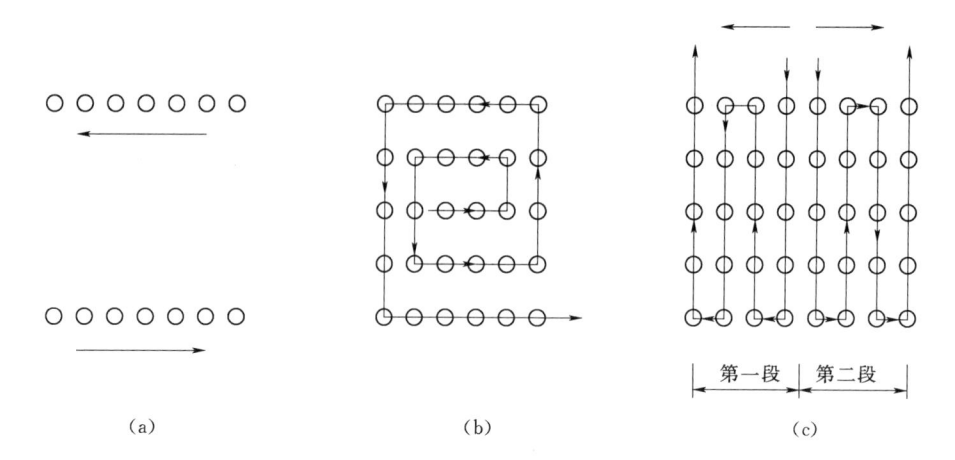

图 3-3 打桩顺序示意图
(a) 逐排打桩；(b) 自中央向四周打桩；(c) 自中间向两侧打桩

载，冬季施工困难较大。

灌注桩按施工方法的不同可分为钻孔灌注桩、冲孔灌注桩、人工挖孔灌注桩、沉管灌注桩和爆扩灌注桩等多种。目前常用的为钻孔灌注桩。

钻孔灌注桩是先用钻孔机械进行钻孔，然后在桩孔内放入钢筋笼再灌注混凝土。钻孔设备主要采用螺旋钻机和潜水钻机两种。

钻孔灌注桩的工艺流程如图 3-4 所示，施工过程中应注意以下几点：

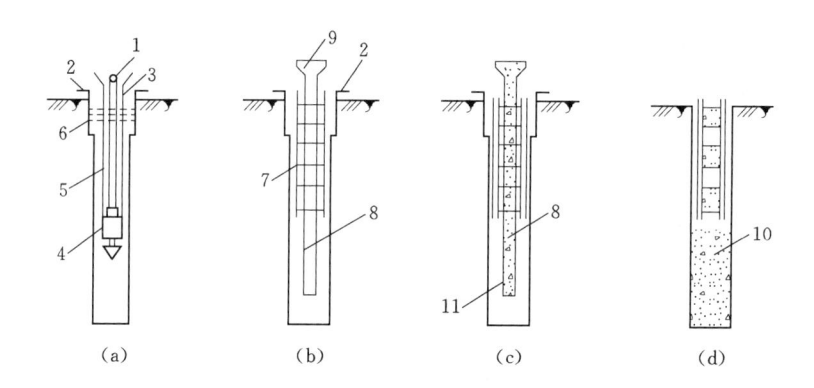

图 3-4 潜水钻成孔灌注桩成桩工艺示意图
(a) 成孔；(b) 插入钢筋笼和导管；(c) 灌筑水下混凝土；(d) 成桩
1—钻杆或悬挂绳；2—护筒；3—电缆；4—潜水电钻；5—输水胶管；6—泥浆；
7—钢筋骨架；8—导管；9—料斗；10—混凝土；11—隔水栓

（1）桩机就位应平整，钻杆轴线与钻孔中心线应对准，钻杆应垂直。

（2）钻孔过程中应注入泥浆护壁，在杂土或松软土层中钻孔时，应在桩位处埋设护筒。护筒用 3～5mm 钢板制作，内径比钻头直径大 100mm，埋入黏土中深度不小于 1.0m，砂土中不宜小于 1.5m。

（3）钻孔达到要求深度后必须清孔，可以采用射水法和换浆法清孔，清孔后应尽快吊放钢筋笼浇筑混凝土。控制混凝土坍落度，一般黏土中宜用 5~7cm，砂类土中用 7~9cm，黄土中用 6~9cm。混凝土应分层浇筑捣实，每层高度一般为 0.5~0.6cm。

（4）在水下灌注混凝土常用导管法施工。

第二节 灌浆基本知识

许多水工建筑物的基础岩层往往存在一定范围和程度的地质缺陷，如节理、裂隙、断层及破碎带等。对于岩层地质缺陷的处理常用的技术措施是灌浆。

灌浆技术是水工建筑物岩石基础处理的基本措施，同时在水工隧洞围岩固结、衬砌回填、不良地段的超前支护、混凝土坝体接缝以及建（构）筑物补强、堵漏等方面也有广泛的应用。

岩石基础灌浆（简称基岩灌浆），是将某种具有流动性和胶凝性的浆液，按一定的配比要求，通过钻孔用灌浆设备压入岩层的孔（裂）隙中，经过硬化胶结后，形成结石，从而提高基岩的强度与整体性，改善基岩的抗渗性。基岩灌浆处理的方案和参数，要在分析研究基岩地质条件、建筑物类型和级别、承受水头、地基应力和变位等因素后确定。

一、灌浆种类

按灌浆目的和要求，灌浆工程主要有固结灌浆、帷幕灌浆、接触灌浆、回填灌浆。如图 3-5 所示。

1. 固结灌浆

固结灌浆是用浆液灌入岩体裂隙或破碎带，以提高岩体的整体性、均匀性和抗变形的能力。其作用主要表现在以下方面：

1）提高基岩的弹性模量，增强其整体性，提高基岩的承载力。

2）增加坝基岩石的密实度，降低岩体的渗透性。

3）帷幕上游面的固结灌浆孔，可起辅助帷幕的作用。

坝基灌浆时，其灌浆范围和孔深，主要根据坝型、坝基地质条件、岩石破碎情况和岩石应力等因素而定。在坝基岩石较差且坝体较高时，多进行全面的固结灌浆。对于断面较大重力坝，在基岩条件较好及坝基应力不大时，可只对上下游应力大的部位进行灌浆。对其他地质情况，如断层、破碎夹层等，应针对具体情况专门布孔。

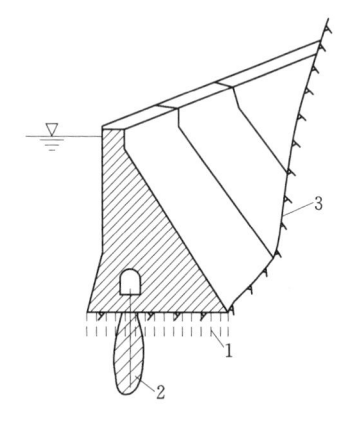

图 3-5 基岩灌浆示意图
1—固结灌浆；2—帷幕灌浆；3—接触灌浆

固结灌浆一般在岩石表面钻孔灌浆，深度较浅，呈"面状"分布，多采用梅花形或方格形布孔，一般孔距为 2~4m，局部地区视情况加密。固结灌浆要求较高时，可进行灌浆试验。固结灌浆的孔深一般为 5~8m，个别工程达到 15~30m，一般采用群孔冲洗和群孔灌浆。

2. 帷幕灌浆

帷幕灌浆是用浆液灌入岩体或土层的裂隙、孔隙，形成阻水幕，以减小渗流量或降低扬压力的灌浆。通常在坝体迎水面下的基础内，形成一道连续而垂直或向上游倾斜的幕墙。设计和施工中多采用单孔灌浆，孔较深且灌浆压力较大。

帷幕灌浆钻孔较深，由1排或2~3排组成，呈"线形"分布。其设计包括平面布置、帷幕伸入两岸的长度、幕深、幕厚（排数）。同时设计中确定灌浆的孔距、排距、压力、浆材、施工方法及工艺等，一般可通过灌浆试验获得。

帷幕灌浆设计的基本资料如下：

1）建筑物基础的地质条件，查明影响渗透稳定的地质缺陷和水文地质条件，如裂隙、节理、断层破碎带、软弱夹层及溶洞等的发育程度、分布特征、产状、充填物情况和地下水的动态，了解岩石的渗透性、相对不透水层深度等。

2）灌浆试验资料，选择有代表性的地段，进行灌浆试验，获得所需设计参数。如孔距、排距、灌浆压力、灌浆材料、浆液配比、钻灌方法与施工工艺、材料消耗等。

灌浆帷幕一般设在大坝上游坝踵附近的压应力区，在专设的廊道内施工。灌浆廊道一般布置在距上游坝面水头处的 0.07~0.1 位置，且不小于 3m。有时为增加坝体的稳定性或为了一些大的断裂置在帷幕灌浆之后便于处理，将帷幕前移，设在坝前水平铺盖的前沿。

实际工程中，为降低坝基扬压力，多数在坝体内同时布置帷幕和排水。排水孔一般布置在帷幕的背水侧，其深度可取帷幕深的 1/2~2/3。我国一些大坝在一般地质条件时，帷幕深度常取坝高的 0.3~0.7。

帷幕的形式依其是否接到相对不透水岩层而分为接地式帷幕和悬挂式帷幕。接地式帷幕是坝址的相对不透水层埋藏较浅，帷幕能深入到相对不透水岩层，形成封闭式的阻水帷幕。此种形式帷幕防渗效果最好，一般深入隔水层的深度要求为 3~5m。悬挂式帷幕是坝址的相对不透水层埋藏较深，帷幕不接到相对不透水岩层，防渗效果较差。当采用悬挂式灌浆帷幕时，需与其他的防渗措施配合使用，如在上游设置铺盖，下游增设排水减压措施等。

3. 接触灌浆

接触灌浆是用浆液灌入混凝土与基岩，或混凝土与钢板之间的缝隙，以增强接触面的结合能力，这种缝隙是由混凝土的凝固收缩而造成的。工程中常结合固结灌浆一起进行。

接触灌浆施工一般通过混凝土钻孔压浆，或在接触面埋设灌浆盒及相应的管道系统进行灌浆。

在利用预埋灌浆系统灌浆时，要求灌浆区达到稳定温度后，方可对混凝土建筑物施工缝进行灌浆。

4. 回填灌浆

回填灌浆是用浆液填充混凝土与围岩，或混凝土与钢板之间的空隙和孔洞，以增强围岩或结构的密实性的灌浆，这种空隙和孔洞是由混凝土浇筑施工的缺陷或技术能力的限制所造成的，如隧洞顶拱岩面与衬砌混凝土面、压力钢管与底部混凝土接触面等。

二、灌浆材料

灌浆材料分为两类，一是固体颗粒材料，如水泥、黏土、粉煤灰等制成的浆液（悬浮液）；二是化学灌浆材料，如环氧树脂等制成的浆液。灌浆材料应考虑灌浆目的和环境水

第二节 灌 浆 基 本 知 识

的侵蚀作用等,由设计确定。实际工程中,有水泥灌浆、水泥黏土灌浆、黏土灌浆、沥青灌浆和化学灌浆等。现主要介绍水泥灌浆、黏土灌浆和化学灌浆。

1. 水泥灌浆

基岩灌浆一般采用水泥浆液,灌入基岩的水泥浆液,由水泥与水按一定配比制成,水泥浆液呈悬浮状态,硬化后与素混凝土类似。水泥灌浆具有灌浆效果可靠,灌浆设备与工艺比较简单,材料成本低廉等优点。水泥浆液要求颗粒细、稳定性好、胶结性强、耐久性好。水泥标号越高,颗粒越细,就越能填塞细小裂隙。一般情况下采用普通硅酸盐水泥,当有抗侵蚀或其他要求时,应使用特种水泥。

(1) 基本要求。

1) 浆液在受灌的岩层中应具有良好的可灌性,即在一定的压力下,具有良好的流动性,能灌入到裂隙空隙或孔洞中,充填密实。

2) 浆液应具有较好的稳定性,析水率低;硬化成结石后,应具有良好的防渗性能、必要的强度和黏结力。

3) 使用矿渣硅酸盐水泥或火山灰质硅酸盐水泥灌浆时,因其早期强度低、稳定性差等,浆液水灰比不宜小于1。

4) 回填灌浆、固结灌浆和帷幕灌浆所用水泥的强度等级须为32.5或以上。

5) 钢衬接触灌浆和岸坡接触灌浆所用水泥的强度等级和细度,可参考坝体接缝灌浆的要求。

水泥颗粒的细度对灌浆的效果有较大影响。水泥颗粒越细,越能够灌入细微的裂隙中,水泥的水化作用也越完全。于帷幕灌浆,水泥细度的要求为通过 $80\mu m$ 方孔筛的筛余量不大于5%。灌浆用的水泥要符合质量标准,不得使用过期、结块或细度不合要求的水泥。

对于岩体裂隙宽度小于 $200\mu m$ 的地层,普通水泥制成的浆液一般难于灌入。为了提高水泥浆液的可灌性,工程中广泛采用超细水泥。超细水泥是采用特殊方法制成的高细度水泥,其颗粒的平均粒径 D_{50} 为 $3\sim6\mu m$。超细水泥形成的浆液不仅具有良好的可灌性,而且在结石体强度、环保及价格等方面都具有优势,尤其适合细微裂基岩的灌浆。

灌浆施工前,浆液应根据实际工程需要进行配置,必要时要进行相关性能试验,如掺合料的细度和颗分曲线、浆液的流动性或流变参数、浆液的沉降稳定性、浆液的凝结时间及结石的容重、强度、弹性模量和渗透性等。

(2) 其他类型浆液。近年来,工程中为了减少水泥用量,节省投资,简化灌浆工艺,根据现场灌浆试验论证,可选用下列类型的浆液:

1) 稳定浆液,指掺有稳定剂,2h析水率不大于5%的水泥浆液。如对于遇水性能易恶化的岩石或注入量较大的洞穴等,采用此种方式较多。江垭大坝、小浪底、三峡水电站等工程就采用此法,取得良好效果。

2) 混合浆液,指掺有掺和料的水泥浆液,如水泥砂浆、水泥黏土浆、水泥粉煤灰浆、水泥水玻璃浆等,适用于注入量大或地下水流大的地层灌浆。加入掺和料是为了降低浆液造价,有的可改善浆液性能或增加结石强度。

3) 膏状浆液,指塑性屈服强度大于20Pa的混合浆液。浆液由水泥、黏土、粉煤灰、减水剂等材料混合而成。水泥可选用普通硅酸盐水泥,通常水和干料的质量比为1:1.8~1:2.4。

与普通浆液相比,膏状浆液具有较高的屈服强度、较大的塑性黏度及良好的触变性能,在大孔隙地层的扩散范围具有良好的可控性。适用于大孔隙(如岩石宽大裂隙、溶洞等)、堆石体的灌浆。如小湾水电站围堰防渗帷幕应用,效果良好。

4)细水泥浆液,适用于微细裂隙岩石和张开度小于0.5mm的坝体接缝灌浆,可采用干磨细水泥浆液、超细水泥浆液和湿磨细水泥浆液。干磨细水泥是将普通水泥通过震动研磨法进一步磨细,最大粒径D_{max}在35μm以下,平均粒径D_{50}为6~10μm;超细水泥是用特殊方法磨细的水泥,最大粒径D_{max}在12μm以下,平均粒径D_{50}为3~6μm;湿磨细水泥是将水泥浆液通过湿磨机在施工现场磨细,边磨边灌。其细度与机型、研磨时间及研磨遍数有关。

(3)常用外加剂。在水泥浆液中掺入一些外加剂,可以调节或改善水泥浆液的一些性能,使其满足工程的特定要求,提高灌浆效果。

根据灌浆工程的需要,在水泥浆液中,可加入下列外加剂:

1)速凝剂,如水玻璃、氯化钙等。

2)减水剂,如萘系高效减水剂、木质素磺酸盐类减水剂等。

3)稳定剂,如膨润土及其他高塑性黏土等。

帷幕灌浆时,为提高帷幕密实性,改善浆液性能,可掺适量黏土和塑化剂,一般黏土量不超过水泥重量的5%。固结灌浆采用纯水泥浆或水泥砂浆,不能掺加黏土。接触灌浆不加掺和料,只用较高强度等级的水泥。

需要注意的是,在水泥浆液中加入外加剂或掺合料时,应根据设计要求和工程需要进行相应的性能试验,包括浆液流动性、析水率、凝结时间和结石的力学性能等。

2. 水泥黏土灌浆

为节省水泥,降低材料成本,在水泥浆液里掺入黏土、砂、粉煤灰,制成水泥黏土浆、水泥砂浆、水泥粉煤灰浆等,这类浆液成本低,但结石强度不高,在土层或砂砾石地基灌浆中采用此类灌浆,也可用于注入量大,对结石强度要求不高的基岩灌浆。

水泥黏土浆液是将土料经过浸泡、搅拌、筛滤净化后与水泥拌制而成。对于土坝或砂砾石地基灌浆而言,其土料有不同的要求。如砂砾石地基灌浆,多选用黏粒含量不少于40%、粉粒含量不超过50%、砂粒含量不大于5%、塑性指数为10~20的亚黏土或黏土。

帷幕灌浆多采用水泥黏土浆,以改善浆液的胶结性能和提高结石强度,加速固结,有利于在水下继续凝固。一般水泥与土料的比例为1:1~1:4,浆液稠度水和干料的比例一般在1:1~6:1。

3. 化学灌浆

化学灌浆是将有机高分子材料(如环氧树脂、聚氨酯、甲凝等)为基材制成的浆液灌入到需要处理的部位,如地基或建筑物裂隙中,经胶结固化后,达到防渗堵漏、补强加固的目的。在灌浆区或岩石缝隙很小,地下水流速又较大,颗粒材料难以灌入,或防渗加固的要求较高,采用普通水泥浆液难以达到工程要求时,可采用化学灌浆材料。

化学灌浆抗渗性好,强度较高,但灌浆工艺比较复杂,工程费用较高。在基岩处理中，化学灌浆仅起辅助作用。一般是对需要的基岩先进行水泥灌浆，再在其基础上进行化学灌浆，这样既可提高灌浆质量，也比较经济。

需要注意的是，工程施工中无论采用哪一种灌浆材料，灌浆结束后应注意妥善处理废弃浆液，防止污染环境。

第三节 岩石基础灌浆

为了确保岩石基础灌浆的灌浆质量，满足水工建筑物基础需要的强度、整体性和抗渗性等，在岩石基础灌浆施工前，一般要结合工程具体情况，进行现场灌浆试验，选择合理的施工机械、施工程序与方法工艺，为灌浆提供详细可靠的灌浆参数等。现场灌浆试验为工程灌浆设计与编制施工技术文件提供主要依据。

下面结合岩石基础灌浆的施工过程，介绍其施工中的主要技术环节与相应要求，包括钻孔、冲洗、裂隙试验、灌浆方法与工艺、灌浆压力和浆液变换、灌浆结束和封孔、灌浆记录与资料整理、灌浆的质量检查等。

一、钻孔

钻孔前，应用测量仪器正确放出灌浆孔的位置，帷幕灌浆还需测出各孔高程。

1. 钻孔设备

固结灌浆、帷幕灌浆孔多采用回转式钻机，如XU-100型、SGZ-1A型、SGZ-ⅢA型等，也可采用冲击式或冲击回转式钻机，如手持01-30、气腿YT-28手风钻、DQ-100B潜孔钻等。

2. 钻孔方法

使用回转式取芯地质钻机时，多采用金刚石钻头，因其钻进岩粉少，钻进效率和岩芯采取率较高，孔径较均匀，钻头直径小且携带使用方便。常用金刚石钻头有46mm、56（60）mm、66mm、76mm等，根据需要也可制成91mm、100mm、110mm、130mm、150mm等规格。在钻孔过程中，需连续不断地向孔内供水（冲洗液），其作用为冷却钻头，排除孔底岩粉、减轻钻杆与孔壁的摩擦，保护孔壁，提高转速。如果一旦供水中断，不仅烧毁钻头，而且还会造成孔内事故。一般孔深100m以内的钻孔，供水量约50L/min，水压不低于0.5MPa。非灌浆的钻孔，当孔深、孔径较大或地层较复杂时，可在冲洗液中加入润滑剂或改用泥浆做冲洗液。回转式取芯钻机常用钻具专用管材见表3-1。

表3-1　　　　　　　　回转式取芯钻机常用钻具专用管材表

名称	规　　格			备　注
	外径/mm	壁厚/mm	重量/(kg/m)	
钻杆	42	5	4.5	
	50	5.5	6.0	
岩芯管	54.5	4～4.5	5.0	配56mm金刚石钻头
	57.5	4～4.5	5.3	配60mm金刚石钻头
	73.0	4.5	7.7	配76mm钻头

续表

名称		规　格			备　注
		外径/mm	壁厚/mm	重量/(kg/m)	
岩芯管		89.0	4	8.4	配91mm钻头
		108.0	4.25	10.9	配110mm钻头
		127.0	4.5	13.6	配130mm钻头
		146.0	4.5	15.7	配150mm钻头
钻头外径/内径	金刚石	56/40			配56.5mm扩孔器
		66/50			配66.5mm扩孔器
		76/60			配76.5mm扩孔器
	钢粒	91/73	9	18.2	
		110/90	10	24.7	
		130/110	10	29.6	
		150/130	10	34.5	

使用冲击回转式钻机时，可采用硬质合金钻头。钻孔深度不超过5m的固结灌浆浅孔多采用手风钻，5m以上的深孔固结灌浆宜采用潜孔钻。

当钻孔深度小于10m时，也可采用移动方便的风钻或架钻，孔径一般为75～91mm，检查孔径为110～130mm。

3. 钻孔技术要求

灌浆的质量和效果与钻孔的质量密切相关。施工中要求孔深、孔向、孔位符合设计要求，孔径上下均一且孔壁平顺，灌浆栓塞能卡紧卡牢，灌浆时不致产生返浆。钻进施工中若产生过多的岩粉细屑，易堵塞孔壁的缝隙，直接影响灌浆质量。

(1) 孔径。帷幕灌浆孔宜采用回转式钻机和金刚石或硬质合金钻头，孔径不得小于46mm；固结灌浆孔可采用各种适宜的方法钻进，孔径不宜小于38mm。对于帷幕灌浆先导孔、检查孔，宜选定较大的孔径，以提高岩芯采取率和提取较完整的芯样。

(2) 孔位和钻孔深度。钻孔方向和钻孔深度是保证帷幕灌浆质量的关键。帷幕钻孔方向，原则上应较多地穿过裂隙和岩层层面。若钻孔方向和设计方向发生偏斜，钻孔深度达不到设计要求，各钻孔灌注的浆液则不能连成一个整体，易形成漏水通道。

帷幕灌浆孔位与设计孔位的偏差值不得大于10cm，并应进行孔斜测量。垂直或顶角小于5°的帷幕灌浆孔，孔底允许偏差见表3-2；顶角大于5°的斜孔，孔底最大允许偏差值可根据实际情况按表3-2的规定适当放宽。

表3-2　　　　　　　　帷幕灌浆孔孔底允许偏差　　　　　　　　单位：m

孔　深		20	30	40	50	60
允许偏差	单排孔	0.25	0.45	0.70	1.00	1.30
	二或三排孔	0.25	0.50	0.80	1.15	1.50

施工中若钻孔遇有洞穴、塌孔或掉块难以钻进时，可考虑进行灌浆处理再行钻进。若发现漏水或涌水，应及时查明情况和分析原因，经处理后再行钻进。钻进结束后，要进行

钻孔冲洗，孔底沉渣厚度不得超过20cm。同时，对孔口要加以保护，防止流进污水、落入异物等。灌浆孔距一般是通过现场灌浆试验来确定。最佳的灌浆孔方向应是吃浆量最大的方向。

4. 钻孔记录

在施工现场需认真记录，如实填写相关内容如工程项目、部位、钻孔编号、机械型号、施工日期、机高等，可参考表3-3，且专人审核，不允许事后补记，更不得随意编造。各种资料要及时整理，它是分析评价灌浆工程质量的重要依据。

参数计算公式如下：

$$总长＝钻杆总长＋粗径钻具总长$$

$$粗径钻具总长＝钻头长度＋扩孔器长度＋岩芯管长度＋变径接头长度$$

$$孔深＝上钻孔深＋本钻次进尺$$

表3-3　　　　　　　　　钻孔记录表（钻探工程班报表）

钻孔编号：　　　　年　月　日　班（自　时至　时）　交班孔深/m：　　　本班进尺/m：

工时利用情况				钻头	钻具长度/m	钻杆		机上余尺/m		钻具磨损	进尺/m	孔深/m
开始/h：min	终止/h：min	间隔/min	工作内容			长度/m	根数	下钻	起钻			

请详细记录混凝土厚度、涌水、失水、外漏、塌孔、掉块、卡钻、岩性变化、地质缺陷等情况	材料消耗			岩芯				岩石名称	级别	出勤情况			
	名称	单位	消耗量	编号	长度/m	采取率/%	累计			姓名	职别	出勤	缺勤

机长：　　　　　交班长：　　　　　接班长：　　　　　记录员：

二、钻孔冲洗

钻孔冲洗是灌浆前一项非常重要的工作，直接影响着灌浆的质量。钻孔结束以后，要将残存在孔底和黏滞在孔壁的岩粉、铁砂沫冲洗出孔外，并将岩层裂隙和孔洞中的充填物冲洗干净，以保证浆液与基岩的良好胶结。

冲洗的基本方法是将冲洗管插入钻孔内，用阻塞器把孔口堵塞，用压力水或压力水和压缩空气轮换冲洗，或压力水和压缩空气混合冲洗，如图3-6所示。冲洗压力一般不宜大于同段设计灌浆压力的80%，并不大于1MPa，防止裂缝扩张和岩层松动、变形。工程中通常有单孔冲洗和群孔冲洗。

1. 单孔冲洗

单孔冲洗时，裂隙中的充填物被压力水挤至灌浆范围以外，或仅能冲掉钻孔本身及其周围小范围裂隙中的充填物。单孔冲洗一般适用于岩石比较完整和裂隙较少的情况，主要有以下三种方法：

（1）高压水冲洗。整个冲洗过程在高压下进行，其冲洗压力取同段灌浆压力的70%～80%。冲洗结束的标准，通过冲洗试验来确定。一般认为当回水洁净，延续10～20min即可结束。

（2）高压脉冲冲洗。采用高压低压水反复冲洗。冲洗压力取灌浆压力的80%，经5～10min以后，将孔口压力在极短时间如几秒钟内，突然降到零，形成反向脉冲水流，将裂隙中的碎屑带出，此时回水多呈浑浊。当回水由浊变清后，再升高到原来的压力，维持几分钟，又突然下降到零。如此一升一降，反复冲洗，直到回水洁净，再延续10～20min后就结束。此法冲洗时，压力差越大，冲洗效果越好。新安江、古田溪等工程采用该法取得了良好效果。

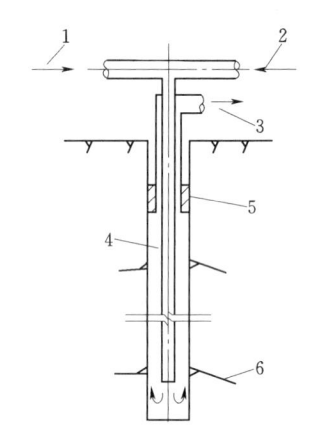

图3-6 钻孔冲洗方法
1—压力水进口；2—压缩空气进口；3—出口；4—灌浆孔；5—阻塞器；6—岩层裂隙

（3）扬水冲洗。对于地下水位较高和地下水补给条件良好的钻孔，可采用扬水冲洗。冲洗时，先将冲洗管下到钻孔底部，上端接风管，通入压缩空气，孔中水气混合后重量减轻，在孔侧地下水压力作用及压缩空气的释压膨胀与返流作用下，水气挟带着孔内碎屑杂物喷出孔外。连续地通气喷水，直到将钻孔洗净为止。如果孔内水位恢复较慢，可向孔内加水，提高扬水冲洗效果。

2. 群孔冲洗

群孔冲洗适用于岩层破碎，节理裂隙比较发育且钻孔间互相串通的地层。一般将两个或两个以上的钻孔组成一个孔组，轮换地向一个孔或几个孔压进压力水，或压力水混合压缩空气，从另外的孔排出污水，如此反复交替冲洗，直到各孔出水洁净为止。

群孔冲洗时，注意沿孔深方向冲洗段的划分不宜过长，以免分散冲洗压力和冲洗水量。有时部分裂隙冲通后，水量将相对集中在这几条裂隙中流动，使其他裂隙得不到有效的冲洗，影响冲洗的质量和效果。在采用高压水或高压水气冲洗时，要防止冲洗范围岩层的抬动和变形。为提高冲洗效果，也可在冲洗液中加入适量化学剂（如Na_2CO_3、$NaOH$、$NaHCO_3$等），通过试验确定加入化学剂的品种和掺量。

采用群孔冲洗的钻孔可不分序同时灌浆。

三、裂隙试验

裂隙试验是利用水泵或水柱自重，将清水压入钻孔试验段，根据一定时间内压入的水量和施加压力大小的关系，计算岩体相对透水性和了解裂隙发育程度的试验。灌浆前进行该试验，可为岩基灌浆设计和施工提供依据，是科学进行工程地基处理的重要环节。裂隙试验一般在钻孔冲洗结束后进行。

试验设备主要有供水设备（如水泵）、止水栓塞（如水压式或气压式）、量测设备（如压力表、压力传感器、流量计、水位计等）。根据压水试验精度的不同，裂隙试验可分为压水试验和简易压水。

第三节 岩石基础灌浆

1. 压水试验

帷幕灌浆的试验孔、先导孔和基岩灌浆的检查孔要求进行压水试验,采用一级压力的单点法或三级压力五个阶段的五点法。固结灌浆孔灌浆前的压水试验应在裂隙冲洗后进行,试验孔数不宜少于总孔数的5%,试验采用单点法。

压水试验采用的压力,可根据工程具体情况和地质条件参照表3-4选用适当的压力值。检查孔各孔段压水试验的压力应不大于灌浆施工时该孔段所使用的最大灌浆压力的80%。

表3-4　　　　　　　　　　压水试验压力值选用表

灌浆工程类别	钻孔类型	坝高/m	灌浆压力/MPa	压水试验压力 单点法	压水试验压力 五点法	备注
帷幕灌浆	先导孔	—	≥1	1MPa	0.3MPa、0.6MPa、1.0MPa、0.6MPa、0.3MPa	H_0、H为坝前水头,以正常蓄水位为准,分别从河床基岩面和帷幕所在部位基岩面高程算起; $1.5H$大于2MPa时,采用2MPa
帷幕灌浆	先导孔	—	<1	0.3MPa	0.1MPa、0.2MPa、0.3MPa、0.2MPa、0.1MPa	
帷幕灌浆	先导孔	—	<0.3	灌浆压力	—	
帷幕灌浆	检查孔	<70	—	H_0或$1.5H_0$(m)	单点法实验压力的0.3、0.6、1.0、0.6、0.3倍	
帷幕灌浆	检查孔	70~100	—	1MPa		
帷幕灌浆	检查孔	>100	—	1MPa或1.5H(m)		
坝基及隧洞固结灌浆	灌浆孔和检查孔		1~3	1MPa	—	灌浆压力大于3MPa时,压水实验压力由设计按地质条件和工程需要确定
坝基及隧洞固结灌浆	灌浆孔和检查孔		≤1	灌浆压力的80%	—	

注　先导孔即最先施工的、用于核对或补充灌浆地区地质资料的少数灌浆孔。

(1) 试验方法与试段长度。压水试验应自上而下分段进行,同一试段不宜跨越透水性相差悬殊的两种地层,使获得的试验资料更具有代表性。岩石完整、孔壁稳定的孔段,或有必要单独进行试验的孔段,可采用双栓塞分段进行。

试段长度一般为5m左右。对地质条件复杂地段,应根据具体情况确定试段的长度。若地层比较单一完整,透水性又较小时,试段长度可适当延长,但不宜超过10m。

(2) 试验钻孔与用水。压水试验钻孔的直径为59~150mm,宜采用金刚石或合金钻进,不应使用泥浆等护壁材料钻进。试验用水应保持清洁,泥沙含量较多时,应采取沉淀措施。

(3) 试验成果整理。压入流量的稳定标准为预定压力之下,每3~5min测读一次压入流量,连续四次读数中最大值与最小值之差小于最终值的10%,或最大值与最小值之差小于1L/min时,本阶段试验即可结束。压水试验的成果以透水率q表示,单位为吕荣(Lu)。在1MPa压力下,每米试段长度每分钟内注入的水量为1L时,$q=1$Lu。

以单点法为例,其压水试验的成果按下式计算:

$$q=\frac{Q}{LP} \tag{3-1}$$

式中 q——试段透水率，Lu；

Q——压入流量，L/min；

P——作用于试段内的全压力，MPa；

L——试段长度，m。

五点法压水试验的成果以压水试验第三阶段的压力值（P_3）和流量值（Q_3）计算试段透水率。根据五个阶段的压水资料绘制 P-Q 曲线，以曲线形状判断压入的水流状态和裂隙扩张或填充状况。钻孔压水试验记录与钻孔压水试验成果记录可参考表3-5和表3-6。

表3-5　　　　　　　　　　号钻孔压水试验记录表

试段编号：　　　自　m至　m　段长：　m　水柱压力：　MPa

压力阶段	时间/min			压力/MPa			流量/(L/min)	
	时	分	间隔时间	压力表压力	压力损失	总压力	水表读数	流量

水位观测记录表

时间		测点至水位深度 /m	测点高出地面 /m	地面至水位深度 /m	备注
时	分				
					下塞前
					下塞后

表3-6　　　　　　　　钻孔压水试验成果表

试验日期	试验段					P-Q曲线类型	试段透水率q /Lu
	编号	深度/m		试段长度 /m	高程/m			
		起	止		起	止		

试验情况综合说明：

地质值班员：　　　　　　　　　　　技术负责人：

2. 简易压水

简单、容易的压水试验简称简易压水，技术要求稍松，实测数据精度较低，稳定流量标准放宽，只做一个压力点，可结合裂隙冲水进行。如采用自上而下分段循环式灌浆法、孔口封闭灌浆法进行帷幕灌浆时，各灌浆段在灌浆前，宜进行简易压水。

第三节 岩石基础灌浆

在岩溶泥质充填物和遇水后性能易恶化的岩层中进行灌浆时，可不进行裂隙冲洗和简易压水，以免恶化岩体性能，影响灌浆质量。

需要指出，岩体渗透性大小主要是由裂隙的渗透性大小来决定的。设计中应对其不连续面，特别是裂隙的渗透性进行调查，而它们的渗透性大小又与不连续面产状、迹长、间距、密度、张开宽度以及空间的几何组成形态特征有关。由于各岩体类型都有各自水径的特殊性和不同的岩体强度，要对压水试验资料进行整理，结合试段的地质条件进行综合评价。

四、灌浆设备、方法和方式

1. 灌浆设备

选用灌浆设备须满足灌浆设计压力的要求，机械额定工作压力应大于最大灌浆压力的1.5倍，压力波动范围宜小于灌浆压力的20%；设备的排浆量应满足基岩的最大注入率要求。

常用灌浆设备如SGB6-10型、TTB100/10、BW250-50、BW200-40、MSO150/50泥浆泵等，可用于高压帷幕灌浆、固结灌浆、回填及接缝灌浆；搅拌机如JJB150×2、ZJ-200/400、XL-150/600等，具体性能可参阅相关说明。

对于高压灌浆（灌浆压力大于3~4MPa）施工，应采取下列设备和机具：①高压灌浆泵；②耐蚀灌浆阀门；③钢丝编织胶管；④大量程压力表，其最大标值宜为最大灌浆压力的2.0~2.5倍；⑤孔口封闭器或高压灌浆塞。

2. 钻孔灌浆次序

钻孔灌浆的次序应遵循分序加密的原则进行。通过浆液逐渐挤压密实，可促进灌浆区域的连续性；逐序提高灌浆压力，有利浆液的扩散和提高浆液的密实性。同时可分析先灌序孔的灌浆质量和效果。地基灌浆一般按照先固结、后帷幕的顺序。

单排帷幕孔的施工次序如图3-7所示。通常是先钻灌第Ⅰ序孔，然后依次钻灌第Ⅱ、第Ⅲ序孔，如有必要再钻灌第Ⅳ序孔。孔距视岩层完好程度而定，一般第Ⅰ序孔采用8~12m。

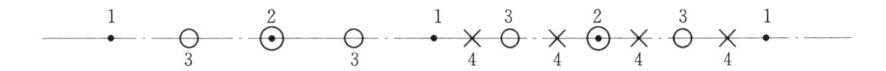

图3-7 单排帷幕孔的钻灌次序
1—第Ⅰ序孔；2—第Ⅱ序孔；3—第Ⅲ序孔；4—第序孔

对于双排和多排帷幕孔，在同一排内或排与排间，均应按逐渐加密的次序进行钻灌作业。如为双排，则应先灌下游排，后灌上游排；如为三排，则先灌下游排，后灌上游排，最后灌中间排，以免浆液过多地流失到灌区范围以外。

固结灌浆宜在有混凝土覆盖压重的情况下进行，防止地表抬动和地面冒浆。一般覆盖的混凝土强度达到50%设计强度后，才能进行灌浆。对于孔深5m左右的浅孔固结灌浆，在地质条件较好，岩层较完整时可以采用两序孔进行钻灌作业；孔深5m以上的中深孔固结灌浆，则采用三序孔施工为宜。固结灌浆最后一个序孔的孔距和排距，与基岩地质情况及应力条件等有关，一般为3~6m。

3. 灌浆方法

根据不同的地质条件和工程要求，基岩灌浆方法可选用全孔一次灌浆法、自上而下分段灌浆法、自下而上分段灌浆法、综合灌浆法或孔口封闭灌浆法。

(1) 全孔一次灌浆法。将钻孔一次钻到设计深度，阻塞器卡塞在孔口，全孔为一个灌浆段进行灌浆。此法施工简单，多用于孔深不超过8m，地质条件较好，岩层较完整的情况。如潘家口、桃林口坝基固结灌浆入岩5m的孔采用此法。

(2) 自上而下分段灌浆法。分段钻孔，分段进行压水试验，有利于分析灌浆效果，估计灌浆材料用量。在钻灌一段后，待凝一定时间，再钻下一段，钻孔和灌浆交替进行，如图3-8所示。该法的特点是随着孔深的增加，可逐渐增加灌浆压力，上部岩层因灌浆而形成结石，避免冒浆现象，保证灌浆质量。在工程地基处理中，多采用此种方法，但因机械设备搬迁频繁，对施工进度有影响，适用于地质条件较差、岩石破碎地区。

(3) 自下而上分段灌浆法。一次将孔钻到设计深度，然后自下而上分段灌浆，如图3-9所示。该法多用于岩层比较完整，或基岩上部已有足够压重不致引起地面抬动的情况。其优点是钻孔和灌浆不干扰，进度快，成本低，不足之处在于后灌段的灌浆压力不能适当加大。采用自下而上分段灌浆时，灌浆段的长度因故超过10m，宜对该段采取补救措施。

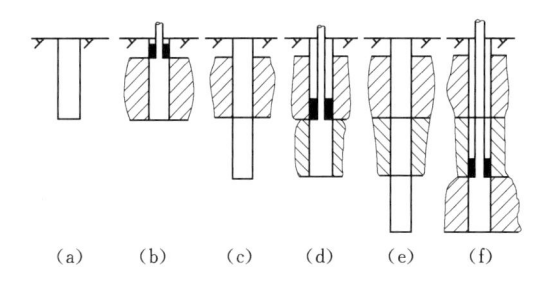

图3-8 自上而下分段灌浆
(a) 第一段钻孔；(b) 第一段灌浆；(c) 第二段钻孔；
(d) 第二段灌浆；(e) 第三段钻孔；(f) 第三段灌浆

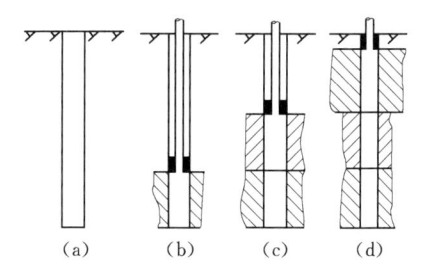

图3-9 自下而上分段灌浆
(a) 钻孔；(b) 第三段灌浆；
(c) 第二段灌浆；(d) 第一段灌浆

(4) 综合灌浆法。工程中常遇到接近地表的岩层较破碎，越往下岩层越完整的情况。考虑深孔灌浆时，可采用综合灌浆法。对于上部的孔段，采用自上而下先灌，下部的孔段，采用自下而上后灌，有利于提高灌浆效果。

(5) 孔口封闭灌浆法。在钻孔的孔口安装孔口管（如埋入钢管作为孔口管），自上而下分段钻孔和灌浆，各段灌浆时都在孔口安装孔口封闭器进行灌浆。该法是一种将封闭器设置在孔口，不用下入阻塞器的灌浆方法，其特点为不需待凝，钻进连续作业，进度快，工艺简便（孔径小），多次复灌有利于提高浆液质量，但埋入钢管不易回收，耗用钢材，一般适用于高压水泥灌浆工程，小于3MPa的灌浆工程可参照应用。

分段灌浆时，孔段长度的划分对灌浆质量有一定影响。一般应根据岩层裂隙分布的情况来考虑，使每一孔段的裂隙分布大致均匀，以便于施工操作和提高灌浆质量。灌浆孔段的长度一般在5～6m，地质条件较好时也不宜超过10m。

帷幕灌浆时，坝体混凝土和基岩接触部位的灌浆段应先行单独灌注并待凝。

第三节 岩石基础灌浆

固结灌浆时，若钻孔中岩石灌浆段的长度不大于6m，可一次灌浆；大于6m时，宜分段灌注。

4. 灌浆方式

工程中常用浆液灌注方式有纯压式灌浆和循环式灌浆。

(1) 纯压式灌浆。纯压式灌浆为浆液注入到孔段内和岩体裂隙中，不再返回的灌浆方式。灌注时浆液单向从灌浆机向钻孔流动，灌入孔段内的浆液扩散到岩层缝隙中。此法操作方便，设备简单，因浆液流动速度较小，易沉淀和堵塞岩层缝隙和管路，一般用于有裂隙存在，吸浆量大和孔深不超过15m的情况，如图3-10（a）所示。

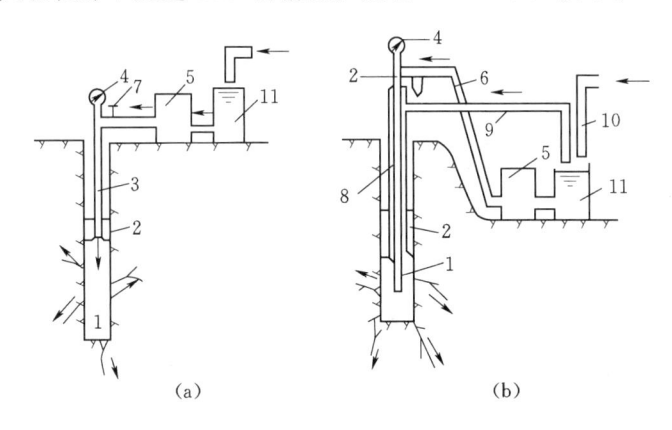

图3-10 浆液灌注方法
(a) 纯压式灌浆；(b) 循环式灌浆
1—灌浆段；2—灌浆塞；3—灌浆管；4—压力表；5—灌浆泵；6—进浆管；
7—阀门；8—孔内回浆管；9—回浆管；10—供水管；11—搅拌筒

(2) 循环式灌浆。循环式灌浆中，灌入孔段内的浆液一部分被压入岩层缝隙中，另一部分通过回浆管路返回，保持孔段内的浆液呈循环流动状态。此法可减少水泥沉淀，有利于提高灌浆效果；同时可根据进浆、回浆浆液比重之差，判断岩层吸收水泥的情况，如图3-10（b）所示，因其灌浆质量有保证，工程中多优先采用。

帷幕灌浆方式宜采用循环式灌浆，也可采用纯压式灌浆。当采用循环式灌浆时，射浆管距孔底不得大于50cm。浅孔固结灌浆可采用纯压式灌浆。

固结灌浆孔相互串浆时，可采用串孔并联灌注，但并灌孔不宜多于3个，并应控制灌浆压力，防止上部混凝土或岩体抬动。

灌浆过程中发现冒浆、漏浆时，应根据具体情况采用嵌缝、表面封堵、低压、浓浆、限流、限量、间歇和待凝等方法处理。若发生串浆时，可用下述方法处理：

1) 被串孔正在钻进，则应立即停钻。
2) 串浆量不大，可在灌浆的同时，在被串孔内通入水流，使水泥浆不致充填孔内。
3) 串浆量大时，若条件许可，可与被串孔同时灌浆，但应防止岩层抬动。
4) 串浆量大且无条件同时灌浆时，可用灌浆塞塞于被串孔串浆部位上方1~2m处，对灌浆孔继续进行灌浆。灌浆结束后，立即将被串孔内的灌浆塞取出，并在扫孔洗净后再灌。

五、灌浆压力和浆液变换

1. 灌浆压力选定

灌浆压力是指作用在灌浆段中部的压力,也是控制灌浆质量和效果的重要因素。正确选定灌浆压力是较困难的,工程设计阶段,一般是根据工程和地质情况进行分析计算,并结合工程类比拟定,即参考类似工程的灌浆资料,然后通过现场灌浆试验论证,或通过经验计算公式,再通过现场灌浆试验论证,或灌浆施工中加以验证、修改。一般在不破坏岩层稳定和坝体安全的前提下,尽可能采用较高的压力,以增大浆液扩散半径。

灌浆压力可由下式确定:

$$P=P_1+P_2\pm P_f \quad (3-2)$$

式中 P——灌浆压力,MPa;

P_1——灌浆管路中压力表的压力,MPa;

P_2——考虑地下水位影响后的浆液自重压力,取最大浆液比重计算,MPa;

P_f——压力表处至灌浆段间管路摩擦压力损失,MPa。

计算 P_f 时,当压力表安设在孔口进浆管上时,按浆液在孔内进浆管中流动时的压力损失计算,P_f 在公式中取"—"号;当压力表安设在孔口回浆管上时,按浆液在孔内环形截面回浆管中流动时的压力损失计算,P_f 在公式中取"+"号。采用循环式灌浆时,压力表应安设在孔口回浆管路上;采用纯压式灌浆时,压力表应安设在孔口进浆管路上。

灌浆压力大小与孔深、灌浆要求、地质条件及有无压重等因素有关,工程中也常采用下式计算:

$$P=P_0+mD+K\gamma gh \quad (3-3)$$

式中 P——灌浆压力,MPa;

P_0——基岩表层的允许压力,MPa,可参考表 3-7;

m——灌浆段以上岩层每增加 1m 所增加的灌浆压力,MPa,可参考表 3-7;

D——灌浆段以上岩层的厚度,m;

K——系数,可选用 1~3,在压重层松散时取低值;

γ——压重的容重,kg/m³;

g——重力加速度,m/s²;

h——灌浆孔以上压重的厚度,m。

表 3-7 P_0 和 m 值选用表

岩石分类	岩 性	m /MPa	P_0 /MPa	常用压力 /MPa
Ⅰ	具有陡倾斜裂隙、透水性低的坚固大块结晶岩、岩浆岩	0.2~0.5	0.3~0.5	4~10
Ⅱ	风化的中等坚固的块状结晶岩、变质岩或大块体弱裂隙的沉积岩	0.1~0.2	0.2~0.3	1.5~4
Ⅲ	坚固的半岩性岩石、砂岩、黏土页岩、凝灰岩、强或中等裂隙的成层的岩浆岩	0.05~0.1	0.15~0.2	0.5~1.5

第三节 岩石基础灌浆

续表

岩石分类	岩　　性	m /MPa	P_0 /MPa	常用压力 /MPa
Ⅳ	坚固性差的半岩性岩石、软质石灰岩，胶结弱的砂岩及泥灰岩，裂隙发育的较坚固的岩石	0.025～0.05	0.05～0.15	0.25～0.5
Ⅴ	松软的未胶结的泥沙土壤、砾石、砂、砂质黏土	0.015～0.025	0	0.05～0.25

注　1. 采用自下而上分段灌浆时，m 应选用较小值。
　　2. Ⅴ类岩石在外加压重情况下，才能有效地灌浆。

需要指出，由公式或经验确定的灌浆压力，仅作为压力估算的一种依据，实际施工时的灌浆压力，常通过试验来确定。

2. 灌浆压力控制

工程中灌浆压力的控制有一次升压法和分级升压法。一次升压法即灌浆开始时，一次将压力升高到预定的压力，并在此压力下灌注由稀到浓的浆液。该法适用于透水性不大，裂隙不甚发育，岩层较坚硬完整和灌浆压力不高的地层中。分级升压法是将整个灌浆压力分为几个阶段，逐级升压到预定的压力。根据工程中的应用，分级不宜过多，一般以三级为限，如分为 $0.4P$、$0.7P$ 及 P 三级，逐级升压。此法一般用于岩层破碎、透水性较大或有渗透途径与外界连通的孔段。

如果遇到大的孔洞或裂隙，应注意按特殊情况处理，一般为低压浓浆，间歇停灌。对于混凝土面板堆石坝趾板基岩灌浆，因趾板单薄易造成抬动变形，灌浆压力须严格控制。工程中若采用高压灌浆，应以不引起岩面抬动，或抬动值不超过允许的范围为准，须进行灌浆试验，并加以科学分析和论证。

3. 浆液变换和控制

灌浆时需合理控制灌浆压力、浆液稠度及注入率等参数。在灌浆过程中，要根据注入率的变化，适时调整浆液稠度。

结合工程情况，一般可采用以灌浆压力或以注入率为主的控制方法。以灌浆压力为主进行控制时，应将注入率和浆液稠度一起考虑。若注入率较小时应灌稀浆，尽快升到规定的最大灌浆压力；当注入率较大时应灌浓浆，并考虑逐渐升压。以注入率为主进行控制时，若注入率大于规定值，应降低压力，以控制注入率不超过规定值，同时改变浆液稠度，等到注入率逐渐小于规定值，再逐渐升压。当岩层结构破碎、透水性较大或使用较高的灌浆压力时，宜采用注入率为主的控制方法。

岩基灌浆中的浆液稠度，即水灰比有 8∶1、5∶1、3∶1、2∶1、1.5∶1、1∶1、0.8∶1、0.6∶1、0.5∶1 等九个比级。灌浆浆液应由稀至浓逐级变换，即先灌稀浆，使细的裂隙优先灌满，逐步变浓，使其他较宽的裂隙也逐步得到充填，直到结束标准。

帷幕灌浆浆液水灰比可采用 5∶1、3∶1、2∶1、1∶1、0.8∶1、0.6∶1（或 0.5∶1）等六个比级。固结灌浆浆液水灰比可采用 3∶1、2∶1、1∶1、0.6∶1（或 0.5∶1），也可采用 2∶1、1∶1、0.8∶1、0.6∶1（或 0.5∶1）四个比级。灌注细水泥浆液时，水灰比可采用 2∶1、1∶1、0.6∶1 或 1∶1、0.8∶1、0.6∶1 三个比级。

根据规范要求，浆液变换原则如下：

(1) 当灌浆压力保持不变,注入率持续减少时,或注入率不变而压力持续升高时,不得改变水灰比。

(2) 当某一级浆液注入量已达 300L 以上,或灌浆时间已达 30min,而灌浆压力和注入率均无改变或改变不显著时,应改浓一级水灰比。

(3) 当注入率大于 30L/min 时,可根据具体情况越级变浓。

浆液浓度的变换,工程中多采用限量法,它是根据每一级稠度的浆液灌入量(如采用 400L)来控制,或根据工程的地质条件,规定具体的标准。灌浆过程中,灌浆压力或注入率突然改变较大时,应立即查明原因,采取相应的措施处理。

灌浆过程中要定时测记浆液密度,必要时应测记浆液温度。

六、灌浆强度值(GIN)法灌浆技术

20 世纪 90 年代初期,瑞士工程专家隆巴迪(Lombardi)提出一种设计和控制灌浆的新方法,即灌浆强度值(grouting intensity number,GIN)法,即任意孔段的灌浆,都有一定能量的消耗,这个能量消耗的数值,近似等于该孔段最终灌浆压力 P(MPa)和单位灌浆段长度灌入的浆液体积 V(L/m)的乘积 PV,将 PV 定义为灌浆强度值 GIN(MPa·L/m)。

我国的小浪底工程和三峡工程都采用了 GIN 法进行灌浆施工。后来,GIN 法结合孔口封闭孔内循环自上而下分段灌浆工艺,应用在更多的水利工程帷幕灌浆施工中。

在裂隙岩体灌浆时,大裂隙常常注入量大而使用的压力小,细裂隙则注入量小而使用压力高。如果在各个灌浆段的全部灌浆过程中,都控制 GIN 为一常数,就可以自动地对开敞的宽大裂隙限制其注入量,对比较致密的可灌性差的地段提高灌浆压力,因此,该方法在一定程度上自动地适用岩体地质条件的不规则性,使得沿帷幕体的总注入量达到较合理的分配,最终可以形成一道大致均匀的防渗帷幕。

由于灌浆过程 GIN 为常数,在压力-注入量坐标系上,GIN 曲线是一条双曲线,再加上对最大灌浆压力和最大注入量的限制,组成了一条对灌浆过程控制的包络线,其技术要点如下:

(1) 应用稳定的、中等稠度的浆液,以达到减少沉淀,防止过早阻塞渗透通道和获得紧密的浆液结石的目的。

(2) 尽可能使用一种配合比的浆液,并且在灌浆过程不变浆。

(3) 用选定的 GIN 包络线控制灌浆压力和注入量。

(4) 计算机监测和控制灌浆过程,实时地控制灌浆压力、注入量,绘制 P-V 过程曲线,掌握灌浆结束条件。

七、灌浆结束和封孔

1. 结束条件

帷幕灌浆各灌浆段结束条件如下:当采用自上而下分段灌浆法时,灌浆段在最大设计压力下,注入率不大于 1L/min 后,继续灌注 60min,可结束灌浆;当采用自下而上分段灌浆法时,在该灌浆段最大设计压力下,注入率不大于 1L/min 后,继续灌注 30min,可结束灌浆。

固结灌浆各灌浆段结束条件如下：在该灌浆段最大设计压力下，当注入率不大于1L/min后，继续灌注30min，可结束灌浆。

2. 封孔

封孔是施工中一项重要工作。灌浆孔若封堵不严，孔内就会有水渗出，对灌入到岩石缝隙中的浆液结石体起冲刷溶蚀破坏作用。

帷幕灌浆采用自上而下分段灌浆法时，灌浆孔封孔应采用分段灌浆封孔法或全孔灌浆封孔法；采用自下而上分段灌浆法时，应采用全孔灌浆封孔法。

固结灌浆孔封孔应采用导管注浆封孔法或全孔灌浆封孔法。

(1) 导管注浆封孔法。全孔灌浆完毕后，将导管（胶管、铁管或钻杆）下入到钻孔底部，用灌浆泵向导管内泵入水灰比为0.5的水泥浆，水泥浆自孔底逐渐上升，将孔内余浆或积水顶出孔外，同时，随着浆液上升，导管也徐徐上提并使导管底口始终保持在浆面以下。工程有特殊要求时，也可注入砂浆。

(2) 全孔灌浆封孔法。全孔灌浆完毕后，先采用导管注浆法将孔内余浆置换成为水灰比0.5的浓浆，而后将灌浆塞塞在孔口，继续使用这种浆液进行纯压式灌浆封孔，封孔灌浆的压力可根据工程情况确定，一般不宜小于1MPa。当采用孔口封闭法灌浆时，可使用最大灌浆压力，灌浆持续时间不应小于1h；若采用自下而上灌浆法，一孔灌浆结束后，可直接在孔口段进行封孔灌浆。

(3) 分段灌浆封孔法。全孔灌浆完毕后，自下而上分段进行纯压式灌浆封孔，分段长度一般取20~30m，使用浆液水灰比0.5，灌浆压力为相应深度的最大灌浆压力，持续时间一般为30min，孔口段为60min，适用于采用自上而下分段灌浆、孔深较大和封孔较为困难的情况。

采用上述方法封孔，待孔内水泥浆液凝固后，灌浆孔上部空余部分大于3m时，应继续采用导管注浆法封孔；小于3m时，可用干硬性水泥砂浆人工封填捣实。

八、灌浆记录与资料整理

灌浆施工资料主要包括施工原始记录和按一定要求整理出来的统计资料及绘制的图表。原始记录是按照有关规范、设计文件等要求，现场真实记录的数据，要求准确、详细、清楚，不得随意删除或涂改。随着现代技术的应用，灌浆自动记录仪已广泛应用到灌浆施工中，如帷幕灌浆和高压固结灌浆等。

基岩灌浆原始记录包括以下内容：

(1) 施工原始记录，如钻孔记录、裂隙冲洗记录、压水试验记录、灌浆记录、封孔记录、变形观测记录等。

(2) 质检原始记录，如孔位、孔深、钻孔测斜记录及灌浆材料、浆液密度、灌浆压力、结束条件、封孔质量检查等记录。

灌浆资料整理的图表一般有灌浆成果一览表、灌浆分序统计表、灌浆成果综合统计表、灌浆成果综合剖面图。相关表格可参考有关规范要求，其中"灌浆施工记录表"可参考表3-8。

九、灌浆质量检查

施工过程（工序）质量是保证灌浆工程质量的基础。基础灌浆是隐蔽性工程，必须严格遵守灌浆施工工艺。岩基灌浆的质量应以分析压水试验成果、灌浆前后物探成果、灌浆施工相关资料为主，结合钻孔取芯（岩芯编号、钻孔柱状图）、大口径钻孔观测、孔内摄影、孔内电视资料等综合评定。

表 3-8 灌浆施工记录表

孔号___ 桩号___ 段次___ 段长自___m至___m 计___m 孔底沉淀___cm 射浆管距孔底___cm
排序：　　次序：　　孔口高程：　　m　　　　　　　　　　　　　　年　月　日　班

时间			浆液配比		浆材用量		加浆量/L	槽内浆量/L	注入量/L	注入率/(L/min)	灌浆压力/MPa	备注
时/h	分/min	计/min	水	水泥	水/kg	水泥/kg						

合计注入浆量　　L　　注入水泥　　kg　　废弃水泥　　kg

机（班）长：_____　记录：_____　质检：_____　监理：_____

工程中灌浆质量检查常采用下述方法。

1. 钻设检查孔

由压水试验和注入率检查灌浆效果，并通过检查孔钻取岩芯，了解浆液结石情况，观察孔壁的灌浆质量。如帷幕灌浆的质量以检查孔压水试验成果为主，检查孔的数量一般为灌浆孔总数的 10% 左右，可在该部位灌浆结束 14d 后进行。检查孔压水试验结束后，应按设计要求进行灌浆和封孔。

一般帷幕灌浆检查孔应按下列原则布置：

(1) 布置在帷幕中心线上，应结合具体情况如 20m 左右范围布设检查孔。

(2) 岩石破碎，有断层、洞穴及耗灰量大的部位。

(3) 钻孔偏斜过大，灌浆不正常和灌浆过程中出现过事故等，经资料分析认为对帷幕质量有影响的部位。

工程中也可采用开挖平洞、竖井或大口径钻孔等方法，检查和进行抗剪强度、弹模等原位试验。

2. 物探技术

(1) 弹性波速测试。在灌浆前、后采用超声波仪器进行超声波测井或跨孔测试，或采用大功率声波仪、地震仪进行跨孔测试。超声波测井点距为 0.2m，跨孔测试可采用同步测试或 CT 扫描，点距为 0.2~0.5m。

(2) 钻孔弹模测试。采用钻孔弹模仪测试，仪器的最大荷载在岩体中应大于 20MPa，在土及弱介质中应大于 10MPa。钻孔孔径为 60~90mm，需根据测试探头直径确定，但孔径误差在 ±3mm 以内。

固结灌浆质量的检查多用上述方法，检测时间分别在灌浆结束 14d 和 28d 以后进行。固结灌浆质量的检查也可采用钻孔压水试验法，检查孔的数量应为灌浆孔总数的 5% 左右，检查时间在灌浆结束 3d 或 7d 以后。

第四节　砂砾石地基灌浆

砂砾石地基与岩基不同，灌浆时由于地层结构的差异，如空隙率较大、渗透性强等，对灌浆效果影响比较大，加上砂砾石地基成孔较困难，孔壁容易坍塌，因此施工中有特殊的要求和施工工艺。砂砾石地基可灌性取决于地基的颗粒级配、灌浆材料和浆液稠度、灌浆压力及施工工艺等，工程中一般通过灌浆试验来确定。

一、砂砾石地基可灌性

可灌性是指砂砾石地基能接受灌浆材料灌入程度的一种特性。影响可灌性的主要因素有地基的颗粒级配、灌浆材料的细度、灌浆压力和施工工艺等，常用以下几种指标进行评价：

（1）可灌比 M。

$$M = D_{15}/D_{85} \tag{3-4}$$

式中　D_{15}——地基砂砾颗粒级配曲线上相应于含量为15%的粒径，mm；

　　　D_{85}——灌浆材料颗粒级配曲线上相应于含量为85%的粒径，mm。

M 值越大，地基的可灌性越好。当 $M=5\sim10$ 时，可灌含水玻璃的细粒度水泥黏土浆；当 $M=10\sim15$ 时，可灌水泥黏土浆；当 $M\geqslant15$ 时，可灌水泥浆。

（2）渗透系数 K。

$$K = aD_{10}^2 \tag{3-5}$$

式中　K——砂砾石层的渗透系数，m/s；

　　　D_{10}——砂砾石颗粒级配曲线上相应于含量为10%的粒径，cm；

　　　a——系数。

K 值越大，可灌性越好。当 $K<3.5/10000\text{m/s}$ 时，采用化学灌浆；当 $K=(3.5\sim6.9)/10000\text{m/s}$ 时，采用水泥黏土灌浆；当 $K>(6.9\sim9.3)/10000\text{m/s}$ 时，采用水泥灌浆。

（3）不均匀系数 C_u。

$$C_u = D_{60}/D_{10} \tag{3-6}$$

式中　D_{60}——砂砾石颗粒级配曲线上相应于含量为60%的粒径，mm；

　　　D_{10}——砂砾石颗粒级配曲线上相应于含量为10%的粒径，mm。

C_u 的大小反映了砂砾石颗粒不均匀的程度。当 C_u 较小时，砂砾石的密度较小，透水性较大，可灌性较好；当 C_u 较大时，透水性小，可灌性差。

实际工程中，除对上述有关指标综合分析确定外，还要考虑小于0.1mm颗粒含量的不利影响。

二、灌浆材料

工程中砂砾石地基灌浆一般对于浆液结石强度要求不高，28d结石强度达到 $0.4\sim0.5\text{MPa}$ 即可。砂砾石地基灌浆更多是为了修筑防渗帷幕，因此对帷幕的密实性有一定的要求，帷幕体的渗透系数在 $10^{-5}\sim10^{-4}\text{cm/s}$ 以下，因此灌浆材料多用水泥黏土浆。

浆液的配比视帷幕的设计要求来定。水泥与黏土的比例一般为1:1～1:4（重量比），水和干料的比例一般为1:1～3:1（重量比）。为改善浆液的性能，也会掺入少量的膨润土或其他外加剂。

一般要求配制水泥黏土浆的黏土遇水后，能迅速崩解分散，吸水膨胀并具有一定的稳定性和黏结力。试验表明，水泥黏土浆的稳定性和可灌性均好于水泥浆，灌浆成本也较水泥浆液低，但其析水能力低，排水固结时间长，浆液结石强度不高，黏结力较低，抗渗和抗冲能力较低。

三、钻灌方法

近年来，砂砾石地基灌浆方法有打管灌浆、套管灌浆、循环灌浆和预埋花管灌浆等。

1. 打管灌浆

灌浆管由厚壁无缝钢管、灌浆花管和锥形管尖组成。施工时用振动沉管或吊锤，直接将灌浆管打入到砂砾石受灌地层中并达到设计深度，如图3-11所示。

灌浆前，用压力水将管内冲洗干净，然后采用压力灌浆（灌浆泵）或利用浆液自重自流灌浆，自下而上，分段拔管，分段灌浆，即拔一段灌一段，直至结束。

此法设备简单，操作方便，适用于砂砾石层较浅、结构松散、空隙率较大、无大孤石的场合，多用于临时性工程如围堰，或对防渗性能要求不高的帷幕。

2. 套管灌浆

施工中边钻孔、边下护壁套管或边打入护壁套管，边冲掏管内的砂砾石，直至套管达到设计深度，然后将钻孔冲洗干净，下入灌浆管，再起拔套管至第一灌浆段顶部，安好阻塞器，对第一段注浆。如此自下而上逐段提升灌浆管和套管，逐段灌浆，直至结束，如图3-12所示。

此法特点为有套管护壁，不会产生塌孔埋钻等事故，但灌浆时浆液易沿套管外壁向上流动，甚至产生地表冒浆，若灌浆时间较长，造成套管起拔困难。

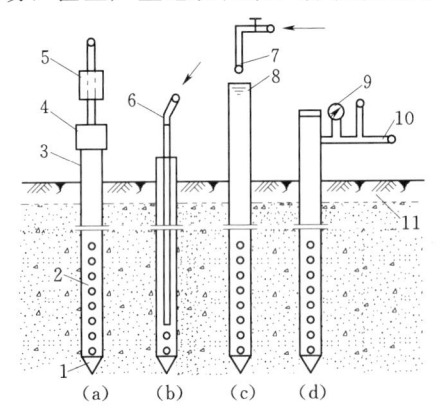

图3-11 打管灌浆程序
(a) 打管；(b) 冲洗；(c) 自流灌浆；(d) 压力灌浆
1—管锥；2—花管；3—钢管；4—管帽；5—打管锤；
6—冲洗用水管；7—注浆管；8—浆液面；
9—压力表；10—进浆口；11—盖重层

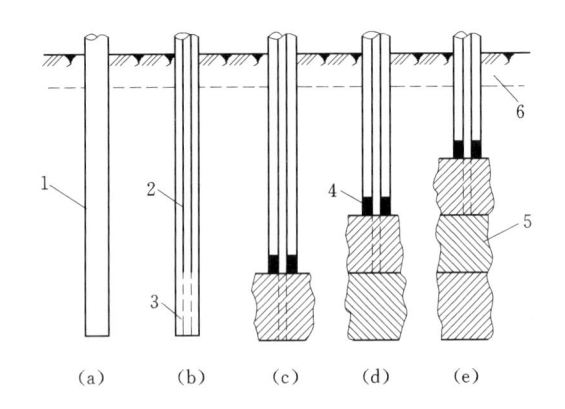

图3-12 套管灌浆程序
(a) 钻孔下套管；(b) 下灌浆管；(c) 拔套管灌第一段浆；
(d) 拔套管第二段浆；(e) 拔套管灌第三段浆
1—护壁套管；2—灌浆管；3—花管；
4—止浆塞；5—灌浆段；6—盖重层

第四节 砂砾石地基灌浆

3. 循环灌浆

循环灌浆是一种自上而下，钻一段灌一段，无需待凝，钻孔与灌浆循环进行的施工方法。如图 3-13 所示。钻孔时用黏土浆或最稀一级水泥黏土浆固壁，钻灌段的长度，要视孔壁稳定情况和砂砾石层渗漏程度而定，一般为 1~2m。

此法灌浆无阻塞器，在孔口管顶端安设封闭器阻浆。灌浆起始段安装孔口管主要防止孔口坍塌及地表冒浆，同时兼起钻孔导向作用，控制施工和提高灌浆质量。

4. 预埋花管灌浆

施工程序为先在钻孔内下入带有射浆孔的灌浆花管，管外与孔壁的环形空间注入填料，然后在灌浆管内用双层阻塞器进行分段灌浆，如图 3-14 所示，主要有钻孔、清孔、下花管与填料、开环和灌浆等。此法灌浆质量有保证，不易发生串浆、冒浆，必要时可重复灌浆，但工艺复杂，花管不能起拔回收，成本较高。

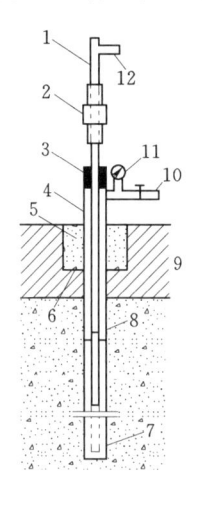

图 3-13 循环灌浆
1—灌浆管（钻杆）；2—钻机竖轴；3—封闭器；4—孔口管；
5—混凝土封口；6—防浆环（麻绳缠箍）；7—射浆花管；
8—孔口管下花管；9—盖重层；10—回浆管；
11—压力表；12—进浆管

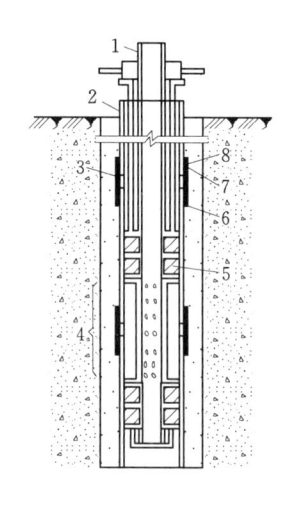

图 3-14 预埋花管灌浆
1—灌浆管；2—花管；3—射浆孔；
4—灌浆段；5—双栓灌浆塞；
6—铅丝（防滑环）；7—橡
皮圈；8—填料

（1）钻孔。使用回转式或冲击式钻机钻孔至设计深度，然后下套管护壁或用泥浆固壁。

（2）清孔。清孔主要工作是清除孔底残留的石渣。

（3）花管安设与填料。采用套管护壁时，先下花管后下填料；若采用泥浆固壁，先下填料后下花管。花管沿管长每隔 0.3~0.5m 环向钻一排孔径 10mm 的射浆孔，射浆孔外面用橡皮圈箍紧，花管底部要封闭严密牢固。用泵灌注花管与套管或孔壁环形空间的填料，边下填料边拔起套管，连续灌注，直至全孔填满将套管拔出为止。填料配比一般为水泥：黏土＝1:2~1:3；水：干料＝1:1~3:1。

（4）开环。在孔壁填料待凝一段时间（如 5~15d），且达到一定强度后，可进行开环。在花管中下入双层阻塞器，灌浆管的出浆孔要与花管上准备灌浆的射浆孔对准，用清水或稀浆逐渐升压，压开花管上的橡皮圈，压裂填料，形成通路（开环）。

（5）灌浆。开环后用清水或稀浆继续灌注 5～10min，即可开始灌浆。灌完一段，可移动阻塞器使其出浆孔对准另一排射浆孔，继续进行另一灌浆段的开环和灌浆。

用预埋花管法灌浆，由于填料阻止浆液沿孔壁和管壁上升，很少发生冒浆、串浆现象，灌浆压力可相对提高。另外，由于双栓灌浆塞的构造特点，灌浆部位机动灵活，可以进行重复灌浆，对确保灌浆质量是有利的。这种方法的缺点是：花管被填料胶结以后，不能起拔，耗用管材较多。

第五节 高压喷射灌浆

20 世纪 70 年代初，日本将高压水射流技术应用于软弱地层的灌浆处理，成为一种新的地基处理方法，高压喷射灌浆法（高喷）。它是利用钻机造孔，然后将带有特制合金喷嘴的灌浆管下到地层预定位置，以高压把浆液或水、气高速喷射到周围地层，对地层介质产生冲切、搅拌和挤压等作用，同时被浆液置换、充填和混合，待浆液凝固后，就在地层中形成一定形状的凝结体。

通过各孔的凝结连接，形成板式或墙式的结构，不仅可以提高基础的承载力，而且成为一种有效的防渗体。由于高压喷射灌浆具有地层条件适用性广、浆液可控性好、施工简单等优点，近年来在国内外得到了广泛的应用，在大颗粒地层、动水、淤泥地层和堆石堤（坝）等场合，应用高压喷射灌浆技术具有显著的技术经济效益。

高压喷射灌浆法最初仅用于粉细砂层和含粒径小于 20cm 的砂卵（砾）石层。随着技术水平提高、设备条件改进和工艺方法不断完善，目前已广泛应用于覆盖层地基和全、强风化基岩的防渗及加固处理。

一、灌浆作用与原理分析

高压喷射灌浆的浆液以水泥浆为主，通过专门的设备，使浆液或水、气压力达到 10～30MPa。从理论和工程实践分析，当高压力的浆液喷射至软弱地层时，其对地层的作用和加固机理有如下几个方面。

1. 冲切掺搅作用

高喷技术主要是借助外部设备提供的高压射流，通过对原地层介质的冲击、切割和强烈扰动，使浆液在射流作用范围内扩散，充填周围地层，并与土石颗粒掺混搅和，硬化后形成凝结体，从而改变原地层结构和组分，达到防渗或提高承载力的目的。

高压喷射灌浆后形成的凝结体是土层性质、灌浆压力、施工条件等多种因素综合作用下的结果，其中原地层结构和施工条件对其性能起关键作用。

高压射流对地层结构的影响范围，取决于高喷过程中每米施喷柱耗用的能量比能 E 值的大小，通常情况下，比能 E 值大，旋喷柱的直径大，对同一地层、同一设计的柱径而言，一般有一最优比能值，通常选用 40～70MJ/m。工程中，为了能取得更好的灌浆效果，一般结合工程现场实际情况，通过现场高喷试验确定

2. 升扬、置换作用

高喷施工时，水、气、浆由喷嘴中喷出，经过压缩后的空气除能对水或浆液构成外包

第五节　高压喷射灌浆

气层，使水或浆液在高压下射流能透入地层中较远距离，扰动地层并维持较大压力破碎地层结构外，在高压能量释放过程中，形成"孔内空气扬水"，产生升扬作用，将经射流冲击切削后的土石碎屑和地层中细颗粒，由孔壁及喷射杆的环状间隙中升扬带出孔外，空余部位由浆液替代，填充空隙的同时也起到了置换的作用。

3. 挤压、渗透作用

高喷射流强度随射流距离的增加而较快地衰减，至射流束末端，虽不能再冲切地层，但对地层仍产生挤压作用。喷射结束后，静压灌浆持续进行，对周围土体产生渗透作用，这样不仅可以促使凝结体与周围土体结合更加密实，还在凝结体外侧产生明显的渗透凝结层，具有较强的防渗性能。同时，浆液在射流作用范围内扩散、充填周围地层，并与土石颗粒掺混搅合，硬化后形成凝结体，达到防渗或提高承载力的目的。渗透凝结层厚度依地层性和颗粒级配情况而异，在渗透性较强的砂卵（砾）石地层可达 10~15cm 厚，在渗透性弱的地层，如细砂层或壤土层厚度则很薄，甚至不产生渗透凝结层。

4. 位移握裹作用

地层中较小的块石，由于喷射能量大，辅以升、扬置换作用，最终浆液可以填满块石四周空隙并将其握裹。遇到大的块石或在块石集中区，应降低提升速度，提高比能值，在强大的冲击震动力作用下，块石会产生位移，浆液沿着块石四周空隙或块石间孔隙渗入。总之，在高压喷射、挤压、余压渗透以及浆气升串的综合作用下，通过对原地层介质的握裹和凝结，从而在软弱地层中形成连续和密实的凝结体。

二、灌浆材料

高压喷射灌浆多采用水泥浆，一般采用普通硅酸盐水泥，水泥强度等级为 32.5 或 42.5，为增加浆液的稳定性或对凝结体性能有特殊要求时，可加入适量的膨润土或其他掺合料。影响凝结体抗压强度的主要因素是地层的成分、颗粒强度和级配。水泥浆液的水灰比应结合工程要求而定，一般为 1:1~1.5:1，通常使用水灰比 1:1 的浓浆。

地基加固的高压喷射灌浆施工，一般采用纯水泥浆。实践表明，浆液水灰比在 0.8:1~1:1 范围内对凝结体抗压和抗折强度的影响不大，影响凝结体抗压强度的主要因素是地层组成的成分和颗粒的强度及级配。

工程中选用高压喷射灌浆材料应根据工程特点和高喷目的及要求而定。对于重要工程，高压喷射灌浆施工材料和配合比应根据设计对防渗体提出要求，通过室内和现场试验确定。

三、施工

高压喷射灌浆主要施工程序：造孔—下喷射管—喷射提升（如旋喷和摆喷）—成桩或墙，即钻机就位后，钻孔（泥浆固壁或跟管钻进）至设计深度，然后进行高压喷射，一边喷射，一边旋转、提升，直至设计改良范围高压喷射完毕。高压喷射灌浆可采用单管法、双管法、三管法和多管法等。

（一）施工方法

1. 单管法

采用高压灌浆泵（20MPa 左右）将浆液从喷嘴喷出，冲击、切割周围地层，并充填和渗入地层空隙，与强烈搅动地层中的土石颗粒、碎屑掺混搅和，硬化后形成凝结体。桩径一般为 0.5～0.9m，板状体单侧长度可达 1.0～2.0m。其施工简易，有效范围较小，防渗工程中较少采用。

2. 双管法

并列安装浆、气两管，直接用浆（浆液喷射压力 10～25MPa）、气（高压气流压力 0.7～0.8MPa）喷射入地层，对地层内细小颗粒的升扬置换作用明显，喷出浆液不易被水稀释，相应地凝结体内水泥含量多，强度高。与单管法相比，同等条件下，双管法形成的凝结体的直径和长度可增加 1 倍左右。此法工效高、质量优、效果好，适用于处理地下水丰富、含大粒径块石、孔隙率大的地层。有条件时宜优先选用。

二滩水电站上、下游围堰防渗使用双管法，注浆压力 45MPa，各项施工设备先进，效率高，防渗效果好。小浪底工程上游围堰左岸一小区段也使用双管法，采用高喷技术防渗，布置为单排孔旋喷套接形式，浆液配合比为水：水泥：膨润土等于 1.89：1：0.05，析水率 2h 小于 7%，密度 1.3～1.4g/cm³。

3. 三管法

用水管、气管、浆管（三管并列）组成喷射杆，杆底部设置有喷嘴，气、水喷嘴在上，浆液喷嘴在下。高喷时，随着喷射杆的旋转和提升，先是高压水和气的射流冲击扰动地层土体，随后以低压注入浓浆掺混搅拌，硬化后形成凝结体。目前我国高喷施工多采用此法，施工设备价廉易购，质量一般可满足设计要求。

有的工程采用高压水和气冲击切割地层土体，然后再用高压浆对地层土体进行二次切割和喷入（新三管法），不仅增大喷射半径，使浆液均匀注入被喷射地层，而且使实际灌入量增多，有利于提高凝结体的结石率和强度。此法适用于含较多密实性充填物的大粒径地层，常用工艺参数为水压 40MPa，气压 1.0MPa，浆压 20～30MPa。

三峡二期上游围堰左岸接头防渗有一小区段采用高喷施工，进行了生产性高喷试验，采用双管法施工，浆液配合比为水：干料（水泥+膨润土）＝0.9：1～1：1，膨润土掺入量为水泥重量的 35%；采用新三管法施工，选用了三种浆液，其配合比分别为水：干料＝0.8：1，膨润土掺入量 55%；水：干料＝0.9：1，膨润土掺入量 35%；水：干料＝0.9：1，膨润土掺入量 20%。

（二）施工工艺

高压喷射灌浆的施工程序主要有造孔、下喷射管、喷射灌浆（旋转或摆动）、成桩或墙。

1. 造孔

在需要灌浆的软弱或者透水性比较大的地层进行人工钻孔，造孔过程中，为了确保工程施工安全和质量，常采用泥浆固壁或者跟管来确保成孔。造孔机具有回转式钻机、冲击式钻机等，目前用得较多的是立轴式液压回转钻机。造孔过程中做好充填堵漏，使孔内泥浆保持正常循环，返出孔外，直至终孔。跟管造孔时，应边钻进，边跟入套管，直至终孔。钻进时应注意保证钻机垂直，偏斜率不宜大于 1%，对于深度大于 30m 的高喷钻孔，难度较大。

2. 下喷射管

有泥浆固壁条件的钻孔，可以将喷射管直接下入孔内，直到孔底。

采用跟管钻进的钻孔，可以分为两种情况：①拔管前在套管内注入密度大的塑性泥浆，注满后，起拔套管，边起拔，边注浆，使浆面长期保持与孔口齐平，直至套管全部拔出，而后再将喷射管下入孔内直至孔底；②先在套管内下入管壁有窄缝的PVC塑料管，直至套管底部，起护壁作用，而后将套管全部拔出，再将喷射管下入到塑料管底部。在灌浆过程中，要将喷嘴对准设计的喷射方向，不偏斜是确保喷射灌浆成墙的关键。

3. 喷射灌浆

根据设计的喷射方法与技术要求，将水、气、浆送入喷射管，喷射1～3min，待注入的浆液冒出后，按预定的速度自下而上边喷射边转动、摆动，逐渐提升到设计高度。

需要注意的是，施工中所用技术参数因使用主喷的方法不同而异，所用的灌浆压力不同，提升速度也有差异。对各类地层而言，若使用同一种施工方法，则水压、浆压、气压的变化不大，提升速度是影响高喷质量的主要因素。

在确定灌浆提升速度的时候，应该注意以下问题：

(1) 地层不同时，在砂层中提升速度较快，砂卵（砾）石层中较慢，含有大粒径（40cm以上）块石或块石比较集中的地层中提升速度要慢。

(2) 分序灌浆时，先序孔提升速度较慢，后序孔提升速度较快。

(3) 施工中发现孔内返浆量减少时，应放慢提升速度。

(4) 在同类地层中，双管法超高压灌浆的提升速度比三管法快。

四、灌浆凝结体结构布置

1. 凝结体形状与性能

单孔高喷形成凝结体的形状和喷射的形式有关。

工程中一般有定喷、旋喷和摆喷。高压喷射过程中，若钻杆只进行提升运动，不旋转，称为定喷；若钻杆边提升，边左右旋转某一角度，称为摆喷；若钻杆边提升，边旋转，称为旋喷。定喷可形成片状固结体，摆喷可形成扇形固结体，旋喷可形成圆柱形固结体。如图3-15所示。

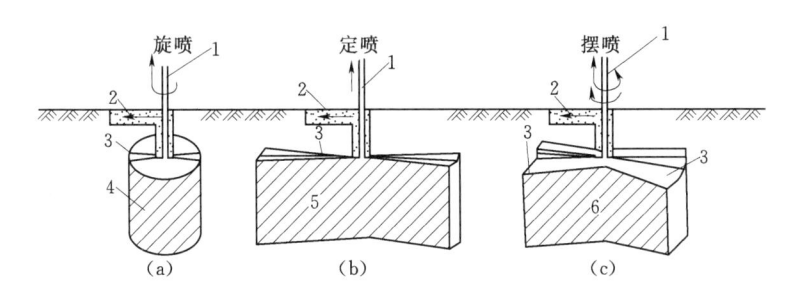

图3-15 高压喷射灌浆的三种方式
(a) 旋喷；(b) 定喷；(c) 摆喷
1—喷射注浆管；2—冒浆；3—射流；4—旋喷成；5—定喷成板；6—摆喷成墙

凝结体的防渗性能取决于地层组成成分和颗粒级配、施工方法、施工工艺及浆液材料等。在一般砂砾石层中使用水泥基质浆液进行高喷，如水工建筑物地基防渗，要求凝结体具有良好的防渗性能和渗流稳定性，单排孔凝结体的渗透系数为 $10^{-5}\sim10^{-7}\text{cm/s}$，而对抗压强度要求不高；高喷施工若以加固和提高力学性能为主要目的，则取决于地层中所含砾石材料的坚硬强度和浆材，用纯水泥浆形成的凝结体，抗压强度可达 $5\sim15\text{MPa}$。

2. 凝结体结构布置

设计中要求慎重考虑和选用结构布置形式和孔距。孔距一般应根据地质条件、防渗要求、施工方法和工艺、结构布置形式、孔深等因素确定。

常用结构布置形式如下：①定喷折线结构，如图 3-16（a）所示；②摆喷折线结构，如图 3-16（b）所示；③摆喷对接结构，如图 3-16（c）所示；④柱定结构，如图 3-16（d）所示；⑤柱摆结构，如图 3-16（e）所示；⑥旋喷套接结构，如图 3-16（f）所示。以上几种布置形式，以图 3-16（e）、（f）防渗效果为好。

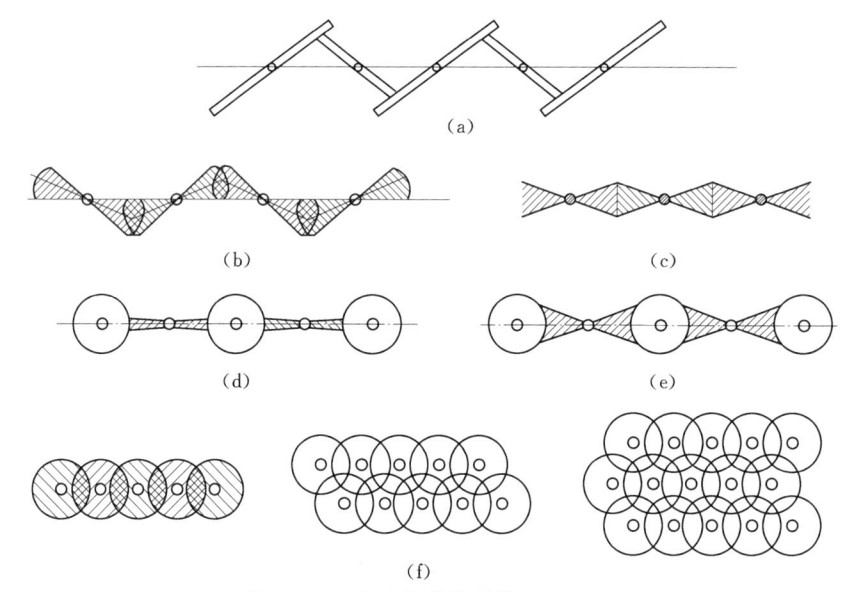

图 3-16 高喷凝结体结构布置形式
（a）定喷折线结构；（b）摆喷折线结构；（c）摆喷对接结构；（d）柱定结构；（e）柱摆结构
（f）旋喷套接结构（单排、双排、三排）

五、高压喷射灌浆质量检查

1. 钻孔检查

在高喷凝结体达到一定强度后，可钻取岩芯，观测浆液注入和胶结情况，测试岩芯密度、抗压强度、抗折强度、弹性模量及渗透系数、渗压比降等防渗性能；通过注水或压水试验，实测凝结体的渗透系数等。

2. 围井检查

一般在防渗板墙一侧加喷几个孔，与原板墙形成三角形或四边形围井，底部用高喷或其他方法封闭。在围井内做注水或抽水试验，实测防渗板墙渗透系数，从而评价高喷墙的防渗性能。

此外，还可结合施工情况，进行整体效果检查及利用物探手段进行检测。

第六节 防渗墙施工

20世纪50年代，混凝土防渗墙的施工技术与工艺起源于意大利。我国于1958年开始研究混凝土防渗墙施工，已经形成了一整套混凝土防渗墙施工技术与工艺。混凝土防渗墙一般修建在松散透水地层和土石坝、堤及围堰中的地下连续墙，其主要目的是用来防渗。因其结构可靠、防渗效果好、适应各类地层条件、施工简便以及造价低等优点，尤其是在处理坝基渗漏、坝后"流土""管涌"等渗透变形隐患问题上效果较好；在国内外得到了广泛应用。近些年来，防渗墙已成为我国水利水电工程软基施工及临时工程施工防渗处理的主要方案。

一、防渗墙的作用与结构特点

防渗墙是一种由混凝土材料浇筑形成的防渗结构，但因其材质与结构的特性，防渗墙实际的应用已远远超出了防渗的范围，还可用来解决防冲、加固、承重及地下截流等工程问题。混凝土防渗墙的具体应用主要有如下几个方面：

（1）控制闸、坝基础（软基）的渗流。

（2）控制土石围堰及其覆盖层基础的渗流。

（3）防止泄水建筑物下游对基础的冲刷。

（4）加固有病害的土石坝及堤防工程。

（5）作为一般水工建筑物基础的承重结构。

（6）拦截地下潜流，抬高地下水位，形成地下水库。

混凝土防渗墙的类型较多，但从其构造特点来说，按照水平截面的形状主要分为四类：

（1）圆桩柱型（圆孔型），垂直接缝多，有效厚度小。

（2）墙板型（槽孔型），相邻两块墙板套接厚度与中间墙厚相同，适用于深度小于60m的墙。

（3）混合桩柱型（圆孔与双反弧形孔混合型）。

（4）墙板桩柱混合型（槽形孔与双反弧形孔混合型）。

防渗墙作为一种垂直防渗措施，其立面布置分为封闭式与悬挂式两种型式。封闭式防渗墙是指墙体插入到基岩或相对不透水层一定深度，以实现全面截断渗流的目的；而悬挂式防渗墙，墙体只深入地层一定深度，仅能加长渗径，无法完全封闭渗流。

二、使用的材料

混凝土防渗墙的墙体使用材料，一般分为刚性材料和柔性材料。工程中可根据工程性质及技术经济比较，选择合适的墙体材料。刚性材料包括普通混凝土、黏土混凝土和掺粉煤灰混凝土等，一般情况下其抗压强度大于5MPa，弹性模量大于10000MPa。柔性材料的抗压强度则不大于5MPa，弹性模量不大于10000MPa，包括塑性混凝土、自凝灰浆和固化灰浆等。随着科技的发展，一些工程开始使用强度大于25MPa的高强混凝土作为防渗墙墙体材料，以满足高坝深基础对防渗墙的技术要求。

1. 普通混凝土

普通混凝土是指强度为在 7.5~20MPa，不加其他掺和料的高流动性混凝土。由于防渗墙的混凝土是在泥浆下浇筑，故要求混凝土能在自重下自行流动，并有抗离析与保持水分的性能，其坍落度一般为 18~22cm，扩散度为 34~38cm。

2. 黏土混凝土

在混凝土中掺入一定量的黏土（一般为总量的 12%~20%），不仅可以节省水泥，还可以降低混凝土的弹性模量，改变其变形性能，增加其和易性，改善其易堵性。黏土混凝土的强度在 10MPa 左右，抗渗性相对普通混凝土要差。

3. 粉煤灰混凝土

在混凝土中掺加一定比例的粉煤灰，能改善混凝土的和易性，降低混凝土发热量，提高混凝土密实性和抗侵蚀性，并提高后期强度。这对于防渗墙的施工和运行都是十分有利的。

4. 塑性混凝土

塑性混凝土是由水、水泥、膨润土或黏土、粗骨料、细骨料以及外加剂配制而成。由于水泥用量相对较少，依靠膨润土或黏土取代普通混凝土中的大部分水泥，拌制的混凝土具有较低弹性模量、较低弹强比、较大极限变形，是一种柔性但有较好防渗性能的混凝土。

塑性混凝土与黏土混凝土的本质区别是后者的水泥用量降低并不多，掺膨润土或黏土的主要目的是改善和易性，并未过多改变弹性模量。塑性混凝土的水泥用量一般为 80~100kg/m，膨润土或黏土的用量不少于 40kg/m，砂率不低于 45%，水胶比在 0.85~1.20。如此拌制的混凝土作为防渗墙体材料，其抗压强度一般为 1.0~5.0MPa，弹性模量不大于 2000MPa，弹强比在 200~500，渗透系数 10^{-6}~10^{-8}cm/s，渗透破坏坡降不宜小于 300。

5. 自凝灰浆

自凝灰浆是通过在挖槽的固壁泥浆中加入水泥和缓凝剂制成的一种柔性混凝土材料。自凝灰浆在凝固前作为造孔用的固壁泥浆，槽孔造成后则自行凝固成墙，在 1969 年由法国地基公司首先采用。

自凝灰浆每立方固化体需水泥 200~300kg，膨润土 30~60kg，水 850kg，采用糖蜜或木质素磺酸盐类材料作为缓凝剂。凝固后墙体的强度在 0.2~0.4MPa，变形模量 40~300MPa，与土层和砂砾石层比较接近，可以较好地适应防渗墙两侧介质的变形，使得墙身不易开裂。

自凝灰浆的应用，实际上省去了混凝土墙身的浇筑工序，大大简化了施工程序，使此类防渗墙的建造速度加快、成本降低，在水头不大的堤坝基础及围堰工程中使用较多。

6. 固化灰浆

在槽段造孔完成后，向槽内固壁泥浆中加入水泥等固化材料，砂子、粉煤灰等掺合料，水玻璃等外加剂，经机械搅拌或压缩空气搅拌后，凝固成墙体。如此形成的墙体，其强度在 0.5MPa 左右，弹性模量 100MPa，渗透系数 10^{-6}~10^{-7}cm/s，一般能够满足中低水头条件下的抗渗要求。

以固化灰浆作墙体材料，可省去导管法混凝土浇筑工序，提高造接头孔工效，减少泥浆废弃，从而减轻劳动强度，加快施工进度。

三、防渗墙施工

水利工程中的混凝土防渗墙，以槽孔型为主，如图3-17所示，是由一段段槽孔套接而成的地下连续墙。施工程序与工艺主要包括：施工准备、造孔、泥浆及泥浆系统、终孔验收与清孔换浆、混凝土浇筑、质量检查与验收等过程。

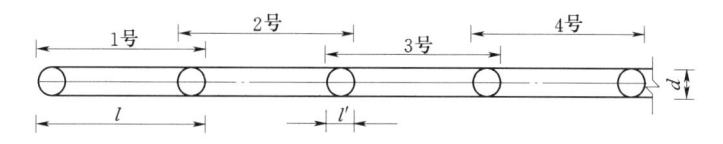

图3-17 槽孔型防渗墙
1号、3号——一期槽孔；2号、4号—二期槽孔

1．施工准备

造孔前应根据防渗墙的设计要求，作好定位、定向工作，同时沿防渗墙轴线安设导向槽，用以防止孔口坍塌，并起导向作用。槽壁一般为混凝土，槽孔净宽一般略大于防渗墙的设计厚度，高度一般为1.5～2.0m；松软地层应采取加固措施，加固深度一般为5～6m。导向槽的深度宜大些，要求底部高程高出地下水位0.5m以上，顶部高程高于两侧地面高程，防止地表积水倒流和便于自流排浆。

工程中常在导向槽侧铺设钻机轨道，钻机轨道应平行于防渗墙的中心线，安装钻机，架设动力和照明线路及供水供浆管路等，作好排水排浆系统，并向槽内充灌泥浆，保持泥浆液面在槽顶以下30～50cm。

2．造孔

（1）结构型式

1）圆形桩柱型（也称圆孔型）防渗墙。先建造单数号桩柱，再建造与两侧单数号桩柱套接的双数号桩柱，由许多桩柱连锁套接成一道厚度不等的墙。圆孔型防渗墙由于接缝多，有效厚度相对难以保证，孔斜要求较高，施工进度较慢，成本较高，已逐渐被槽孔型取代。

2）混合桩柱型防渗墙。先建造圆形桩柱，以相邻两个圆桩的相对凸形弧面作导向，再建造双反弧形桩柱，由许多混合形桩柱相互套接成一道等厚度的墙。

3）墙板型（亦称槽孔型）防渗墙。先建造单数号墙板，再建造两个单数号墙板之间的、两端与之套接的双数号墙板，由许多段墙板套接成一道等厚度的墙。

4）墙板与桩柱混合型防渗墙。先建造墙板，以墙板两端的相对凸形弧面作导向，再建造双反弧形桩柱，由许多墙板与桩柱套接成一道等厚度的墙。

混合桩柱型防渗墙、墙板与桩柱混合型墙，都要求先行建造的桩柱或墙板两端的垂直度很高（一般要求孔斜率小于2‰），再以其作导向，则能使任一深度连接处的墙厚达到设计墙厚，故适用于深度大于60m的防渗墙。

槽孔防渗墙由一段段厚度均匀的墙壁搭接而成。施工时先建单号墙，再建双号墙，搭接成一道连续墙。这种墙的接缝少，有效厚度大，施工进度较快，成本较低。孔斜的控制只在套接部位要求较高，由于连接工艺水平的限制，目前国内多用于深度为60m以内的防渗墙。下面以槽孔型防渗墙为例进行介绍。

为了保证防渗墙的整体性，应尽量减少槽孔间的接头，尽可能采用较长的槽孔。但槽孔过长，可能影响混凝土墙的上升速度（一般要求不小于2m/h），导致质量事故，且需要提高拌和与运输能力，增加设备容量，不经济。所以槽孔长度必须满足以下条件，即

$$L \leqslant Q/(KBv) \tag{3-7}$$

式中 L——槽孔长度，m；

Q——混凝土生产能力，m^3/h；

B——防渗墙厚度，m；

v——槽孔混凝土上升速度，m/h；

K——墙厚扩大系数，可取1.2～1.3。

槽孔长度根据地层特性、槽孔深浅、造孔机具性能、工期要求和混凝土生产能力等因素综合分析确定，一般为5～9m。深槽墙的槽壁易塌，段长宜取小值。

(2) 成槽造孔。开挖槽孔用的钻挖机械型式很多，就钻挖方式来看，主要有冲击式、回转式和抓挖式三种以及这三种方式的组合。为提高工效常将一个槽段划分成主孔和副孔，然后采用钻劈法、钻抓法、分层钻进等方法成槽或铣削法成槽。

1) 钻劈法，又称"主孔钻进，副孔劈打"法，如图3-18所示。把一个槽孔划分成奇数个主孔，主孔长度等于终孔钻头直径，副孔长度通过施工试验确定，一般等于1.5～1.6倍主孔长度。先用冲击钻钻凿主孔，一般要求主孔先导8～12m，然后用同样的机械劈打副孔两侧，用抽砂筒及接砂斗出渣，副孔打至距主孔底1m处停止，再继续钻主孔，如此交替进行，直至设计深度。此法适用于砂卵石、全风化或半风化基岩。

2) 钻抓法，又称"主孔钻进，副孔抓取"法，如图3-19所示。主、副孔的划分与钻劈法基本相同，主孔长度等于终孔钻头直径，副孔长度等于抓斗的有效抓取长度。先用冲击钻或回转钻钻凿主孔，然后用抓斗抓挖副孔。钻抓法适用于粒径较小的松散地层。

3) 分层钻进法，也称为分层平打法，如图3-20所示。它是利用钻具的重量和钻头的回转切削作用，分层钻进，每层深度一般等于半根或一根钻杆的长度。为防止槽孔两端发生孔斜，两端钻孔应先行超前钻进，比预计要钻进的层深超深3～5m。分层下挖时，用砂泵经空心钻杆将土渣连同泥浆排出槽外。分层钻进法适用于细砂层或胶结的土层，不适于含有大粒径卵石或漂石的地层。

4) 铣削法，采用液压双轮铣槽机，先从槽段一端开始铣削，然后逐层下挖成槽，如图3-21所示。液压双轮铣槽机是目前一种比较先进的防渗墙施工机械，它由两组相向旋转的铣切刀轮，对地层进行切削，这样可抵消地层的反作用力，保持设备的稳定。切削下来的碎屑集中在中心，由离心泥浆泵通过管道排出到地面。铣削式挖槽机结构较复杂，一般挖掘深度35～50m，最大宽度1.5m。

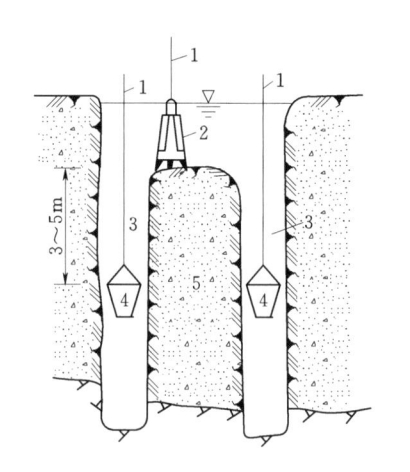

图 3-18　钻劈法造孔成槽
1—钢丝绳；2—钻头；3—主孔；
4—接砂斗；5—副孔

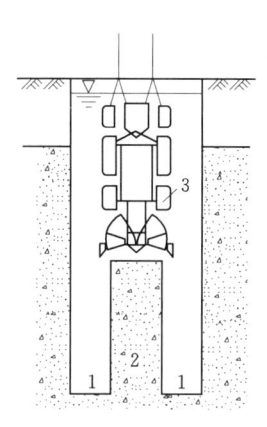

图 3-19　钻抓法成槽过程
1—主孔；2—副孔；3—抓斗

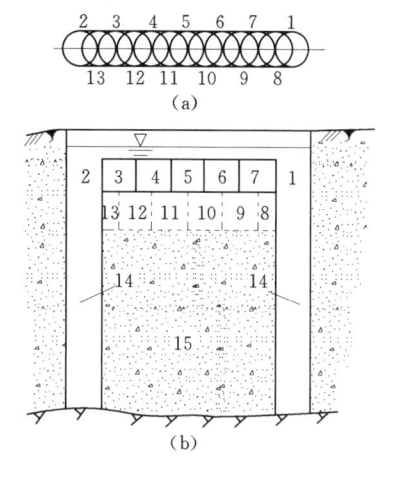

图 3-20　分层钻进成槽法
(a) 平面图；(b) 剖面图
1～13—分层钻进顺序；14—端孔；
15—分层平挖部分

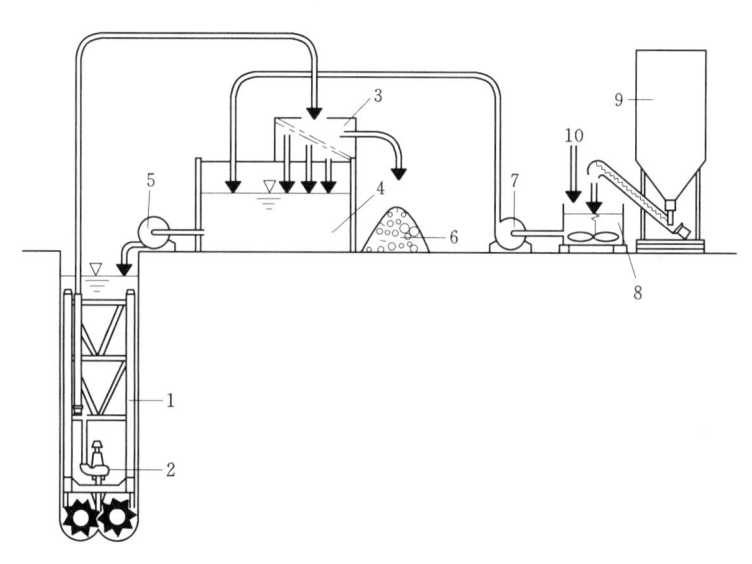

图 3-21　铣削法成槽工艺示意图
1—铣槽机；2—泥浆泵；3—除渣装置；4—泥浆泵；5—供浆泵；6—筛除的残渣；
7—补浆泵；8—泥浆搅拌机；9—膨润土储料罐；10—水源

在造孔过程中，需要注入泥浆。因泥浆比重大，有黏性，为防止塌壁，要求泥浆面保持在导墙顶面以下 30～50cm。造孔多用钻机进行，常用的有冲击钻和回转钻两种，工程中多用前者。槽孔孔壁应平整垂直，不应有梅花孔、小墙等；孔位偏差不大于 3cm，孔斜率不得大于 0.4%，如地层含有孤石、漂石等特殊情况，孔斜率可控制在 0.6% 以内；一、二期槽孔接头套接孔的两期孔位中心在任一深度的偏差值，不得大于设计墙厚的 1/3。造孔类型有圆孔和槽孔两种。

为保证造孔质量，在施工过程中要控制混凝土黏度、比重、含砂量等指标，使其在允许范围内，并严格按操作规程施工；保持槽壁平直，孔斜、孔位、孔宽、搭接长度、嵌入基岩深度等满足设计要求，防止漏钻、漏挖和欠钻、欠挖。

3. 泥浆及泥浆系统

建造槽孔时，孔内的泥浆具有支撑孔壁及悬浮、挟带钻渣和冷却钻具的作用。因此，要求泥浆具有良好的物理性能、流变性能、稳定性能以及抗水泥污染的能力。

根据施工条件、造孔工艺、经济技术指标等因素选择拌制泥浆的土料，优先选用膨润土。拌制泥浆的黏土，应进行物理试验、化学分析和矿物鉴定。选用黏粒含量大于50%，塑性指数大于20，含砂量小于5%，二氧化硅与三氧化二铝含量的比值为3～4的黏土为宜。泥浆的性能指标和配合比，必须根据地层特性、造孔方法、泥浆用途，通过试验加以选定。新制的黏土泥浆性能应满足表3－9。拌制泥浆应选用新鲜洁净的淡水，必要时可进行水质分析判别。按规定配合比拌制泥浆，误差值不得大于5%。储浆池中的泥浆应经常搅动，保持泥浆性能指标的均一。

表3-9　　　　　　　　　　　新制黏土泥浆的性能指标

项目	单位	性能指标	试验仪器
密度	g/cm³	1.1～1.2	泥浆比重秤
漏斗黏度	s	18～25	500/700mL漏斗
含砂量	%	≤5	含砂量测量筒
胶体率	%	≥96	量筒
稳定性		≤0.03	量筒、泥浆比重秤
失水量	mL/30min	<30	失水量仪
泥饼厚		2～4	失水量仪
1min静切力	N/m²	2.0～5.0	静切力计
pH值		7～9	pH试纸或电子pH

确定泥浆的技术指标，必须根据具体工程的地质和水文地质条件、成槽方法及使用部位等因素确定。如在松散地层中，浆液漏失严重，应选用黏度大、静切力高的泥浆；土坝加固时，为防止泥浆压力作用产生新的裂缝，宜选用密度较小的泥浆；黏土在碱性溶液中容易进行离子交换，有利于泥浆的稳定性，故选用pH值大于7的泥浆，但pH值过大，反而降低泥浆固壁的性能，故一般取7～9。施工中应从以下几方面控制泥浆的质量：

(1) 施工现场定时测定泥浆的密度、黏度和含砂量，在实验室内进行胶体率、失水量、静切力等试验，全面评价泥浆质量和控制泥浆质量指标。

(2) 严格按操作规程作业。如防止砂卵石和其他杂质与制浆料相混，不允许随意掺水，未经试验的两种泥浆不允许混合使用。

(3) 应做好泥浆的再生净化和回收利用，以降低成本、保护环境。根据已有工程的实践，在黏土或淤泥中成槽，泥浆可回收利用2～3次；在砂砾石中成槽，可回收利用6～8次。

泥浆系统完备与否，直接影响防渗墙造孔的质量。泥浆系统主要包括料仓、供水管路、量水设备、泥浆搅拌机、储浆池、泥浆泵以及废浆池、振动筛、旋流器、沉淀池、排渣槽等泥浆再生净化设施。泥浆系统的组成、功能及主要设施见表3-10。

表3-10 泥浆系统的组成、功能及主要设施

项目名称			功能	主要设施	主要机械	备注
制浆站			配制浆液	黏土料场、加工平台、供风管、排渣沟、供水管、实验室、空压机室、工具间等	泥浆搅拌机、筛分机、空压机	试验仪器
泥浆池	原浆池		浸泡黏土，储存初级泥浆	容积应满足1~2d造孔、总进尺用浆量需要，一般分为两室，清理淤积时，照常供浆		
	标准浆池	造孔用浆	储备造孔用泥浆	总容积可按每台冲击钻机配备20~30m³估算	容积满足1~2d用浆	若有泵浆池时，可以考虑减少标准浆池容量
		清孔用浆	储备清孔用泥浆		容积大于一个最大槽孔体积的容量	
	回收浆池		储存回收泥浆，沉淀钻屑，使泥浆净化	容积为一个槽孔体积的1.5~2.0倍，也可以按每台冲击钻机配备10~15m³估算		
供浆泵输浆管			供给造孔和清孔用浆	泵站及输浆管路、泥浆泵可按每台冲击钻机配备6~12m³/h估算	泥浆泵、输浆管	自流供浆少，要用泥浆泵
回收设施净化设施			回收泥浆，分离泥浆中的岩屑，必要时再用化学剂处理	沉淀池、集水沟网、回浆管路、泵站、机械及化学分离设施	泥浆泵、振动筛、旋流器、浆管	

4. 终孔验收与清孔换浆

（1）工程中要做好终孔验收和清孔换浆工作。钻孔结束后要进行终孔验收，对钻孔质量进行全面检查。终孔验收的项目和要求见表3-11。终孔验收合格后，要进行清孔换浆。清孔换浆的目的是在孔内混凝土浇筑前要清除钻孔过程中含有沉渣的泥浆，换上新鲜泥浆，以保证混凝土和不透水层连接的质量。清孔换浆应该达到的标准是经过1h后，孔底淤积厚度不大于10cm，孔内泥浆比重不大于1.3g/cm³，黏度不大于30s，含砂量不大于10%。一般要求清孔换浆后4h内开始浇筑混凝土。如果不能按时浇筑，应采取措施防止落淤，否则，在浇筑前要重新清孔换浆。二期孔槽清孔换浆结束前，应清除接头混凝土端壁上的泥皮，一般采用钢丝刷子钻头进行分段刷洗，达到刷子上基本不带泥屑，孔底淤积不再增加，即为合格。清孔换浆的方法主要采用泵吸法或气举法，前者适合槽深小于50m工况，后者可以完成100m以上的清孔。

表3-11 终孔验收项目和要求

终孔验收项目	终孔验收要求	终孔验收项目	终孔验收要求
孔位允许偏差	±3cm	一、二期槽孔搭接孔位中心偏差	≤1/3设计墙厚
孔宽	≥设计墙厚	槽孔水平断面上	没有梅花孔、小墙
孔斜	≤4‰	槽孔嵌入基岩深度	满足设计要求

(2) 终孔验收和清孔验收内容。槽孔的终孔验收应包括下列内容：孔位、孔深、孔斜、槽宽，基岩岩样与槽孔嵌入基岩深度，一、二期槽孔间接头的套接厚度。

槽孔的清孔验收应包括下列内容：孔内泥浆性能、孔底淤积厚度、接头孔壁刷洗质量。

5. 混凝土浇筑

(1) 墙体混凝土浇筑。防渗墙混凝土浇筑与一般的混凝土浇筑最大的不同在于，它是在泥浆下进行的。所以，除满足混凝土的一般要求外，还需注意以下特殊要求：

1) 不允许泥浆和混凝土掺混，形成泥浆夹层；输送混凝土导管下口始终埋在混凝土内部，防止脱空；混凝土只能从先倒入的混凝土内部扩散；混凝土与泥浆只能始终保持一个接触面。

2) 混凝土浇筑要连续，上升要均衡。由于无法处理混凝土施工缝，因此要连续注入混凝土，均匀上升，直到全槽成墙。

3) 确保混凝土与基岩面及一、二期混凝土间结合面的质量。

防渗墙混凝土浇筑，最常用的方法是混凝土导管提升法，即沿槽孔轴线方向布置若干组导管，每组导管由若干节内径为 200~250mm 的钢管组成，除顶部和底部设数节 0.3~1.0m 的短管外，其余每节长均为 1~2m。导管顶部设受料斗，整个导管悬挂在导向槽上，并通过提升设备升降。导管安设时，要求管底与孔底距离为 10~25cm，以便浇筑混凝土时将管内泥浆排出管外。当槽底不平，高差大于 25cm 时，导管布置在控制范围的最低处，这样布置导管，有利于全槽混凝土面均衡上升，有利于先浇与后浇混凝土的结合，防止混凝土与泥浆掺混。

导管的间距取决于混凝土的扩散半径。间距太大，易在相邻导管间混凝土中形成泥浆夹层；间距太小，会给现场布置和施工操作带来困难。由于防渗墙混凝土坍落度一般为 18~20cm，其扩散半径为 1.5~2.0m，导管间距一般不超过 3.5m；一期槽孔端部混凝土，由于钻孔要套打切除，所以端部导管与孔端间距采用 0.8~1.0m，最大不超过 1.5m。导管布置如图 3-22 所示。

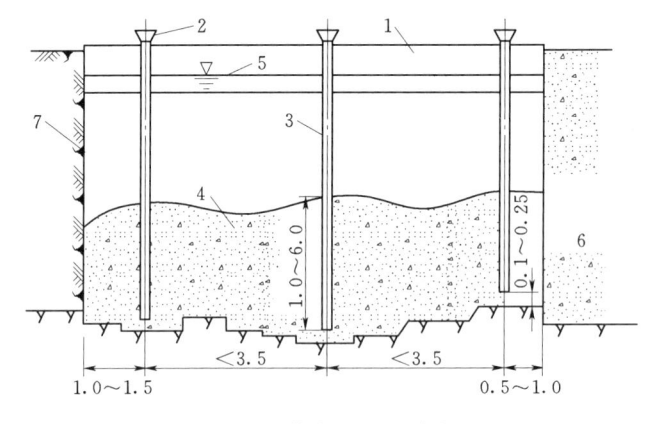

图 3-22 导管布置图（单位：m）
1—导墙；2—受料斗；3—导管；4—混凝土；5—泥浆；6—已浇槽孔；7—未挖槽孔

第六节 防渗墙施工

混凝土浇筑中,要注意开始、中间和收尾三个阶段的施工措施。首先,应仔细检查导管形状、接头、焊缝是否符合要求,然后进行安装。浇筑前应仔细检查导管形状、接头、焊缝的质量,过度变形和破损的不能使用,并按预定长度在地面进行分段组装和编号。槽孔浇筑应严格遵循先深后浅的顺序,即从最深的导管开始,由深到浅一个一个导管依次开浇,待全槽混凝土浇平以后,再全槽均衡上升。

每个导管开浇时,先下入导注塞,并在导管中灌入适量的水泥砂浆,准备好足够数量的混凝土,将导注塞压到导管底部,使管内泥浆挤出管外。然后将导管稍微上提,使导注塞浮出,将导管底端泻出的砂浆和混凝土埋住,保证后续浇筑的混凝土不致与泥浆掺混。

在浇筑过程中,应保证连续供料,保持导管埋入混凝土的深度不小于1m,但不超过6m,以防泥浆掺混和埋管。在管内混凝土自重的作用下,槽孔混凝土面不断上升扩散,要求全槽混凝土面均衡上升,上升速度不应小于2m/h,高差控制在0.5m范围内。当距槽口4~5m时,由于导管内混凝土压力减小,混凝土扩散能力减弱,易发生堵管或夹泥浆层,此时应加强排浆与稀释,同时采取抬高漏斗等措施。混凝土浇筑结束后,槽顶应高于设计标高50cm,确保防渗墙的质量。

防渗墙是隐蔽工程,在混凝土浇筑过程中应注意观测,做好混凝土面上升的记录,同时加强检查,防止堵管、埋管、导管漏浆和泥浆掺混等事故的发生。一旦出现问题应及时处理,不留隐患。

(2) 接头工艺。

1) 钻孔法。一期槽孔的混凝土浇筑完毕12~24h后,在其两端主孔位置,用冲击钻或回转钻再套打一整钻,即打掉等于钻头直径的、自孔口至孔底的混凝土,从而形成与二期槽孔相连接的接头孔。

2) 接头管法,即起拔接头管形成接头孔法。一期槽孔清孔合格后,浇筑混凝土之前,先在槽孔两端紧贴端壁,各下入一根直径等于设计墙厚的接头钢管(分节),待浇筑混凝土一定时间后,开始旋转和试拔接头钢管(微动),等混凝土初凝后,开始逐节将接头管起拔出孔外,即可在槽孔两端各形成一个深度等于钢管下入孔内长度的接头孔。

3) 胶囊接头管法。槽孔清孔合格后,在浇筑混凝土之前,将底部吊有附加重物的片状胶囊放入槽孔端孔内,用泥浆泵向囊内灌注比重较大的泥浆,使其胀圆,浇筑混凝土过程中还要使囊内泥浆保持一定压力,以抵抗混凝土的侧压力和顶托力,维持孔形的圆整;混凝土浇筑完毕后一定时间,用压缩空气排出囊内泥浆,胶囊即浮出孔外,在槽孔端部形成接头孔。

4) 双反弧接头法。先建造一期槽孔或圆孔,并浇筑混凝土,相邻两个一期孔之间的距离等于设计墙厚,然后用一固定式双反弧钻头,以两侧已经硬结的一期孔混凝土作导向向下钻进,至设计孔深后,再用一液压可张式双反弧钻头,自上而下刮除一期孔混凝土表面上的残留物,至设计孔深后进行清孔并浇筑混凝土。

(3) 防渗墙混凝土浇筑验收应包括下列内容:

1) 导管间距。

2) 浇筑混凝土面的上升速度及导管埋深。
3) 混凝土的终浇高程。
4) 混凝土原材料的检验。
5) 混凝土机口取样的物理力学指标及其数理统计分析结果。

6. 质量检查与验收

对混凝土防渗墙的质量检查应按规范及设计要求进行，主要有以下几个方面：

(1) 槽孔的检查，包括几何尺寸和位置、钻孔偏斜、入岩深度等。

(2) 清孔检查，包括槽段接头、孔底淤积厚度、清孔质量等。

(3) 混凝土质量的检查，包括原材料、新拌料的性能、硬化后的物理力学性能等。

(4) 墙体的质量检测，主要通过钻孔取芯与压水试验、超声波及地震透射层析成像（CT）等方法全面检查墙体的质量。

四、施工记录和观测工作

1. 施工记录

施工单位必须做好防渗墙施工记录和资料分析工作，主要图表包括造孔班报，单孔基岩顶面鉴定表，终孔验收合格证，清孔验收合格证，某导管下设、开浇情况记录表，某槽孔混凝土浇筑指示图等，部分表格参见表3-12～表3-14。

表3-12　　　　　　　　造孔记录表（造孔工程班报表）

机组编号：　　　　　　　　　　　　　槽孔号：　　　　　　单孔号：

钻孔类型：　　年　月　日　班（自　时至　时）　交班孔深/m：　　本班进尺/m：

时间利用情况			工作内容	钻具			进尺记录/m			孔内及地质条件	本班主要材料消耗		
开始/h：min	终止/h：min	间隔/min		名称	直径/mm	长度/m	总长	机上余尺	孔深	进尺		品名	单位	数量
													劳动力出勤情况		
													技工	
													学员	
													普工	

直接生产	辅助生产			故障				附属生产	准备工作		总合计
钻孔	机械维护	换钢丝绳	换钻头	孔内	机械	停水电	待料	清孔	浇筑	安装	搬迁

机长：　　　　交班长：　　　　接班长：　　　　记录员：

第六节 防渗墙施工

表 3-13　　　　　　　　　　终孔验收合格证

槽孔编号：　　　起止桩号：　　　槽孔长度：　　　钻孔类型：　　　造孔机组：
造孔进尺：　　　开孔时间：　　　终孔时间：　　　造孔方法：　　　验收方法：　　　验收时间：

项目＼单孔序号						
钻头直径/mm						
孔位偏差/cm						
终孔深度/m						
嵌入基岩深度/m						
最大孔斜/%						
相应孔深/m						
孔形						

一二期槽孔套接处的最小厚度：　　　起端：　　　cm；　　　末端：　　　cm。

承包单位说明		验收小组意见		验收成员签字	

表 3-14　　　　　　第＿＿＿＿号导管下设、开浇记录表

槽　孔　编　号：　　　　　　　　　　开始下设时间：
清孔验收时间：　　　　　　　　　　终止下设时间：
清孔结束时间：

导 管 编 号 及 长 度

导管分节编号	1	2	3	4	5	6	7	8	9	10
导管长度/m										
导管分节编号	11	12	13	14	15	16	17	18	19	20
导管长度/m										
导管分节编号	21	22	23	24	25	26	27	28	29	30
导管长度/m										

导 管 实 际 下 设 情 况

终孔验收孔深/m	导管总长/m	孔外管长/m		导管下端距孔底/m	孔内管长/m
		导管放置孔底	导管安设后		

开浇情况：
1. 砂浆注入漏斗时间：
2. 混凝土开始注入槽孔时间：
3. 开浇过程说明（发生事故情况及处理措施）：
　　机长：　　　　　　　　班长：　　　　　　　　记录：

2. 观测工作

防渗墙施工过程中，宜对槽口沉陷和位移进行观测。在土石坝坝体内建造防渗墙时，施工单位应定期观测坝体的沉陷、位移、裂缝、测压管水位等。

【练习与思考】

1. 水利工程中，基础处理的目的是什么？
2. 土基处理的方法有哪些？具体有哪几种方式？
3. 混凝土预制桩施工打桩中应该注意哪些问题？
4. 简述混凝土灌注桩施工方法。
5. 简述固结灌浆和帷幕灌浆的主要目的。
6. 基岩灌浆施工的主要工序有哪些？
7. 砂砾石灌浆有哪几种方法？有何特点？
8. 高压喷射灌浆有哪几种方式？有何特点？
9. 简述防渗墙施工的工序。

第三章 视频、课件

第四章 土石坝工程施工

土石坝泛指由当地土料、石料或混合料，经过抛填、碾压等方法堆筑成的挡水坝。当坝体材料以土和砂砾为主时，称土坝；以石渣、卵石、爆破石料为主时，称堆石坝。土石坝是历史最为悠久的一种坝型。近代的土石坝筑坝技术自20世纪50年代以后得到发展，并促成了一批高坝的建设。目前，土石坝是大坝工程建设中应用最为广泛，发展最快的一种坝型。结合土石坝的筑坝材料和施工方法，其优点如下：

(1) 就地取材，节省钢材、水泥、木材等建筑材料，同时减少了筑坝材料的远途运输。

(2) 结构简单，便于维修和加高、扩建。

(3) 坝身是土石散粒体结构，有适应变形的良好性能，因此对地基的要求低。

(4) 施工技术简单，工序少，便于组合机械快速施工。

由于坝体主要使用土石料填筑而成，使得坝身不能溢流，施工导流不如混凝土坝方便；坝体修筑过程中采用的黏性土料填筑受气候等条件影响较大，影响工期；坝身需定期维护，增加了后期的运行管理费用。

按坝高，土石坝可分为低坝、中坝和高坝。按照《碾压式土石坝设计规范》(SL 274—2020) 规定：高度在30m以下为低坝，高度在30~70m为中坝，高度在70m以上为高坝。

按照土料在坝身内的配置和防渗体所用的材料种类，碾压式土石坝可分为以下几种：

(1) 均质坝。坝体断面不分防渗体和坝壳，基本上由均一的黏性土料（壤土、砂壤土）筑成。

(2) 土质防渗体分区坝。即用透水性较大的土料作坝的主体，用透水性极小的黏土作防渗体的坝，包括黏土心墙坝和黏土斜墙坝。防渗体设在坝体中央或稍向上游且略倾斜的，称黏土心墙坝；防渗体设在坝体上游部位且倾斜的称为黏土斜墙坝，此坝型是高、中坝中最常用的坝型；

(3) 非土料防渗体坝。即防渗体由沥青混凝土、钢筋混凝土或其他人工材料建成的坝，按其位置也可分为心墙坝和面板坝。

按照施工方法，土石坝可分为碾压式土石坝、冲填式土石坝、水中填土坝和定向爆破堆石坝等，其中应用最为广泛的是碾压式土石坝。

碾压式土石坝的施工主要包括准备作业、基本作业、辅助作业和附加作业。

(1) 准备作业，包括施工场地的平整、场内场外交通道路的修建、通水、通电，通信联络的建设，修建生产、生活、行政办公用房以及排水清基等工作。

(2) 基本作业，包括料场土石料开采，挖、装、运、卸以及坝面铺平、压实、质检等作业。

（3）辅助作业，指的是创造良好的工作条件，例如施工场地的清除、料场覆盖层的清除、不合格筑坝材料的清除、坝面施工期间的排水、施工期各填筑层间刨毛和土石料的加水等。

（4）附加作业：是对坝体的防护，目的是保证坝体能长期安全运行，同时也考虑土石坝的周边环境，主要包括坝坡修整，铺砌护面块石及铺植草皮等。

随着新型施工机械的发展和应用，坝体防渗结构和材料的改进，土石坝施工时间也在不断缩减，施工费用显著降低，使得土石坝的工程应用前景更加广阔。

第一节 土石料种类和性质

一、土石料分类

土石方工程施工和工程预算定额中，按其开挖难易程度分为十六级。一般工程土类分Ⅰ、Ⅱ、Ⅲ、Ⅳ级，Ⅴ～ⅩⅥ级属岩石。不同级别的土应采用不同的方法和设备施工，其中土类开挖级别划分见表4-1。

表4-1　　　　　　　　　　土类开挖级别划分

土类级别		土类名称	天然湿度下平均容重/(kg/m³)	可松性系数 K_1	可松性系数 K_2	外形特征	开挖方法
松土	Ⅰ	1. 砂土 2. 种植土	1650～1750	1.08～1.17	1.01～1.03	疏松，黏着力差或易透水略有黏性	用锹或略用脚踩
松土	Ⅱ	1. 壤土 2. 淤泥 3. 含壤种植土	1750～1850	1.14～1.28	1.02～1.05	开挖时能成块，并易打碎	用锹，需用脚踩
普通土	Ⅲ	1. 黏土 2. 干燥黄土 3. 干淤泥 4. 含少量砾石黏土	1800～1950	1.24～1.30	1.04～1.07	粘手，看不见砂粒或干硬	用镐、三齿耙开挖或用锹用力加脚踩开挖
硬土	Ⅳ	1. 坚硬黏土 2. 砾质黏土 3. 含卵石黏土	1900～2100	1.26～1.32	1.06～1.09	土壤结构坚硬，将土分裂后成块状或含黏粒砾石较多	用镐、三齿耙等开挖

根据岩石强度系数 f 的大小，岩石开挖级别划分为软石（Ⅴ）、坚石（Ⅵ～Ⅻ）、特坚石（ⅩⅢ～ⅩⅥ），常用爆破方法开挖。其相应岩石名称、天然湿度下平均容重（kg/m³）、极限抗压强度 R（MPa）等可参见《水利水电工程施工组织设计规范》（SL 303—2017）。

二、土的性质

1. 含水量

土的含水量（W）是指土中所含的水与土颗粒的质量比，以百分数表示。

$$W = \frac{G_1 - G_2}{G_2} \times 100\% \qquad (4-1)$$

式中 G_1——含水状态时土的质量;

G_2——土烘干后的质量。

土的含水量大小对工程施工和质量控制有直接影响。含水量过大会给施工带来困难,如回填夯实时,若土料呈饱和状态,会产生橡皮土现象。工程中回填土料应使土的含水量处于最佳含水量范围之内。

2. 渗透性

土的渗透性是指土体被水透过的性能,它与土的密实度有关,一般取决于土的形成条件、颗粒级配、胶体颗粒含量和土的结构等因素。

渗透水流在碎石土、砂土和粉土中多呈层流状态,其运动速度服从达西定律。达西定律表达式为

$$v = KI \tag{4-2}$$

式中 v——渗透水流的速度,m/d;

K——渗透系数,m/d;

I——水力坡度。

3. 动水压力和流砂

动水压力表达式为

$$G_D = I\gamma_w \tag{4-3}$$

式中 G_D——动水压力(渗透力),kN/m³;

I——水力坡度;

γ_w——水的容重,kN/m³。

动水压力的大小与水力坡度成正比,其作用方向与水流方向相同。当动水压力等于或大于土的浸水重度时,土颗粒失去自重,处于悬浮状态,随渗流的水一起流动,此现象即流砂。在一定动水压力作用下,松散而饱和的细砂和粉砂易产生流砂。

4. 土的可松性

自然状态的土经开挖后因松散而使体积增大,以后即使再经填筑压实一般也难以恢复到原来的体积,这种性质称为土的可松性。土的可松性大小用可松性系数表示,即

$$K_1 = \frac{V_2}{V_1} \tag{4-4}$$

$$K_2 = \frac{V_3}{V_1} \tag{4-5}$$

式中 K_1——最初可松性系数(见表4-1);

K_2——最终可松性系数(见表4-1);

V_1——土在自然状态下的体积,m³;

V_2——土经开挖后的松散体积,m³;

V_3——土经填筑、压实后的体积,m³。

土的可松性对于土方需求量、料场规划、运输工具数量及土方平衡调配等都有重要的实用意义。移挖作填或借土回填,一般土经过挖运、填压后均有压缩,在核实土方量时,一般可按填方断面增加10%~20%的体积考虑。

5. 自然倾斜角

自然堆积土壤的表面与水平面所形成的角度，即土的自然倾斜角。工程中挖方、填方边坡的大小与土壤的自然倾斜角有关。

土方边坡开挖应采取自上而下、分区、分段的方法依次进行，不允许先下后上切脚开挖。坡面开挖时，应结合土质情况，间隔一定的高度设置戗台，戗台宽度视用途而定。结合实践经验，挖深在5m以内的窄槽未加支撑时的安全边坡一般可参考表4-2。

表4-2　　　　　挖深在5m以内的窄槽未加支撑时的安全施工边坡

土的类别	人工开挖	机械开挖	备　注
砂土	1∶1.00	1∶0.75	1. 必须做好防水措施，雨季应加支撑。 2. 附近如有强烈振动，应加支撑
轻亚黏土	1∶0.67	1∶0.50	
亚黏土	1∶0.50	1∶0.33	
黏土	1∶0.33	1∶0.25	
砾石土	1∶0.67	1∶0.50	
干黄土	1∶0.25	1∶0.10	

第二节　土石坝筑坝材料

一、土石坝筑坝材料要求

土石坝最主要的特点是筑坝材料往往能就地取材，对材料要求相对不高，材料适应性强。

1. 坝壳料

土石坝的坝壳部分主要用来保证土石坝的稳定。实践证明，坝壳料一般多选取堆石、砂砾石及风化料等。

坝壳部分的施工方式一般有抛填、分层碾压、手工干砌石、机械干砌石等；材料可以选择采石场以及施工爆破中的玄武岩、变质安山岩、砂岩、花岗岩等石渣料，也可以选用冲积的漂卵石、砂砾石料等。堆石是最好的筑坝材料，现广泛用作高土石坝的坝壳料。

砂砾石料由于取用较方便，在土石坝中使用较为广泛，我国已建的土石坝坝壳采用砂砾石的很多，如密云水库、石头河水库等水利工程。混凝土面板堆石坝中，不少也以砂砾石为筑坝材料，如方溪水库、滩坑水电站等。碾压砂砾石压缩性低、抗剪强度高，但往往细粒含量大、易冲蚀、易管涌，因此需采取渗流控制措施。

当风化石料和软岩堆石料用作坝壳料时，应按压实后的级配确定材料的物理力学指标，并考虑浸水软化后抗剪强度降低、压缩性增加等因素。对软化系数低、不能压碎成砾石土的风化料和软岩，宜填筑在干燥区。当用于填筑水下和浸润线以下的坝区时，应研究浸水软化后颗粒破碎对坝体变形和稳定的影响，并采取相应的措施。

2. 反滤料、过渡层料和排水体料

反滤料一般要满足坚固度要求，级配要求严格，一般采用混凝土砂石料生产系统生产。反滤料可利用天然或经过筛选的砂砾石料，也可采用块石、砾石轧制，或天然和轧制的掺合料。

反滤料、过渡层料和排水体料，应符合下列要求：

（1）质地致密，抗水性和抗风化性能满足工程运用条件的砂砾石和硬岩。

（2）具有要求的级配，反滤料应为连续级配。

（3）具有要求的透水性。

（4）粒径小于 0.075mm 的颗粒含量应不超过 5%。

3. 防渗料

防渗土料最基本的要求是防渗性，按照《碾压式土石坝设计规范》（SL 274—2020）规定，防渗土料应满足下列要求：

（1）对于均质坝，防渗料的防渗系数不大于 1×10^{-4}cm/s，而心墙和斜墙不大于 1×10^{-5}cm/s。

（2）防渗料中的水溶盐的易溶盐和中溶盐的含量，按质量计不大于 3%；有机质含量按质量计，均质坝不大于 5%，心墙坝和斜墙坝不大于 2%，如果超过此规定应进行论证。

（3）有较好的塑性和渗透稳定性。

（4）浸水与失水时体积变化小。用于填筑防渗体的砾石土，粒径大于 5mm 的颗粒含量不宜超过 50%，最大粒径不宜大于 150mm 或填筑度的 2/3，0.075mm 以下的颗粒含量不应小于 15%，最终采用的级配宜通过试验确定。填筑时不得发生粗料集中架空现象。

采用含有可压碎的风化岩石或软岩的砾石土作防渗料时，应按碾压后的级配确定其物理力学指标；当膨胀土作为土石坝防渗料时，填筑含水率应采用最优含水率的湿侧，其含水率数值应经试验验证。同时，在顶部采用非膨胀土铺设盖重层，盖重层产生的约束应力应足以制约其膨胀性。

此外，防渗料还要具有一定的抗剪强度，适应坝体变形的塑性，有良好的施工性、低压缩性，不存在影响坝体稳定的膨胀性或收缩性。在施工性方面，一般要求土料的天然含水量在最优含水量附近，无影响压实的超径材料，压实后的坝面有较高的承载力，以便施工机械正常作业。

二、土石坝料场规划

鉴于土石坝相对体积较大，坝体建设使用土石用料量大，因此土石料场的选择规划就显得至关重要，它不仅仅关系到坝体的施工质量、施工进度和工程投资，也会对当地的生态环境和国民经济产生影响。一般在坝型选择阶段就对料场进行全面调查，施工前对料场作进一步勘探选择，如对其地质成因、埋深、储量以及各种物理力学指标进行勘探和试验。

为了确保土石坝建设顺利进行，筑坝材料选择应进行料场规划，料场规划应从下列方面进行分析论证：

（1）料场筑坝材料、枢纽建筑物开挖料的性质、储量、分布和运距，以及与坝体分区和用量的关系。

（2）料场筑坝材料、枢纽建筑物开挖料的开采、运输，坝料临时堆存和处理与坝体填筑的关系，施工进度计划。

（3）料场表层耕植土的利用和临时堆存防护。

(4) 弃料对环境的影响，弃料场地征用和堆存防护处理及其费用。

(5) 工程建设的投资情况。

在材料料场规划时，枢纽建筑物溢洪道、隧洞及进出口等开挖料宜纳入料场统一规划中。在当地有多种适于筑坝的土石料情况下，应按下列原则进行技术经济比较后选用：

(1) 土石料本身具有，或经处理加工后具有与其使用目的相适应的工程性质，并具有长期稳定性。

(2) 可以就地、就近取材，减少弃料，做好环境的保护和水土保持工作，尽量不占或少占耕地、林地和草地等，并优先考虑枢纽建筑物开挖料的利用。

(3) 在施工过程中，土石料便于开采、运输和压实。

综上所述，土石坝料场规划就是解决土石料料场的空间规划、时间规划以及材料的质量和数量的问题。料场规划时，应注意以下几点：

(1) 选择储量足、覆盖层较浅、运距短的料场。结合工程位置、高程等，料场可分布在坝址的上下游、左右岸，以便按坝不同部位、不同高程和不同施工阶段分别选用供料，减少施工干扰。

(2) 料场位置有利于布置开采设备、交通和排水等，尽量避免或减少洪水对料场的影响。

(3) 结合施工总体布置，考虑施工强度和坝体填筑部位的变化，用料规划力求近料和上游易淹没的料场先用，远料和下游料场后用；低料低用，高料高用；上坝强度高时用近料场，上坝强度低时用远料场。

(4) 尽量利用挖方弃渣来填筑坝体，或用人工筛分控制填料的级配，做到料尽其用。

(5) 料场规划时应考虑主料场和备用料场，以确保坝体填筑工作正常进行。施工前对料场的实际可开采总量规划时，应考虑料场调查精度，料场天然密度与坝面压实密度的差值，开挖与运输、雨后坝面清理、坝面返工及削坡等损失。可开采总量与坝体填筑量之比，如砂砾料为1.5~2.0，水下砂砾料为2.0~2.5，石料1.2~1.5，土料2.0~2.5，天然反滤料按筛分的有效方量考虑，一般不宜小于3.0。在用料规划时，应使料场的总储量满足坝体总方量和施工各阶段最大上坝强度的要求。

(6) 石料场规划时应考虑与重要（构）建筑物等防爆、防震安全距离的要求。

在施工过程当中，不同的储备料场不同的开采时间和方式，对施工工期和施工成本费用影响颇为重要，因此，在施工组织设计中，为了缩短施工工期，降低施工费用，料场的开采应注意以下几点：

(1) 料场开采尽量不要占用或者尽可能少占用耕地、林地以及房屋，减少补偿费用，节约施工费用；对于有环境保护和水土保持要求的，应该积极满足并做好相关保护和恢复工作；有复耕要求的，应该积极地予以复耕。

(2) 施工开始之前，应该根据所在地区的水文、气象、地形以及现有交通的情况，研究开采料场的施工道路的布置，使得料场开采顺序合理并选择合适的开采开挖、运输设备，以便满足高峰时期的施工强度要求。

(3) 根据料场储料的物理力学特性、天然含水量等条件，确定主次料场，制定合理的分期、分区开采计划，力求原料能连续均衡开采使用。如果料场比较分散，上游料场应该在前期使用，近距离料场则适宜作为调剂高峰施工时采用。

(4) 容易受到洪水或者冰冻的料场应该有备用储料，以便在洪水季节或冬季使用，并有相应的开采措施。

(5) 在施工过程中，力求开采使用料以及弃料的总量最小，做到开采使用相对平衡，并且弃料无隐患，满足环境保护和水土保持的要求。

在坝料的开采过程当中，还要注意排水以及辅助系统的布置等问题。如果坝料在含水率方面需要调整，一般情况下，在料场进行干燥或者加水。

总之，在料场的规划和开采中，考虑的因素很多而且很灵活。对拟定的规划、供料方案，在施工过程中，遇到不合适的及时进行调整，以便取得最佳的技术经济效果。

三、土石坝坝料开采

土石料在开采前应划定料场的边界线，清除妨碍施工的一切障碍物。在选用开采机具与方法时，应考虑坝料性质、料层厚度、料场地形、坝体填筑工程数量和强度及挖、装、运机具的配套。

对于堆石料的开采，一般有以下要求：

(1) 石料开采宜采用深孔梯段微差爆破法或挤压爆破法。台阶高度按上坝强度、工作面布置、钻机型式而定，通常采用100型钻机，梯段高度12～15m。条件许可时也可采用洞室爆破法。

(2) 开采时应保持石料场开挖边坡的稳定。

(3) 石料开采工作面数量配合储存料的调剂应满足上坝强度的要求。

(4) 优先采用非电导爆管网络，若采用电爆网络时，应注意雷电、量测地电对安全的影响。

四、土石料的平衡调配

土石方平衡调配是否合理的主要判断指标是坝体填筑土石料费用，包含土石料本身的费用以及运输费用，费用最少的方案就是最好的调配方案。

在土石坝施工中，有大量的土石方开挖，又有大量的土石方填筑。土石方平衡调配的基本原则是做到料尽其用，同时考虑施工时段和容量适度，做到挖、填、堆、弃综合平衡。

(1) 料尽其用指的是在施工过程中，开挖的土石料在物理性能满足填筑要求的条件下，尽可能结合材料的具体情况使用。比如开挖石料可以作为坝体填料、混凝土骨料或平整场地的填料等，做到优料优用，劣料劣用，减少弃料，这样既做到料尽其用，还减少了开挖料外运的费用，同时弃料减少，也保护了生态环境。

(2) 施工时段。在施工时段划分时，土石方料场开挖应与坝体填筑用料在时间上尽可能相匹配，以保证施工高峰期的土石用料，避免或减少因料场转运增加费用和物料损耗。

(3) 容量适度。堆料场和弃料场设置合适容量，尽可能少占地。开挖区与弃料场应合理匹配以使费用最少。堆料场是指堆存备用土石料的场地。弃料场是开挖出的不能利用的土石料作为弃料处理的场地。弃料场应避免占用农田耕地，不使河床水流产生不良变化，不妨碍航运以及不对永久建筑物造成不利影响。在可能的情况下，应利用弃土造田，增加耕地。

第三节 土石方开挖与运输

一、土石料的开挖和加工

土石坝在料场规划好的前提下,要结合土石料的具体情况,选择合适的开挖方式,之后要结合坝体填筑的具体要求,对开挖的土石料进行粒径、土料与石料的配合比例等选择,也就是土石料的加工。在工程中,坝体填筑土石料的加工,一般结合工程实际,在工程现场通过试验确定具体的施工参数以及施工工艺。下面主要讲述土石料的开挖及加工。

1. 土料的开挖

在工程中,土料开挖主要考虑土料本身的含水量,以及土料各层土质的物理性能差异情况,选择合适的开挖方式,一般分为立面开采和平面开采两种。当土料天然含水量接近坝体填筑的需要含水量时,对于层次较多,各层性能差异较大的土料,一般用立面开采方法;对于土料层次少且相对均质,含水量高于坝体填筑需要含水量的情况,采用平面开采方法。土料开挖方式的施工特点以及适用条件,见表4-3。

表4-3 土料开采方式比较

开采方式	立面开采	平面开采
料场条件	土层较厚,料层分布不均	地形平坦,适应薄层开挖
土料水量	损失小	损失大,适用于有降低含水率要求的土料
冬季施工	土温散热小	土温易散失,不宜在负温下施工
雨季施工	不利因素影响小	不利因素影响大
适用机械	正铲、反铲、装载机	推土机、铲运机或推土机配合装载机

2. 砂砾石和石料的开挖

砂砾石料开挖,结合砂石料的位置分为水上和水下开挖两种方式。水上开挖一般采用挖运设备即可;水下开挖,一般采用挖泥船、采砂船等开挖。实践中,对于水深较浅的砂石料,也会采用反铲、拉铲等机械进行开挖。水下开挖的砂石料,由于含水量较高,工程中一般采用堆放排水。

对于石料的开挖,一般采用孔眼爆破方法。工程实际中,除了在料场开挖的石料之外,一般也将修建建筑物开挖的石料用来填筑坝体,这样除了可以节约费用之外,也保护了环境。

3. 土石料的加工

工程中,对于土料的加工主要是土料含水量、掺合料的调整等。当开挖的土料含水量过大时,采用晾晒、掺料等方法来降低含水量;当开挖的土料含水量过小时,采用加水、坝面洒水以及遮盖减小蒸发等方法。实践证明,土料与掺合料进行一定比例的混合,可以改变土料含水量,提高防渗性能,改善土料的施工特性等。

对于砂石料,则主要考虑超径料对坝体施工的影响。一般砂砾石在上坝前进行初步的超径石清除,在坝面填筑时,采用反铲挖机或者装耙的推土机进一步清除。对于开挖的超径石料，一般采用浅孔爆破或者机械破碎进行处理。

二、开挖机械

土方在工程量较少、施工地点分散和缺少设备情况下可采用人工开挖。水利工程施工中，为了确保施工进度，一般优先考虑机械开挖。开挖机械种类繁多，按作业方式分为周期作业式和连续作业式两大类型。开挖机械根据工作方式可分为单斗式挖掘机、多斗式挖掘机、铲运机械、装载机和水力开挖机械等类型。淤泥等可采用水力机械进行开挖。

1. 单斗式挖掘机

单斗式挖掘机是仅有一个铲土斗的挖掘机械，如图 4-1 所示，均由行走装置、动力装置和工作装置三大部分组成。行走装置有履带式、轮胎式和步行式三类，常用的为履带式，它对地面的单位压力小，可在较软的地面上开行，但转移速度慢；动力装置有电动和内燃机两类，国内以内燃机式使用较多；工作装置有正向铲、反向铲、拉铲和抓铲四类，前两类应用最广。工作装置可用钢索操纵或液压操纵，大、中型正向铲一般用钢索操纵，小型正向铲和反向铲趋向液压操纵。液压操纵的挖掘机结构紧凑、传动平稳、操纵灵活、工作效率高。

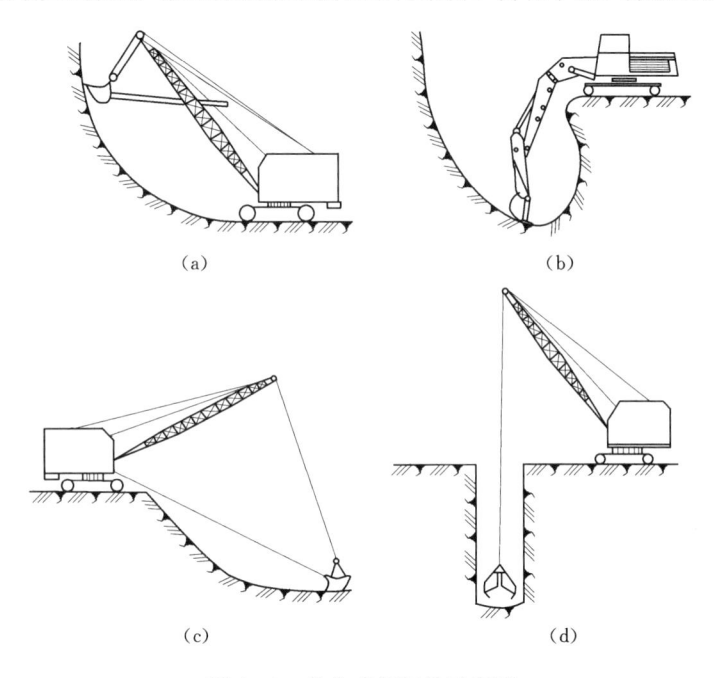

图 4-1 单斗式挖掘机示意图
(a) 正向铲挖掘机；(b) 反向铲挖掘机；(c) 拉铲挖掘机；(d) 抓铲挖掘机

(1) 正向铲挖掘机。正向铲挖掘机，如图 4-2 所示，最适于挖掘停机面以上的土方，但也可挖停机面以下一定深度的土方，工作面高度一般不宜小于 1.5m，过低或开挖停机面以下的土方生产率较低。工程中正向铲的斗容量常用 1~4m³。正向铲稳定性好、铲土力大，可挖掘 Ⅰ~Ⅳ 类土及爆破石渣。

挖土机的每一工作循环包括挖掘、回转、卸土和返回四个过程，它的生产率主要取决于每斗的铲土量和每斗作业的延续时间。为了提高挖土机的生产率，除了工作面（指挖土机挖土时的工作空间，也称为掌子面）高度必须满足一次铲土能装满土斗的要求之外，还要

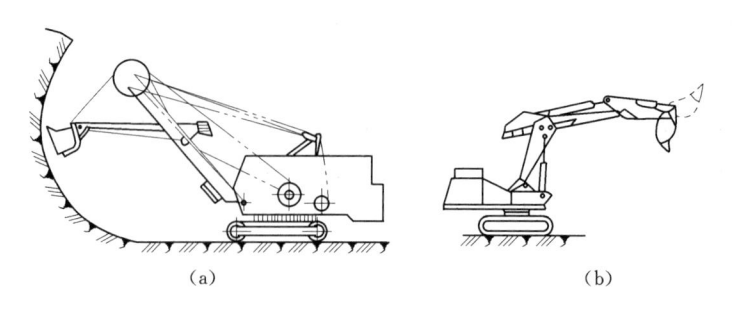

图 4-2 正向铲挖掘机示意图
(a) 钢索式正向铲挖掘机;(b) 液压正向铲挖掘机

考虑开挖方式和与运土机械的配合问题,应尽量减少回转角度,缩短每个循环的延续时间。

正向铲的挖土方式有两种,即正向掌子挖土和侧向掌子挖土。掌子的轮廓尺寸由挖土机的工作性能及运输方式决定。开挖基坑常采用正向掌子,并尽量采用最宽工作面,使汽车便于倒车和运土,如图 4-3 所示。

开挖料场、土丘及渠道土方,宜采用侧向掌子,汽车停在挖掘机的侧面,与挖掘机的开行路线平行,如图 4-4 所示,使得挖掘卸土的回转角度较小,省去汽车倒车与转弯时间,可提高挖土机生产率。

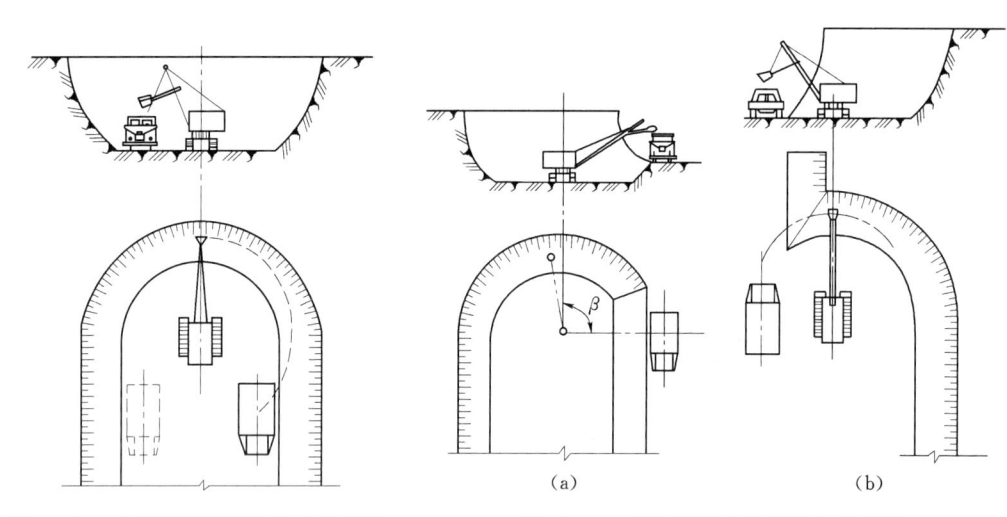

图 4-3 正向铲正向掌子挖土示意图　　图 4-4 正向铲侧向掌子挖土示意图

大型土方开挖工程,常常是先用正向掌子开道,将整个土场分成较小的开挖区,增加开挖前线,再用侧向掌子进行开挖,可大大提高生产率。常用挖掘机性能见表 4-4。

表 4-4　　　　　　　　　　正铲挖掘机工作性能

项　　目	WD-50	WD-100	WD-200	WD-300	WD-400	WD-1000
铲斗容量/m³	0.5	1.0	2.0	3.0	4.0	10.0
动臂长度/m	5.5	6.8	9.0	10.5	10.5	13.0
动臂倾角/(°)	60.0	60.0	50.0	45.0	45.0	45.0

续表

项　目	WD-50	WD-100	WD-200	WD-300	WD-400	WD-1000
最大挖掘半径/m	7.2	9.0	11.6	14.0	14.4	18.9
最大挖掘高度/m	7.9	9.0	9.5	7.4	10.1	13.6
最大卸土半径/m	6.5	8.0	10.1	12.7	12.7	16.4
最大卸土高度/m	5.6	6.8	6.0	6.6	6.3	8.5
最大卸土半径卸土高度/m	3.0	3.7	3.5	4.9		5.8
最大卸土高度卸土半径/m	5.1	7.0	8.7	12.4		15.7
工作循环时间/s	28.0	25.0	24.0	22.0	23~25	
卸土回转角度/(°)	100	120	90	100	100	

（2）反向铲挖掘机。目前，工程中常用液压反铲，如图4-5所示。较适合开挖停机面以下的土方，如基坑、渠道、管沟等土方，最大挖土深度4~6m，经济挖土深度为1.5~3m，但也可开挖停机面以上的土方。常用反铲斗容量有0.5m³、1.0m³、1.6m³等。反铲的稳定性及铲土力均较正铲小，只能挖Ⅰ~Ⅱ类土。

反铲挖土可采用两种方式：一种是挖掘机位于沟端倒退着开挖，称为沟端开行，如图4-6（a）所示；另一种是挖掘机位于沟侧，行进方向与开挖方向垂直，称为沟侧开行，如图4-6（b）所示。后者挖土宽度与深度小于前者，但能将土弃于距沟边较远的地方。

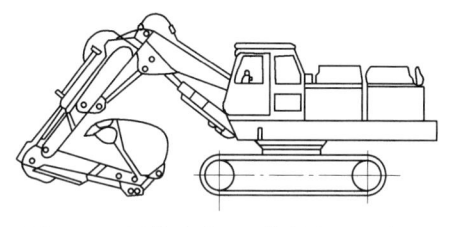

图4-5　履带式液压反铲挖掘机示意图

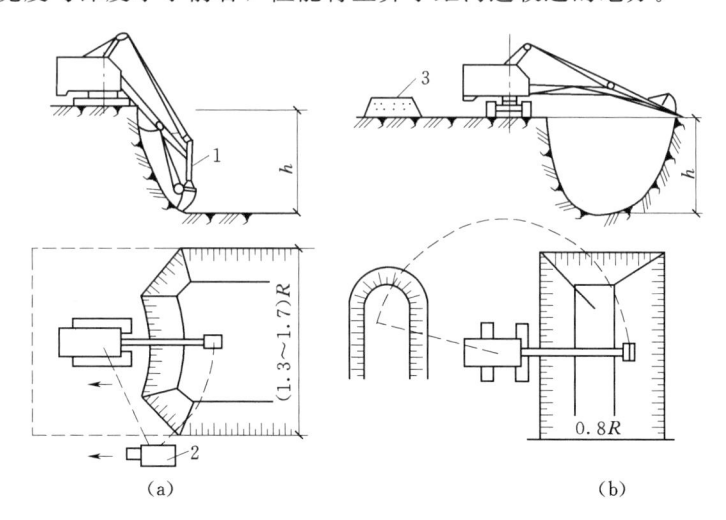

图4-6　反铲挖掘机开行方式与工作面示意图
(a) 沟端开行；(b) 沟侧开行
1—反铲挖掘机；2—自卸汽车；3—弃土堆

（3）拉铲挖掘机。常用拉铲的斗容量为0.5m³、1.0m³、2.0m³、4.0m³等。拉铲一般用于挖掘停机面以下的土方，最适于开挖水下土方及含水量大的土方。

拉铲的臂杆较长，且可利用回转，通过钢索将铲斗抛至较远距离，故其挖掘半径、卸土半径和卸载高度均较大，如图4-7所示，最适于直接向弃土区弃土，在大型渠道、基坑的开挖与清淤及水下砂卵石开挖中应用较广。

拉铲的基本开挖方式，也可分为沟端开行和沟侧开行两种，如图4-8所示。沟端开行开挖深度较大，但开挖宽度和卸土距离较小。

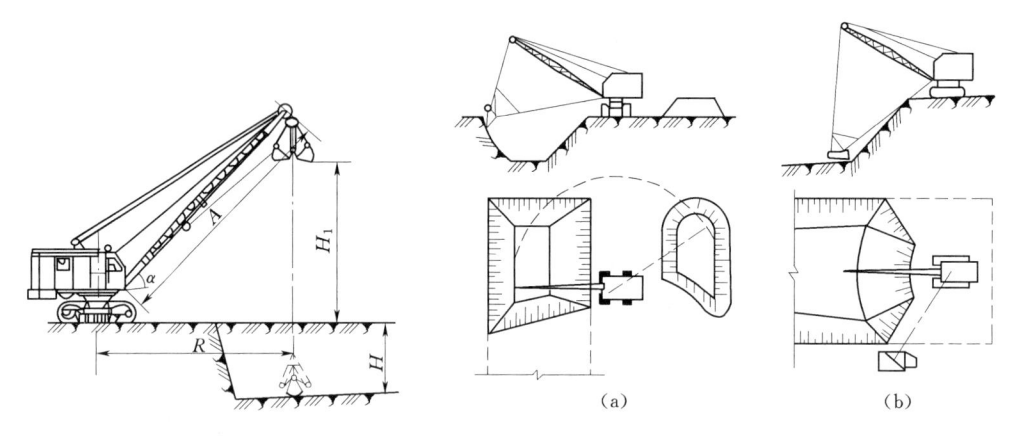

图4-7 拉铲挖掘机工作示意图

图4-8 拉铲开行方式示意图
(a) 沟侧开行；(b) 沟端开行

(4) 抓铲挖掘机。抓铲挖掘机靠其合瓣式铲斗自由下落的冲力切入土中，而后抓取土料提升，回转后卸掉。抓铲挖掘机适于挖掘窄深基坑或沉井中的水下淤泥及砂卵石等松软土方，也可用于装卸散粒材料。抓铲挖掘机的外形和工作示意，如图4-9、图4-10所示。

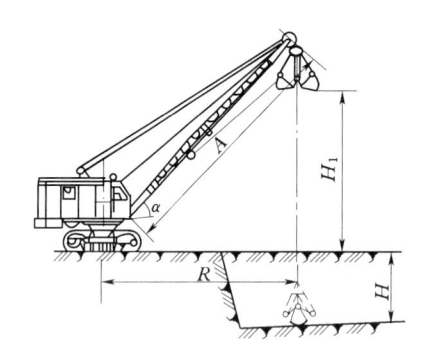

图4-9 抓铲挖掘机工作示意图

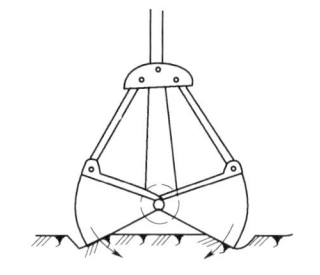

图4-10 抓铲土斗工作示意图

(5) 单斗挖掘机生产率。单斗挖掘机实用生产率可按下式计算：

$$P = 60nqK_1K_2K_3K_4/K_5 \tag{4-6}$$

式中 n——设计每分钟循环次数；

q——铲斗容量，m^3；

K_1——铲斗充盈系数，正铲取1；

K_2——卸土延误系数，卸土堆为1.0，卸车为0.9；

K_3——时间利用系数，取0.8~0.9；

K_4——工作循环时间修正系数,取$1/(0.4\alpha+0.6\beta)$;

K_5——土壤可松性系数;

α——土壤级别修正系数,取1.0~1.2;

β——转角修正系数,转角90°时取1.0,100°~135°取1.08~1.37。

挖掘机是土方机械化施工的主导机械,为提高生产率,应采取加长斗齿,减小切土阻力;合并一个工作循环各个工作过程,小角度装车或卸土,采用大铲斗;合理布置工作面和运输道路;加强机械保养和维修,维持机械良好性能状态等措施。

2. 多斗式挖掘机

多斗式挖掘机是有若干个铲土斗的挖掘机械,其类型很多,主要有链斗式采砂船、斗轮式挖掘机两种。链斗式采砂船在我国水利工程中广泛采用,它是一种生产率较高的多斗式挖掘机,可以挖取水下砂卵石,如图4-11所示。工作时,链斗挖得的砂卵石经漏斗落到横向的水平皮带输送机,卸到岸上的运输车上或水上运输船中。采砂船一般不能自行前进,挖掘时靠船头两侧的卷扬机收紧与放松锚于上游河岸或水下的两根钢索,使船身左右摆动前进。采砂船生产率有120m³/h、320m³/h、750m³/h等。采砂船工作性能见表4-5。

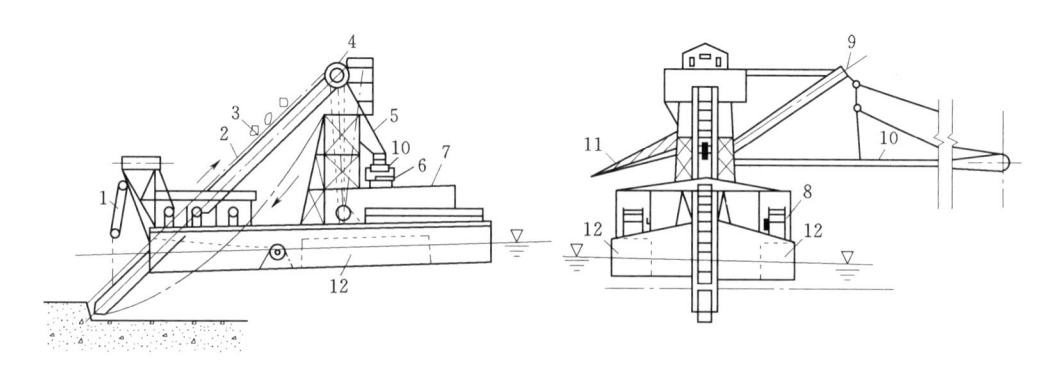

图4-11 链斗式采砂船示意图

1—斗架提升索;2—斗架;3—链条和链斗;4—主动链轮;5—卸料漏斗;6—回转盘;
7—主机房;8—卷扬机;9—吊杆;10—皮带机;11—泄水槽;12—平衡水箱

表4-5　　　　　　　　采砂船工作性能表

项　目	链斗容量/L			
	160	200	400	500
理论生产率/(m/h)	120	150	250	750
最大挖掘深度/m	6.5	7.0	12.0	20.0
船身外廓尺寸(长×宽×高)/m	28.05×8×2.4	31.9×8×2.3	52.2×12.4×3.5	69.9×14×5.1
吃水深度/m	1.0	1.1	2.0	3.1

斗轮式挖掘机的斗轮装在斗轮臂上,在斗轮上装有多个铲土斗,当斗轮转动时,下行至拐弯时挖土,上行运土至最高点时,土料靠自重和旋转惯性卸入受料皮带上,转送到运输皮带卸料装车或料堆上。其主要特点是斗轮转速较快,作业连续,斗臂倾角可以改变,并作360°回转,生产率高,开挖范围大。斗轮式挖掘机,如图4-12所示。斗轮式挖掘机

水平分层挖土工作，如图 4-13 所示。美国在建造圣路易·沃洛维尔高土坝时，仅用一台斗轮式挖掘机承担了该工程 66% 的采料任务，其小时生产率达到了 2300m³/h。

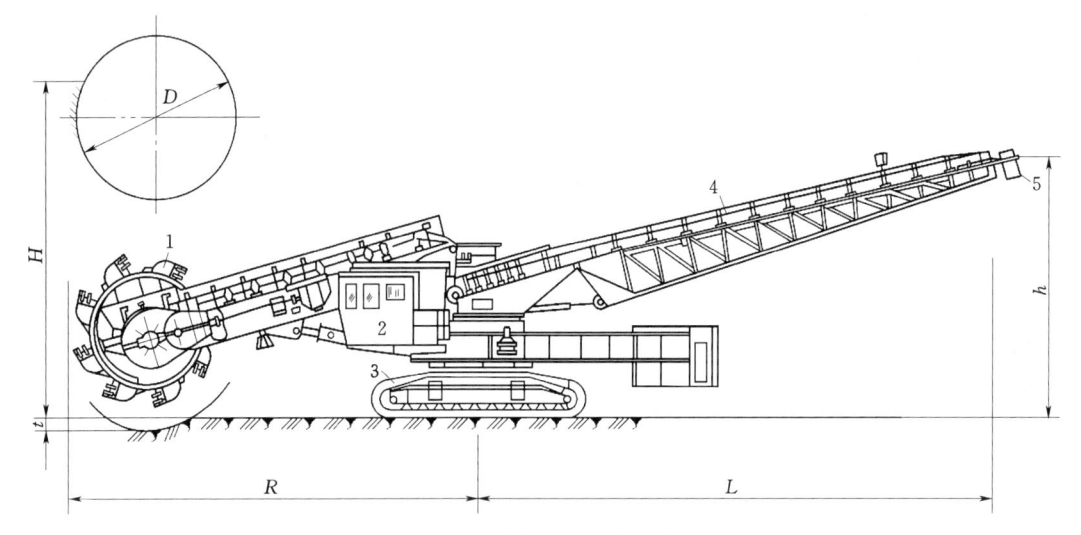

图 4-12 斗轮式挖掘机示意图
1—斗轮；2—机房；3—履带行驶机构；4—臂式带式运输机；5—料装置

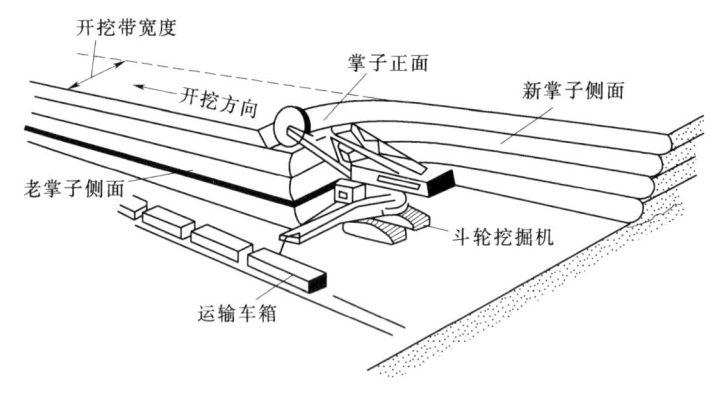

图 4-13 斗轮式挖掘机水平开挖法作业示意图

3. 铲运机械

铲运机械是水利工程常用的兼有铲土和运土功能的机械，主要有推土机和铲运机。

（1）推土机。推土机是在履带式拖拉机上安装推土刀等工作装置而成的一种铲运机械，如图 4-14 所示。推土机主要用于平整场地，开挖宽浅的渠道、基坑，回填沟壑等。此外，也可拖拉其他无动力的机械，如羊足碾、松土器等，及用于小方量密实度要求不高的土方压实和坍落度较

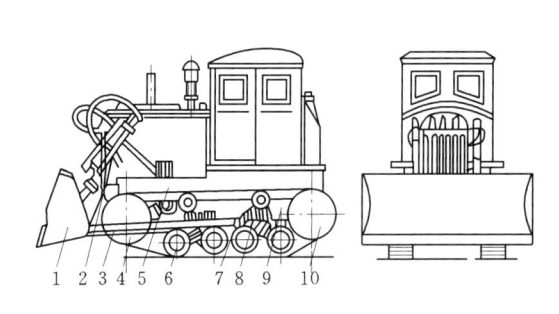

图 4-14 推土机构造示意图
1—推土板；2—液压油缸；3—推杆；4—引导轮；5—托架；6—支承轮；7—铰销；8—托带轮；9—履带架；10—驱动轮

低的混凝土（如碾压混凝土）平仓。

推土机适宜推挖Ⅰ～Ⅲ级土。推土机的推土距离宜在100m以内，运距30～50m时生产效率较高。

推土刀的操纵有钢索和液压操纵两种方式，目前以液压操纵使用最广。液压操纵的推土刀较轻，可借助液压切入较硬土层。回转式推土刀可在立面上回转3°～9°，平面上回转30°～60°，能适应不同的工作要求。

推土机的生产率主要取决于推土刀推土的体积和切土、推土、回程等工作的循环时间。工程中采取下坡推土、多机并列推土、分批分段集中一次推运及在推土刀两侧加焊挡土板等措施，可起到增加推土力，减少推土散失，达到提高生产率的目的。

（2）铲运机。铲运机是一种能连续完成铲土、运土、卸土、铺土和平土等施工工序的综合土方机械，能开挖黏土、砂砾石等。其生产率高、运转费用低，适于平整大面积场地，开挖大型基坑、河渠，填筑堤坝和路基以及土料开挖等。

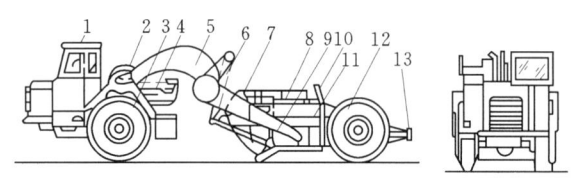

图4-15 自行式铲运机示意图
1—驾驶室；2—中央框架；3—前轮；4—转向油缸；5—辕架；
6—得斗油缸；7—斗门；8—斗门油缸；9—铲刀；
10—卸土板；11—铲斗；12—后轮；13—尾架

铲运机按牵引方式分为自行式和拖式；按操纵方式分为钢索和液压操纵；按卸土方式分为自由卸土、强制卸土、半强制卸土；按行走装置分履带式和轮胎式。自行式铲运机组成如图4-15所示。

自行式切土力较小，装满铲斗所需的铲土长度较大，但行驶速度快，运距在800～1500m时，生产效率较高；拖拉式切土力较大，所需的铲土长度较短，但行驶速度慢，运距在250～350m时生产效率较高，如图4-16所示。常用国产铲运机的斗容量有2m³、5m³、6m³、8m³、15m³等。

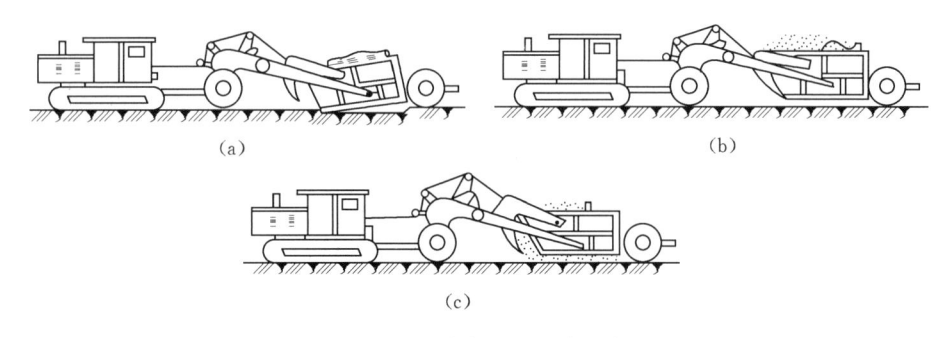

图4-16 拖式铲运机工作示意图
(a) 铲土；(b) 运土；(c) 卸土

铲运机的生产率主要取决于铲斗装土容量及铲土、运土、卸土和回程的工作循环时间。为提高铲运机的生产率，可采取下坡取土、推土机助铲等方法，减少铲土阻力、缩短装土时间。结合工程实际，选择合理的开行距线可缩短空程时间，又能减少对铲运机零部件的磨损，如环形和"8"字形路线，如图4-17所示。

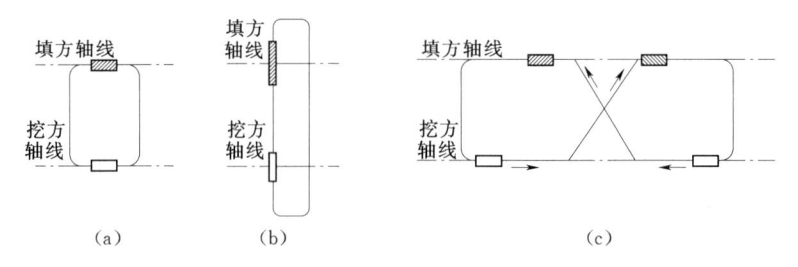

图 4-17 铲运机开行路线示意图
(a) 纵向环形；(b) 横向环形；(c) "8"字形

常用铲运机的工作性能见表 4-6。

表 4-6　　　　　　　　　　铲运机工作性能

项目		单位	C₆-2.5	C₃-6A	C₃-6	C₄-7
行驶方式			拖式	拖式	自行式	自行式
牵引车功率		hp	54~75	80~100	120	160
操作方式：传动			液压	机械（钢丝绳）	机械（钢丝绳）	液压
铲斗容量	平装	m³	2.5	6.0	6.0	7.0
	堆装	m³	2.7~3.0	8.0	8.0	9.0
铲刀宽度		mm	1900	2600	2600	2700
切土深度		mm	150	300	300	300
切土厚度		mm	230	380	380	400
最小回转半径		m	2.7	3.75		14.00
重量	空车	kg	1979	7300	14000	15000
	重车	kg	6396	1700~19000	25500	28000
外形尺寸 长×宽×高		mm	5600×2440 ×2400	8770×3093 ×2540	10182×3130 ×3020	9800×3210 ×2980

注　1hp=735.5W。

4. 装载机

装载机是一种挖土、装土和运土连续作业的机械设备，如图 4-18 所示。

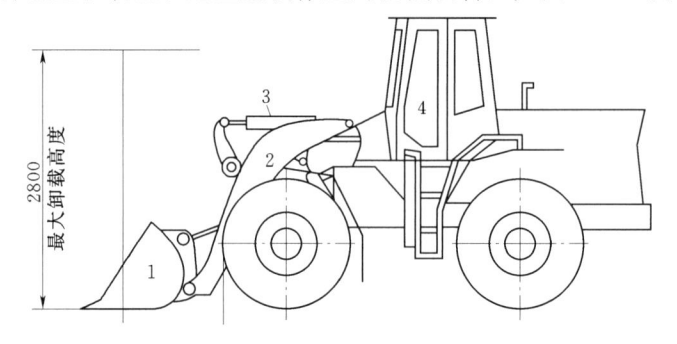

图 4-18 轮胎式装载机示意图
1—铲斗；2—动臂；3—转斗液压缸；4—驾驶室

轮胎式装载机行走灵活，运转快，效率高，适合于松土、轻质土、基坑清淤以及无地下水影响的河渠开挖。挖出的土方可直接卸土、装车或外运，其运距以不超过150m为宜。还适用于砂料的采挖及零星材料的挖装及短距离的运输。斗容有0.5m³、1.0m³、1.5m³、2.0m³、2.5m³等。履带式装载机用于恶劣作业条件下作业。常用装载机工作性能见表4-7。

表4-7　　　　　　　　　　　常用装载机工作性能表

项目	单位	Z4-1.2	Z4-2	Z4-30	Z4-40	DZL-50	KSS-70
铲斗容量	m³	0.5	1.0	1.5	2	3	2.2
铲斗载重量	t	1.2	2.0	3.0	3.6	6.0	3.8
铲斗卸料高	m	2.95	2.60	2.7	2.8	1.7	2.67
发动机功率	hp	55	65	100	135	200	145
前进速度	km/h	0~25	0~25	0~32	0~35	0~34	0~38
后退速度	km/h	0~25	0~14.5	0~32	0~35	0~34	0~38
最大牵引力	tf	1.4	4.0	7.2	10.5	15.2	12.0
爬坡能力	(°)	12.0	29.0	25.0	30.0	30.0	25.0
回转半径	m	3.25		5.06	5.96	6.46	5.25
外形尺寸（长宽高）	m	4.1×1.3×2.4	2.6×2.4×2.5	6×2.3×2.8	6.1×2.1×3.2	8.8×2.5×1.9	6.8×2.1×3.2
重量	t	4.2	6.1	9.2	11.5	16.7	12.4

注　1hp=735.5W，1tf=9.087kN。

5. 水力开挖机械

水力开挖是利用水枪的高速射流将水上土方冲成泥浆，或挖泥船的绞刀将水下土方绞成泥浆，而后运走或筑坝（吹填法）的土方开挖方法。

(1) 水枪开挖。水枪可在平面上回转360°，在立面上俯仰50°~60°。由管道压送来的高压水经喷嘴形成射程达20~30m的高速射流，将干土冲成泥浆，沿一定坡度的输泥沟自流，或由吸泥泵经管道输送至填筑地或弃土坑。水枪可利用其基座支于地面上冲击掌子面的土方，也可利用浮筒浮于水面上冲击基坑四壁的土方，以适应不同的工作环境。

利用水枪开挖基坑、溢洪道及料场的土方具有很高的经济效益，但开挖基坑时，须距基底设计标高预留一定保护层。水枪开挖最适于砂土、亚黏土和淤泥。

(2) 吸泥船。如图4-19所示，吸泥船用于水下开挖，疏浚河道及水库、湖泊、海港清淤，还可于水边进行水上土方开挖以开辟水道。绞刀绞成的泥浆由泥浆泵吸起，经浮动输泥管输至岸上或运泥船运走。

吸泥船不能自行移动，须由拖轮送到工作地点，靠尾部的两根拐桩轮流插入土中和船头的一对带锚索的绞车牵引，作弧形摆动前进和挖土。

三、运输机械

在土方施工中，土方运输的费用往往占土方工程总费用的60%~90%，因此，确定合理的运输方案，进行合理的运输布置，对于降低土方工程造价具有重要意义。土方运输的

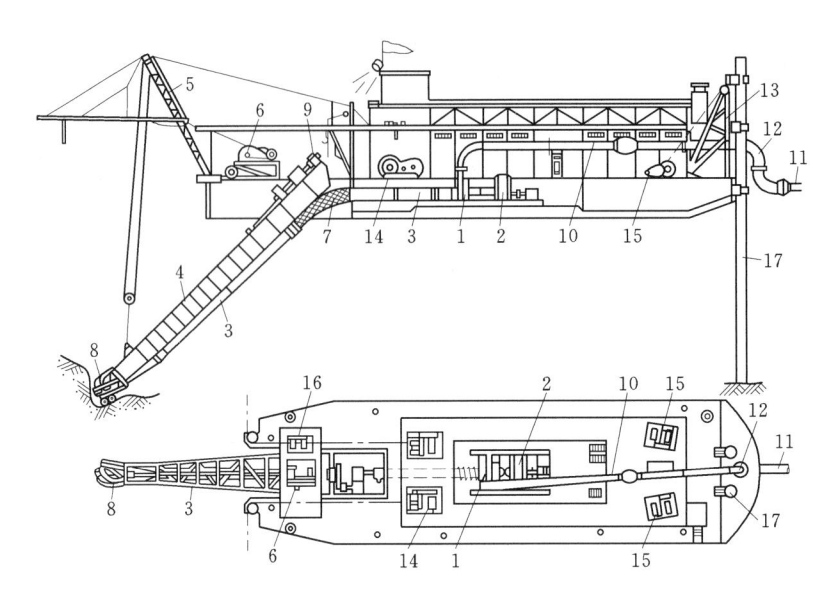

图 4-19 绞吸式挖泥船示意图

1—泥泵；2—电动机；3—吸泥管；4—吸泥管及绞刀支架；5—杆；6—升降吸泥管用绞车；
7—软管；8—绞刀；9—绞刀电动机；10—压力输泥管；11—浮动输泥管；12—输泥管
弯管；13—拐桩吊架；14—锚索；15—拐桩升降绞车；16—绞车；17—拐桩

特点是：运输线路多是临时性的，变化比较大，几乎全是单向运输，运输距离比较短，运输量和运输强度较大。

1. 带式运输机

带式运输机是一种连续式运输设备，生产率高，机身结构简单、轻便，造价低廉；可做水平运输，也可做斜坡运输，而且可以转任何方向；在运输中途任何地点都可卸料；适用于地形复杂、坡度较大、通过比较复杂的地形和跨越沟壑的情况；特别适用于运输大量的粒状材料。

带式运输机是由胶带（通常称皮带）、两端的鼓筒、承托带条的辊轴、拉紧装置、机架和喂料、卸料设备等部分组成。按照运输机能否移动分为固定式和移动式两种，如图 4-20 所示。

固定式带式运输机没有行走装置，多用于动距较长且线路固定的情况，移动式带式运输机长 5~15m，装有轮子，移动方便，常用于需经常移动的短距离的运输。

承托载重带条的上层辊轴有水平和槽形两种型式，如图 4-21 所示。一般常用的为槽形。我国目前常用的 TD-72 型固定式带式运输机，其胶带的宽度有 300mm、400mm、650mm、800mm、1000mm、1200mm、1400mm、1600mm 等，带速为 1.25m/s、1.60m/s、2.50m/s、3.15m/s、4.00m/s。

为了均匀而连续地向带条上装料，通常用喂料器，其类型如图 4-22 所示。料斗上方是储料斗，下方是喂料器。为了减少运输皮带的磨损，装料方向应和带条的运动方向一致。

卸料可以在尾部也可在中部。在运输机尾端卸料时，在尾端鼓筒处装设滑槽或卸料

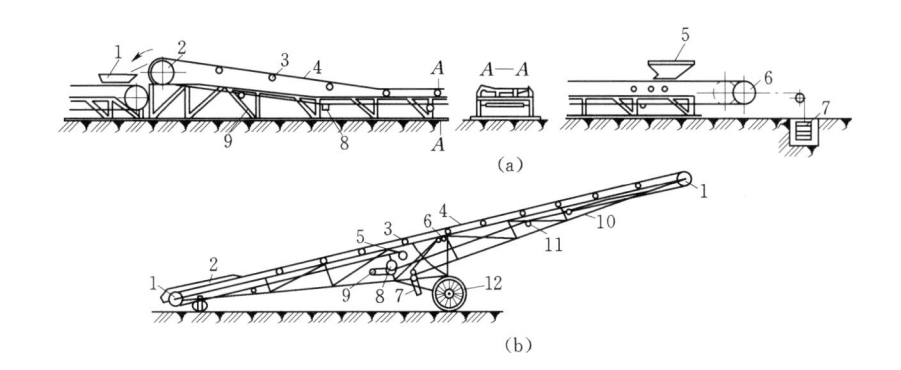

图 4-20 带式运输机示意图
(a) 固定式；(b) 移动式
(a) 固定式：1—卸料槽；2—主动鼓筒；3—承托轴承；4—带条；
5—喂料器；6—拉紧鼓筒；7—拉紧装置；8—空载轴承；9—机架
(b) 移动式：1—鼓筒；2—装料器；3—承托轴承；4—带条；5—转向鼓筒；6—活动关节；
7—手动绞车；8—主动鼓筒；9—电动机；10—机架；11—空载轴承；12—移动轮

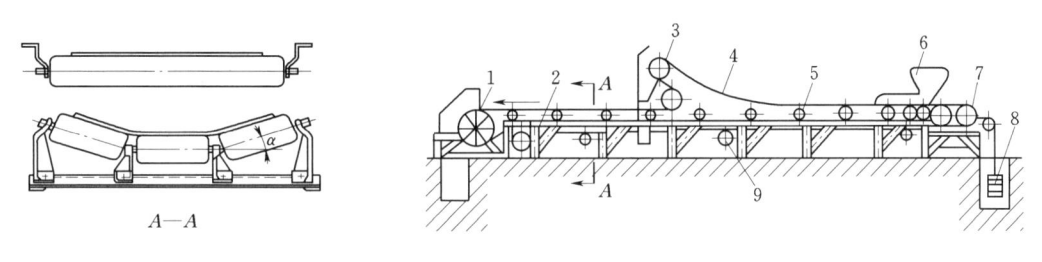

图 4-21 带式输送机组成示意图
1—驱动滚筒；2—金属支架；3—卸料小车；4—带条；5—上托辊；
6—装料装置；7—张紧装置；8—重物；9—下托辊

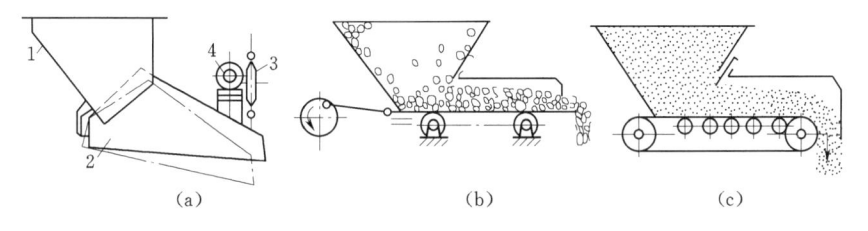

图 4-22 喂料器示意图
(a) 振动式；(b) 往复式；(c) 带式
1—料斗；2—振动槽；3—调整螺栓；4—振动器

斗；在运输机中部卸料时，可装设卸料小车或挡板。如图 4-23 所示。

2. 汽车运输

土石料运输也常常采用自卸汽车。随着土木工程的飞速发展，工程规模越来越大，大型自卸汽车采用越来越多，其载重量达 18～25t，最大已达 100～110t。汽车运输线路的布置一般采用双线（往复）或环形两种，运输线路的布置及线路条数必须满足昼夜运输量的要求。

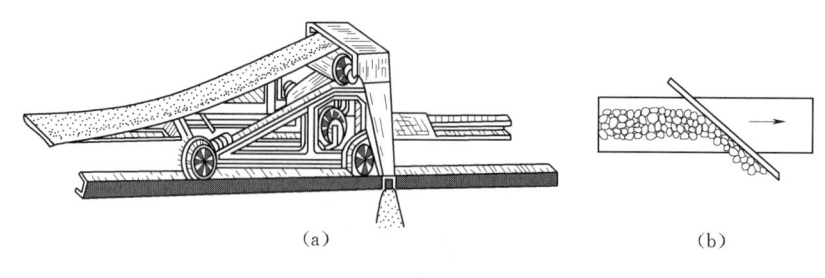

图 4-23 卸料装置示意图
(a) 卸料小车；(b) 挡板

3. 装载机

装载机是一种短程装运结合的机械，常用的斗容量为 $1\sim 3m^3$，运行灵活方便，在水利工程中使用较广。图 4-24 是斗容量为 $2m^3$ 的国产 ZL-40 型装载机的外形尺寸图。

四、土石料挖运机械数量计算

1. 挖运机械的选择

进行施工机械选择及计算需收集相关资料，如施工现场自然地形条件、施工现场情况、能源供应、企业施工机械装备和使用管理水平等。结合工程实际，应注意以下几点：

（1）优先选用正铲挖掘机作为大体积集中土石方开挖的主要机械，再选择配套的运输机械和辅助机械。具体机型的选定，应充分考虑工程量大小、工期长短、开挖强度及施工部位特点和要求。

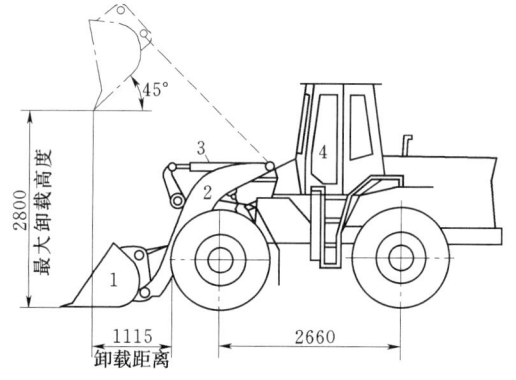

图 4-24 ZL-40 型装载机外形
尺寸图（单位：mm）
1—装载斗；2—活动臂；3—臂杆油缸；4—操作台

（2）对于开挖Ⅲ级以下土方、挖装松散土方和砂砾石、施工场地狭窄且不便于挖掘机作业的土石方挖装等情况，可选用装载机作为主要挖装机械。

（3）与土石方开挖机械配套的运输机械，主要选用不同类型和规格的自卸汽车。自卸汽车的装载容量应与挖装机械相匹配，其容量宜取挖装机械铲斗斗容的 3～6 倍。

（4）对于弃渣场平整、小型基坑及不深的河渠土方开挖、配合开挖机械作掌子面清理和渣堆集散、配合铲运机开挖助推等工况，宜选用推土机。

（5）具备岸坡作业条件的水下土石开挖，优先考虑选择不同类型和规格的反铲、拉铲和抓斗挖掘机。

（6）不具备岸坡作业条件的水下土石开挖，应选择水上作业机械。水上作业机械需与拖轮、泥驳等设备配套。在选择水上作业机械时，需要注意以下几点：

1）采集水下天然砂石料，宜用链斗或轮斗式采砂船。

2）挖掘水下土石方、爆破块石，包括水下清障作业，宜用铲斗船。

3）范围狭窄且开挖深度大的水下基础工程，宜用抓斗船。

4）开挖松散砂壤土、淤泥及软塑黏土等，宜用绞吸式挖泥船。

(7) 钻孔凿岩机械的选择，根据岩石特性、开挖部位、爆破方式等综合分析后确定，同时考虑孔径、孔深、钻孔方向、风压及架设移动的方便程度等因素。

对于土石料的运输道路，一般结合运输机械类型、车辆吨级及行车密度等考虑以下几点：

1) 根据各施工阶段工程进展情况及时调整运输路线，使其与坝面填筑及料场开采情况相适应，不宜通过居民点。
2) 根据施工计划，结合地形条件，合理安排线路运输任务。
3) 宜充分利用坝内堆石体的斜坡道作为上坝道路，以减少岸坡公路的修建。
4) 运输道路应尽量采用环形线路，减少交叉，路口、急弯等处应设置安全装置。
5) 施工期场内道路规划宜自成体系，并尽量与永久道路相结合。

2. 挖运机械数量计算

(1) 挖掘机、装载机和铲运机。生产能力 P 采用下式计算：

$$P=\frac{TVK_{ch}K_t}{K_k t} \tag{4-7}$$

式中 P——台班生产率，m^3（自然方）/台班；

T——台班工作时间，取 480min；

V——铲斗容量，m^3；

K_{ch}——铲斗充满系数，对挖掘机，壤土取 1.0，黏土取 0.8，爆破石渣取 0.6；对装载机，当装载干砂土、煤粉时取 1.2，其他物料同挖掘机；对铲运机，一般取 0.5～0.9，有推土机助推时，取 0.8～1.2；

K_t——时间利用系数，对挖掘机，作业条件一般，机械运用和管理水平良好，取 0.7；对装载机，取 0.7～0.8；对铲运机，一般取 0.65～0.75；

K_k——物料松散系数，对挖掘机和装载机，Ⅰ～Ⅳ级土取 1.10～1.30；对铲运机，一般取 1.10～1.25；

t——每次作业循环时间，min。

机械需要量 N 采用下式计算：

$$N=\frac{Q}{MP} \tag{4-8}$$

式中 N——机械需要量，台；

Q——由工程总进度决定的月开挖强度，m^3/月；

M——单机月工作台班数；

P——单机台班生产率，m^3/台班。

(2) 采砂船、吸泥船。链斗式采砂船生产能力 P 计算公式如下：

$$P=TVnK_{ch}K_t\frac{1}{K_k} \tag{4-9}$$

式中 P——单船每班生产率，m^3/班；

T——每班工作时间，取 480min；

V——单个链斗容量，m^3；

n——每分钟链斗通过个数，个/min；

K_{ch}——链斗充满系数；

K_t——时间利用系数；

K_k——物料松散系数。

铰吸式挖泥船生产能力 P 计算公式如下：

$$P = TK_tQB \quad (4-10)$$

式中 P——单船每班生产率，m^3/班；

T——每班工作时间，取 480min；

Q——泥浆流量，m^3/min；

B——泥浆浓度，%；

K_t——时间利用系数。

各类工作船舶的需要量均可参照式（4-8）进行计算。

(3) 钻孔凿岩机械。钻孔机械生产能力 P 采用下式计算：

$$P = TVK_tK_s \quad (4-11)$$

式中 P——钻机台班生产率，m/台班；

T——台班工作时间，取 480min；

V——钻速，m/min，由厂家提供，在地质条件、钻机压力和钻孔方向等改变时需修正；

K_t——工作时间利用系数；

K_s——钻机同时利用系数，取 0.7～1.0（1～10 台），台数多取小值，反之取大值，单台取 1.0。

当考虑钻孔爆破与开挖直接配套时，钻孔机械的需要量 N：计算公式如下

$$N = L/P \quad (4-12)$$

式中 N——需要量，台；

P——钻机台班生产率，m/台班；

L——岩石月开挖强度为 Q 时，钻机平均每台班需要钻孔的总进尺，m/台班，$L = Q/(mq)$；

Q——月开挖强度，m^3/月；

m——钻机月工作台班数；

q——每米钻孔爆破石方量（自然方），m^3/m，由钻爆设计取值。

第四节 土 石 料 压 实

土石料是松散颗粒，其自身的稳定性主要取决于土料内摩擦力和黏结力，而土料的内摩擦力、凝聚力和抗渗性都与土的密实性有关，密实性越大，物理力学性能越好。例如，干表观密度为 $1.4t/m^3$ 的砂壤土，压实后若提高到 $1.7t/m^3$，其抗压强度可提高 4 倍，渗透系数降至原来的 1/200，可使坝坡加陡，减少工程量，加快施工进度。

第四节 土石料压实

一、土石料压实特性

土石料压实效果与本身的性质、颗粒组成和级配、含水量以及压实功能有关。实践证明，影响土料压实的因素有土壤性质、压实机械、铺土厚度、压实功（压实遍数）、含水量、环境因素（湿度、温度）和压实方法等，其中影响压实的主要因素是铺土厚度、压实功（压实遍数）、压实机械和含水量。对于黏性土与非黏性土，他们各自的压实特性有显著的差别。

一般黏性土的黏结力较大，摩擦力较小，具有较大的压缩性，但由于它的透水性小，排水困难，压缩过程慢，所以很难达到固结压实。而非黏性土料正好相反，它的黏结力小，摩擦力大，具有较小的压缩性，但由于它的透水性大，排水容易，压缩过程快，能很快达到密实。

土石料颗粒大小与组成也影响压实效果，颗粒越细，空隙比越大，就越不容易压实，所以黏性土压实干表观密度低于非黏性土压实干表观密度。颗粒不均匀的砂砾料比颗粒均匀的砂砾料达到的干表观密度要大一些。

对于黏性土的压实，控制适当的含水量至关重要。含水量过小，土粒间的摩阻力和黏结力较大，难于压实。若适当增大含水量，可以减小摩阻力和黏结力，在同样的压实功能下可以得到较大的干表观密度；但含水量超过一定限度后，土粒空隙中开始出现自由水，土体所受的有效压力减小而使压实效果变差。实践证明，在一定的铺土厚度、压实功能下，黏性土只有在某一特定的含水量时才能得到最好的压实，这时的干表观密度最大，而相应的含水量称为最优含水量。

对于非黏性土，由于其透水性好，排水容易，压实时并不会形成明显的孔隙水压力和封闭气泡阻碍压实，故不存在最优含水量问题。

压实功能的大小，也影响着土料干表观密度的大小。压实功能增加，干表观密度也随之增大，而最优含水量随之减少，说明同一种土料的最优含水量和最大干表观密度，随压实功能的改变而变化，这种特性对于含水量过低或过高的土料更为显著。

一般说来，增加压实功能可增加干表观密度，这种特性，对于含水量较低（小于最优含水量）的土料比对于含水量较高（大于最优含水量）的土料更为显著。

二、土石料的压实标准

一般来说，土料压实效果越好，其物理力学性能越高，工程质量越有保证。可一旦对土料压实过度，不仅增加了施工费用，也会造成填筑体发生剪切破坏，影响工程质量。因此，在施工工程中应确定合理的压实标准。

在水利工程施工中，压实标准对于黏性土用干表观密度 Y_d 和施工含水量来控制，对于非黏性土（如砂土和砂砾石等）用相对密度 D 来控制，石渣或堆石体则可用孔隙率作为压实指标。

1. 黏性土料

（1）压实干表观密度。压实干表观密度一般采用击实试验来确定。我国采用击实仪 25 击 $[89.75(t \cdot m)/m^3]$ 作为标准压实功能，得出一般不少于 30 组最大干表观密度的平均值 $\gamma_{d-max}(t/m^3)$ 作为依据，确定设计干表观密度 $\gamma_d(t/m^3)$：

$$\gamma_d = m\gamma_{d-max} \tag{4-13}$$

式中 m——施工条件系数,一般Ⅰ、Ⅱ级坝及高坝,采用 0.97~0.99,中低坝采用 0.95~0.97。

此法对大多数黏土料是合理的、适用的。但是,土料的塑限含水量、黏粒含量,对压实度都有影响,应进行以下修正:其一,以塑限含水量为最优水量,由试验从压实功能与最大干表观密度与最优含水量曲线上初步确定压实功能,当天然含水量与塑限含水量接近且易于施工时,以天然含水量做最优含水量确定压实功能;其二,考虑沉降控制的要求,通过控制压缩系 α 取 0.0098~0.0196 cm^2/kg,确定干表观密度。

(2) 施工含水量。施工含水量是由标准击实条件时的最大干表观密度确定的,最大干表观密度对应的最优含水量是一个点值,而实际的天然含水量总是在某一个范围变动。为适应施工的要求,必须围绕最优含水量规定一个范围,含水量的上下限,在击实曲线上以设计干表观密度值作水平线与曲线相交的两点就是施工含水量的控制范围。

2. 砂土及砂砾石

砂土及砂砾石的压实程度,与颗粒级配及压实功能关系密切,一般用相对密度 D_r 表示。

$$D_r = (e_{max} - e)/(e_{max} - e_{min}) \tag{4-14}$$

式中 e_{max}——砂石料的最大孔隙比;
e_{min}——砂石料的最小孔隙比;
e——设计孔隙比。

在施工现场用相对密度来控制施工质量较为不便,一般将相对密度转化为干表观密度 γ_d 来控制,其转化公式如下:

$$\gamma_d = \gamma_1\gamma_2/[\gamma_2(1-D) + \gamma_1 D] \tag{4-15}$$

式中 γ_1、γ_2——分别为土料极松散和极紧密状态下的干表观密度,t/m^3;
D——相对密度。

3. 石渣及堆石体

石渣及堆石体作为坝壳填筑料,压实指标一般用空隙率表示。根据国内外的经验,碾压式堆石坝坝体压实后空隙率应小于 30%,为了防止过大的沉陷,一般规定为 22%~28%;上游主堆石区标准为 21%~25%。

三、土石料压实参数的选择

1. 黏性土料

工程中压实参数的选择,在掌握土料物理力学指标的基础上,常通过现场碾压试验来确定。

现场碾压试验前,首先通过理论计算并参照类似已建工程的经验,初选几种碾压机械并拟定几组碾压参数,然后采用逐步收敛法进行现场碾压试验。逐步收敛法指固定其他参数,改变一个参数,通过试验确定该参数的最优值。将优选的此参数和其他参数固定,改变另一个参数,用试验确定其最优值。以此类推,得到每个参数的最优值。最后将这组最优参数再进行一次复核试验。倘若满足设计、施工的要求,即可作为现场使用的压实参数。

第四节 土石料压实

具体步骤为：首先给定铺土厚度 h_1，并给出三个不同的压实功 n_1、n_2、n_3，得到干表观密度与含水量的一组关系曲线，如图 4-25 所示。然后铺土厚度改为 h_2 再给出三个压实功 n_1、n_2、n_3 得到干表观密度与含水量的另外一组关系曲线；同理铺土厚度改为 h_3 也得到一组关系曲线。最后，将这三组曲线按铺土厚度、压实功、最优含水量、最大干表观密度进行整理并绘制相应的关系曲线，如图 4-26 所示。根据设计干表观密度 γ_d 从图 4-26 上分别查出不同的铺土厚度 h_1、h_2、h_3 所对应的压实遍数 a、b、c 以及对应的最优含水量 d、e、f。最后再分别计算 h_1/a、h_2/b、h_3/c，即单位压实遍数的压实厚度并进行比较，以单位压实遍数的压实厚度最大者为最经济合理，其对应的参数即为压实试验确定的压实参数。

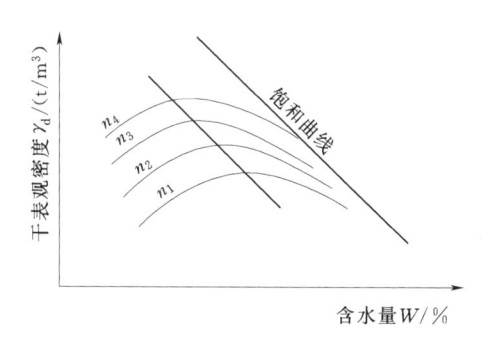

图 4-25 不同铺土厚度、不同压实遍数土料含水量和干表观密度的关系曲线

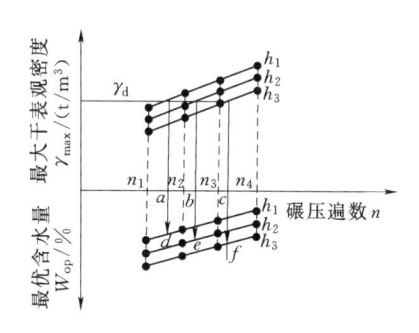

图 4-26 铺土厚度、压实遍数、最优含水量、最大干表观密度的关系曲线

2. 非黏性土料

非黏性土的压实试验由于不考虑含水量的影响，只需作铺土厚度、压实功（压实遍数）和相对密度（干表观密度）的关系曲线，如图 4-27 所示。

根据设计相对密度，以单位压实遍数的压实厚度 h_1/a'、h_2/b'、h_3/c' 三值中的最大者为最经济合理。

需指出，在选定有关压实参数，如铺土厚度、压实遍数后，应结合施工具体情况，适当进行调整。对于黏性土料还应考虑最优含水量是否便于施工控制等。

四、土石料压实方法与压实机械

（一）压实方法

压实方法按其作用原理可分为碾压法、振动法和夯击法三类，如图 4-28 所示。

碾压的作用力是静压力，其大小不随作用时间变化，如图 4-28（a）所示。

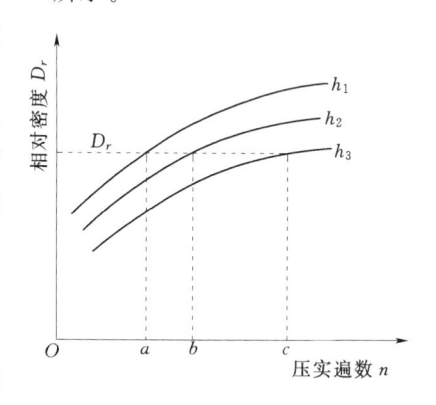

图 4-27 非黏性土相对密度、压实遍数与铺土厚度关系曲线

振动的作用力为周期性的重复动力，其大小随时间呈周期性变化，振动周期的长短，随振动频率的大小而变化，如图 4-28（b）所示。

夯击的作用力为瞬时动力，有瞬时脉冲作用，其大小随时间和落高而变化，如图

4-28（c）所示。

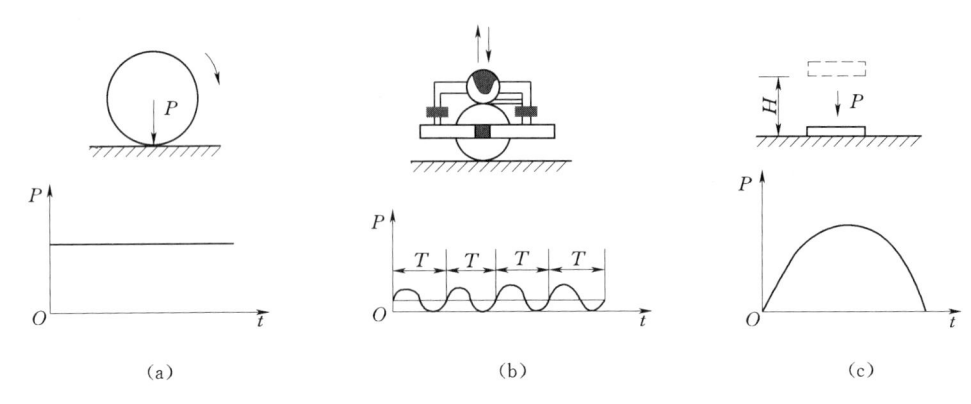

图 4-28　土料压实方法示意图
(a) 碾压法；(b) 振动法；(c) 夯击法

碾压法和夯击法基本上可适用于各类土，其中夯击法更适用于砂性土，振动法仅适用于砂性土。近年来，碾压与振动同时作用的振动碾，在工程中得到广泛应用。

(二) 压实机械

工程中常用的压实机械有平碾、肋形碾、羊足碾、气胎碾、电动振动式压实机、夯实机械、振动碾等，如图 4-29 所示。碾压机械与对应土质的适应性见表 4-8，可供实际工程参考。

表 4-8　　　　　碾压机械与对应土质的适应性

碾压设备	堆石	砂质土	黏性土	砂、砂砾 优良级配	砂、砂砾 均匀级配	黏土 低中强度黏土	黏土 高强度黏土	软弱风化土石混合料
5～10t 振动平碾	△	○	△	○	○	△	△	—
10～15t 振动平碾	○	○	△	○	○	△	△	—
振动凸块碾	—	△	○	—	△	○	○	—
振动羊足碾	—	△	△	—	—	○	○	—
气胎碾	—	○	○	○	○	○	○	—
羊足碾	—	△	○	—	—	○	○	—
夯板	—	○	○	○	○	△	△	—
尖齿碾	—	—	—	—	—	—	—	○

注　○—适用；△—可用。

1. 平碾（光面碾）

平碾单位压力较小，一般铺土厚度较薄。在碾压黏性土时，易将土层表面压成光滑的硬壳，不利于上下土层间的结合，且沿滚碾轴线方向易出现剪切裂缝，不利于防渗，一般不得用于压实有较高防渗要求的黏性土防渗体。当缺少其他机械时，可用于压实砂性土、

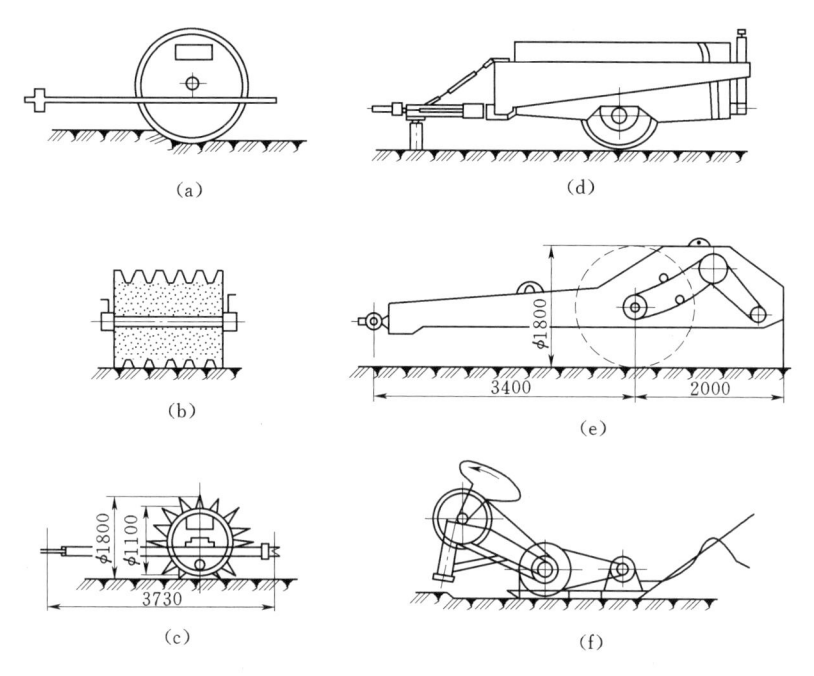

图 4-29 常用的土料压实机械示意图（单位：mm）
(a) 平碾；(b) 肋形碾；(c) 羊足碾；(d) 气胎碾；(e) 振动碾；(f) 蛙夯

风化料、碎石层以及含水量较大而干容重要求不高的黏性土，其铺土厚度一般不超过20~50cm，如图4-29(a)所示。

2. 肋形碾

肋形碾为表面带横向肋的碾，需由拖拉机拖带，其与土层接触面积小，故单位压力大于平碾，且不易形成硬壳，可用于压实黏性土。

3. 羊足碾

羊足碾与平碾不同，在碾压滚筒表面设有交错排列的截头圆锥体，因状如羊足，称为羊足碾。钢铁空心滚筒侧面设有加载孔，可根据需要改变碾重，重型羊足碾的碾重可达30t。

羊足的长度一般为碾滚直径的1/7~1/6。羊足底面面积小，因而单位压力大（可高达700~8500kN/m²），且锥形的羊足插入土层时，对周围土体还产生侧向挤压作用，如图4-30所示。由于压实过程是自下而上，故压实均匀，效果好。同时，羊足有使填土混合的作用，因土面形成大量羊足坑而有利于上下土层的结合，省去了刨毛工序，增加了填方的整体性和抗渗能力。

对于防渗要求高的黏性土，防渗体多采用羊足碾压实，但羊足碾不适合压实高含水量的黏性土。对于砂性土，由于羊足从行进的后方土中拔出时，会将刚刚压实的砂性土翻松，得不到较好的压实效果。近年

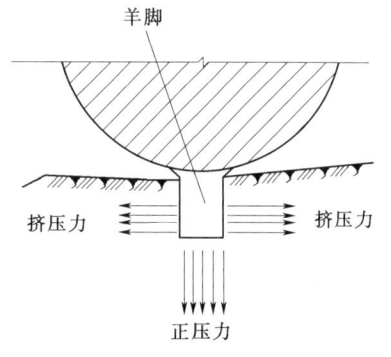

图 4-30 羊足碾压实示意图

来有的羊足碾采用楔形体形式，避免了翻松现象的不利影响。

羊足碾的碾重可按下式计算：

$$Q=nF\sigma \tag{4-16}$$

式中　Q——碾重，N；

　　　F——每个羊足顶端的面积，m^2；

　　　n——滚筒上一排羊足的个数；

　　　σ——羊足的最佳接触应力，其值见表 4-9。

表 4-9　　　　　　　　　　羊足碾最佳接触应力 σ　　　　　　　　　　单位：MPa

土类	轻壤土及部分中壤土	轻、中松质壤土及重壤土	重松质壤土及黏土
σ	2.0~4.0	4.0~9.0	6.0~9.0

4. 凸块碾与网格碾

凸块碾类似羊足碾，但其压实足长度较短，足端面积较大，压实足形式为楔形体。凸块碾既能压实黏性土，也可以压实非黏性土，而且对风化料、软岩石有破碎作用。

网格碾的滚筒是用合金钢铸成（或用钢筋焊成）的筛网卷成。内滚筒往往用钢板焊成圆台形，内装配重材料。网格碾既能压实黏性土，也可以压实非黏性土。

5. 气胎碾

气胎碾比羊足碾的压实层厚度大，压实密度沿层厚分布较均匀。由于轮胎有弹性，压实时轮胎与土体同时变形，接触面大，因而对土体的加压作用时间较长，能使土体得到较好的压实。

轮胎对土体的单位压力可通过轮胎中的气压来调整，因而适用于要求不同单位压力的各类土壤，如黏性土、砾质土、砂砾料等，工程中有时也用来压实高含水量的土料。气胎碾的生产率较高，是应用较广的一种压实机械。

6. 电动振动式压实机

电动振动式压实机是一种平板自行式振动压实机械，由电动机、传动皮带、振动体、减振弹簧、夯板等组成，振动频率达 1100~1200r/min，影响深度一般在 30cm 左右。非黏性土在振动的作用下，土粒之间的内摩擦力迅速降低，同时由于颗粒大小不均，质量有差异，导致惯性力存在差异，从而产生相对位移，使细颗粒填入粗颗粒之间的空隙中而达到密实。而对于黏性土，颗粒之间的黏结力是主要的，且颗粒粒径较均匀，振动密实的效果不如非黏性土。故振动式压实机适用于含水量小于 12% 的砂质土壤、砾石、碎石层的压实。

7. 夯实机械

夯实机械是利用冲击力来压实土方，最适于在碾压机械难于施工的狭窄部位压实土方。常用的夯实机械有下列几种：

（1）蛙式打夯机。蛙式打夯机是一种小型电动夯实机械，由电动机带动偏心块旋转，在不平衡离心力作用下使夯头上下跳动，冲击土层。冲击频率为 140~150r/min，跳跃高度达 10~26cm，铺土厚度在 20~40cm，夯击 4~5 遍，生产率可达 100~200m^3/台班。

(2) 夯板。夯板是用起重机、拖拉机或正铲挖掘机改装的一种夯土机械，如图4-31所示，系用钢索悬吊一铸铁制成的圆形或方形夯板。夯实土料时将索具放松，使夯板自由下落，夯实土料，其压实铺土厚度可达1m，生产率较高。对于大颗粒填料，其破碎率比碾压机械大得多。若在夯板上装上羊脚，即成羊脚夯，可用于夯实黏性土或略冰冻的土。

(3) 强夯机。强夯机是一种强力夯击压实机械，它由高臂起重机或专制起重架与重10~40t的铸铁或钢筋混凝土夯块组成。夯土时将夯块提升10~40m后自由下落冲击地面，其压实影响深度可达4~5m，压实效果好，生产率高，最适于压实杂填土地基、软土地基及水下地基。

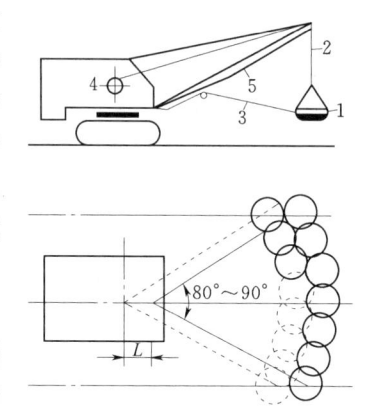

图4-31 夯板及其工作示意图
1—夯板；2—提升索；3—操纵索；
4—机房；5—支杆

8. 振动碾

振动碾是一种以碾重静压和振动力共同作用的压实机械，较没有振动的压实机械，土中应力可提高4~5倍。振动碾分为振动平碾和振动凸块碾两类。

(1) 振动平碾。在光面碾上装设一根偏心轴即成为振动平碾。当偏心轴高速旋转时，碾滚即产生强烈振动，对土壤同时施加静压力和振动力，可有效压实土壤。振动平碾可分为拖式和自行式两类，拖式的碾滚可由履带式拖拉机牵引；自行式的则采用铰接式车架，将前轮与后面的碾滚联为一体。

振动平碾主要适于压实砂性土，大功率（大吨位）的可压实砂卵石料，工程中也用于碾压混凝土。

(2) 振动凸块碾。振动凸块碾除碾滚上装有交错排列的、形状不同于羊足的凸块外，其余同振动平碾，也分为拖式和自行式两类，但仅适于压实黏性土或风化黏土岩料。

振动凸块碾的碾重可按下式计算：

$$Q = \alpha m r \omega^2 \tag{4-17}$$

式中 Q——碾重，N；

α——计算系数，取0.25~1.00；

m——偏心块的质量，kg；

r——偏心块的偏心距，m；

ω——偏心块的旋转角速度或振动频率，rad/s。

第五节 土石坝坝体施工

结合工程应用，这里主要介绍碾压式土石坝施工，主要包括坝基与岸坡处理、坝料开挖与运输、坝面填筑、坝体质量检查与控制等内容。

一、坝基与岸坡处理

坝基与岸坡处理，目的是加固坝体与基础、岸坡之间的联结，保证土填与基础、岸坡有良好的结合。坝基处理时主要针对工程要求及岩石、砂砾石、软黏土等不同地基情况，选用灌浆、混凝土防渗墙、振冲加密及振冲置换、预压固结、置换、反滤排水等措施，提高坝基稳定和防渗性能，防止有害变形。

1. 清基和填筑前准备

清基是指坝体填筑之前，基础与岸坡表面的清理。清基就是把坝基范围内的所有草皮、树木、乱石、淤泥、腐殖土、细沙、泥炭等按设计要求全部清除，对坝区范围内的水井、泉眼、地道、洞穴以及勘测探孔、竖井、平洞、试验坑作彻底的处理，并通过验收。

在地基开挖时，应自上而下先开挖两岸岸坡，再开挖和清理河床坝基，在强度、刚度方面不符合要求的材料均需清除。作为堆石坝壳的地基，一般开挖到全风化岩石，无软弱夹层的河床砂砾石一般不开挖。对于岩石岸坡，可挖成不陡于1:0.75的坡度，且岸边应削成平整斜面，不可削成台阶形，更不能削成反坡。为减少削坡方量，岩石岸坡的局部反坡可用混凝土填补成平顺的坡面。特别注意，防渗体部位的坝基、岸坡岩面开挖，可采用预裂、光面等控制爆破法，严禁采用洞室、药壶爆破法施工。

工程开挖过深和施工困难时，可采用工程处理，如坝基河床砂层振冲加密、淤泥层砂井加速固结、心墙地基淤泥夹层的振冲置换处理等。

填筑前需将坝壳部位表面修整成可供碾压机械作业的平顺坡，砂砾石地基要预先用振动碾压实。对于心墙岩石地基，一般采用混凝土基础板作为灌浆盖板，防止心墙土料由地基的裂隙流失。有的在清洗好的岩面上涂抹一层厚度不小于2cm的稠水泥砂浆，在其未凝固前铺上并压实第一层心墙料，砂浆可封闭岩面和充填细小裂隙，并形成一层黏结在岩面上的薄而抗冲蚀的土与水泥的混合层。

2. 坝基、岸坡结合处理

坝基结合处理可按施工顺序，分段分期进行。应该根据坝基土料性质、坝体填筑材料、基础与坝体联合的部位、低坝与高坝等条件来决定。水利工程的基础处理，要结合永久建筑物形式和现场施工过程，实地实时解决有关问题。

（1）非岩石地基。砂砾石、黏性土、砾质土等松散基础，在清基后、填土前，应根据基础土料性质选用相应的压实机械，对基础表层予以压实，压实方法参见土方工程章节。黏性土与砂砾石等无黏性土接触区，应严格遵守反滤原则。

（2）岩石地基。岩石地基处理，应区分坝基与防渗体部位。对于坝壳部分的岩石地基，只需要按一般基础清理原则进行，不需要进行其他专门处理。对于防渗体部位的岩石地基，应该按照控制爆破要求进行开挖，且不适宜开挖成过窄的深槽，以免沟槽内填土发生拱效应，而产生裂缝。当低坝防渗体与岩石基础直接填土结合时，应注意对岩石面的裂隙水、裂隙、断层等严格处理；对于高坝的防渗体，包括其反滤料，不得与裂隙基岩直接接触，以免在高压水头作用下，使其沿裂隙冲蚀。

坝基、岸坡结合部位处理完成后，应进行验收。确保处理效果满足填土的质量要求，高坝与岸坡接头的处理应特别注意。

3. 地基防渗处理

（1）岩石地基的防渗处理。在岩石地基节理裂隙发育或有断层、破碎带等特殊地质构造时，可采用灌浆、混凝土塞、铺盖、扩大截水槽底宽等防渗措施，如图4-32所示。

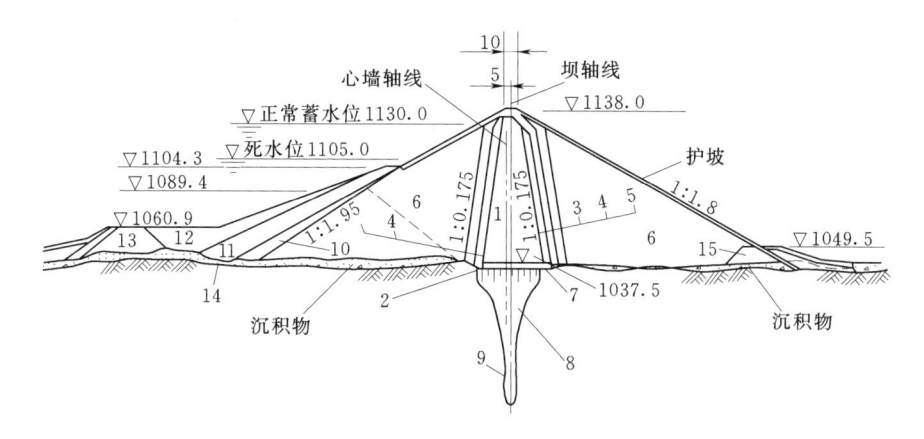

图 4-32 鲁布革水电站大坝剖面（单位：m）
1—心墙；2—黏土；3—细反滤料；4—粗反滤料；5—细堆石料；6—粗堆石料；7—混凝土垫层；
8—铺盖灌浆；9—帷幕灌浆；10—反滤层；11—黏土斜墙；12—黏土斜墙保护层；
13—上游围堰；14—混凝土垫层；15—下游围堰

如果坝址在岩溶地区，应根据岩溶发育情况、充填物性质、水文地质条件、水头大小、覆盖层厚度和防渗要求研究处理方案。处于地表浅层的溶洞，可挖除其内的破碎岩石和充填物，并用黏性土或混凝土堵塞；深层溶洞可用灌浆方法或大口径钻机钻孔回填混凝土，做成截水墙处理，或打竖井下去，开挖回填混凝土处理。

对于岩面的裂隙不大、小面积的无压渗水，且在岩面上直接填土的工程，可以用黏土快速夯实堵塞，也有先铺适量水泥干料，再用黏土快速夯实堵塞的成功案例。

若局部堵塞困难，可以采用水玻璃（硅酸钠）掺水泥拌成胶体状（配合比为水：水玻璃：水泥＝1：2：3），用围堵办法在渗水集中处从外向内逐渐缩小，至最后封堵。

对于浅层风化较重或节理裂缝发育的岩石地基，可开挖截水槽回填黏土夯实，或建造混凝土截水墙处理。对于深层岩基一般采用灌浆方法处理，灌浆帷幕深度应达到相对不透水层。当有可能发生绕坝渗流时，必须设置深入岸内的灌浆防渗帷幕，作为河床帷幕的延续。

需注意，灌浆处理地基时对于节理裂隙充填物断层泥、灰岩溶洞泥土充填物等可灌性很差的物质，应尽量予以挖除，对那些分散的、细小的充填物可在下游基岩面作反滤料保护处理。

当基岩有较大的裂隙或者泉水，且水头较高时，在渗水处设置一直径不小于500mm的混凝土管，在管内填卵砾石预埋回填灌浆管和排水管。填土时用自吸泵不间断抽水，随着土料填筑上升，逐渐加高混凝土管。当填土高于地下水位后，用混凝土封闭混凝土管口，最后进行集水井回填灌浆封闭处理，这也就是常说的筑井堵塞法，如图 4-33 所示。

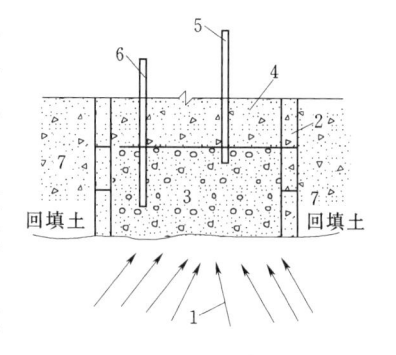

图 4-33 筑井堵塞法
1—集中渗水区；2—预制混凝土井管；
3—卵石；4—混凝土；5—排水管；
6—灌浆管；7—填土

（2）砾石地基的渗流控制。砂砾石地基的抗剪指标较大，故抗滑稳定一般可满足工程要求，随着土石坝填筑上升，砂砾石逐渐被压实，故沉陷量不至于过大。砂砾石地基的处理主要是渗流控制，保证不发生管涌、流土和防止下游沼泽化。这种地基的处理方法有竖直和水平防渗两类，如截水槽防渗墙、混凝土防渗墙、灌浆帷幕、防渗铺盖等，其中混凝土防渗墙成为砂砾石地基的主要防渗处理手段，如图4-34所示。

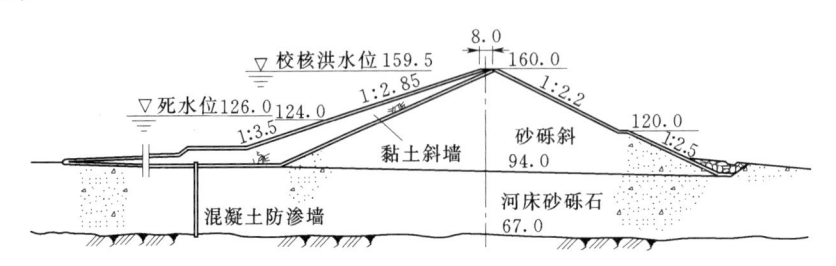

图4-34 密云水库白河主坝剖面（单位：m）

二、坝体施工强度和机械数量确定

1. 施工强度

施工强度取决于土石坝的上坝强度，一般可由施工进度计划各个阶段要求完成的坝体方量来确定上坝和挖运强度，进而确定施工机械的数量。

(1) 上坝强度 $Q_D(\mathrm{m}^3/\mathrm{d})$。

$$Q_D = \frac{V' K_a}{T K_1} K \qquad (4-18)$$

式中 V'——分期完成的坝体设计方量，m^3，以压实方计；

K_a——坝体沉陷影响系数，可取 1.03~1.05；

K——施工不均衡系数，可取 1.2~1.3；

K_1——坝面作业土料损失系数，可取 0.9~0.95；

T——分期施工时段的有效工作日数，d，等于该时段的总日数扣除法定节假日和因雨停工日数，对于黏土料可参考表4-10。

表4-10 黏土料因雨停工的天数

日降雨量/mm	<2	2~10	10~20	20~30	>30
停工天数（含雨日）/d	0	1	2	3	4

(2) 运输强度 $Q_T(\mathrm{m}^3/\mathrm{d})$。

$$Q_T = \frac{Q_D}{K_2} K_c \qquad (4-19)$$

$$K_c = \frac{\gamma_0}{\gamma_T}$$

式中 K_c——压实影响系数；

γ_0——坝体设计干容重，t/m^3；

γ_T——土料运输的松散容重，t/m^3；

K_2——运输损失系数,取 0.95~0.99。

(3) 开挖强度 Q_c(m³/d)。

$$Q_c = \frac{Q_D}{K_2 K_3} K_c' \quad (4-20)$$

式中 K_c'——压实系数,为坝体设计干容重 γ_0 与料场土料天然容重 γ_c 的比值;

K_3——土料开挖损失系数,一般取 0.92~0.97。

2. 施工机械数量确定

施工中采用正向铲与自卸汽车配合是最常见的挖运方案。挖掘机斗容量与自卸汽车的载重量为满足工艺要求需合理的匹配关系,可通过计算复核所选挖掘机的装车斗数 m:

$$m = \frac{Q}{v_c q K_H K_p'} \quad (4-21)$$

式中 Q——自卸汽车的载重量,t;

q——选定挖掘机的斗容量,m³;

v_c——料场土的天然容量,t/m³;

K_H——挖掘机的土斗充盈系数;

K_p'——土料的松散影响系数。

一般挖掘机装车斗数 m 取 3~6。若 m 值过大,说明所选挖掘机的斗容量偏小,装车时间长,降低汽车的利用率;若 m 值过小,说明汽车载重量偏小,需要汽车数量多且等候装车时间长,降低挖掘机的生产能力。为充分发挥挖掘机的生产潜力,应使一台挖掘机所需的汽车数 n 所对应的生产能力略大于此挖掘机的生产率,故

$$P_a \geqslant \frac{P_c}{n} \quad (4-22)$$

式中 P_a——一辆汽车的生产率,m³/h;

P_c——一台挖掘机的生产率,m³/h。

满足高峰施工期上坝强度的挖掘机的数量 N_c 为

$$N_c = \frac{Q_{cmax}}{P_c} \quad (4-23)$$

式中 Q_{cmax}——高峰施工期开挖土料的最大施工强度,m³/h。

满足高峰施工期上坝强度的汽车总数 N_a 为

$$N_a = \frac{Q_{Tmax}}{P_a} \quad (4-24)$$

式中 Q_{Tmax}——高峰施工期运输土料的最大施工强度,m³/h。

三、坝面填筑

坝体按照结构形式分为心墙(斜心墙)、斜墙两类,其填筑材料主要有防渗料、反滤料以及砂石料等。

(一) 坝面施工程序

土石坝坝面施工程序包括铺土、平土、洒水、压实、刨毛(用平碾压实时)、质检等工序。为减少坝面施工干扰,宜采用流水作业施工。

流水作业施工是按施工工序数目对坝面分段，然后组织相应专业施工队依次进入各工段施工。对同一工段而言，各专业队按工序依次连续施工；对各专业施工队而言，依次不停地在各工段完成固定的专业工作。此种流水作业可提高工人技术熟练程度和工作效率，也可以确保工程施工质量。这种作业施工方式最大限度地保证了施工过程中人、机、地三不闲，避免施工干扰，有利于坝面作业多、快、好、省、安全地进行。

如图4-35所示，将某坝面划分成四个相互平行的工段，分成铺土、平土洒水、压实、质检刨毛四道工序进行施工，在同一时间内，每一工段完成一道工序，依次进行流水作业。必要时可合并某些工序，如将图4-35中的四道工序合并为铺土平土洒水、压实、质检刨毛三道工序。注意坝面施工统一管理，使填筑面层次分明，作业面平整均衡上升。

	第一工作班	第二工作班	第三工作班	第四工作班
Ⅰ	铺土	平土洒水	压实	质检刨毛
Ⅱ	平土洒水	压实	质检刨毛	铺土
Ⅲ	压实	质检刨毛	铺土	平土洒水
Ⅳ	质检刨毛	铺土	平土洒水	压实

图4-35 坝面流水作业示意图
Ⅰ、Ⅱ、Ⅲ、Ⅳ—工段编号

(二) 填筑施工

1. 坝面铺料

坝面填筑铺料时主要考虑以下两点：一是坝面平整，铺料层厚度均匀，不得超厚；二是对已经压实过的土料不得过压，防止产生剪力破坏。铺料一般有三种方法，即进占铺料法、后退铺料法和综合铺料法。

(1) 进占法铺料。防渗体土料应采用这种方法，汽车在已经平好的松土层上行驶、卸料，不应在已压实土料面上行驶，应严格控制铺土厚度。这种方法不会对防渗土料形成过压，还不影响洒水、刨毛作业，如图4-36所示。

(2) 后退法铺料。汽车在已经压实土料面上行驶、卸料，这种方法卸料方便，但容易对已经压实的土料形成过压，用于砂砾石、软岩和风化料以及掺合土铺料，一般层厚小于1m，如图4-37所示。

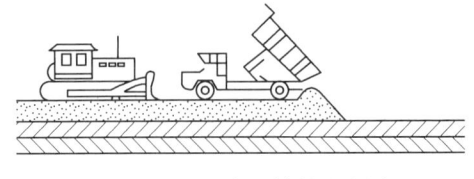

图4-36 进占法铺料示意图　　图4-37 后退法铺料示意图

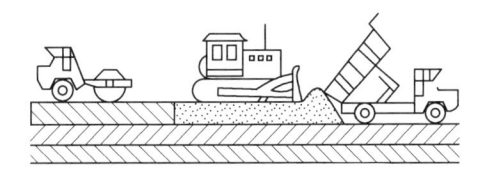

(3) 综合法铺料。综合了前两种方法的优点，用于铺料层厚（1~2m）的堆石料，可减少分离，减少推土机平整工作量，如图4-38所示。

坝壳料填筑时宜采用进占法卸料，推土机及时平料，铺料厚度符合设计要求，误差不宜超过层厚的10%。填筑面上不应有超径块石和块石集中、架空等。坝壳料与岸坡及刚性建筑物结合部位，宜回填一条过渡料。

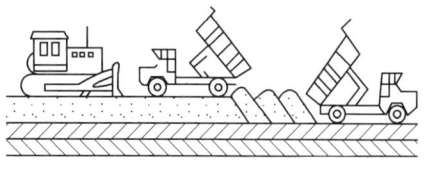

图4-38 综合法铺料示意图

砂砾料、堆石及其他坝壳料纵横向接合部位可采用台阶收坡法，每层台阶宽度不小于1m。防渗体及均质坝的横向接坡不宜陡于1:3.0。

2. 反滤料、垫层料、过渡料填筑

土石坝坝体中反滤料、垫层料、过渡料一般用量不大，施工要求铺料不能出现分离，力求各种坝料填筑全断面平起施工，跨缝碾压，均衡上升。填筑方法有削坡法、挡板法及土、砂松坡接触平起法三类。其中土、砂松坡接触平起法适应机械化施工，填筑强度高，可以做到防渗料同上下游反滤料及部分坝壳料平起填筑，均衡施工，在工程中应用较为广泛。根据防渗体土料和反滤层填筑的次序、搭接形式的不同，土、砂松坡接触平起法又可分成先砂后土法、先土后砂法、土砂平起法三种。防渗料、反滤料与相邻土料"犬牙交错"平起填筑，工程中不允许削弱防渗体的有效断面。

(1) 先土后砂法。即在反滤料的控制线内，先用反滤料堆筑一个小土堤，再填压2～3层土料与反滤料平齐，然后骑缝压实土砂结合带，此法的土料压实时，无侧限条件，有松土边，如图4-39（a）所示。

(2) 先砂后土法。即先铺反滤料，后铺土料，当反滤层宽度较小（小于3m）时，铺一层反滤料，填2层土料，碾压反滤料并骑缝压实与土料的结合带。对于高坝，反滤层宽度较大，机械铺设方便，反滤料铺层厚度与土料相同，平起铺料和压实。此法使防渗土料的铺土、平土、压实都在有侧限条件下进行，压实效果好，施工方便，工程多采用，如图4-39（b）所示。

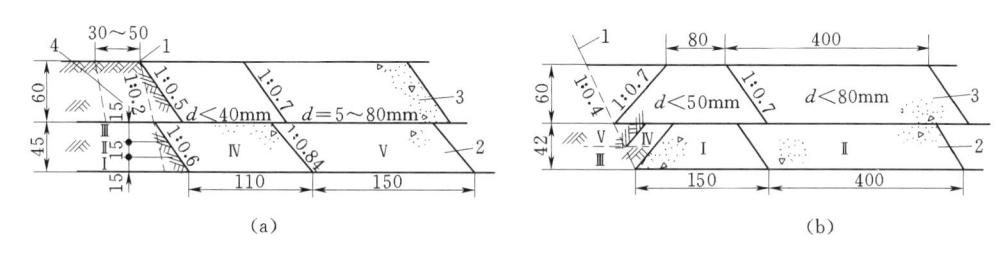

图4-39 土、砂松坡接触平起法施工示意图（单位：cm）
(a) 先土后砂法；(b) 先砂后土法
1—土砂设计边线；2—压实层；3—未压实层；4—松土层；Ⅰ、Ⅱ、Ⅲ、Ⅳ、Ⅴ—填料次序

(3) 土砂交替法。土砂交替法是先填一层土再填一层砂料，然后两层土一层砂交替上升，填筑次序如图4-40所示。

土工建筑物的渗透破坏，常始于渗流出口，在渗流出口设置反滤层，是提高土的抗渗比降，防止渗透破坏，促进防渗体裂缝自愈，消除工程隐患的重要措施。对于不均匀天然反滤料的填筑质量控制，主要有以下措施：

1) 加工生产的反滤料应满足设计级配要求，严格控制含泥量不得超出设计范围。

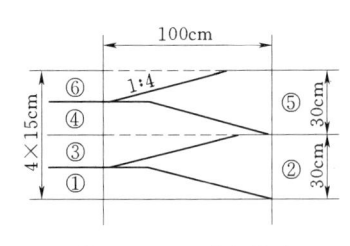

图 4-40 土砂交替法
①、②、③、④、⑤、⑥—铺料顺序

2）生产、挖装、运输、填筑各施工环节，应避免反滤料分离和污染。

3）控制反滤料铺筑厚度、有效宽度和压实干密度。反滤料压实时，应与其相邻的防渗土料、过渡料一起压实，宜采用自行式振动碾压实。铺筑宽度主要取决于施工机械性能，用自卸汽车卸料、推土机摊铺时，通常宽度不小于3m；用反铲或装载机配合人工铺料时，宽度可减小。严禁在反滤层内设置纵缝，以保证反滤料的整体性。

近年来，土工织物以其重量轻、整体性好、施工简便和节省投资等优点，普遍应用于排水、反滤。采用土工织物作反滤层时，应注意以下几点：

1）土工织物铺设前须妥善保护，防止暴晒、冷冻、损坏、穿孔和撕裂。

2）土工织物的拼接宜采用搭接方法，搭接宽度为30cm。

3）土工织物铺设应平顺、松紧适度、避免织物张拉受力及不规则折皱，坝料回填时不得损伤织物。

4）土工织物的铺设与防渗体的填筑平起施工，织物两侧防渗体和过渡料的填筑应人工配合小型机械施工。

3. 结合部位处理

施工中防渗体与坝基、两岸岸坡、溢洪道边墙、坝下埋管及混凝土齿墙等结合部位须认真处理，若处理不当，可能形成渗流通道，引发防渗体渗透破坏，造成工程失事。

防渗体与坝基结合部位填筑时，对于黏性土、砾质土坝基，表面含水率应调至施工含水率上限，用凸块振动碾压实；对于无黏性土坝基，铺土前，坝基应洒水压实，第一层料的铺土厚度可适当减薄，宜采用轻型压实机具压实，压实干表观密度可略低于设计要求；对于凹凸不平的岩基接触面，先进行基础平整，同时做好基础的渗水封堵，防止冲蚀防渗体。如果岩基面过于干燥，要进行洒水作业并使用含水量略高的土料，确保施工质量。需要注意的是，对于岩基凹陷处，要采用人工或轻型机具铺土夯实。

防渗体与岸坡结合带的填土可选用黏性土，其含水率应调至施工含水率上限，防渗体与混凝土面（或岩石面）填筑时，须先清理混凝土表面乳皮、粉尘、松动岩石及其附着杂物。填土时面上应洒水湿润，并涂刷一层约5mm厚的水泥砂浆、浓黏土浆或浓水泥黏土浆，用以提高浆体凝固后的强度，防止产生接触冲刷和渗透。

施工中边刷浆、边铺土、边夯实，铺土要在浆体凝固前完成。填土含水率控制在大于最优含水率1%～3%，用轻型碾压机械碾压，适当降低干密度，待厚度在0.5~1.0m以上时方可用选定的压实机具和碾压参数正常压实。防渗体与混凝土齿墙、坝下埋管、混凝土防渗墙两侧及顶部一定宽度和高度内土料回填宜选用黏性土，采用轻型碾压机械压实，两侧填土保持均衡上升。

截水槽槽基填土时，应从低洼处开始，填土面保持水平，不得有积水。槽内填土厚度在0.5m以上时方可用选定的压实机具和碾压参数压实。

（三）土料压实

坝体压实是填筑的最关键工序，压实设备应根据砂石土料性质选择。工程中碾压遍数

第五节　土石坝坝体施工

和碾压速度一般根据现场碾压试验确定。碾压方法应便于施工，便于质量控制，避免或减少欠碾和超碾，一般采用进退错距法和圈转套压法。

进退错距法操作简便，碾压、铺土和质检等工序协调，便于分段流水作业，压实质量容易保证，其开行方式如图4-41（a）所示。圈转套压法要求开行工作面大，适合于多碾滚组合碾压。圈转套压法生产效率较高，但碾压中转弯套压交接处重压过多，易于超压。当转弯半径小时，容易引起土层扭曲，产生剪力破坏，在转弯的四角容易漏压，质量难以保证，其开行方式如图4-41（b）所示。工程中多采用进退错距法。碾压时为了避免漏压，可在碾压带的两侧先往复压够遍数后，再进行错距碾压。

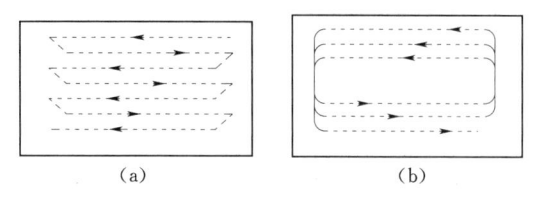

图4-41　碾压机械开行方式
（a）进退错距法；（b）圈转套压法

防渗料采用振动凸块碾压实，碾压应沿坝轴线方向进行。若防渗体分段碾压时，相邻两段交接带碾迹应彼此搭接，垂直碾压方向搭接带宽度不小于0.5m，顺碾压方向搭接带宽度为1~1.5m。一般防渗体的铺筑应连续作业，若需短时间停工，其表面土层应洒水湿润，保持含水率在控制范围之内；若因故需长时间停工，须铺设保护层且复工时予以清除。对于中高坝防渗体或窄心墙，压实表面形成光面时，铺土前应洒水湿润并将光面刨毛。

防渗体与岸坡结合带碾压搭接宽度不小于1m，宜选用轻型碾压机具薄层压实，局部碾压不到的边角部位可用小型机具压实，严禁漏压或欠压。

坝壳料应用振动平碾压实。在与岸坡结合处2m宽范围内平行岸坡方向碾压，不易压实的部位应减薄铺料厚度，用轻型振动碾压实或用平板振动器等压实。对于碾压堆石坝不应留削坡余量，宜边填筑、边整坡和护坡。

在坝体压实时，要注意不论何种坝基，当填筑厚度达到2m以后，才可使用重型压实机械。

四、土石坝冬季、雨季施工

1. 冬季施工

负温下填筑是土石坝冬季施工遇到的最大问题，须采取有效的填筑方法和措施，确保填筑质量和顺利施工。一般应加强质量控制和施工前保温、防冻措施的准备工作，在冻结前完成坝基处理，坝料含水率应控制在施工含水率下限等。因此，施工填筑时应掌握好以下几点：

（1）施工前应编制具体施工计划，做好料场选择、保温、防冻措施及机械设备、材料、燃料供应等准备工作。

（2）填筑范围内的坝基在冻结前应处理好，并预先填筑1~2m松土层或采取其他防冻措施。

（3）对于露天土料的施工，应缩小填筑区，并采取铺土、碾压、取样等快速连续作业，压实时土料温度须在-1℃以上。当日最低气温在-10℃以下，或在0℃以下且风速大于10m/s时，应停止施工。

(4) 黏性土的含水率不应大于塑限的90%，砂砾料（粒径小于5mm的细料）含水率应小于4%。

(5) 负温下填筑，应做好压实土层的防冻保温工作。均质坝体及心墙、斜墙等防渗体不得冻结，砂、砂砾料及堆石的压实层，如冻结后的干密度仍达到设计要求，可继续填筑。

负温下停止填筑时，防渗料表面应加以保护，在恢复填筑时清除保护层。

(6) 填土时严禁夹有冰雪，不得含有冰块。土、砂、砂砾料与堆石不得加水。必要时可采取减薄层厚、加大压实功能（如重型碾压机械）等措施。如因下雪停工，复工前应清理坝面积雪，检查合格后方可复工。

2. 雨季施工

防渗体雨季填筑是土石坝施工难点，切实可行的雨季施工措施和经验是保证土石坝防渗体雨季顺利施工的关键。施工时应分析当地水文气象资料，确定雨季各种坝料施工天数，合理选择施工机械设备的数量，满足坝体填筑进度的要求，一般可按如下控制：

(1) 心墙坝雨季施工时，宜将心墙和两侧反滤料与部分坝壳料筑高，以便在雨天继续填筑坝壳料，保持坝面稳定上升。

(2) 心墙和斜墙的填筑面应稍向上游倾斜，宽心墙和均质坝填筑面可中央凸起向上下游倾斜，以利排泄雨水。

(3) 防渗体雨季填筑，应适当缩短流水作业段长度，土料应及时平整和压实。在防渗体填筑面上的机械设备，雨前应撤离填筑面。

(4) 做好坝面保护，严禁施工机械穿越和人员践踏防渗体和反滤料。

(5) 防渗体与两岸接坡及上下游反滤料须平起施工。

(6) 雨后复工处理要彻底，严禁在有积水、泥泞和运输车辆走过的坝面上填土。

特别指出，近年来一些工程采用非土质材料如土工膜等作为防渗体，取得良好的效果。工程中如沥青混凝土防渗心墙、斜墙和混凝土面板堆石坝的施工可参考有关规范。

五、坝体质量检查与控制

施工质量的检查与控制是土石坝安全的重要保证，它贯穿于土石坝施工的各个环节和全过程，主要包括坝基、料场、坝体填筑、护坡及排水反滤等质量检查和控制。现主要介绍坝体填筑质量控制，其他内容可参阅规范。

坝体填筑过程中，主要检查项目如下：

(1) 各填筑部位的边界控制及坝料质量，防渗体与反滤料、部分坝壳料的平起关系。

(2) 碾压机具规格、质量，振动碾振动频率、激振力，气胎碾气胎压力等。

(3) 铺料厚度和碾压参数。

(4) 防渗体碾压层面有无光面、剪切破坏、弹簧土、漏压或欠压土层、裂缝等。

(5) 过渡料、堆石料有无超径石、大块石集中和夹泥等现象。

(6) 坝体与坝基、岸坡、刚性建筑物等的结合，纵横向接缝的处理与结合，土砂结合处的压实方法及施工质量。

(7) 坝坡控制情况。结合工程实际，防渗体的压实控制指标可采用干密度、含水率或压实度。反滤料、过渡料及砂砾料的压实控制指标采用干密度或相对密度。堆石料的压实控制指标采用孔隙率。施工中坝体压实检查项目和取样次数见表4-11。

表 4-11　　　　　　　　　　　　　　坝体压实检查次数

坝料类别及部位			检 查 项 目	取样（检测）次数
防渗体	黏性土	边角夯实部位	干密度、含水率	2～3 次/每层
		碾压面		1 次/(100～200) m³
		均质坝		1 次/(200～500) m³
	砾质土	边角夯实部位	干密度、含水率、大于 5mm 砾石含量	2～3 次/每层
		碾压面		1 次/(200～500) m³
反滤料			干密度、颗粒级配、含泥量	1 次/(200～500) m³，每层至少一次
过渡料			干密度、颗粒级配	1 次/(500～1000) m³，每层至少一次
坝壳砂砾（卵）料			干密度、颗粒级配	1 次/(5000～10000) m³
坝壳砾质土			干密度、含水率、小于 5mm 含量	1 次/(3000～6000) m³
堆石料			干密度、颗粒级配	1 次/(10000～100000) m³

注　堆石料颗粒级配试验组数可比干密度试验适当减少。

施工中，黏性土现场密度检测宜用环刀法和表面型核子水分密度计法。环刀容积不小于 500cm³，环刀直径不小于 100mm，高度不小于 64mm。测密度时，应取压实层的下部。对于砾质土现场密度检测，采用灌砂（或灌水）法，反滤料、过渡料及砂砾料现场密度检测采用挖坑灌水法或辅以表面波压实密度仪法，堆石料的现场密度检测采用挖坑灌水法或表面波法、测沉降法等。

对于防渗土料，干密度或压实度的合格率不小于 90%，干密度或压实度不得低于设计干密度或压实度的 98%。施工时可根据坝址地形、地质及坝体填筑土料性质、施工条件，除了对防渗体选定若干个固定取样断面，沿坝高每 5～10m 取代表性试样进行室内物理力学性质试验外，还要对坝面、坝基、削坡、坝肩接合部、与刚性建筑物连接处以及各种土料的过渡带进行检查。

第六节　面板堆石坝施工

混凝土面板堆石坝是以堆石料（含沙砾石）分层碾压成坝体，并以混凝土面板作为防渗体的堆石坝，简称面板坝。这种坝型由于工期短、安全性好、施工方便，适应性强、造价低廉等特点，在国内外发展较快。特别是坝料开采技术、面板无轨滑模浇筑、趾板混凝土连续浇筑、垫层料的碾压砂浆固坡、挤压边墙施工、翻模固坡施工、混凝土面板防裂等先进技术的推广，对提高工程质量、降低造价、缩短工期起了积极的作用。近年来混凝土面板堆石坝得到迅速发展与推广，已成为高土石坝的主导坝型。

混凝土面板坝和土石坝相比，施工特点主要体现在以下几方面：

（1）导流与度汛。在面板坝施工中，允许堆石体在适当防护的条件下挡水或者过水度汛，从而简化导流度汛的程序和缩小导流建筑物的规模，比土石坝更安全。

（2）坝料平衡。面板坝的主体是堆石体，在施工过程中，可以充分考虑坝料的空间和时间平衡，积极利用枢纽的开挖料，实现就近取料和充分利用的原则。无须使用防渗土料，工程量节省 25%～30%。

(3) 坝体填筑。根据不同的分区，对坝体填料在平面和立面上进行合理的分期，从而降低气候对施工的影响。根据经验，混凝土面板坝可以比一般土石坝缩短工期1～2年。

(4) 坝体结构简单，工序间干扰少，便于机械化施工。混凝土面板堆石坝由混凝土面板和堆石体组成。从工序上看，大坝施工前一阶段主要是土石方工程，施工速度比较快；后一阶段主要是面板施工，主要包括面板大面积滑模施工，坝体斜坡碾压，上游坝坡的固坡与防渗处理等。

(5) 运行安全，维修方便。即使是面板发生裂缝、漏水，但由于分层碾压的堆石体具有良好的抗冲能力，因此不致危及大坝安全。起防渗作用的混凝土面板，位于大坝表面，其裂缝与渗漏也比较容易维修和加固。工程实践证明，向水下面板渗漏点铺撒粉砂、煤渣等，可以有效地减少渗漏量，也可以防控水库进行全面维修。

(6) 混凝土面板浇筑和裂缝控制是施工的关键工作，必须采取相应措施进行预防。

混凝土面板堆石坝的缺点是防渗面板对沉陷变形比较敏感，因此在设计施工中应该重视。

混凝土面板坝的施工程序为：岸坡坝基开挖清理，趾板基础及坝基开挖，趾板混凝土浇筑，基础灌浆处理，垫层料与堆石料填筑，混凝土面板浇筑。堆石坝填筑的施工设备、工艺和压实参数的确定，和常规土石坝非黏性料施工基本相同。

一、筑坝材料

面板堆石坝坝身主要为堆石结构，上游面为薄层混凝土面板，面板可以为刚性钢筋混凝土或柔性沥青混凝土。图4-42为关门山水库混凝土面板堆石坝的坝体剖面图。料场规划一般应根据工程规模，坝区和料场的地形、地质条件及导流方式、施工分期和填筑强度，按照坝料综合平衡的原则，规划料场掌子面、开采顺序、运输道路的布置、转运堆存场地、弃料场地和加工系统的布置。

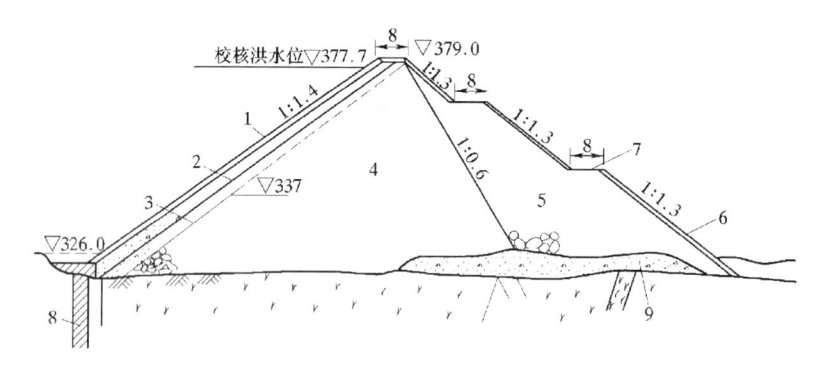

图4-42 混凝土面板堆石坝标准剖面图（高程、尺寸单位：m）
1—混凝土面板；2—垫层区；3—过渡区；4—主堆石区；5—下游堆石区；
6—干砌石护坡；7—上坝公路；8—帷幕灌浆；9—砂砾石

1. 堆石材料质量要求

堆石料宜采用深孔梯段微差爆破法或挤压爆破法开采。一些工程采用大孔径深孔不耦合装药爆破，中小孔径耦合装药爆破取得比较满意的效果。在地形、地质及施工安全允许的情况下，也可采用洞室爆破法（分层台阶开采）。一般质量要求如下：

第六节 面板堆石坝施工

(1) 为保证堆石体的坚固、稳定，主要部位石料的抗压强度不应低于7800×10^4Pa。

(2) 石料硬度不应低于莫氏硬度表中的第三级，其韧性不应低于$2kg\cdot m/cm^2$。

(3) 石料的天然容重不应低于$2.2t/m^3$，石料容重越大，堆石体的稳定性越好。

(4) 石料应具有抗风化能力，其软化系数水上不低于0.8，水下不应低于0.85。

(5) 堆石体碾压后应有较大的密实度和内摩擦角，且具有一定渗透能力。

堆石体的边坡取决于填筑石料的特性与荷载大小，对于优质石料，坝坡一般在1：1.3左右。工程中料场可开采量及可利用开挖料数量与坝体填筑量的比值，堆石料宜为1.2～1.5；砂砾石料水上宜为1.5～2.0，水下宜为2.0～2.5。工程施工中质量不合格的坝料严禁上坝。

2. 坝体分区

施工中堆石材料的分区已定型化。坝体部位不同，受力状况不同，对填筑材料的要求也不同。

(1) 混凝土面板。混凝土面板主要用于坝体防渗，其混凝土应具有优良的和易性、抗裂性、抗渗性和耐久性，强度等级应不低于C25，抗渗等级应不低于W8，同时应满足规范的抗冻要求。面板的厚度在满足渗透水力梯度和其内部布设配筋、止水要求的同时，应选用较薄的面板厚度，以提高面板柔性和节约材料，降低造价。一般按照下式计算：

$$t=0.30+(0.002\sim0.0035)H \qquad (4-25)$$

式中　t——面板厚度，m；

H——计算断面至面板顶部的垂直距离，m。

中低坝可采用0.3～0.4m等厚面板。

(2) 垫层区。垫层区的填筑材料一般采用加工料，利用初期的混凝土骨料生产系统生产，填筑一开始就需供应。要求压实后具有低压缩性、高抗剪强度，内部渗透稳定及具有良好施工特性的材料，压实后渗透系数宜为$1\times10^{-8}\sim1\times10^{-4}$cm/s。寒冷地区的面板堆石坝垫层料，压实后渗透系数宜为$1\times10^{-8}\sim1\times10^{-2}$cm/s。垫层区主要作用是为面板提供平整、密实的基础，位于面板下部，将面板承受的水压力均匀传递给主堆石体。同时要求垫层区具有一定程度防渗性的半透水体，避免因面板裂缝而产生大的渗漏，不致发生渗透变形。一般级配要求为：最大粒径80～100mm，粒径小于5mm的含量宜为30%～55%，小于0.1mm的含量不大于5%，垫层区宽度为1～3m。

(3) 过渡区。过渡区位于垫层区和堆石区之间。过渡料一般采用洞渣料或经挑选的料场料，专门爆破的开挖料，其主要作用是保护垫层在高水头作用下不产生破坏，并满足自由排水要求。过渡料料径、级配要求符合垫层与主堆石料间的反滤要求，最大粒径200～300mm，且级配应连续，宽度3～5m。

(4) 主堆石区。主堆石区的料源一般为工程开挖料及料场开采料。料场采石一般采用梯段爆破，梯段爆破采用多排孔微差挤压爆破技术，可以较好地控制爆破料的粒径。主堆石区是坝体维持稳定的主体，要求石质坚硬、级配良好，最大粒径800mm，压实后的平均孔隙率小于25%。主堆石区在坝体底部下游水位以下部分，应具自由排水性能。

(5) 下游堆石区。一般采用主堆石的超径料或质量稍差的硬岩料。该区起保护主堆石体及下游边坡稳定作用，要求采用较大石料填筑，平均孔隙率小于28%。下游堆石区在坝体底部下游水位以下部分，应具自由排水性能。下游坝坡面用干砌石护面。

二、趾板施工

趾板在体型上分平趾板及斜趾板两类。已建工程多采用平趾板，如图 4-43 所示。趾板基础开挖一般在两岸清基时开始，趾板的混凝土浇筑，在垫层料、过渡料开始填筑前完成。

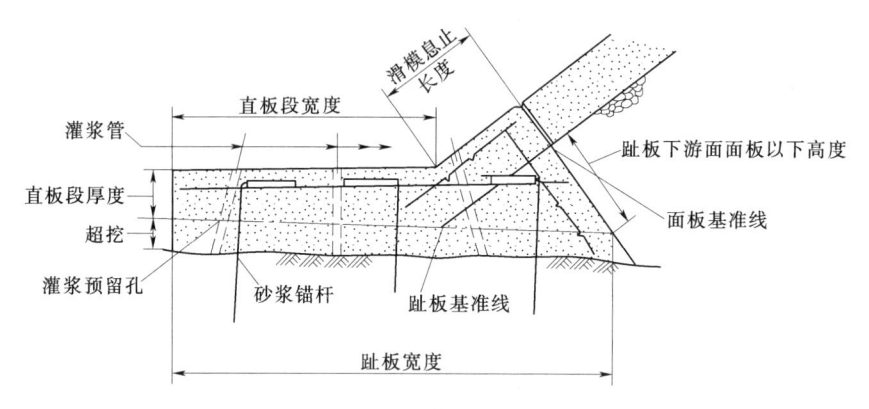

图 4-43 趾板体型及分部名称

1. 基础开挖

趾板基础一般要求为弱风化岩石。基础开挖一般采用光面爆破或预裂爆破，防止爆破对基础的损伤。光面爆破技术只应用于坑壁，预裂爆破技术能避免基础的爆破漏斗，减小超挖及爆破对基础的损伤。

2. 地质缺陷处理

断层、蚀变带及软弱夹层一般采用混凝土置换处理。节理密集带的细小夹层可用反滤料作覆盖处理，防止夹泥的管涌。出露于趾板基础的勘探孔，作扫孔、洗孔、灌浆及封孔处理。因地质原因超挖过大的地基，可预先用混凝土回填到建基面再浇筑趾板，一般的超挖可不作回填混凝土处理，与趾板混凝土整体浇筑。

3. 趾板混凝土浇筑

趾板地基处理并验收合格后，开始混凝土施工，并且在垫层料、过渡料开始填筑前完成。

趾板绑扎钢筋前，按设计要求设置锚筋（杆）。安装砂浆锚杆时，钻孔及清孔后，先灌砂浆，再插钢筋，锚杆以 90°弯钩与趾板钢筋相连，之后，在绑扎钢筋同时按要求预埋灌浆管、止水片等。混凝土浇筑在基础面清洗干净、排干积水后进行，混凝土配合比同面板混凝土，顶面用人工抹平，要及时振捣密实，注意避免止水片（带）的变形和变位。工程中混凝土可用罐车运输，溜槽输送入仓。趾板施工完毕后，要及时做好止水的保护，止水材料通常为塑料止水带或铜止水带。

在不设结构缝的趾板中，混凝土施工可以选择分块浇筑和分区段浇筑，各类浇筑方法应该设置施工缝。常规分块浇筑分段长度为 10~20m，滑模施工分段选择在趾板转折处，地形突变部位或其他满足施工需要的部位。

施工缝面的纵向钢筋应穿透。施工缝在端头模板拆除后对混凝土面凿毛和清洗，保证新老混凝土界面良好胶结。施工缝一般不设止水，有些工程在该位置增设一道橡胶止水带，其一端锚入基岩 30～50m，一端与周边橡胶或铜止水连接，以形成封闭止水系统，如图 4-44 所示。

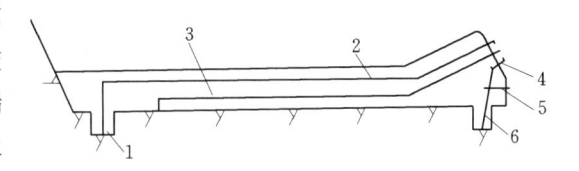

图 4-44 施工缝结构图
1—嵌固坑；2—橡胶止水带；3—预埋灌浆管；4—"F"止水铜片；5—预埋排气管；6—平板止浆铜片

趾板的灌浆通过趾板的预留灌浆管先进行固结灌浆，后作帷幕灌浆。灌浆施工的施工工艺和参数等和岩基灌浆相同。

三、坝体填筑

（一）填筑规划

坝体施工有三道主要工序：①趾板与堆石地基处理及趾板浇筑和基础灌浆，一般通过趾板的预留灌浆管先进行固结灌浆，后作帷幕灌浆，分区进行，独立施工；②堆石填筑；③面板浇筑。

坝体填筑一般在坝基、两岸岸坡处理验收，及相应部位的趾板混凝土浇筑完成后进行。堆石填筑前，应进行坝料碾压试验。垫层料、过渡料和相邻的部分堆石料应平起填筑，可在堆石区内的任意高程、部位设置运输坝料用的临时坡道。

施工控制时应注意以下几点：

(1) 主堆石区与岸坡、混凝土建筑物接触带，要回填 1～2m 宽的过渡料。

(2) 坝料铺筑可采用进占法卸料。施工中虽料物稍有分离，但对坝料质量无明显影响，可减轻推土机的摊平工作量，使堆石填筑速度加快。

(3) 负温施工时，各种坝料内不应有冻块存在。填筑不能加水时，应减薄铺料厚度，增加碾压遍数。

(4) 碾压按坝料分区、分段进行，各碾压段之间的搭接不小于 1m。坝料碾压可采用振动平碾，其工作重量不小于 10t，高坝应采用重型振动碾。

(5) 坝料原型观测仪器、设施，要按设计要求埋设和安装。

（二）坡面施工

为了给混凝土面板提供坚实可靠的支承面，保证面板厚薄均匀、符合设计及规范规定，同时减少混凝土超浇量，保证垫层坡面不受雨水侵蚀，挡水度汛时不被水浪淘刷，工程中常常对面板堆石坝垫层料进行坡面碾压及保护。近年来挤压边墙施工、翻模固坡施工等技术在工程中得到应用，如公伯峡、水布垭、寺坪、双沟水电站等。

1. 垫层料坡面碾压

垫层料宜每填筑升高 10～15m，进行垫层坡面削坡修整和碾压。斜坡碾压可用振动碾或振动平板。参考国内常用削坡机械工作性能与坝体上游坝坡情况，削坡控制范围以每次填筑 3.0～4.5m 为宜。用振动碾作斜坡碾压时，宜先静压 2～4 遍，再振压 6～8 遍，振压时向上方振动，向下方不振，一上一下为一遍。有的工程经试验，采用上下全振的施工方法，也取得良好的效果。

完成垫层坡面压实后，尽快进行坡面保护，常用保护形式如下：

(1) 碾压水泥砂浆。在垫层面进行斜坡碾压后，摊铺 5～8cm 厚的低强度等级水泥砂浆，用振动碾压实，形成坚固的防护层。水泥砂浆由人工或机械摊铺，砂浆初凝前应碾压完毕，终凝后洒水养护。有的工程在垫层上游削坡后，先用振动碾压2～4遍，铺砂浆后再压4遍，使砂浆与垫层坡面结合良好，我国的珊溪坝施工中就采用这种防护方式。

斜坡碾压与水泥砂浆固坡的优点是施工工艺和施工机械设备简单，垫层上游面坚固稳定的表面可满足临时挡水防渗要求，对防止面板混凝土的塑性收缩和产生裂缝有积极的作用。

(2) 阳离子乳化沥青。在压实后的垫层表面，喷2～3层乳化沥青，用量约为1.75kg/m^2，各层间撒以3mm筛筛选的干吸河沙，形成比较坚实的层面，在保护层施工后的第三天，在坡面上用振动碾自上而下进行碾压。应该注意的是：喷涂前先清除坡面浮尘，阴雨、浓雾天气不应喷涂，喷涂间隔时间不小于24h。沥青乳剂喷涂后随即均匀撒砂。此法还可以减少进入坝体的渗流量，我国的天生桥一级、洪家渡等工程施工中采用这种方法。

(3) 喷混凝土。在压实的垫层表面喷5～8cm厚的混凝土，以起到防渗、固坡的作用。我国的西北口面板堆石坝采用此法，汛期挡水水深达30m，效果良好。喷射混凝土表面要平整、厚度均匀、密实，在终凝后洒水养护，能得到坚实、防渗性能很好的保护面；但与喷洒沥青相比，该方法需要专门设备，对施工技术要求比较高，而且喷射厚度不易均匀，对面板厚度有较强的约束，现在已经很少采用。

2. 挤压边墙施工

(1) 技术原理。在面板堆石坝的每一层垫层料填筑前，沿设计断面利用边墙挤压机制作出一个低强度、低弹模、半透水、连续的混凝土小墙，待达到一定强度后，在小墙内侧按设计要求铺填垫层料，碾压合格后重复以上工序。水布垭工程中挤压边墙施工程序如图4-45所示。

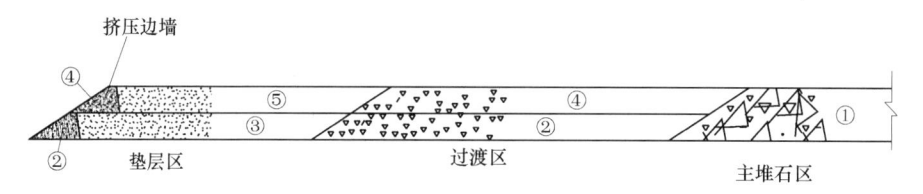

图4-45 挤压边墙与面板堆石坝主体施工图

(2) 配合比设计。挤压边墙混凝土的配合比设计遵循以下原则：

1) 工作性。坍落度为零，水泥含量一般为70～100kg/m^3，按一级配干硬性混凝土设计。

2) 低强度和早强要求。混凝土28d抗压强度应不超过5MPa，且2～4h的抗压强度指标应以挤压成型的边墙在垫层料振动碾压时不出现坍塌为控制原则。

3) 低弹性模量。混凝土的弹性模量一般低于5000MPa，最大不超过7000MPa。

4) 高密度和半透水。混凝土的密度指标宜控制在2～2.25t/m^3，尽可能接近垫层料的压实密度值；渗透系数宜控制在10^{-4}～10^{-3}cm/s，尽可能与垫层料的渗透系数一致，为半透水体。

(3) 施工要点。

1) 测量放样。先对垫层高程进行复核，再对挤压边墙边线控制点进行测量放样，施工人员根据测量放样点划出挤压机的行走方向线。

2）边墙挤压机就位。用起重机械将边墙挤压机吊运至施工起点位置，利用水准尺对其进行垂直方向、水准方向的调节。

3）混凝土拌和及运输。按照挤压边墙施工配合比在拌和楼拌制混凝土，由搅拌车运至施工现场；在卸料时，用设置在边墙挤压机上的外加剂罐向混凝土均匀地添加速凝剂溶液。

4）混凝土挤压施工。挤压墙混凝土施工前，应将前一层垫层料在挤压机行走范围内的场地整平，不平整度控制在 3cm 以内。挤压时由专人控制挤压机的行走方向，对挤压机行走路线作出明显标记，挤压机行走速度与搅拌车保持一致，以 50m/h 为宜，搅拌车卸料到挤压机料斗应均匀，且出料速度适中。挤压机水平行走精度控制在 ±5cm，挤压过程中，随时检查挤压机的位置和水平度。在岸坡附近时可人工立模浇筑。

5）边墙端头处理与施工。在挤压边墙与两岸岸坡趾板接头处的起始端和终止端采用人工立模浇筑边墙，使用的混凝土材料与边墙混凝土相同。

6）缺陷处理。对边墙挤压施工出现的错台、起包、倒塌等现象，及时凿除、人工抹平和修补处理。边墙表面平整度要求宜控制在 ±25mm 以内，平整度高于 25mm 的部位，应进行凿除磨平处理，凿除坡度不陡于 1:10；低于 25mm 的部位用 M5 砂浆抹平并洒水养护。挤压墙表面宜喷涂乳化沥青，厚度 2~3mm；或根据设计要求铺贴土工膜（布）等材料。

7）混凝土边墙挤压作业完毕后，一般隔 2h 填筑垫层料并碾压密实。垫层料铺填时应避免分离，尤应避免粗料集中在挤压墙侧。垫层料碾压时，应采取有效的压实措施，特别注意挤压墙侧垫层料的碾压。大型振动碾离挤压墙侧应有合适的距离（一般 20~50cm，或由试压确定），并用小型振动碾压实间隔区的垫层料，或全用中型振动碾压实。

综观挤压边墙施工过程，其优点主要表现在以下方面：

（1）由于挤压式边墙在上游坡面的限制作用，垫层料不需要超填，既提高了施工的安全性又保证了垫层料的施工质量。

（2）在坡面形成一个规则、坚实的支撑体。垫层区用水平碾压取代传统工艺的斜坡面碾压，此法可以提高压实质量，保证压实密度。

（3）挤压边墙在上游坝面形成了一个规则、平整、压实的坡面，而且坡面整洁美观。

（4）提供了一个可抵御冲刷的坡面，提高了度汛安全性，避免施工洪水对垫层料的冲刷，省掉了上游坝面的恢复工作，这对大型工程，特别是导流标准较高的工程及南方多雨地区修建混凝土面板堆石高坝十分有利。

（5）挤压墙所采用的混凝土渗透系数与垫层料相当，可以起到很好的反滤作用，加强了垫层料的保护作用。

（6）边墙挤压技术简化了工序、设备和机具，挤压机操作简单，施工方便、快捷。

3. 翻模固坡施工

翻模固坡技术原理为，在大坝上游坡面支立带楔板的模板，在模板内填筑垫层料，振动碾初碾后拔出楔板，在模板与垫层料之间形成一定厚度的间隙，向此间隙内灌注砂浆，再进行终碾，由于模板的约束作用，垫层料及其上游坡面防护层砂浆达到密实并且表面平整,模板随垫层料的填筑而翻升。

翻模固坡施工程序一般为模板支立→垫层料填筑→垫层料初碾→拔出楔板→灌注砂浆→垫层料终碾→下层模板翻升至最上层。

翻模固坡技术已在双沟水电站面板堆石坝、蒲石河抽水蓄能电站面板堆石坝等工程中成功应用。

四、面板施工

钢筋混凝土面板是堆石坝的主要防渗结构,厚度薄、面积大,在满足抗渗性和耐久性条件下,要求具有一定柔性,以适应堆石体的变形。有关工程的质量控制及沥青混凝土面板施工可参阅规范。

1. 面板分块

面板纵缝的间距决定了面板的宽度。由于面板通常采用滑模连续浇筑,面板的宽度决定了混凝土浇筑能力,也决定了钢模的尺寸及其提升设备的能力。面板通常有宽、窄块之分,通常宽块纵缝间距 12~14m,窄块 6~7m。

2. 混凝土面板浇筑

面板的混凝土浇筑多采用无轨滑模施工,如图 4-46 所示。主要施工设备有无轨滑模、侧模、溜槽、料斗、洒水管、运输台车、卷扬机、混凝土搅拌车、汽车吊、养护台车等。

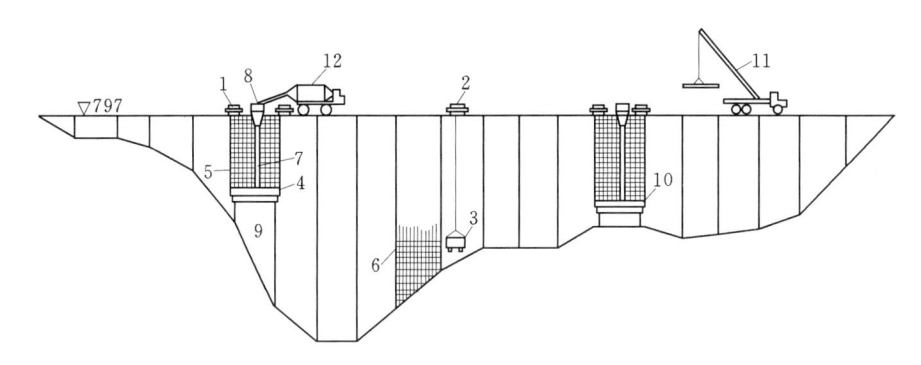

图 4-46 混凝土面板施工布置示意图
1—JM卷扬机;2—5t快速双筒卷扬机;3—运料台车;4—滑模;5—侧模;6—钢筋网;7—溜槽;
8—集料斗;9—混凝土面板;10—碾压好的坝面;11—汽车吊;12—混凝土搅拌车

在坝高不大于 70m 时,面板混凝土宜一次浇筑完成;坝高大于 70m 时,因坝坡较长,给施工带来困难,可根据施工安排或提前蓄水需要,面板宜分二期或三期浇筑。分期浇筑接缝要按施工缝处理。

面板混凝土浇筑时,应注意如下几个问题:

(1) 面板混凝土宜跳仓浇筑。其目的在于保持滑动模板平衡滑升,并使相邻已浇混凝土块有一定龄期。

(2) 垂直缝下的水泥砂浆垫坡面应符合设计线,其允许偏差±5mm。垂直缝砂浆条一般宽 50cm,是控制面板体型的关键。

(3) 面板钢筋宜采用现场绑扎或焊接,也可采用预制钢筋网片、现场整体拼装的方法。国内工程常采用现场绑扎、焊接的方法。

(4) 入仓、振捣。混凝土入仓应均匀布料，薄层浇筑，每层布料厚度为 25～30cm，并应及时振捣。止水片周围混凝土应辅以人工布料，布料后及时振捣密实，振捣器不得触及滑动模板、钢筋、止水片。仓面采用直径不大于 50mm 的插入式振捣器，振动间距不得大于 40cm。

(5) 模板滑升前，必须清除其前沿超填混凝土，以减少滑升阻力。每浇筑一层为 25～30cm 混凝土模板滑升一次，不得超过一层混凝土的浇筑高度。模板滑升的速度取决于脱模时混凝土的坍落度、凝固状态和气温。滑升速度过大，易出现滑模抬动、振捣不易密实等现象，脱模后混凝土容易下坍而产生波浪状，给抹面带来困难，同时面板表面平整度不容易控制；滑升速度过小，易产生黏膜而使混凝土拉裂。模板滑升要坚持勤提、少提的原则，面板浇筑平均滑升速度一般控制在 1.5～2.5m/h。

(6) 压面。混凝土出模后立即进行一次压面，待混凝土初凝结束前完成二次压面。

(7) 混凝土面板是坝体防渗的关键部位，应连续浇筑，其施工过程中不得有间歇或停顿。如无法避免停止面板浇筑施工，则一定要在滑模提升移位后停止施工。

(8) 对于面板和周边部位衔接的三角部位，采用滑模浇筑时，根据周边倾角的大小，选择旋转法、平移法以及平移转动法施工，具体参见相关施工规范。

3. 面板养护

混凝土面板因为其超薄结构且暴露面大，所以面板混凝土的水化热温升阶段短，最高温度值出现较早，随后很快出现降温趋势，这种情况下比较容易产生裂缝。养护是避免面板发生裂缝的重要措施，包括保温、保湿两项内容。面板表面及时连续保温、保湿，有利于降低混凝土的热交换系数，减缓沉降和干缩变形，从而减少形成裂缝的破坏力。混凝土养护一般采用草袋或养护毯，喷水养护不少于 90d，并要求连续养护到水库蓄水。

通过对面板混凝土自身抗裂性方面的研究与实践，一般认为在混凝土中合理掺入外加剂、粉煤灰、有机纤维和钢纤维等，是获得高性能混凝土的重要途径。施工中因温度及干缩产生的水平裂缝较难避免，但对面板耐久性有影响的裂缝须认真处理。一般大于 0.25mm 的裂缝都须处理，尤其是处于受拉区的裂缝。处理方法一般采用环氧树脂灌浆或涂刷等处理措施，具体可参阅有关资料及规范。

【工程实例】西北口面板堆石坝施工。

西北口面板堆石坝的面板浇筑时，采用两台 ZX－50 型、两台 ZPZ－30 型软轴插入式震动器振捣。每浇筑一次，滑模滑升 20～30cm。滑模由坝顶卷扬机牵引，在滑升过程中，对出模的混凝土表面随时进行抹光处理。在滑模尾部约 10m 位置拖带一根水管，随时进行洒水养护。浇后及时用塑料薄膜覆盖混凝土表面，以防雨水冲刷。滑模的设计重量主要克服混凝土的浮托力，滑模采用空腹板梁钢结构。

4. 面板混凝土常见缺陷与处理方法

(1) 对于裂缝宽度小于 0.2mm 的裂缝，一般在基面清理干净并完全干燥后，沿裂缝两侧各 16cm 范围左右涂抹底胶，底胶涂抹必须均匀，不能漏刷也不能过厚，等待底胶表干后，粘贴复合柔性防渗盖片进行封堵。

(2) 如果裂缝宽度大于 0.2mm，但小于 0.5mm，可以先采用化学灌浆处理，然后进行嵌缝和表面处理。对于化学灌浆无法施工的，可以采用裂缝宽度小于 0.2mm 裂缝的处理方式，但是必须在粘贴复合柔性防渗盖片之前，在裂缝中嵌填柔性材料封堵。

(3) 当裂缝宽度大于 0.5mm 时，先进行化学灌浆，然后进行嵌缝和表面处理，与上述方法基本相同。

在工程当中，有时候对于裂缝宽度大于 0.2mm 的裂缝，也采用凿 U 形槽，然后回填预缩砂浆的处理方法，其预缩砂浆配合比见表 4-12。

表 4-12 预缩砂浆配合比（重量比）

水灰比	52.5 号水泥/kg	砂（F.M=1.8～2.0）/kg	水/kg	木钙
0.28～0.32	100	200～20	28～32	1‰

【练习与思考】

1. 土石坝料场规划应注意哪些问题？
2. 土石方开挖与运输机械有哪些？各有何特点？
3. 土石坝施工中对黏性土料含水量有什么要求？
4. 土料压实有何特性？如何确定其压实参数？
5. 压实机械有哪些？振动碾有何特点？
6. 坝面填筑工序有哪些？雨季施工如何控制？
7. 什么是流水作业法？其施工实质是什么？
8. 面板堆石坝施工有何特点？
9. 面板堆石坝通常分为哪几个区？各自有何作用？
10. 垫层料坡面碾压与挤压边墙施工有何不同？

第四章 视频、课件

第五章 混凝土坝施工

混凝土坝是指采用混凝土浇筑（碾压）或用预制混凝土块装配而成的坝。相较于土石坝，混凝土坝有以下特点：①地基要求比土石坝高；②施工中对筑坝材料以及施工温度条件要求较高，需要较好的温控措施；③坝体施工对当地材料利用率小；④可以通过坝身泄水或取水，省去专设泄水和取水建筑物，施工导流和施工度汛比较容易；⑤枢纽布置较土石坝紧凑，便于运用和管理；⑥当遇偶然事故时，即使非溢流坝顶漫流，也不一定失事，安全性较好。因此混凝土坝在高坝中占的比重较大，特别是重力坝、拱坝应用最普遍。

混凝土坝工程量大，消耗水泥、木材、钢材多，施工各个环节质量要求高，投资消耗大。因此，认真研究、组织混凝土坝工程施工，对加快施工进度，节约"三材"，提高质量，降低工程成本具有重要意义。

在混凝土坝施工中，混凝土所用砂石骨料的开采、砂石料加工，水泥和各种掺和料、外加剂的供应是基础工作；混凝土生产、运输（混凝土生产运输系统）和浇筑是施工主要工作；模板、钢筋工程是辅助工作。混凝土坝的施工工艺流程如图5-1所示。

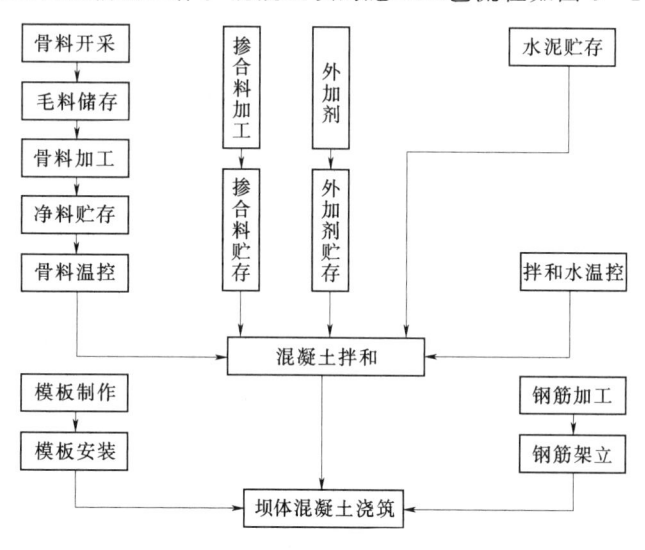

图5-1 混凝土施工工艺流程图

第一节 钢筋工程

工程中常用的钢筋有热轧钢筋、冷拉钢筋、冷轧带肋钢筋和热处理钢筋，按其外形分为光面钢筋和变形钢筋。按施工规范要求，钢筋应根据不同等级、批号、规格及生产厂家分批分类堆放，并抽样做拉力、冷弯和焊接试验。

钢筋一般在加工厂内加工，然后运至现场安装绑扎，一般包括绑扎、焊接调直、除锈、剪切、弯曲等工序。

一、钢筋的进场验收与现场存放

钢筋进场应具有出厂证明书或试验报告单，同时还要分批做机械性能试验。水利工程现场使用的钢筋，应该有出厂合格证明、试验检测报告，检测不合格的在施工中不能使用。

（一）钢筋的进场检验

1. 外观检验

钢筋表面不得有裂缝、结疤和折叠。钢筋表面允许有凸块，但不允许超过螺纹筋的高度。钢筋外形尺寸应符合国家标准的规定。

2. 机械性能检验

在水利工程中，钢筋的机械性能检验一般包括抗拉强度、屈服强度、延伸率、弯曲性能等，主要采用万能试验机、光学测量法、夹具拉伸法、三点弯曲试验法等方法进行检验。

（二）钢筋的现场存放

钢筋运到施工现场后，必须妥善存放，否则会影响施工或工程质量，一般应做好以下工作：

（1）钢筋存放做到专人管理，除了注意数量之外，对钢筋规格、等级、牌号也要认真验收。

（2）钢筋应堆放在料棚内，按品种、牌号、规格、等级、生产厂家等分批、分别堆放。

（3）每垛钢筋应立标签，每捆（盘）钢筋上应有标牌，标签和标牌应写有钢筋的品种、等级、直径、技术证书编号及数量等。钢筋保管要做到账、物、牌（单）三相符，钢筋应附有出厂合格证明、试验报告单。

（4）如条件不具备时，可选择地势较高、土质坚实、较为平坦的露天场地堆放，并应在下面用木方垫起，或将钢筋堆放在堆放架上，严禁直接放置在地面上。

（5）堆放场地应注意防水和通风，禁止和酸、盐、油等一类物品一起存放，以防腐蚀或污染钢筋。

（6）钢筋在存放中应结合工程进度，避免存放期过长，使钢筋发生锈蚀。

二、钢筋的配料与代换

在水利工程中，钢筋是最主要的材料，用量较大，因此，应合理进行钢筋配料，减少对钢筋的浪费。施工中，要详细计算建筑物中配多少钢筋，确定钢筋种类、形状及布置位置，计算出各种规格钢筋的数量和配筋下料长度，最后进行钢筋加工、绑扎与安装。

（一）编制配筋表

在水工建筑物钢筋混凝土结构中，钢筋下料加工前必须进行配筋下料计算和编制配料表，这是由于钢筋所弯的形状在设计（理论）上（硬弯）与实际上（慢弯）不一致导致的。在钢筋下料时，必须考虑下料调整值，计算钢筋下料长度，才能使弯曲成型后的钢筋符合施工图纸的要求。

编制配筋表就是根据施工配筋图、表，计算各种钢筋的几何尺寸、根数与重量，按一定的编号填制钢筋配料单和料牌，然后送交钢筋厂加工。钢筋配料单见表 5-1。

表 5-1　　　　　　　　　　　　钢 筋 配 料 单（样表）

工程部位或构件名称	钢筋编号	钢号	直径/mm	形状	下料长度/mm	根数	重量/kg	备注

（二）钢筋下料长度的计算

根据钢筋加工表中各种成型钢筋的规格和形状，在分段累计长度后，分别加上或减去下料调整值作为钢筋的下料长度。

钢筋弯曲后中线长度不改变，所以钢筋的下料长度应按中线计算。但设计图中钢筋的标注尺寸是按直线或折线的外包线尺寸标注，钢筋的外包线长度与中线长度存在一个差值。转弯处外切线的长度与圆弧段钢筋中心线长度的差值，是由尺寸标注方法引起的几何误差，称为量度差值，又称为弯曲调整值。计算下料长度时，必须从外包尺寸中扣除该差值。

各种形状钢筋下料长度计算如下：

直钢筋下料长度＝构件长度－保护层厚度＋弯钩增加长度

弯起钢筋下料长度＝直段长度＋斜段长度－弯曲调整值＋弯钩增加长度

箍筋下料长度＝箍筋周长＋箍筋调整值

上述钢筋若需要搭接，还应加钢筋搭接长度，见表 5-2。

表 5-2　　　　　　　　　　　　绑扎接头的最小搭接长度

钢筋级别	Ⅰ级钢筋	Ⅱ级钢筋	Ⅲ级钢筋	5 号钢筋
受拉区	30d	35d	40d	30d
受压区	20d	25d	30d	20d

注　d 为钢筋直径。

（1）弯曲调整值。钢筋弯曲后，在弯曲处内皮收缩外皮伸长，轴线长度不变，因弯曲处形成圆弧，而量尺寸时又是沿直线量外包尺寸，如图 5-2 所示，因此弯曲钢筋的量度尺寸大于下料尺寸，两者之差为弯曲调整值，根据理论推算，结合实践经验，列于表 5-3。

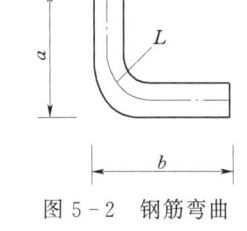

（2）弯钩增加长度。弯钩形式有半圆弯钩、直弯钩及斜弯钩三种，如图 5-3 所示。

图 5-2　钢筋弯曲量测方法

表 5-3　　　　　　　　　　　　钢 筋 弯 曲 调 整 值

钢筋弯起角度	30°	45°	60°	90°	135°
钢筋弯曲调整值	0.35d	0.54d	0.85d	1.75d	2.5d

注　d 为钢筋直径。

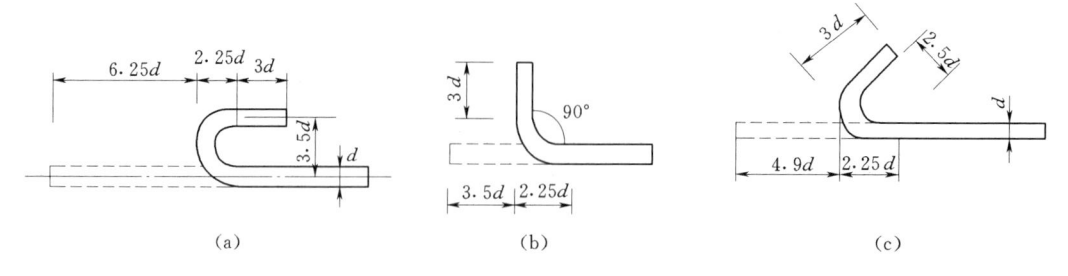

图 5-3 钢筋端头的弯钩形式
(a) 半圆弯钩；(b) 直弯钩；(c) 斜弯钩

半圆弯钩是常用的一种弯钩；直弯钩只用于柱钢筋的下部、箍筋和附加钢筋中；斜弯钩只用在直径较小的钢筋中。如图 5-3 所示，弯钩计算值为：半圆弯钩为 6.25d；直弯钩为 3d；斜弯钩为 4.9d，为计算方便取 5d（d 为钢筋直径）。但实际配料计算时，弯钩增加长度常根据具体条件，采用经验数据，见表 5-4。

表 5-4 半圆弯钩增加长度参考表（用机械弯）

钢筋直径/mm	≤6	8~10	12~18	20~28	32~36
一个弯钩长度/mm	4d	6d	5.5d	5d	4.5d

注 d 为钢筋直径。

（3）弯起钢筋斜长。斜长的计算如图 5-4 所示，斜长系数见表 5-5。

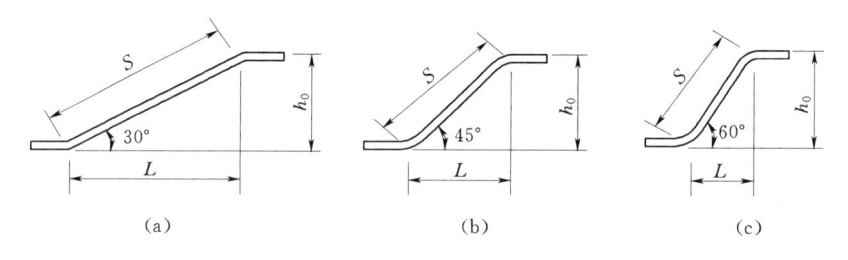

图 5-4 弯起筋斜长计算简图
(a) 弯起角度 30°；(b) 弯起角度 45°；(c) 弯起角度 60°

表 5-5 弯起钢筋斜长计算系数表

弯起角度	30°	45°	60°
斜边长度（S）	$2h_0$	$1.41h_0$	$1.15h_0$
底边长度（L）	$1.732h_0$	h_0	$0.575h_0$
增加长度（S-L）	$0.268h_0$	$0.41h_0$	$0.585h_0$

注 h_0 为弯起钢筋的外皮高度。

（4）箍筋调整值。箍筋调整值为弯钩增加长度和弯曲调整值两项之差，由箍筋量外包尺寸或内皮尺寸而定，见表 5-6。

表 5-6　　　　　　　　　　　　　　　箍筋弯钩增加值

箍筋量度方法	箍筋直径/mm			
	4～5	6	8	10～12
量外包尺寸/mm	40	50	60	70
量内皮尺寸/mm	80	100	120	150～170

（三）钢筋的代换

钢筋施工时，当现场缺少设计需要的钢筋种类、钢号和直径时，可以根据以下原则进行代换，但代换时，必须征得设计部门的同意，并遵守国家现行施工规范的有关规定。

(1) 当结构构件是按强度控制时，可按强度等同原则代换。如设计图中所用钢筋强度为 f_{y1}，钢筋总面积为 A_{s1}，代换后钢筋强度为 f_{y2}，钢筋总面积为 A_{s2}，则应使

$$f_{y2}A_{s2} \geqslant f_{y1}A_{s1} \tag{5-1}$$

(2) 当构件按最小配筋率控制时，可按钢筋面积相等的原则进行代换，即

$$A_{s2} = A_{s1} \tag{5-2}$$

(3) 对于受弯构件，还应校核构件截面的抗弯强度。

当结构构件按裂缝宽度或挠度控制时，钢筋代换需进行裂缝宽度或挠度验算。代换后，还应满足构造方面的要求，如钢筋间距、最小直径、最少根数、锚固长度、对称性等，有时还应满足设计中提出的一些特殊要求，如冲击韧性及抗腐蚀性等，同时应满足施工规范要求。

三、钢筋连接

工程中钢筋的连接方法有焊接、机械连接和绑扎搭接。

焊接钢筋的连接强度与钢筋的断面积成正比，而相互绑扎的钢筋连接强度则是依靠混凝土的握裹力，与钢筋的表面积成正比，所以较粗的钢筋均应采用焊接接头。规范规定，当受力钢筋直径 $d>20\mathrm{mm}$，螺纹钢筋直径 $d>25\mathrm{mm}$ 时，不宜采用非焊接的搭接接头。

1. 焊接

钢筋常用的焊接方法有电阻点焊、闪光对焊、电弧焊、电渣压力焊、埋弧压力焊等，适用范围见表 5-7。钢筋的连接常采用焊接，可节约钢材，改善结构受力性能，提高工效，降低成本。对于轴心受拉和小偏心受拉构件中的钢筋，必须采用焊接连接。

表 5-7　　　　　　　　　　　　　各种焊接方法的适用范围

项次	焊接方法	接头型式	适用范围	
			钢筋级别	直径/mm
1	电阻点焊		Ⅰ、Ⅱ级	6～14
			冷拔低碳钢丝	3～5
2	闪光对焊		Ⅰ～Ⅲ级	10～14
			Ⅳ级	10～25

续表

项次	焊接方法		接头型式	适用范围	
				钢筋级别	直径/mm
3	电弧焊	帮条焊 双面焊		Ⅰ、Ⅱ级	10～40
		帮条焊 单面焊		Ⅰ～Ⅲ级	10～40
		搭接焊 双面焊		Ⅰ、Ⅱ级	10～40
		搭接焊 单面焊		Ⅰ、Ⅱ级	10～40
		熔槽帮条焊		Ⅰ～Ⅲ级	25～30
		坡口焊 平焊		Ⅰ～Ⅲ级	18～40
		坡口焊 立焊		Ⅰ～Ⅲ级	18～40
		钢筋与钢板搭接焊		Ⅰ、Ⅱ级	8～40
4	预埋件T形接头	焊角贴		Ⅰ、Ⅱ级	6～16
		穿孔塞焊		Ⅰ、Ⅱ级	≥18
	电渣压力焊			Ⅰ、Ⅱ级	14～40
5	预埋件T形接头埋弧压力焊			Ⅰ、Ⅱ级	6～20

2. 机械连接

钢筋机械连接是通过连接件的机械咬合作用或钢筋端面的承压作用,将一根钢筋中的力传递至另一根钢筋的连接方法,具有施工简便、工艺性能良好、接头质量可靠、不受钢筋焊接性的制约、节约钢材和能源等优点。

常用的机械连接有套筒挤压连接和锥螺纹套筒连接。

3. 绑扎搭接

水工混凝土施工中规定：直径在 25mm 以下的钢筋接头，可采用绑扎接头，但对轴心受拉、小偏心受拉构件和承受震动荷载的构件，钢筋接头不得采用绑扎接头。一般钢筋可全部在现场进行绑扎，或预制成骨架（网片）后，在现场进行接头的绑扎。绑扎的基本要求是：钢筋位置准确，绑扎牢固，钢筋接头位置、数量、搭接长度、保护层厚度等满足要求。

钢筋绑扎安装完毕后应进行检查验收，并应作好隐蔽工程记录。检查内容如下：

（1）钢筋的级别、直径、根数、间距、位置以及预埋件的规格、位置、数量是否与设计相符。

（2）钢筋接头位置、数量、搭接长度是否符合规定。

（3）钢筋绑扎是否牢固，钢筋表面是否清洁，有无油污、铁锈等。

四、钢筋加工

钢筋加工包括调直、除锈、剪切和弯曲成型等工作。

钢筋剪切和弯曲成型前应调直，无局部弯折。钢筋的调直可采用冷拉的方法。粗钢筋可在工作台上用钢筋扳和锤配合的方法调直。直径 4~14mm 的光面钢筋可用调直机调直。

钢筋使用前应将表面油渍、漆污、锈皮等清除干净。钢筋不严重的锈已被证实对钢筋与混凝土的黏结不仅无害处，反而会提高钢筋与混凝土的握裹力，故一般的锈已不再清除。经冷拉或机械调直的钢筋，锈会自行脱落。人工除锈可用钢丝刷、机动钢丝刷（轮）在砂堆中往复拖拉，或用喷砂枪喷砂等进行处理，特殊情况及要求较高的，还可在稀硫酸或稀盐酸池中酸洗除锈。

钢筋可用电动钢筋切断机、电动液压切断机和手动剪切器进行切断。切断机可切断直径小于 40mm 的钢筋，手动剪切器只适用于直径 12mm 以下的钢筋。特粗钢筋可用氧炔焰或电弧切割。

钢筋应按图纸要求弯曲成型。钢筋弯曲一般采用钢筋弯曲机，可弯曲直径 6~40mm 的钢筋。无此设备时，还可在工作台上用手工工具弯制。

第二节 模 板 工 程

模板作业是混凝土工程施工中必不可少的辅助作业，其质量好坏和施工快慢直接影响工程质量和进度。

模板的作用是：①支承作用，支承混凝土重量、流态、混凝土侧压力及其他施工荷载；②成型作用，使混凝土凝固成型，保证结构物的设计形状和尺寸；③保护作用，使混凝土在较好的温湿条件下凝固硬化，减轻外界气温的影响。

模板系统包括模板和支撑两部分，前者确保混凝土构件形状和设计尺寸，后者保证模板形状、尺寸及其空间位置的稳定。工程中对模板的基本要求如下：

（1）保证混凝土浇筑物结构的形状、尺寸与相互位置符合设计要求。

（2）模板应具有足够的强度、刚度和稳定性，能承受设计要求的各项施工荷载。

(3) 模板表面光洁平整、拼缝密合、不漏浆，保证混凝土表面质量。
(4) 尽量做到标准化、系列化，装拆方便，周转次数多。
(5) 有利于混凝土工程机械化施工。

一、模板的分类

按制作材料，模板可分为木模、胶合板模、钢模、钢木组合模、胎模、混凝土模、钢筋（预应力钢筋）混凝土模、塑料板及树脂板等。工程中常用木模和钢模。木模具有制作方便，重量轻，保温性能好等优点，多用于异型模板或有保温要求的冬季施工中，但重复使用次数少，木材耗用量大，近年来已逐渐被钢模所代替。钢模是一种先进的工具式模板，施工质量较高，周转次数多，不易漏浆，缺点是一次性投资较大，主要由钢模板、连接件以及支撑件三部分组成。钢模主要包括平面模板、转角模板、梁腋模板等，平面模板可用于各种结构的平面结构。钢模的宽度以50mm晋级，长度以150mm晋级，其规格和型号已做到标准化、系列化。如型号为P3015的钢模板，P表示平面模板，3015表示宽×长为300mm×1500mm；型号为Y1015的钢模板，Y表示阳角模板，1015表示宽×长为100mm×1500mm。

按使用完成后是否拆除，模板可分为永久性模板和临时性模板。工程中大多为临时性模板，永久性模板多用于形状复杂或尺寸较小而不易拆除的部位。永久性模板多采用混凝土模或钢筋（预应力钢筋）混凝土模。

按使用方式分，模板可分为固定式、拆移式、移动式和滑动式四类，其中以拆移式应用最广。

1. 固定式模板

固定式模板是指在预制构件厂或现场，按构件形状、尺寸制作的位置固定的模板。预制构件厂生产大批量形状尺寸固定的构件，可多次重复使用固定式模板。现场预制数目较少，形状不规则的构件一般为一次性使用。如预制重力式素混凝土模板及厚仅8~10cm的钢筋混凝土模板，其外表面与结构外表形状一致，安装于建筑物的表面或廊道、竖井等处，或大跨度承重结构的底部，浇筑混凝土后不再拆除。固定式模板可节约大量木材、支架，减少现场施工干扰和立模困难，加快施工进度。

2. 拆移式模板

拆移式模板在水利工程中应用较广。拆移式模板是模板在一处拼装，待混凝土达到适当强度后拆除，可以移至他处继续使用的模板，一般由事先制好的钢、木或钢木组合定型模板和相应的支撑及紧固件组成，如基础侧面模板、坝体高空侧面模板、墩墙模板、桥梁承重模板等。

目前，拆移式模板多为组合钢模拼装而成。组合钢模既可以组拼成各种尺寸和形状的平面模板，也可以组拼成折线形模板，以适应建筑物的板、梁、柱、墙及大块体结构、构件的需要。如混凝土重力坝上下游的坝体高空侧面模板，多采用此种类型的模板。

坝体高空侧面模板按受力条件又分为简支式和悬臂式两类，前者仓面拉条多且不能回收，既妨碍机械化浇筑、平仓，又浪费钢材，已逐步为悬臂式所取代。高度较大的侧面模板的支架常用桁架梁，受力大的或重要部位的桁架梁，多由型钢焊接而成。坝体高空侧面模板往往采用倒链、吊车或其他起重机械在坝面上进行吊装。

3. 移动式模板

移动式模板适用于断面尺寸较大,且形状沿移动方向不变的水平长度很大的直线形混凝土建筑物,如隧洞、涵洞、管道及渠道等的现浇衬砌施工,可加快施工进度和降低工程造价。

移动式模板一般由轨道、承重结构（或钢模台车）及模板等组成。模板可用钢材、钢木混合结构制成。

4. 滑动式模板

滑动式模板（简称滑模）施工是现浇混凝土工程的一种连续成型施工工艺。该工艺是在混凝土浇筑过程中,利用液压提升设备,模板系统随浇筑而滑移（滑升、拉升或水平滑移）,直至需要浇筑的高度为止。

滑模施工机械化程度高,可以节约模板和支撑材料,加快施工进度,保证结构整体性,提高混凝土表面质量；缺点是滑模系统一次性投资大,耗钢量大,对结构立面造型有一定的限制,结构设计上也必须根据滑模施工的特点予以配合,且保温条件差,不适于低温季节使用。

滑模施工最适于断面形状尺寸沿高度基本不变的高耸建筑物,如竖井、墩墙、烟囱、水塔、筒仓、框架结构等的现场浇筑,近年来,也常用于大坝溢流面、双曲线冷却塔及水平长条形规则结构、构件的施工。

滑升模板由模板系统、操作平台系统和液压支承系统三部分组成。模板系统包括模板、围圈和提升架等。模板多用钢模或钢木混合模板,其高度取决于滑升速度、结构形状和混凝土达到出模强度所需的时间,一般高 0.5～1.2m。操作平台系统包括操作平台、内外吊脚手,是承放液压控制台,临时堆存钢筋、混凝土及修饰刚刚出模的混凝土面的施工操作场所,一般为木结构或钢木混合结构。液压支承系统包括支承杆、穿心式液压千斤顶、输油管路和液压控制台等,是使模板向上滑升的动力和支承装置。支承杆的接长可采用焊接、榫接或丝扣连接。

千斤顶按卡具形式不同有钢珠式和卡块式两类,按额定起重量来分有 30kN、60kN、75kN、90kN、100kN 等。目前应用较多的是 HQ-30 千斤顶。

二、模板设计

模板设计须满足建筑物的体型、构造及混凝土浇筑分层分块等要求,一般应掌握混凝土浇筑强度,混凝土入仓方式,混凝土平仓与振捣方式,混凝土容重、坍落度、初凝及终凝时间、浇筑温度,模板承受荷载等资料。

模板及其支架应具有足够的强度、刚度和稳定性,以保证其支承作用。在模板设计时,应考虑以下荷载及其组合。

1. 基本荷载

基本荷载包括以下各项：

(1) 模板自重标准值,应据模板设计图纸确定。

(2) 新浇混凝土自重标准值,对普通混凝土可采用 $24kN/m^3$ 计算,对其他混凝土可根据实际表观密度确定。

(3) 钢筋自重标准值,根据设计图纸确定。对一般梁板结构,每立方米钢筋混凝土的钢筋自重标准值,梁按 1.5kN 计算,楼板按 1.1kN 计算。

(4) 施工人员及设备荷载标准值,计算模板及直接支承模板的楞木时,可按均布荷载 2.5kN/m² 及集中荷载 2.5kN 计算;计算支撑楞木的构件时,可按 1.5kN/m² 计算,计算支架立柱时,按 1.0kN/m² 计。

(5) 振捣混凝土时产生的荷载标准值,对水平模板采用 2.0kN/m²,对垂直面模板采用 4.0kN/m²。

(6) 新浇混凝土对模板侧面的压力标准值,与混凝土浇筑速度、浇筑温度、坍落度、入仓方式、振捣方法等因素有关。重要部位的模板承受新浇混凝土的侧压力,应通过实测确定。

根据混凝土施工条件,有效压头高度可表示为

$$h_m = \frac{P_m}{\gamma_c} \qquad (5-3)$$

式中 h_m——有效压头,m;
  P_m——最大侧压力,kN/m²;
  γ_c——混凝土表观密度,kN/m³。

有效压头指新浇混凝土表面到侧压力最大值处的深度。实测资料证明,侧压力分布是一个三角形。如浇块高度 H 小于或等于有效压头,计算图形取三角形分布;如浇块高度 H 大于有效压头时,计算图形可偏于安全地近似取梯形分布。

(7) 倾倒混凝土时对模板产生的冲击荷载,无实测资料时可参考表 5-8。

表 5-8　　　　倾倒混凝土时产生的水平荷载标准值　　　　单位:kN/m²

向模板内供料方法	水平荷载	向模板内供料方法	水平荷载
溜槽、串筒或导管	2	容量为 1~3m³ 的运输器具	8
容量为小于 1m³ 的运输器具	6	容量为大于 3m³ 的运输器具	10

表 5-9　荷载分项系数

荷载类型	荷载分项系数
模板自重	1.2
新浇混凝土自重	1.2
钢筋自重	1.2
施工人员及设备荷载	1.4
振捣混凝土时产生的荷载	1.4
新浇混凝土对模板侧面的压力	1.2
倾倒混凝土时产生的荷载	1.4

(8) 风荷载,按有关规定确定。

(9) 特殊荷载,上列八项荷载以外的其他荷载可按实际情况计算。

2. 模板荷载分项系数

计算模板时的荷载设计值,应采用荷载标准值乘以相应的荷载分项系数求得,见表 5-9。在计算模板的强度和刚度时,应根据模板种类及施工具体情况进行荷载组合分析。

三、模板的安装与拆除

(一) 模板安装

模板安装包括面板拼装和支撑设置两项内容。模板支撑是保证模板稳定性、强度、刚度的关键,模板出问题多数是由于支撑布置不合理造成的。

模板支撑设置要求如下:

(1) 支架必须支承在坚实的地基或混凝土上,并应有足够的支承面积;设置斜撑,应注意防止滑动;在湿陷性黄土地区,必须有防水措施;对冻胀土地基,应有防冻融措施。

(2) 支架的立柱或桁架必须用撑拉杆固定，以提高整体稳定性。

(3) 模板及支架在安装过程中，注意设临时支撑固定，防止倾倒。

凡离地面3m以上的模板架设，必须搭设脚手架和安全网。脚手架一般离混凝土面70cm左右，纵、横间距在1.2m以内，便于施工人员操作。

模板安装方法有起重机吊装、人工架立等，因安装部位和模板类型而异。

1. 非承重模板安装

侧面模板主要承受混凝土侧压力，支撑方法是外撑内拉，安装过程如下：找平→放线→涂刷隔离剂→从分段中部开始安装模板→安装背楞、斜撑→搭设支撑架→检验校正。

2. 承重模板安装

承重模板承受竖向荷载，支撑形式有立柱支撑、桁架支撑及承重排架支撑。

(1) 梁的模板安装。如图5-5所示，梁的模板安装按下述步骤进行：

1) 标出梁轴线及梁底高程。

2) 用钢管搭设支撑排架。顺梁轴线方向设两排立柱，立柱下端垫一对木楔，便于调整梁底标高，泥土地面应铺垫板，立柱间距1.0m左右，立柱高度方向按1.2~1.5m的间距布置水平系杆。排架两侧设斜撑，以加强稳定。排架顶部横杆跨中比两端稍高些，以满足梁模起拱的要求。

3) 先拼装底模，检查底模中心线与梁轴线是否相符，梁底高程是否符合设计要求，再装侧模。如果梁截面高度比较大，可以先装一面侧模，等钢筋绑扎后再装另一面侧模。模板也可以在地面组装，吊装就位。当梁高大于600mm，侧模应布置对拉螺栓，并增加侧模斜撑。

4) 检查模板上口间距，模板内侧用方木临时撑紧，在混凝土浇筑结束之前取出方木。梁模板也可用钢管支柱和钢桁架支撑。楼板模板支撑与梁模板支撑类似，用排架或钢桁架支撑。

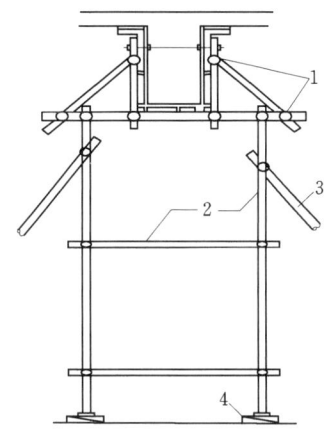

图5-5 梁的模板支撑示意图
1—扣件；2—钢管；
3—斜撑钢管；4—木楔

(2) 大型承重排架。泄洪洞、导流洞进口顶板，水电站混凝土蜗壳、尾水管扩散段顶板等部位混凝土厚达几米，承重模板的荷载大，支撑布置密，安拆时间长。支撑有木结构支撑、预制混凝土梁支撑和钢支撑。目前钢支撑用得较广。

钢支撑常采用钢管支柱、组合支柱、框形支架等型式。采用钢管支柱搭设，立柱应布置密一些；采用组合支柱，可以减少装拆工作量及装拆时间；采用框形支架时应设置水平联系杆、剪刀撑，以加强结构整体稳定性。

3. 专用模板安装

(1) 牛腿模板。牛腿模板施工难度大的是反坡模板（外倾模板），作用在反坡模板上的荷载包括混凝土侧压力和混凝土重量。模板支撑方式有内拉式和外撑式。内拉式支撑如图5-6所示，钢筋柱浇入混凝土中；外撑式支撑如图5-7所示，三角桁架和三角支撑的间距根据荷载大小确定。为了保证模板稳定，各桁架之间设剪刀撑。外撑式支撑适用于悬挑部分较短的牛腿。牛腿反坡模板可采用预制混凝土模板。

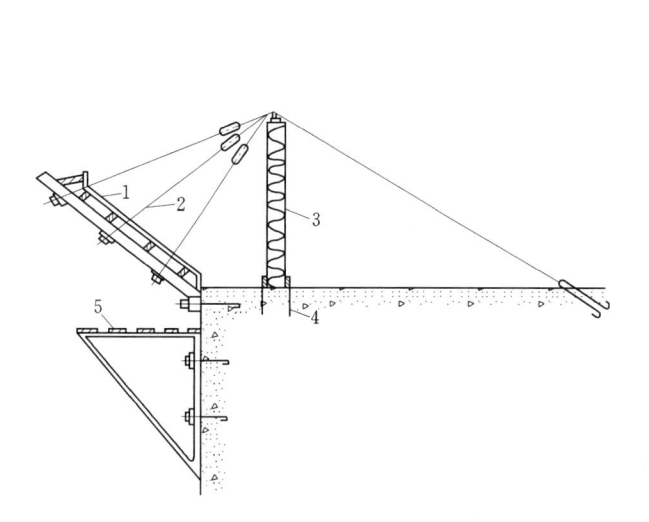

图 5-6 内拉式模板支撑示意图
1—模板；2—拉条；3—钢筋柱；
4—预埋插筋；5—简易平台

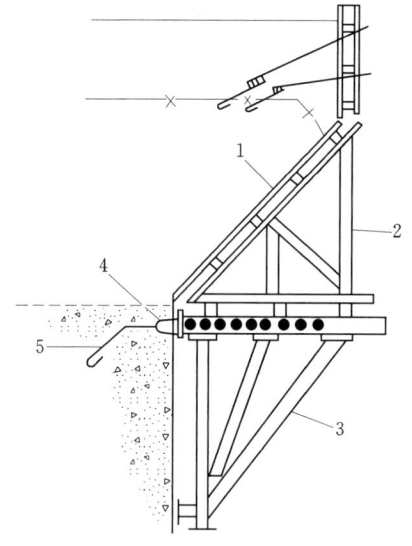

图 5-7 外撑式模板支撑示意图
1—模板；2—三角桁架；3—三角支撑；
4—锥形体；5—锚筋

（2）溢流面模板。溢流面面积较小不宜用滑模施工时，则采用顺坡模板（内倾模板）施工。混凝土浇筑之前，模板重量由钢支撑承担；混凝土浇筑时，作用在模板上的侧压力和浮托力由拉筋平衡。

先将钢支撑焊在预埋插筋上，然后，按溢流面轮廓线装好模板纵横围图及面板。纵围图采用 $\phi 48mm$ 钢管或粗钢筋弯成弧形。面板上开一些窗口，便于混凝土入仓。

曲面模板可用曲面可变桁架立模。钢支撑与桁架用对拉螺栓连接，组合钢模板用钩头螺栓固定在桁架下方。

溢流面混凝土浇筑之后，掌握合适的时间拆模，对混凝土表面进行抹面、压实。

（二）安装质量控制

模板及支架的安装必须牢固，位置准确，因此，支架必须支承在坚实的地基或老混凝土上，并有足够的支承面积，斜撑要防止滑动。支架的立柱（围图、钢楞、桁架梁等）必须在两个相互垂直的方向上，且用斜拉条固定，以确保稳定。模板和支架还要求简单易拆，应恰当利用楔子、千斤顶、砂箱、螺栓等便于松动的装置。按照水利工程施工的要求，模板安装的允许偏差参照表 5-10、表 5-11 的规定。特殊部位（如进水口、门槽、溢流面、尾水管等）模板安装的允许偏差，应由设计、施工单位共同研究确定。

表 5-10　　　　　　大体积混凝土模板安装的允许偏差　　　　　　单位：mm

项次	偏差项目		混凝土结构部位	
			外露表面	隐蔽内面
1	面板平整度	相邻两板面高差	钢模：2 木模：3	5
		局部不平（用 2m 直尺检查）	钢模：3 木模：5	10

续表

项次	偏差项目		混凝土结构部位	
			外露表面	隐蔽内面
2	结构物边线与设计边线		内模板：-10~0 外模板：0~10	15
3	结构物水平截面内部尺寸		±20	
4	承重模板标高		0~5	
5	预留孔、洞	中心线位置	±10	
		截面内部尺寸	-10	

注 外露表面、隐蔽内面指相应模板的混凝土结构表面最终所处的位置。

表 5-11　　　　　　　　现浇结构模板安装的允许偏差单　　　　　　单位：mm

项次	偏差项目		允许偏差
1	轴线位置		5
	底模上表面标高		±5
2	截面内部尺寸	基础	±10
		柱、梁、墙	±5
3	局部垂直	全高≤5m	6
		全高>5m	8
4	相邻两板面高差		2
	表面局部不平（用2m直尺检查）		5

此外，模板在架立过程中，还必须保持足够的临时支撑和铅丝、扒钉等固定措施，以防止模板倾覆而发生事故。对于大跨度承重模板，安装时应适当起拱（即预留一定的竖向变形值，一般按跨长的3‰计算），以保证浇筑后的混凝土形状准确。在混凝土浇筑前，应防止模板向仓内倾倒。

（三）模板拆除

1. 模板拆除期限

模板拆除对施工安全、混凝土质量、工程进度和模板重复使用的周转率都有直接影响。根据有关水利工程施工中对于混凝土模板拆除的要求，对于模板拆除的期限，要遵守以下规定：

（1）不承重的侧面模板，混凝土强度达到 2.5MPa 以上，保证其表面及棱角不因拆模而损坏时，方可拆除。

（2）钢筋混凝土结构的承重模板，混凝土达到下列强度后（按混凝土设计强度标准值的百分率计），方可拆除：

1）对于悬臂板、梁，当构件跨度 $L \leq 2m$ 时，其混凝土强度达到设计值的 75% 方可拆除；当构件跨度 $L > 2m$，混凝土强度则要达到设计值的 100%。

2）对于其他梁、板、拱，当构件跨度 $L \leq 2m$ 时，其混凝土程度达到设计值的 50% 方可拆除，当 $2m < L \leq 8m$ 时，其混凝土强度达到设计值的 75% 方可拆除；当 $L > 8m$ 时，混凝土强度则要达到设计值的100%。

2. 预制构件模板拆除

对于预制构件模板拆除时的混凝土强度,应符合设计要求;当设计无具体要求时,应遵守下列规定:

(1) 侧模。混凝土强度能保证构件不变形、棱角完整时,方可拆除。

(2) 预留孔洞的内模。混凝土强度能保证构件和孔洞表面不发生塌陷和裂缝后,方可拆除。

(3) 底模。当构件跨度不大于4m时,混凝土强度达到混凝土设计强度标准值的50%后,方可拆除;当构件跨度大于4m时,在混凝土强度达到混凝土设计强度标准值的75%后,方可拆除。

3. 混凝土模板拆除

在工程中,由于混凝土模板的拆除不仅关系到构筑物的质量,对施工安全也有很大的影响,因此,在拆除模板的时候还要注意以下问题:

(1) 拆模的顺序及方法应按相关规定进行。一般情况下应遵循先支的后拆、后支的先拆,先拆非承重模板、后拆承重模板的顺序,并应从上而下进行拆除。

(2) 水平模板拆除时应按模板设计要求留设必要的养护支撑,不得随意拆除。

(3) 水平模板拆除时先降低可调支撑头高度,再拆除主、次木楞及模板,最后拆除脚手架,严禁颠倒工序、损坏面板材料。

(4) 拆除后的各类模板,应及时清除面板混凝土残留物,涂刷隔离剂。

(5) 拆除后的模板及支承材料应按照一定位置和顺序堆放,尽量保证上下对应使用。

(6) 大钢模板的堆放必须面对面、背对背,并按设计计算的自稳角要求调整堆放期间模板的倾斜角度。

拆模时,要使用专门的工具,如撬棍、钉拔等。按照模板锚固情况,分批拆除锚固连接件,以防止大片模板坠落,发生事故和模板损坏。拆下的模板、支架及连接件应及时清理、维修,并分类堆存和妥善保管,避免日晒雨淋。对于整体拼装的大型模板,最好能将一个仓位的拆模与另一仓位的立模衔接起来,以利于提高模板的周转率。

第三节 混凝土制备与运输

一、骨料加工与存放

中、小型水利工程建设中,施工单位通过综合经济分析,往往选择购买砂石骨料甚至成品混凝土。而大型水工混凝土工程,由于混凝土用量很大,对砂石骨料需求很大,质量要求也比较高,为了节约成本和保证工程质量,施工单位往往结合当地实际条件,自行制备砂石骨料。根据骨料的来源不同,分为天然骨料、人工骨料、组合骨料三种;按粒径不同,可将骨料分为细骨料、粗骨料。工程中细骨料应使用质地坚硬、清洁、级配良好、含水率稳定的中砂;粗骨料应满足质地坚硬、清洁、级配良好,最大粒径不应超过钢筋净间距的2/3、构件断面最小边长的1/4、素混凝土板厚的1/2,对少筋或无筋混凝土结构,应选用较大的粗骨料粒径等要求。

（一）骨料加工

从料场开采的砂石料不能直接用于制备混凝土，需要通过破碎、筛分、冲洗等加工过程，制成符合级配要求，质量合格的各级粗、细骨料。

1. 破碎

为了将开采的石料破碎到规定的粒径，往往需要经过几次破碎才能完成。因此，通常将骨料破碎过程分为粗碎（将原石料破碎到70~300mm）、中碎（破碎到20~70mm）和细碎（破碎到1~20mm）三种。骨料破碎用碎石机进行，常用的有旋回破碎机、反击式破碎机、颚式破碎机、圆锥式破碎机，此外还有辊式和锤式破碎机、棒磨制砂机、旋盘破碎机、立轴式破碎机等制砂设备。

（1）颚式破碎机。颚式破碎机构造如图5-8所示，它的主要工作部分由两块颚板构成，颚板上装有可以更换的齿状钢板。工作时，传动装置带动偏心轮作用，使活动颚板相对于固定颚板作左右摆动，将进入的石料轧碎，从下端出料口漏出。

按照活动颚板的摆动方式，颚式破碎机可分为简单摆动式和复杂摆动式两种，其中复杂摆动式破碎效果较好，产品粒径较均匀，生产率较高，但衬板的磨损快。

颚式破碎机结构简单可靠，外形尺寸较小，安装、操作、维修方便，适用于对石料进行粗碎或中碎，但产品料中扁长粒径较多，一般需配置给料设备，活动颚板需经常更换。

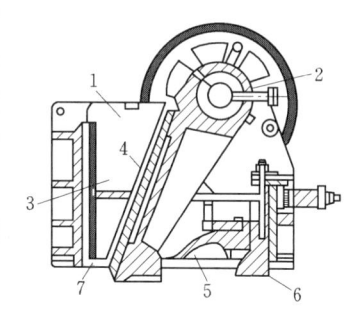

图5-8 颚式破碎机构造示意图
1—破碎槽进口；2—偏心轮；3—固定颚板；4—活动颚板；5—撑杆；
6—楔形滑块；7—出料口

（2）旋回破碎机。旋回破碎机是利用破碎锥在壳体内锥腔中的旋回运动，对石料产生挤压、劈裂和弯曲作用。装有破碎锥的主轴的上端支承在横梁中部的衬套内，其下端则置于轴套的偏心孔中，轴套转动时，破碎锥绕机器中心线作偏心旋回运动，它的破碎动作是连续进行的，故工作效率高于颚式破碎机。旋回破碎机可分为重型和轻型两类，按动锥的支承方式又可分为普通型和液压型两种。旋回破碎机适用于对各种硬度的岩石进行粗碎，破碎料粒径分布均匀、粒形好、无需配置给料设备、设备运行可靠，但是旋回破碎机土建工程量大、机体高大、重量大、设备结构复杂、检修复杂、总体投资大。

（3）反击式破碎机。反击式破碎机是利用板锤的高速冲击和反击板的回弹作用，使石料受到反复冲击而破碎的机械。板锤固定在高速旋转的转子上，并沿着破碎腔按不同角度布置若干块反击板，石料进入板锤的作用区时先受到板锤的第一次冲击而初次破碎，并同时获得动能，高速冲向反击板，石料与反击板碰撞再次破碎后，被弹回到板锤的作用区，重新受到板锤的冲击，如此反复进行，直到被破碎成所需的粒度而排出机外。反击式破碎机结构简单、重量轻、设备投资较少、破碎比大、产品粒形好，但锤头、衬板易磨损，适用于对中硬石料进行中、细碎。

（4）圆锥式破碎机。圆锥式破碎机的工作原理同旋回破碎机，圆锥式破碎机的破碎腔由内、外锥体之间的空隙构成，活动的内锥体装在偏心主轴上，外锥体固定在机架上，如图5-9所示。工作时，由传动装置带动主轴旋转，使内锥体作偏心转动，将石料碾压破碎,并从破碎腔下端出料槽滑出。圆锥破碎机按腔型分标准、中型、短头三种,有弹簧和液压两种支承方式。

圆锥式破碎机是一种大型碎石机械,碎石效果好,产品料较方正,生产率高,功耗少,适用于对石料进行中碎或细碎。但其结构复杂,体形和重量都较大,安装维修不方便,设备价格高。

(5)制砂设备。辊式和锤式破碎机、棒磨制砂机、旋盘破碎机、立轴冲击式破碎机、超细碎圆锥破碎机是国内常用的制砂设备。辊式和锤式破碎机制砂,构造简单,但设备易磨损,产品的级配不够稳定,适用于小型人工砂生产系统。棒磨制砂机是目前最常用的制砂设备,其结构简单、施工方便、性能可靠、产品粒形好、粒度分布均匀,但体形和重量较大。旋盘破碎机能耗低,产品粒形比棒磨机稍差。立轴冲击式破碎机有双料流和单料流冲击式两种,其中双料流冲击式设备高度大,产品粒径较粗;单料流冲击式结构轻巧、安装简便、产品粒形稳定、针片状含量低、运行成本低、处理量大,但设备易磨损。超细碎圆锥破碎机能耗低、产量高,但产品粗粒较多。

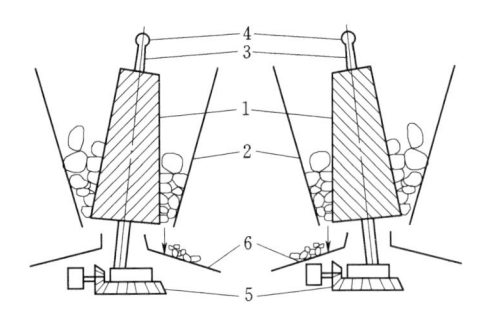

图 5-9 圆锥式破碎机示意图
1—内锥体;2—破碎机机壳;3—偏心主轴;
4—球形铰;5—伞齿及传动;6—出料滑板

2. 筛分

筛分是将天然或人工的混合砂石料,按粒径大小进行分级。筛分作业分人工筛分和机械筛分两种。

(1)人工筛分。人工筛分一般采用倾斜设置的平筛,也可采用重叠放置的几层筛网,利用摇杆机构使筛网摆动。筛孔尺寸不同的三层筛网用悬杆和悬链挂在筛架上,筛网的倾角可用悬链调整。混合骨料由架顶带有筛条的装料斗倒入,超径石即剔出,其余骨料跌落在筛网上,用脚踏摇杆机构,可使筛网往返摆动,将骨料筛分。

(2)机械筛分。工程中的机械筛分主要采用偏心轴振动筛和惯性轴振动筛。偏心轴振动筛如图 5-10 所示,筛架装在偏心主轴上,当偏心轴旋转时,偏心轴带动筛架作环形运动而产生振动,对筛网上的石料进行筛分。偏心轴振动筛又称为偏心筛,其特点是刚性振动,振幅固定(3~6mm),不因来料多少而变化,也不易因来料过多而堵塞筛孔。但当平衡块不能完全平衡偏心轴的惯性力时,可能引起固定机架的强烈振动。偏心筛适于筛分粗、中颗粒,常担任第一道筛分任务。

惯性轴振动筛如图 5-11 所示,是利用旋转主轴上的偏心重产生惯性离心力而引起筛网振动。惯性筛属弹性振动,其振幅随来料的多少而变化,进料过多容易堵塞筛孔,使用中应喂料均匀。惯性筛适于筛分中、细颗粒。惯性筛的皮带轮中心和偏心轴轴承中心一致,皮带轮随偏心轴一起振动,皮带时紧时松,容易打滑和损坏。

超、逊径含量是筛分作业质量的控制标准。超径是指骨料筛分中,筛下某一级骨料中夹带的大于该级骨料规定粒径范围上限的粒径。逊径是指骨料筛分中,筛下某一级骨料中夹带的小于该级骨料规定粒径范围下限的粒径。产生超径的原因有筛网孔径偏大,筛网磨损、破裂。产生逊径的原因有喂料过多、筛孔堵塞、筛网孔径偏小、筛网倾角过大等。一

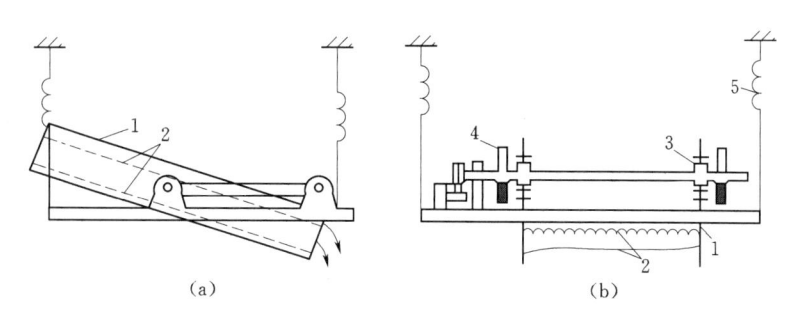

图 5-10　偏心轴振动筛示意图
(a) 侧视图；(b) 横剖面图
1—筛架；2—筛网；3—偏心部位；4—消振平衡重；5—消振弹簧

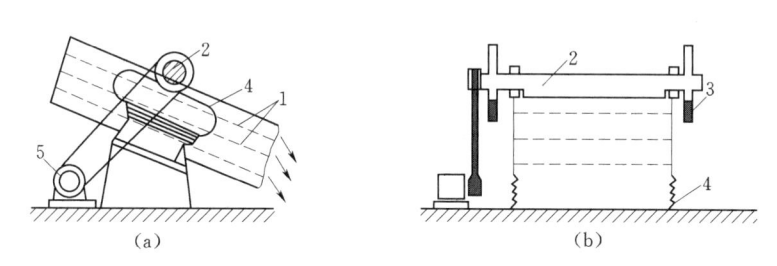

图 5-11　惯性轴振动筛示意图
(a) 侧视图；(b) 横剖面图
1—筛网；2—单轴起振器；3—配重盘；4—消振板簧；5—电动机

般规定，以原孔筛检验，超径小于 5%，逊径小于 10%；以超、逊径筛检验时，超径为 0，逊径小于 2%。

3. 冲洗

冲洗是为了清除骨料中的泥质杂质。机械筛分的同时，常在筛网上安装几排带喷水孔的压力水管，不断对骨料进行冲洗，冲洗水压应大于 0.2MPa。若经筛分冲洗仍达不到质量要求时，应增设专用的洗石设备。骨料加工厂常用的洗石设备有槽式洗石机和圆筒洗石机。

常用的洗砂设备有螺旋洗砂机和沉砂箱，其中螺旋洗砂机兼有洗砂、分级、脱水的作用，其构造简单、工作可靠、应用较广，结构如图 5-12 所示。螺旋洗砂机在半圆形的洗砂槽内装一个或一对相对旋转的螺旋，洗砂槽以 18°~20° 的倾斜角安放，低端进砂，高端进水。由于螺旋叶片的旋转，被洗的砂受到搅拌，并移向高端出料口卸到皮带机上，污水则从低端的溢水口排出。沉砂箱的工作原理是由于不同粒径的砂粒在水中的沉降速度不同，控制沉砂箱中水的上溢速度，使砂粒直径在 0.15mm 以下的废砂和泥土等随水悬浮溢出，而直径在 0.15mm 以上的砂粒在箱中沉降下来。

对于有抗渗、抗冻、抗腐蚀、耐磨或其他特殊要求的混凝土，砂的含泥量和泥块含量分别不应大于 3.0% 和 1.0%，粗骨料中含泥量和泥块含量分别不应大于 1.0% 和 0.5%；高强混凝土砂的含泥量和泥块含量分别不应大于 2.0% 和 0.5%，粗骨料的含泥量和泥块含量分别不应大于 0.5% 和 0.2%。

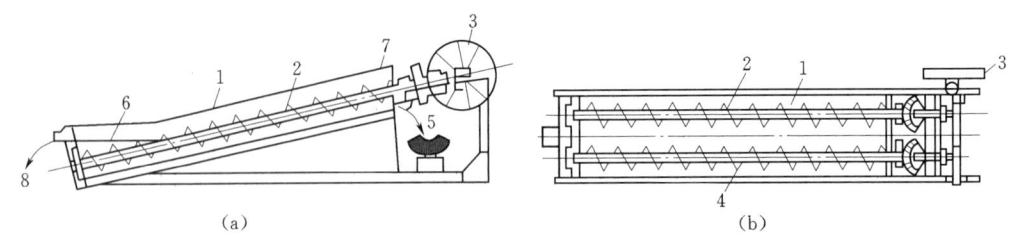

图 5-12 螺旋式洗砂机示意图

(a) 侧视图；(b) 平面图

1—洗砂槽；2—螺旋轴；3—驱动装置；4—叶片；5—皮带机；
6—进料口；7—清水注入口；8—浑水溢出口

（二）骨料存放

成品骨料在堆存和运输应注意以下要求：

（1）堆存场地应有良好的排水设施，必要时应设遮阳防雨棚。

（2）各级骨料仓应设置隔墙等有效措施，严禁混料，并应避免泥土和其他杂物混入骨料中。

（3）应尽量减少转运次数。卸料时，粒径大于 40mm 骨料的自由落差大于 3m 时，应设置缓降设施。

（4）储料仓除有足够的容积外，还应维持不小于 6m 的堆料厚度。细骨料仓的数量和容积应满足细骨料脱水的要求。

二、混凝土制备

混凝土的制备需按照混凝土配合比设计要求，满足施工对和易性和匀质性的要求，保证其硬化后能达到设计要求的强度等级。混凝土的制备主要包括配料和拌和两个生产环节。混凝土的制备除了满足混凝土浇筑强度要求外，还应确保混凝土强度等级无误、配料准确、拌和充分、出机温度适当，并且还应满足混凝土的耐腐蚀、防水、抗冻、速凝、缓凝等的要求。

1. 配料

（1）骨料。小型工地常用手推车和磅秤配料，但耗费人力多，劳动强度大。中型工地可采用轻轨斗车、机动翻斗车或带式运输机与磅秤或电动杠杆秤联动的配料装置，此类配料装置生产率较高。大型工地拌和站（楼）中，采用自动化配料系统，配料准确且效率高。

（2）水及外加剂。工程中，符合国家标准的饮用水均可拌和与养护混凝土。外加剂一般根据剂量比例配成较稀的溶液与水一同使用。常用外加剂有普通减水剂、高效减水剂、缓凝高效减水剂、高温缓凝剂、抗冻剂等。

（3）水泥和掺合料。小型工程往往使用袋装水泥，直接以一袋水泥为基准，加入相应重量的骨料和水。这种配料方法，要么欠量拌和，降低拌和机的生产能力；要么超量拌和，容易损坏机械，影响搅拌质量。采用散装水泥可调整每盘水泥用量，使每盘混凝土出料容量不超过拌和机额定出料容量的 ±10%。

大中型工程应首选散装水泥，采用磅秤、电动杠杆秤等进行称量。掺合料可根据设计要求选择粉煤灰、凝灰岩粉、矿渣微粉、硅粉、粒化电炉磷渣、氧化镁等。

2. 拌和

为保证质量和供料强度，一般采用机械拌和。混凝土搅拌机按其搅拌原理分为自落式和强制式两类。

(1) 自落式搅拌机。自落式搅拌机根据构造不同分为鼓筒式和双锥式两类，如图5-13所示。适用于搅拌一般骨料的塑性混凝土，不适于搅拌轻骨料、干硬性以及高强度混凝土。

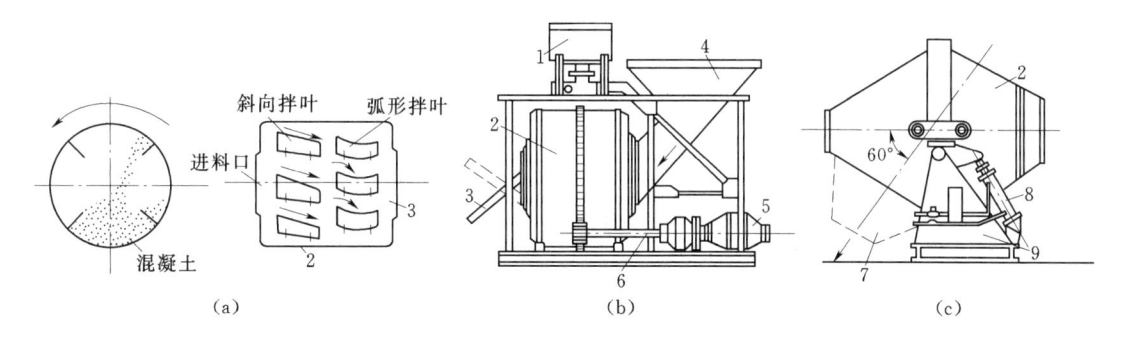

图 5-13 自落式搅拌机示意图
(a) 自落式搅拌示意图；(b) 鼓筒式搅拌机示意图；(c) 双锥式搅机示意图
1—配水器；2—搅拌筒；3—卸料槽；4—装料斗；5—电动机；
6—传动轴；7—倾斜卸料；8—气顶；9—机座

鼓筒式搅拌机的特点是：搅拌时间长、出料慢，低流态混凝土难于拌匀，但由于构造简单、维修方便，常在中、小型及分散工程中使用。

双锥式搅拌机按出料方式不同，分为反转出料式和倾翻出料式两种。对于倾翻出料式搅拌机，进出料为同一个口，搅拌时筒轴线具有约15°仰角，出料时下旋至50°~60°俯角，可拌和大级配混凝土。双锥形拌和机容量较大，拌和效果好，生产率高，多用于大、中型工程。

(2) 强制式搅拌机。强制式搅拌机大多是立轴水平旋转的。立轴强制式搅拌机通过盘底部旋转开放的卸料口卸料，卸料迅速，但关闭时难于密封，水泥浆易损失，所以不宜用于搅拌塑性混凝土，主要用于混凝土构件预制厂、大中型水利工程混凝土拌和站或城市商品混凝土拌和厂。

卧式双轴强制式搅拌机，采用水平布置的螺旋形叶片，相对旋转，可用于生产各种坍落度的中、小骨料混凝土。

强制式搅拌机的搅拌作用比自落式强，拌和质量好、时间短，宜于拌制较小骨料的干硬性、高强度和轻骨料混凝土。但它的转速较自落式的高2~3倍，动力消耗大3~4倍，叶片衬板磨损严重，维护费用高。

(3) 投料顺序。投料顺序可分为一次投料和二次投料。一次投料一般按石子-水泥-砂的顺序投入料斗，翻斗投料入机的同时，加入全部拌和水进行搅拌。其特点是水泥夹在石子和砂中间，上料时不致飞扬，同时水泥及砂又不致粘住斗底，搅拌时水泥及砂先在筒内形成水泥砂浆，缩短了包裹石子的过程，提高了搅拌机生产率，缺点是水易向石子表面积聚，形成一层水膜，从而降低混凝土的强度。为避免此现象，可采用二次投料，即先投入砂、水泥，加入拌和水搅拌成水泥砂浆后，再投入石子等其他拌和料搅拌至均匀。二次投料法搅拌的混凝土比一次投料法搅拌的混凝土和易性好，强度可提高20%左右。

（4）拌和时间与质量控制。混凝土拌和时间应通过试验确定，其最少拌和时间可参考表5-12。

表5-12　　　　　　　　　　　混凝土最少拌和时间

拌和机容量 Q /m³	最大骨料粒径 /mm	最少拌和时间/s	
		自落式拌和机	强制式拌和机
$0.8 \leqslant Q \leqslant 1$	80	90	60
$1 < Q \leqslant 3$	150	120	75
$Q > 3$	150	150	90

注　1. 入机拌和量应在拌和机额定容量的110%以内。
　　2. 加冰混凝土的拌和时间应延长30s（强制式15s），出机的混凝土拌和物中不应有冰块。

在混凝土拌和生产中，应对各种原材料的配料称量进行检查记录，每8小时不应少于2次；混凝土的拌和时间每4小时检查一次；混凝土组成材料的偏差按水工混凝土施工的有关规定；混凝土的坍落度每4小时检测1～2次，偏差应符合规范规定；引气混凝土的含气量，每4小时检测一次，含气量偏差允许范围为±1.0%；混凝土拌和物的温度、气温和原材料温度每4小时检测一次。

（5）拌和站（楼）。混凝土用量大的工地，常建立拌和站（楼），集中拌制混凝土。拌和站（楼）根据其组成部分在竖向的布置方式不同，分为单阶式和双阶式两类，如图5-14所示。单阶式是原料一次提升到顶后，经储料斗靠自重下落进入称量和搅拌工序，最后将熟料卸入底部的运输工具中。由于称量与拌和等系统在一个楼状建筑物中，故称为拌和楼。其优点是生产效率高，占地少，自动化程度高；缺点是结构复杂，投资大，一般大型拌和楼均采用单阶式布置。双阶式布置（拌和站），材料需要提升两次，搅拌机多为

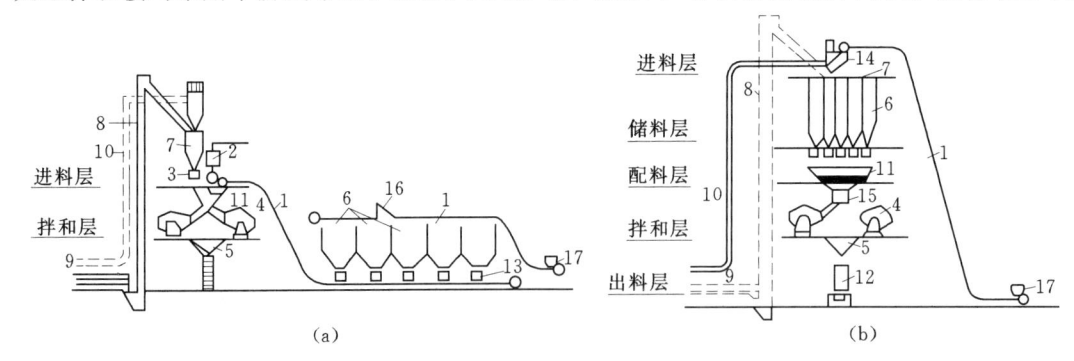

图5-14　混凝土拌和楼布置方式
(a) 双阶式；(b) 单阶式

1—皮带机；2—水箱及量水器；3—水泥料斗及磅秤；4—搅拌机；5—出料斗；6—骨料仓；7—水泥仓；8—斗式提升机输送水泥；9—螺旋输送机输送水泥；10—风送水泥管道；11—集料斗；12—混凝土吊罐；13—配料器；14—回转漏斗；15—回转喂料器；16—卸料小车；17—进料斗

单列布置。其建筑高度小,运输设备简单,投产快;但效率和自动化程度较低,占地面积大,中、小型工程多采用双阶式。

布置时,拌和站(楼)应尽可能靠近浇筑地点,减少运输距离,避免对周围环境产生污染,并满足爆破安全距离的要求;妥善利用地形来减少工程量,少占地,主要建筑物应建在稳定、坚实、承载力足够的地基上;要统筹兼顾前后期的施工要求,减少施工干扰,避免中途搬迁。

三、混凝土运输

(一) 基本要求

混凝土运输设备及运输能力,要与拌和、浇筑能力、仓面具体情况相适应。施工运输时要求混凝土不发生离析,运抵仓面后混凝土还应有足够的有效浇筑时间。混凝土运输包括水平运输和垂直运输。

由于运输中的振动,极易引起粗骨料下沉而砂浆上浮的分离现象;混凝土自由下落高度过大,会使粗骨料互相击碎,并造成砂浆与粗骨料分离;风吹日晒会损失水分降低和易性;暴露在低温中会使混凝土受冻破坏,因此,混凝土运输过程的基本要求如下:

(1) 混凝土运输设备及运输能力的选择,应与拌和、浇筑能力,仓面具体情况相适应,以便充分发挥整个系统施工机械的设备效率。

(2) 所用的运输设备,应使混凝土在运输过程中不发生分离、漏浆、严重泌水、过多温度回升和坍落度损失;在运输混凝土期间,运输工具必须专用,行驶要平稳,装载的混凝土的厚度不应小于40cm;如发生离析,在浇筑之前应进行二次搅拌。

(3) 同时运输两种以上混凝土时,应设置明显的区分标志。

(4) 混凝土在运输过程中,应尽量缩短运输时间及减少转运次数。掺普通减水剂的混凝土,运输时间不宜超过表5-13的规定。严禁在运输途中和卸料时加水。

表5-13 混凝土运输时间

运输时段的平均气温/℃	混凝土运输时间/min	运输时段的平均气温/℃	混凝土运输时间/min
20~30	45	5~10	90
10~20	60		

(5) 在高温或低温条件下,混凝土运输工具应设置遮盖或保温设施,做好防晒、防雨、防风、防冻,以避免天气、气温等因素影响混凝土质量。

(6) 不应使混凝土料从1.5m以上的高度自由跌落。超过时,要设置溜槽、溜管缓降或其他措施,以防止骨料分离。

(二) 输送机械

混凝土输送机械用来把拌制好的混凝土及时、保质地输送到施工现场。对于集中搅拌的或商品混凝土,由于输送距离较长且输送量较大,为了保证混凝土不产生初凝和离析等降质情况,常用混凝土搅拌输送车等专用输送机械,而对于采用分散搅拌或自设混凝土搅拌点的工地,一般可采用手推车、机动翻斗车、皮带运输机或起重机等机械输送。

1. 水平运输设备

(1) 手推车。一般常用的双轮手推车的容积为0.07~0.1m³,载重约200kg,主要用于小型工程工地场内水平运输。

(2) 机动翻斗车。机动翻斗车主要用于工地内的短距离下的水平运输,容量约 $0.45m^3$,载重量约 1000kg。

(3) 混凝土搅拌运输车。混凝土的搅拌运输车是一种用于长距离输送混凝土的高效能机械。在运输途中,混凝土搅拌筒始终在不停地做慢速转动,从而使筒内混凝土拌和物可连续得到搅动,以保证混凝土在长途运输后,不致产生离析现象。在运输距离很长时,也可将混凝土干料装入筒内,在运输途中加水搅拌,以减少由于长途运输而引起的混凝土坍落度损失。

(4) 皮带运输机。皮带运输机(包括塔带机、胎带机等)可将混凝土直接运送入仓,也可作为转料设备。直接入仓浇筑混凝土主要有固定式和移动式两种。固定式即用钢排架支撑多条胶带通过仓面,每条胶带控制浇筑宽度 5~6m,每隔几米设置刮板,混凝土经过溜筒垂直下卸。移动式为仓面上的移动梭式胶带布料机与供应混凝土的固定胶带正交布置,混凝土经过梭式胶带布料机分料入仓,皮带机运输混凝土有关参数见表 5-14。

表 5-14　　　　　　　　皮带机运输混凝土有关参数

皮带运输机类型	骨料最大粒径 /mm	皮带机速度 /(m/s)	最大向上倾角	最大向下倾角
塔带机(或顶带机)	150	3.15~4	26°	12°
胎带机	150	2.8~4	22°	10°
常规皮带输送机	80	1.2 以内	15°	7°
深槽皮带	150	3.4		

皮带运输机设备简单、操作方便、成本低、生产率高;但运输流态混凝土时容易分层离析,砂浆损失较为严重,骨料分离严重;薄层运输与大气接触面大,容易改变混凝土的温度和含水量,影响使用质量。使用皮带运输机运输混凝土,应遵守下列规定:

1) 混凝土运输中应避免砂浆损失,必要时适当增加配合比的砂率。

2) 当输送混凝土的最大骨料粒径大于 80mm 时,应进行适应性试验,满足混凝土质量要求。

3) 皮带运输机卸料处应设置挡板、卸料导管和刮板。

4) 皮带运输机布料应均匀,堆料高度应小于 1m。

5) 应有冲洗设施,及时清洗皮带上黏附的水泥砂浆,并防止冲洗水流入仓内。

6) 露天皮带机上宜搭设盖棚,以免混凝土受日照、风、雨等影响;低温季节施工时,应有适当的保温措施。

皮带运输机运输混凝土是一种连续工作,生产效率高,适用于地形高差大的工程部位,动力消耗小,操作管理人员少。但施工中平仓振捣要及时,且一旦发生故障全线停运,停留在胶带上的大量混凝土难以处理,运送预冷混凝土温度回升大,混凝土很难满足设计要求。

2. 垂直运输设备

混凝土的垂直运输又称为入仓运输,主要由起重机械来完成,常用的机械如下:

（1）履带式起重机和轮胎式起重机。履带式起重机可由挖掘机改装而成，也有专用系列，起重量10～50t，工作半径为10～30m。轮胎式起重机型号品种齐全，起重量8～300t，工作半径一般为10～15m。履带式起重机和轮胎式起重机提升高度不大，控制范围小，但转移灵活，适应狭窄地形，在开工初期能及早使用，适用于浇筑高程较低的部位和零星分散小型建筑物的混凝土。

（2）门式起重机。门式起重机是一种大型移动式起重设备。它的下部为钢结构门架，门架下有足够的净空（7～10m），能并列通行两列运输混凝土的平台列车。门架底部装有车轮，可沿轨道移动。门架上面是机身，包括起重臂、回转工作台、钢索滑轮组（或臂架连杆）、支架及平衡重等。整个机身通过转盘的齿轮作用，可水平回转360°。我国水利工程常用的10t丰满门式起重机如图5-15所示。

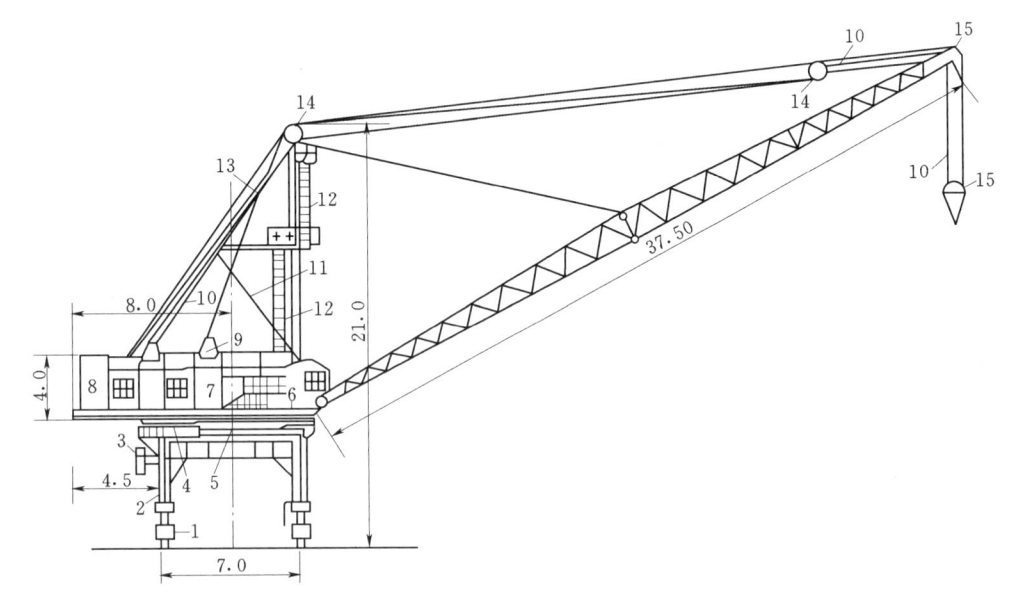

图5-15　10t丰满门式起重机结构图（单位：m）
1—车轮；2—门架；3—电缆卷筒；4—回转机构；5—转盘；6—操纵室；7—机器间；
8—平衡重；9、14、15—滑轮；10—起重索；11—支架；12—梯；13—臂架升降索

门式起重机运行灵活、起重量大、控制范围大，在大、中型水利工程中应用广泛。在大型工程中，也常常用到10/30t高架门式起重机，如图5-16所示。工程中采用的一些高架门式起重机起重高度可达70m，常配合栈桥用于浇筑高坝和大型厂房，如三峡工程采用的MQ600、MQ6000、SDMQ1260等门式起重机。

（3）塔式起重机。塔式起重机是在门架上装置高达数十米的钢塔，用于增加起重高度。起重臂一般水平，起重小车（带有吊钩）可沿起重臂水平移动，用以改变起重幅度，如图5-17所示。塔机可靠近建筑物布置，沿着轨道移动，利用起重小车变幅，其控制范围是一个长方形的空间。但塔机的起重臂较长，相邻塔机运行时的安全距离要求大，相邻中心距不小于34～85m。塔机适用于浇筑高坝，并可将多台塔机安装在不同的高程上。

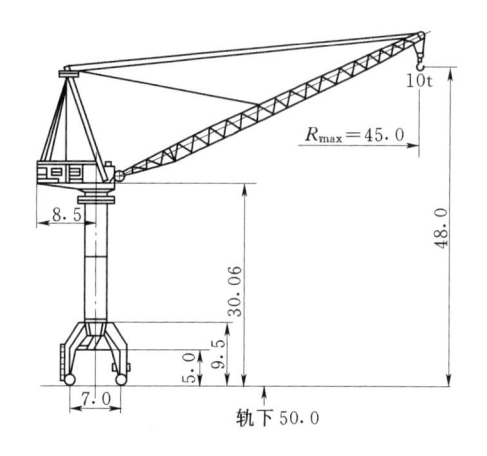

图 5-16 10/30T 高架门式起重机结构图（单位：m）

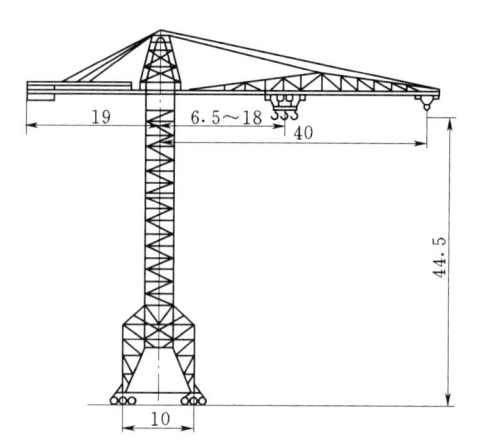

图 5-17 10/25T 塔式起重机结构图（单位：m）

（4）缆式起重机。缆式起重机主要由缆索系统、起重小车、主塔架、副塔架等组成，如图 5-18 所示。主塔内设有机房和操纵室。缆索系统是缆机的主要组成部分，包括承重索、起重索、牵引索等。缆机的类型，一般按主、副塔的移动情况划分，有固定式、平移式、辐射式和摆塔式四种。缆机适用于狭窄河床的混凝土坝浇筑，它不仅具有控制范围大、起重量大、生产率高的特点，而且能提前安装和使用，使用期长，不受河流水文条件和坝体升高的影响，对加快主体工程施工具有明显的作用。

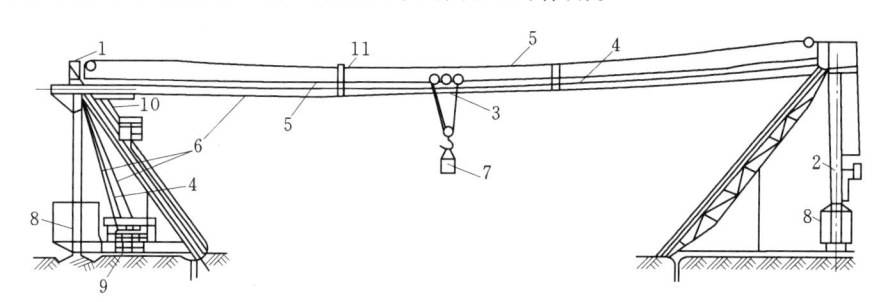

图 5-18 缆式起重机结构图
1—主塔；2—副塔；3—起重小车；4—承重索；5—牵引索；6—起重索；
7—重物；8—平衡重；9—机房；10—操纵室；11—索夹

混凝土的垂直运输，除上述几种大型机械设备外，还有升高塔（金属井架）、桅杆式起重机及起重量较小的塔机等。小型垂直运输机械在大中型水利工程施工中，通常作为辅助运输手段。

（5）混凝土泵。混凝土泵是一种连续运输机械，可同时完成混凝土的水平运输和垂直运输任务。混凝土泵有多种形式，常用的是活塞式混凝土泵。活塞式混凝土泵按照驱动方式的不同，可分为机械驱动和液压驱动两种；按缸体数目可分为单缸、双缸两种；多用可双缸液压式活塞泵；按移动方式，常用活塞泵有拖移式混凝土泵机和自行式混凝土泵车两种。

第三节 混凝土制备与运输

混凝土泵适用于断面小、配筋密的混凝土结构，以及施工场地狭窄、浇筑仓面小、其他设备不易达到的部位混凝土浇筑，水利工程施工中常用于隧洞或地下厂房混凝土衬砌施工。

使用混凝土泵运输混凝土，对于泵送混凝土的原材料及配合比有较高要求：细骨料宜用中砂，且应尽可能采用河砂；粗骨料最大粒径一般不得超过管径的1/3；泵送混凝土宜掺适量粉煤灰；所用的外加剂应有利于提高混凝土的可泵性，但不得影响混凝土的强度；泵送混凝土配合比除了应满足设计要求的强度、耐久性外，还应具有可泵性；对于泵送混凝土坍落度以10～20cm为宜，砂率宜为38%～45%，水灰比宜为0.40～0.60，最小水泥用量宜为300kg/m³。

泵送混凝土系统主要由混凝土泵、输送管道和布料装置组成。泵送混凝土施工过程中，要注意防止导管堵塞，泵送应连续进行。泵送完毕，应将混凝土泵和输送管清洗干净。泵送混凝土施工因水泥用量较多，故成本相对较高；泵送混凝土坍落度大，混凝土硬化时干缩量大；在输送距离、浇筑面积上，也受到一定限制。

（三）辅助设备

运输混凝土的辅助设备有吊罐、集料斗、溜槽、溜管、溜筒等，用于混凝土装料、卸料和转运入仓，对于保证混凝土质量和运输工作顺利进行起着相当大的作用。

1. 溜槽与振动溜槽

溜槽为一铁皮槽子，用于高度不大的情况下滑送混凝土，可以将皮带机、自卸汽车、吊罐等运输来料转运入仓。其坡度由试验确定，一般为45°左右。采用溜槽时，应在溜槽末端加设1～2节溜管，防止混凝土料在下滑过程中分离。振动溜槽是在溜槽上附有振动器，每节长4～6m，拼装总长达30m，坡度15°～20°。

2. 溜管与振动溜管

溜管由多节铁皮管串挂而成，每节长0.8～1m，上大下小，相邻管节铰挂在一起，可以拖动。采用溜管卸料可起到缓冲消能作用，防止混凝土料分离和破碎；还可以避免吊罐直接入仓，碰坏钢筋和模板。

溜管卸料时，其出口离浇筑面的高差应不大于1.5m，并利用拉索拖动均匀卸料，但应使溜管出口段（约2m长）与浇筑面保持垂直，以避免混凝土料分离。随着混凝土浇筑面的上升，可逐节拆卸溜管下端的管节。溜管卸料多用于断面小、钢筋密的浇筑部位，其卸料半径为1～1.5m，卸料高度不大于10m。振动溜管与普通溜管相似，但每隔4～8m的距离装有一个振动器，以防止混凝土料中途堵塞，其卸料高度可达10～20m。

使用溜管、溜槽运输混凝土时，还应遵守下列规定：

（1）溜管、溜槽内壁应光滑，开始浇筑前应用砂浆润滑溜管、溜槽内壁；当用水润滑时应将水引出仓外，仓面必须有排水措施。

（2）使用溜管、溜槽，应经过试验论证，确定出口高度与合适的混凝土坍落度。

（3）溜管、溜槽宜平顺，每节之间应连接牢固，应有防脱落保护措施。

（4）运输和卸料过程中，应避免混凝土分离，严禁向溜管、溜槽内加水。

（5）当运输结束或溜管、溜槽堵塞经处理后，应及时清洗，且应防止清洗水进入新浇混凝土仓内。

第四节 混凝土施工

混凝土浇筑主要有仓面准备、入仓铺料、平仓与振捣等工序。在建筑物地基处理符合设计要求后,可进行混凝土浇筑仓面准备工作。

一、浇筑仓面准备

1. 地基表面处理

对于土基,应先将开挖基础时预留下来的保护层挖除,并清除杂物,再浇筑素混凝土垫层。施工时应加强基坑明排水及井点排水,确保基底以下 50cm 内土层干燥,并在临近浇筑前挖去表层 5cm 左右预留的保护土层。如为非黏性土壤地基,若湿度不够,应至少浸湿 15cm 深,使其湿度与最优强度时的湿度一样。

岩基在浇筑前应清除岩石的松动、软弱、尖棱等部分,直至质地坚硬的新鲜岩面,同时以高压水、气冲净岩石面的油渍、污泥和杂物,以利混凝土与岩石结合牢固。如岩石有渗水,应设法封堵、拦截;如有压或量大,难于堵截,可沿周边打排水孔导走,也可竖向埋管抽水,或待管内水位升至一定高度后自行平衡渗压,在新浇混凝土凝固后灌水泥砂浆封孔。清洗后的岩基,在混凝土浇筑前应保持洁净和湿润。

对于黏土岩等风化极快的地基,如不能在风化前迅速浇混凝土覆盖,应用湿草袋覆盖或预留保护层,浇筑前临时挖去或暴露后,立即喷涂 2~3cm 厚水泥砂浆。

对于砂砾地基,应清除杂物,平整基础面,并浇筑 10~20cm 厚的低强度混凝土垫层,以防止漏浆。

2. 施工缝处理

混凝土构筑物体积较大时,因散热要求立模受限制,不得不沿垂直或水平方向分次浇筑,形成中断一定时间再浇的临时水平分隔面,称为施工缝,也是新老混凝土之间的结合面。施工缝上老混凝土的表面往往有一薄层灰白色的软弱乳皮,在续浇上部混凝土时,为了保证建筑物的整体性,必须先将其清除干净,形成石子半露而不松动的清洁糙面,以利新老混凝土结实牢固。

基岩面和施工缝面在浇筑第一层混凝土之前,可铺水泥砂浆、小级配混凝土或同等强度等级的富砂浆混凝土,保证新混凝土与岩基或老混凝土施工缝面的结合良好。

施工缝的处理主要有凿毛、刷毛、高压水冲毛、风砂枪喷毛等。

(1) 凿毛。待混凝土凝固后,用人工锤或风镐凿去乳皮称为凿毛,凿深一般为 1~2cm,然后用高压水清洗干净。凿毛以浇筑后 32~40h 进行为宜。这种方法处理的缝面质量好,但效率低、劳动强度大,多用于工程的狭窄部位、垂直缝面及钢筋密集部位。

(2) 刷毛。用钢丝刷刷去乳皮称为刷毛,一般应在初凝后适当时间,即人不致踩坏混凝土面而又能刷动乳皮时进行。刷毛质量好、损失混凝土少,但钢丝刷消耗多,且适合刷毛的时间短,较难掌握。大中型工程往往采用刷毛机,工效大为提高。

(3) 高压水冲毛。高压水冲毛采用 25~50MPa 的高压水冲击混凝土面乳皮。此法效率高,施工方便,也可采用低压水,但采用低压水时间不易掌握,过早冲掉的混凝土多、损耗大,过晚冲不动,影响缝面结合。

第四节 混凝土施工

施工中应根据水泥品种、混凝土强度等级和当地气温来确定冲毛的时间，一般春秋季节，在浇筑完毕后10~16h开始，夏季掌握在6~10h，冬季则在18~24h后进行。

(4) 风砂枪喷毛。将经过筛选的粗砂和水装入密封的砂箱，再通入风压为0.4~0.6MPa的压缩空气，压缩空气与水、砂混合后，经喷枪喷出，使混凝土表面形成糙面。喷毛一般在混凝土浇筑后24~48h内进行，质量好且工效较高，但劳动条件差。

施工缝经过处理后，应用压力水冲洗干净，排除积水，使其表面无渣、无尘，才能浇筑混凝土。

开始浇筑混凝土前，还应对模板、钢筋、预埋件的数量、位置以及安设质量进行检查，与浇筑有关的运输道路、机具设备、施工人员、风、水、电供应及照明等均应就绪，以保证浇筑工作正常进行。

二、入仓铺料

浇筑混凝土时为避免发生离析现象，混凝土自高处倾落的自由高度不应过大。混凝土铺料应厚度均匀，便于保证振捣质量。在压力钢管、竖井、孔道、廊道等的周边及顶板浇筑混凝土时，混凝土应对称均匀上升。

入仓铺料常采用平层铺料法、台阶浇筑法和斜层浇筑法。工程中结合仓面资源配置情况，应优先采用平层铺料法。

(1) 平层铺料法。平层铺料法指每一层都是沿着仓面长边方向从一端一直铺到另一端，周而复始，水平上升，直至达到规定的浇筑高程为止，如图5-19所示。混凝土浇筑坯层厚度（每层混凝土的铺料厚度）要根据振捣器可振深度、混凝土供料强度、浇筑速度、气温等因素确定，通常层厚30~50cm。平层法应用最广，但要求供料强度较大。

混凝土铺料应保证每一浇筑层在初凝之前就能被覆盖上一层混凝土，并振实为整体，否则超过初凝时间，先浇混凝土表面将产生乳皮，成为薄弱的新老混凝土浇筑结合面，这种结合面通过振捣也无法消除。工程中把混凝土浇筑中因超过初凝时间导致混凝土抗剪、抗拉、抗渗能力大为降低的这种薄弱结合面称为冷缝，施工中应严加防止。保证浇筑中不出现冷缝的供料（浇筑）强度公式如下：

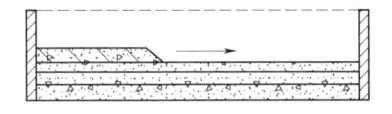

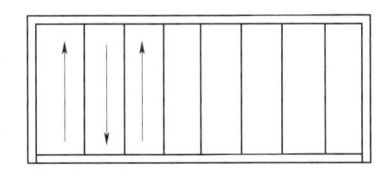

图 5-19 平层铺料法示意图

$$Q \geqslant \frac{Fh}{KT} = \frac{Fh}{K(t_1 - t_2)} \tag{5-4}$$

式中 Q——需要的混凝土供料强度，m^3/h；
F——混凝土铺筑面面积，m^2；
h——铺层厚度，m；
T——混凝土的有效浇筑时间，即入仓铺料完成至初凝的时间间隔，h；
t_1——混凝土初凝时间，h；
t_2——混凝土运输时间，即从拌和机出料至入仓铺料完成的时间，h；
K——混凝土运输延误系数，取0.8~0.9。

(2) 台阶浇筑法。当采用平层铺料浇筑时，若供料强度出现不足，为了防止冷缝出现，应考虑采用台阶法进行浇筑。台阶浇筑法的铺料顺序是从仓位的一端开始，向另一端推进，并以台阶形式，边向前推进，边向上铺筑，阶梯宽度不宜小于2m，浇筑块高度一般在1.0～2.0m之间，直至浇到规定的厚度，把全仓浇完，如图5-20所示。台阶浇筑法的最大优点是缩短了混凝土上、下层的间歇时间，铺料暴露面积较小，受外界环境影响小；但其在平仓振捣时，易引起砂浆顺坡向下流动，为减少其不利影响，应采用流动性较低的混凝土。台阶浇筑法既适用大面积仓位的浇筑，也适用于通仓浇筑。台阶浇筑法的层数以3～5层为宜，阶梯长度不小于3m。

(3) 斜层浇筑法。当浇筑仓面大、混凝土初凝时间短，混凝土拌和、运输、浇筑能力不足时，也可以采用斜层浇筑法，如图5-21所示。斜层浇筑法由于平仓和振捣使砂浆容易流动和分离。为此，应使用低流态混凝土，浇筑块高度一般限制在1～1.5m以内，同时应控制斜层法的层面斜度不大于10°。

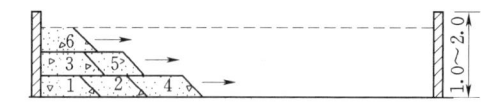

图5-20 台阶浇筑法示意图　　　　图5-21 斜层浇筑法示意图

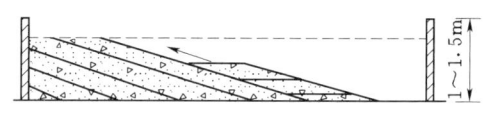

施工中，还需注意以下几点：

1) 检验浇筑中混凝土是否超过初凝时间，工程现场常进行现场重塑试验。重塑标准：用振捣器振捣30s，周围10cm内能泛浆且不留孔洞。如果重塑则仍可浇筑上层混凝土，若已经超过了初凝时间，必须停浇按施工缝处理。

2) 出现因故供料强度突然降低，或气温骤升使初凝时间缩短的现象，应立即采取措施，如减薄铺层厚度、改变铺料方法、在已浇混凝土表面铺砂浆并振捣，或掺加缓凝剂延长初凝时间等。表5-15给出了掺普通减水剂混凝土的允许间歇时间，可供参照使用。

表5-15　　　　　　　　　　混凝土的允许间歇时间

混凝土浇筑时的气温 /℃	允许间歇时间/min	
	中热硅酸盐水泥、硅酸盐水泥、普通水泥	低热矿渣硅酸盐水泥、矿渣硅酸盐水泥、火山灰质硅酸盐水泥
20～30	90	120
10～20	135	180
5～10	195	—

三、平仓振捣

1. 平仓

将卸入仓内的成堆混凝土，按要求厚度摊平的过程称为平仓。入仓混凝土应及时平仓，不得堆积。仓内如有粗骨料堆叠时，应均匀地分散至砂浆较多处，但不得以水泥砂浆覆盖，以免造成蜂窝。对于坍落度较小的混凝土，仓面较大且无模板拉条干扰时，可吊入小型履带式推土机平仓，一般还可在机后安装振捣器组，平仓、振捣两用，效率较高。有条件时应采用平仓机平仓。

2. 振捣

振捣是影响混凝土浇筑质量的关键工序。振捣的作用在于，借助振捣器产生的高频小振幅振动力强迫混凝土振动，使混凝土拌和物颗粒间的摩擦力和黏结力大大减少，比重大的骨料下沉，互相挤密，密度小的空气和多余水分被排出表面，从而使混凝土密实。

振捣机械按其工作方式分为内部（插入式）振捣器、外部振捣器、表面振捣器和振动台，如图 5-22 所示。

内部振捣器又称为插入式振捣器，使用最广。插入式振捣器有电动软轴式、电动硬轴式和风动式三种。硬轴式和风动式的工作棒直径较大，振动力和振捣范围大，主要用于大、中型工程的大体积少筋混凝土结构，如图 5-23 所示；电动软轴式的重量轻、功率小、灵活方便，常用于狭窄部位或钢筋密集部位。

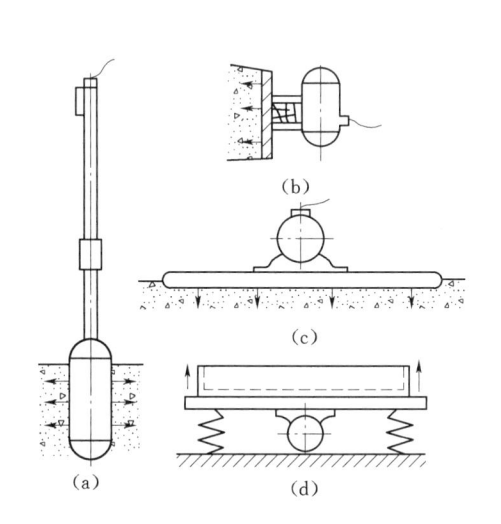

图 5-22 混凝土振捣器示意图
(a) 插入式振捣器；(b) 外部振捣器；
(c) 表面振捣器；(d) 振动台

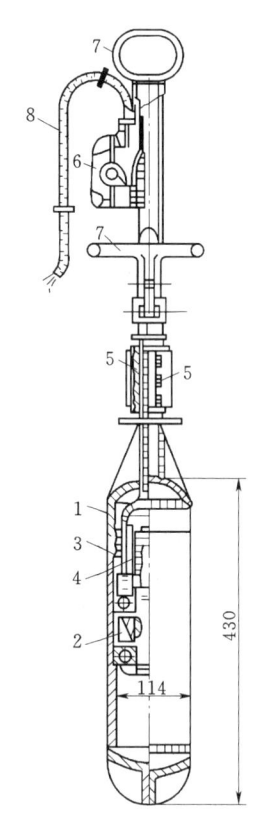

图 5-23 硬轴插入式振捣器示意图（单位：mm）
1—振动棒外壳；2—偏心块；3—电动机定子；
4—电动机转子；5—橡皮弹性连接器；
6—电动机开关；7—把手；8—外接电缆

表面振动器又称平板振动器，由带偏心块的电动机和平板（钢板或木板）组成，在混凝土表面进行振捣，适用于薄板结构。

外部振捣器又称附着式振捣器，这种振捣器是固定在模板外侧的横档和竖档上，偏心块转动时所产生的振动力通过模板传给混凝土，使之密实，适用于钢筋密集或预埋件多、断面尺寸小的构件。使用此种振捣器对模板及其支撑件的强度、刚度、稳定性要求较高。

振动台是一个支撑在弹性支座上的工作平台，在平台下面装有振动机构，当振动机构转动时，带动工作台强迫振动，从而使工作台上的构件混凝土密实。振动台一般用于预制构件厂及实验室。

混凝土平仓振捣机是一种能同时进行混凝土平仓和振捣两项作业的新型混凝土施工机械，如图 5-24 所示。

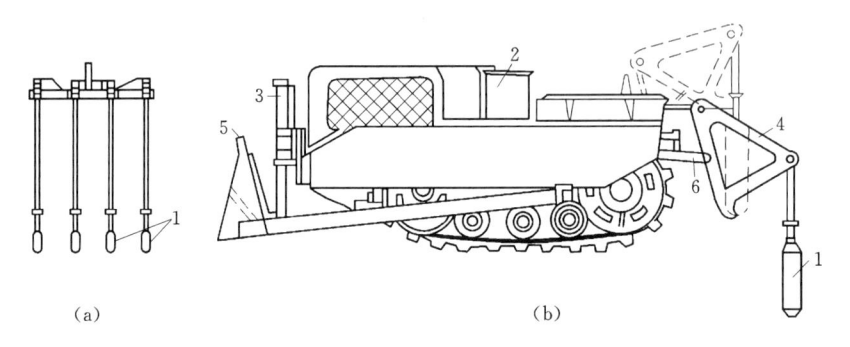

图 5-24 振捣器组和平仓振捣机示意图
(a) 振捣器组；(b) 平仓振捣机
1—振捣器；2—推土机；3—液压缸；4—吊架；5—推土刀片；6—悬吊机构

采用平仓振捣机能代替繁重的劳动，提高振实效果和生产率，适用于大体积混凝土机械化施工；但要求仓面大、无模板拉条、履带压力小，还需要起重机吊运入仓。

混凝土浇筑振捣应注意以下要求：

(1) 混凝土浇筑应先平仓后振捣，严禁以振捣代替平仓。

(2) 振捣器（棒）振捣混凝土应按一定的顺序和间距插点，均匀地进行，防止漏振和重振。振捣器（棒）应垂直插入，快插慢拔；振捣第一层混凝土时，振捣棒应距硬化混凝土面 5cm；振捣上层混凝土时，插入下层混凝土 5cm 左右，以加强层间结合；插入混凝土的间距，应根据试验确定并不应超过振捣器有效半径的 1.5 倍。

(3) 振捣时严禁碰触到模板、钢筋和预埋件，以免引起位移、变形、漏浆，以及破坏已初凝的混凝土与钢筋的黏结。

(4) 在预埋件特别是止水片、止浆片周围，应细心振捣，必要时可辅以人工捣固密实。

(5) 浇筑块的第一层、卸料接触带和台阶边坡的混凝土应加强振捣。

(6) 混凝土振捣应严格掌握时间，防止振捣不足和过振。每点上的振动时间以 15~25s 为宜。

(7) 为了避免漏振，振捣器应在仓面上按一定顺序和间距逐点插入进行振捣，插入点之间的距离不能过大，要求相邻插入点间距不应大于其影响半径的 1.5~1.75 倍。振捣器插入点排列如图 5-25 所示。

振捣标准可按以下现象来判断：混凝土表面不再显著下沉，不出现气泡，表面均匀泛出水泥浆。如振捣时间不够，则达不到振实要求；如过振，则骨料下沉、砂浆上翻，产生离析。

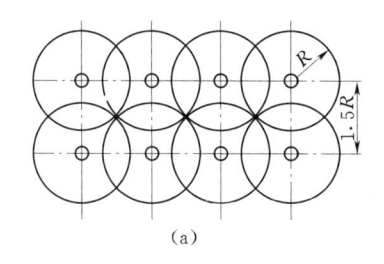

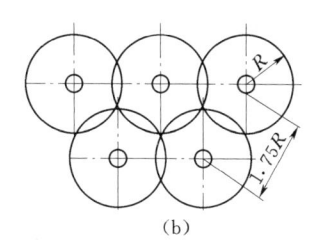

图 5-25 振捣器插入点排列示意图
(a) 正方形排列；(b) 三角形排列

四、养护

混凝土浇筑后，应在一定的时间内保持适当的温度和湿度。浇筑完毕后，应及时洒水养护，以形成混凝土良好的硬化条件，防止水分蒸发过快造成表层混凝土因缺水而停止水化硬结，出现片状、粉状剥落，并产生干缩裂缝，影响结构的整体性、耐久性。

保持表面湿润的养护方法主要是水养护和喷洒养护剂两类。养护剂可阻止混凝土中水分蒸发，保证混凝土水化凝结作用的正常进行，在上层混凝土浇筑前可用水冲掉。

水平面的水养护多用草帘、锯末、砂等覆盖，经常洒水保持湿润。垂直面可用喷头自流或人工用胶管喷水养护。

塑性混凝土一般在浇筑完毕后 6~18h 开始洒水养护。低塑性混凝土宜在浇筑完毕后立即喷雾养护，并及早开始洒水养护。养护时间的长短取决于当地气温、水泥品种和结构物的重要性。如用普通水泥、硅酸盐水泥拌制的混凝土，养护时间不少于 14d；用火山灰质水泥、矿渣水泥拌制的混凝土，养护时间不少于 21d；水利工程中大体积混凝土无论采用何种水泥，养护时间不宜不少于 28d。对于重要部位或有特殊要求的部位，应延长养护时间。冬季和夏季施工的混凝土，养护时间按设计要求进行。冬季应采取保温措施，减少洒水次数，气温低于 5℃ 时，应停止洒水养护。

混凝土的养护通常根据养护工艺进行分类。

1. 自然养护

(1) 覆盖浇水养护。覆盖浇水养护是使用麻袋、草席等覆盖在初凝混凝土的表面，待混凝土终凝后再进行洒水养护的一种方法。

(2) 喷膜养护。喷膜养护是在混凝土表面喷洒 1~2 层养护剂，成膜后使混凝土的蒸发水成为养护用水，适用于面积较大的工程项目。常用的养护剂有过氯乙烯树脂和 LP—37 聚醋酸乙烯。

(3) 铺膜养护。铺膜养护是综合自然养护、喷膜养护、太阳能养护而成的一种简易有效的养护方法，所用的薄膜分内外两层，内层为黑色，外层为带气泡的双层透明薄膜，适用于各种现浇或预制混凝土工程。

2. 热养护

(1) 太阳能养护。太阳能养护通常用于混凝土构件预制厂，其养护时间与同条件的自然养护相比，只需 30%~50% 的时间。

(2) 常压蒸汽养护。常压蒸汽养护通常用于预制混凝土构件生产线或冬期施工。

五、坝体分块浇筑

由于混凝土坝体体积大，浇筑时，因建筑物结构、混凝土材料、施工强度、立模等各种条件限制，很难将整个坝体连续不断地一次性浇筑完毕，同时为防止产生影响坝体整体性的不规则裂缝，需要将坝体分成许多浇筑块分别浇筑。

混凝土坝的分缝分块，应首先根据建筑物的布置，沿坝轴线方向，将坝分为若干坝段，每坝段长为15～20m，坝段之间的缝垂直于坝轴线故称为横缝。横缝应尽量与建筑物的永久缝（伸缩缝、沉陷缝等）相结合，否则，必须进行接缝灌浆。然后每个坝段再用若干平行于坝轴线的缝即纵缝分为若干个坝块，分别进行施工，也可不设纵缝而通仓浇筑。在实际施工中多采用竖缝分块和通仓浇筑两种形式。

坝体分缝考虑的主要原则如下：

(1) 分缝的位置应首先考虑结构布置要求和地质条件。

(2) 纵缝的布置应符合坝体断面应力要求，并尽量做到分块匀称和便于并仓浇筑。

(3) 在满足坝体温度应力要求并具备相应的降温措施条件下，尽量少分纵缝，或在条件允许下，采用通仓浇筑而不分缝。

(4) 分块尺寸的大小应与浇筑设备能力相适应。

(5) 分缝多少和分块大小，应在保证质量和工期要求前提下，通过技术经济比较确定。

混凝土坝段的分块主要有竖缝分块、斜缝分块、错缝分块三种类型，如图5-26所示。

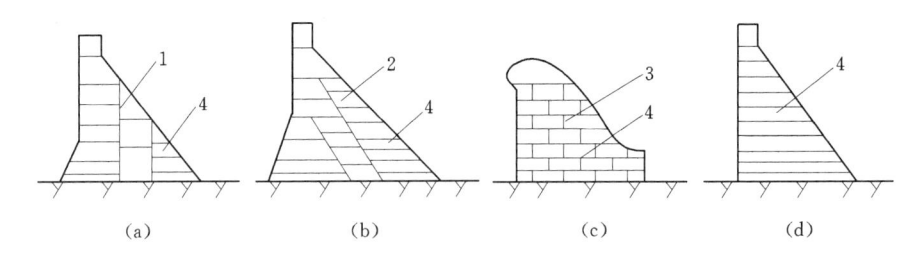

图5-26 纵缝分块形式与通仓浇筑示意图
(a) 竖缝分块；(b) 斜缝分块；(c) 错缝分块；(d) 通仓浇筑
1—竖缝；2—斜缝；3—错缝；4—水平施工缝

1. 竖缝分块

竖缝分块就是用平行于坝轴线的铅直缝或宽槽，把坝段分为若干个柱状体的坝块，如图5-26 (a) 所示。宽槽的宽度一般为1m左右，两侧的柱状体可分别进行施工，互不影响；但宽槽需进行回填，由于宽度较小，施工缝的处理及混凝土的浇筑都比较困难。现多不使用宽槽而采用竖缝接缝灌浆的方法，但灌浆形成的接缝面的抗剪强度较低，往往设置键槽以增加其抗剪能力。键槽的形式有不等边直角三角形和不等边梯形两种。

三角形的键槽模板需安装在先浇块铅直模板的内侧，既便于安装又不致形成易受损的尖角。为使键槽受力较好，若上游块先浇，则键槽面的短边在上；若下游块先浇，长边在上，如图5-27所示。不同于宽槽，若键槽面两侧浇筑块的高差过大，由于两浇筑块的变形不同步造成键槽面的挤压，从而造成接缝灌浆的浆路不通甚至键槽被挤坏，如图5-28

所示,所以需适当控制相邻浇筑块的高差。若上游块先浇,高差一般控制在10~12m,若下游块先浇,由于键槽的长边在上,坡度较缓不利于挤压,一般控制在6m以内。

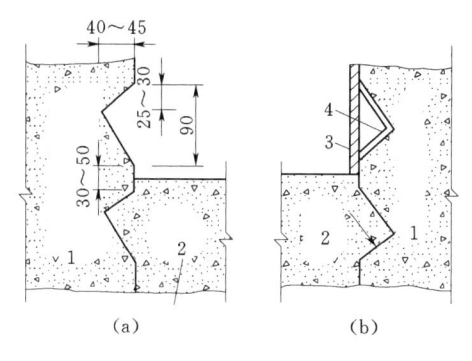

图5-27 键槽模板示意图(单位:cm)
(a)上游块先浇;(b)下游块先浇
1—先浇块;2—后浇块;3—铅直模板;4—键槽模板

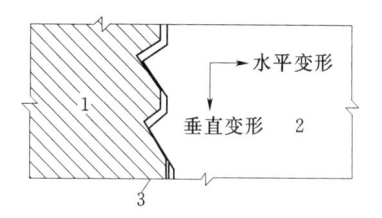

图5-28 键槽面的挤压示意图
1—先浇块;2—后浇块;3—键槽挤压面

由于立模的限制,浇筑块一次浇筑的高度一般不超过3m。为保证灌浆效果,每一浇筑层均设水平止浆片,布置灌浆盒,形成独立的灌浆回路。

2. 斜缝分块

为使斜缝上的剪应力最小,斜缝的布置往往倾向上游或倾向下游,如图5-26(b)所示。倾向上游时不能通到坝的上游面,以免造成渗漏通道,并且为避免由于应力集中造成斜缝的进一步发展,需在上游斜缝终止处布置骑缝钢筋或设置廊道,避免集中应力导致斜缝的延伸发展。由于斜缝上剪应力很小,故斜缝一般无需灌浆。斜缝的缺点是坝块浇筑顺序不如竖缝灵活,若斜缝倾向上游,必须先浇上游再浇下游,若倾向下游,则必须先浇下游再浇上游。

3. 错缝分块

错缝分块就是用错开的竖缝将坝体分成若干个叠置错缝的浇筑块,如图5-26(c)所示,竖缝不贯通无需灌浆。浇筑块通常长20m左右,高1.5~4m,由于浇筑块的体积较小,对供料强度的要求也较小,且小体积的浇筑块散热较快,故温控措施比较简单,因竖缝不贯通,也不需接缝灌浆。错缝分块的缺点是施工时各浇筑块的相互干扰较大,模板工程量大,且由于浇筑块之间温度变形的不同步往往造成较大的相互约束,从而造成温度裂缝,甚至造成竖缝贯通,影响坝体的整体性。目前错缝分块已经很少使用。

4. 通仓浇筑

混凝土坝体施工倾向于不设纵缝而通仓浇筑,如图5-26(d)所示,通仓浇筑是不设纵缝,一个坝段只有一个仓。由于不设纵缝,纵缝板、纵缝灌浆系统以及为达到灌浆温度而设置的坝体冷却设施都可以取消,是一种先进的分缝分块方式。但通仓浇筑,由于浇筑块体积较大,为了避免冷缝,对浇筑设备能力、供料强度等要求较高,且为加强坝体散热,温控措施较复杂。

六、混凝土低温季节施工

混凝土在低温季节施工时,水化反应速度明显减缓,强度增长较慢,若不采取保温防冻措施，其结构会遭到破坏，如强度、抗裂、抗渗、抗冻性均低于正常值。新浇混凝土受冻越早，水灰比越大，强度损失越大。

新浇混凝土如经预先养护，达到一定强度后再遭冻结，其后期强度损失将会减小。一般把遭受冻结，后期抗压强度损失在5%以内所需的预养强度值称为混凝土受冻临界强度。该值对于大体积混凝土应不低于7.0MPa（或成熟度不低于1800℃·h），非大体积混凝土不低于设计强度的85%。为防止新浇混凝土受冻，根据混凝土施工规定，日平均气温连续5d稳定在5℃以下，或最低气温连续5d稳定在−3℃以下时，按低温季节施工，应采取相应的施工措施。除工程特殊需要，日平均气温在−20℃或日最低气温低于−30℃时，不宜进行混凝土施工。

混凝土冬季施工措施归纳起来有三类：蓄热法、外部加热法和掺外加剂法。

1. 蓄热法

利用水泥的水化热和加热原材料的热能，在混凝土浇筑后用适当的保温材料覆盖，防止热量过快散失，从而延缓混凝土的冷却速度，使其在正温下硬化，超过受冻临界强度，达到防冻的目的。

原材料加热应首先加热水，但拌制时水温不得超过60℃，以免水泥假凝。如水温已达60℃，热量尚嫌不足时，或日平均气温稳定在−5℃时，应加热骨料。骨料的加热方法，宜采用蒸汽排管法，粗骨料可以用蒸汽直接加热，但不得影响混凝土的水胶（灰）比。水泥不得加热，运输时尽可能减少转运次数。

防止热量过快散失可选择保温的模板（如木模板等），还可对混凝土构筑物覆以保温材料。保温材料的品种很多，应以导热差、廉价易得者为宜。常用的有草帘、草袋、锯末、炉渣、干松土、矿棉、泡沫塑料、蛭石粉、岩棉、膨胀珍珠岩等。对于地下结构可采用回填土的方法保温。

蓄热法施工简便、经济，它一般适用于不太寒冷（室外日平均气温在−10℃以上）的环境及厚大结构和地下结构等。混凝土冬季施工时，应首先考虑采用蓄热法。

2. 外部加热法

外部加热法主要有蒸汽加热、电加热、暖棚加热、远红外加热和空气加热等。

（1）蒸汽加热法就是通过向预先在模板与混凝土之间预设的套膜，或混凝土中预留的孔道内通入蒸汽进行养护。这种方法需要锅炉、管道等，耗能较高，费用高，一般只用于预制构件厂。

（2）电加热法可在混凝土中每隔一定间距插入电极（$\phi 6 \sim \phi 12$短钢筋），接通电流，利用新浇混凝土本身的电阻变电能为热能进行加热；还可通过加热电热器或电热模板对混凝土进行加热养护；还可通过交变电磁场使铁质的钢筋及模板产生感应电动势及涡流电流，电流再变为热能加热混凝土。电热法设备简单、施工方便，但耗电量大、费用高，应慎重选择并注意安全。

（3）暖棚加热法是在混凝土浇筑地点，用保温材料搭设暖棚，使暖棚内温度提高。

（4）远红外加热法是利用$5.6 \sim 1000 \mu m$的远红外线对新浇混凝土或模板进行辐射加热。

（5）空气加热法是通过火炉或热风机对新浇混凝土进行加热，空气加热法往往与暖棚相结合，这种方法设备简单、施工方便、费用低廉。

3. 掺外加剂法

掺外加剂法是在混凝土中掺入外加剂，使其在负温条件下继续硬化而不受冻害的方法。掺外加剂的作用是使水泥产生抗冻、早强、催化、减水等效用，使之在一定负温范围内还能继续水化，从而使混凝土的强度逐步发展。

冬季施工中常用的外加剂有氯化钠、氯化钙、硫酸钠、亚硝酸钠等，多数情况由几种材料配成复合剂使用，其中氯盐因对钢筋有腐蚀作用，掺量和使用范围应有所限制。

混凝土冬季施工常常选择以上方法中的两种或多种结合使用。在混凝土的整个冬季施工过程中都应采取必要的措施，如拌和混凝土前，用热水或蒸汽冲洗拌和机；浇筑混凝土前，将老混凝土面或基岩加热至正温；仓面处理用热风枪或机械方法，而不用水枪或风水枪；尽量缩短混凝土暴露在外界的时间，并对运输工具加设保温措施等。

混凝土冬季施工应经过技术经济比较，选择最优的方案，并作出严密的施工组织设计。

七、混凝土高温季节施工

夏季气温较高，混凝土运输中易早凝，有效浇筑时间短而易产生冷缝；大体积结构温度升高，内外温差及与基础的温差大，易因表面拉应力和基础约束应力而导致温度裂缝，破坏结构的整体性。

为保证混凝土建筑物施工质量，在夏季混凝土施工时可采取下列措施：

（1）材料方面。采用低热水泥（如大坝水泥）；掺塑化剂、减水剂、粉煤灰或采用大级配混凝土、低流态混凝土以减少水泥用量；采用水化速度慢的水泥及掺缓凝剂，以防止水化热的集中产生；预冷骨料，用井水或用冰屑拌和以降低入仓温度；选择施工配合比时，提高混凝土的早期抗裂能力；还可通过在大体积混凝土内部埋设块石，在建筑物的不同部位采用不同强度等级的混凝土等方法降低混凝土的散热量。

（2）施工措施方面。可采取的措施有高堆骨料，廊道取料；缩短运输时间；运输中加盖防晒设施；在雨后或夜间浇筑；仓面喷雾降温；浇后覆盖保温材料防晒；合理选择浇筑块体积，开设散热槽；降低基础混凝土和老混凝土约束部位的浇筑层厚度（1~2m），并加大层间间歇时间（5~10d）。

八、雨季混凝土施工

混凝土工程在雨季施工，为了防止雨水对混凝土水灰比的影响，工程中往往采取以下措施：首先，砂石料仓应排水通畅，并增加骨料含水率的测定次数，以便及时对拌和水用量作出调整；其次，运输工具应有防雨及防滑措施，浇筑仓面应有防雨措施，并备有不透水覆盖材料。在雨季，应及时了解天气预报，及早作出安排。

在小雨天气进行浇筑时，应加强仓内排水和防止周围雨水进入仓内；适当减少混凝土拌和水用量和出机口混凝土的坍落度，必要时应适当缩小混凝土的水胶（灰）比。

中雨以上的雨天不得新开混凝土浇筑仓面，有抗冲耐磨和有抹面要求的混凝土不得在雨天施工。在浇筑过程中，遇大雨、暴雨，应立即停止进料，已入仓的混凝土应振捣密实后立即进行遮盖。雨后必须首先排除仓内积水，对受雨水冲刷的部位应立即处理，若混凝土还能重塑，应加铺接缝混凝土后浇筑，否则按施工缝处理。

第五节 特殊混凝土施工

特殊混凝土施工一般是指水下混凝土施工、预填骨料压浆混凝土施工、流态混凝土施工、碾压混凝土施工等。

一、水下混凝土施工

现浇混凝土桩、防渗墙、水下建筑修补及其他临时性水下建筑物，常须进行水下混凝土浇筑。

水下混凝土浇筑，必须防止水掺混到混凝土中，加大水胶（灰）比或冲失水泥浆，降低混凝土强度。水下浇筑很难振捣，主要靠混凝土自重和下落的冲击作用来挤密，因此要求混凝土有良好的流动性及抗泌水和抗分离的性能。为避免水泥被冲走，浇筑区域内的水应是静止的或流速很小的。

水下浇筑混凝土的方法有导管法、袋装迭置法、开底容器法、混凝土泵压法等。最基本的方法是导管法，如图 5-29 所示。

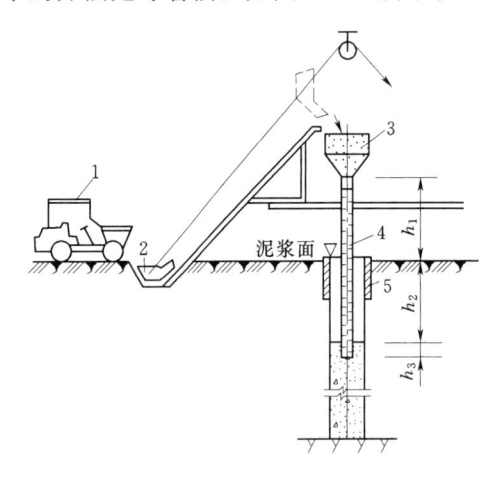

图 5-29 导管法水下浇筑混凝土示意图
1—翻斗车；2—料斗；3—储料漏斗；
4—导管；5—护筒

导管法灌注混凝土桩的施工布置和步骤如下：先将导管沉至其下口离基面 5～10cm 处，并在储料斗下口安一布包的木球塞（或空心橡胶、塑料球），用铁丝吊住；然后向储料斗中注满混凝土，剪断铁丝，混凝土即挤压球塞沿导管迅速下落，稍提导管，球塞即自管口逸出，混凝土随之涌出挤升一定高度，并将管口埋没；此后，须连续浇筑混凝土，并随孔中混凝土面的上升相应提升导管和卸去上段各管节。浇筑时导管下口应始终埋入混凝土 0.8～1.0m，且管内混凝土压力应始终高于管外混凝土及水柱或泥浆柱的压力，防止水或泥浆顺管壁挤入管中，这样只有最开始涌出在表面的混凝土与水或泥浆接触，保证了后浇混凝土的质量。如混凝土供应因故中断时间较长、导管拔空或泥浆挤入形成断柱，则应待已浇混凝土的强度达 2.5MPa 并清理混凝土表面软弱部分后，才允许继续浇筑。浇完后混凝土的顶面应高出设计标高 20～50cm，硬结后再将超出的部分清除（因该部分一直与水或泥浆接触强度很低）。

当浇筑面积过大（如地下连续墙）时，可用数根导管同时工作，浇筑时应保持各管浇筑的混凝土面均衡上升。导管为直径 200～300mm、壁厚 2.5～3.5mm、每节长 1～3m 的普通钢管，用橡胶衬垫的法兰连接，不得漏水，导管上口必须高出桩孔内水面或泥浆面 2～3m。

水下浇筑要求混凝土流动性好，坍落度应控制在 16～22cm，用掺木钙、糖蜜、加气剂等外加剂来改善和易性和延长初凝时间。水下混凝土宜选用颗粒细、泌水率小、收缩性小的水泥（如硅酸盐水泥、普通水泥），水泥用量一般达 350kg/m³ 以上，水胶（灰）比 0.55~0.66。细骨料宜选用石英含量高、颗粒浑圆，具有平滑筛分曲线的中砂，砂率宜为 40%~47%。粗骨料最好用卵石，当需要增加水泥砂浆与骨料的胶结力时，可掺入 20%~25% 的碎石，粗骨料最大粒径不宜大于管径的 1/5，且不宜超过 40mm。

导管法只适于水深 1.5m 以上，且导管口必须埋入混凝土一定深度的情况，导管随混凝土面的上升而逐渐上提，不能左右移动。而与水接触部分混凝土也因受水的冲洗而发生水泥浆的流失，造成表层混凝土强度降低，底层与基础黏结不牢。用导管法浇筑混凝土时，其表层强度损失可达 50%，在间歇施工时，常因此要清除掉 15~45cm 厚的表层水下混凝土，或对某些结构至少每边预留 15cm 厚低质量与水直接接触的混凝土，造成浪费。20 世纪 70 年代以来，德国最先研究混凝土本身性能的改善来提高水下混凝土施工质量，使其具有直接与水接触而各组成材料不分散的能力。1974 年，德国率先在工程上使用并命名水下不分散混凝土（non dispersible concrete, NDC）。

水下不分散混凝土主要是通过加入一些拌和料或外加剂来改善水下混凝土的性能。由于直接与水接触各组分材料也不会分散，强度也不会降低，水下不分散混凝土的施工较普通水下混凝土的施工简单，可采用各种管道，如挠性软管进行浇筑，并允许有一定的自由落差（30~50cm）。施工过程中，可由潜水员通过操纵软管控制浇筑位置，并在混凝土表面沉实和自流平终止后进行混凝土表面的抹平等作业，如图 5-30 所示。

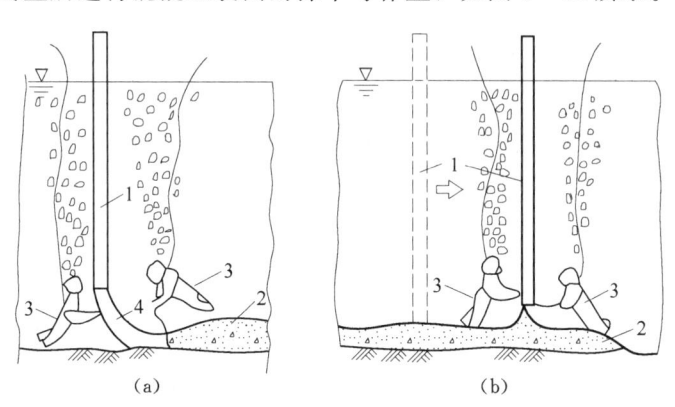

图 5-30 NDC 浇筑示例图
(a) 软管浇筑；(b) 移动硬管连续浇筑
1—混凝土管（硬管）；2—已浇筑的混凝土；3—潜水员；4—挠性软管

二、预填骨料压浆混凝土施工

预填骨料压浆混凝土也称为压浆混凝土，是将粗骨料填放在待浇体内，用配制好的砂浆通过输浆管压入粗骨料空隙，胶结硬化而成的混凝土。压浆混凝土适用于结构钢筋密布、预埋件复杂的部位，不便采用导管法的水下混凝土浇筑，修补加固混凝土和钢筋混凝土结构物，以及其他不易浇筑和捣实的部位。

压浆混凝土对材料有一定的要求：所用粗骨料的最小粒径应不小于 2cm，以免空隙过小，影响砂浆压入；粗骨料应按设计级配填放密实，尽量减少空隙率以节省砂浆；所用细骨料的粒径超过 2.5mm 者应予筛除，以免砂浆压入困难；砂浆中应掺混合材料及有关外加剂，使其具有良好的流动性，以期在较低压力下能压入粗骨料空隙中；砂浆中应掺入适量的膨胀剂，在初凝前略微膨胀，使混凝土更加密实。

压浆管一般竖向布置，距模板不宜小于1.0m，以免对模板造成过大侧压力，管距一般为1.5~2.0m，模板应接缝严密，防止漏浆。

砂浆用柱塞式或隔膜式砂浆泵压送，灌浆压力一般为0.2~0.5MPa，压浆应自下而上，且不得间断，浆体上升速度应保持在每小时50~100cm范围内。压浆部位应埋设观测管、排气管，以检查压浆效果。

三、流态混凝土施工

流态混凝土是在坍落度低的普通混凝土中，掺入适量的流化剂而成，其坍落度可大于18~20cm，具有明显的流动性。

流态混凝土的主要特点是：在水及水泥用量不变的情况下，掺入流化剂，坍落度将大幅度提高，可自流平仓；各龄期的强度较常态混凝土均有提高；与高坍落度的普通混凝土比，砂浆含量多，因此硬结过程中收缩量较小、裂缝少；流化剂具有显著的减水作用，在保持水胶（灰）比不变，具有同样坍落度条件下，与普通混凝土相比，可大量节省水泥；有很好的黏滞稳定性，不会分层离析，既适于自流平仓，又有利于泵送，且密实性好，不用振捣，减少了施工噪声。由于流态混凝土施工方便，浇筑速率高，在各种建筑物中应用越来越广。

流化剂是流态混凝土的关键材料。其主要特点是引气性低，无缓凝性，无毒，对钢筋无腐蚀，对水泥有高度分散作用，可降低水的表面张力，使混凝土拌和物在同样坍落度条件下，单位体积需水量显著减少。它很适于配制高流动性、高强度、高抗渗性混凝土，而且常用水泥品种均可适应，并能与早强剂、加气剂复合使用。

混凝土的坍落度随流化剂掺量的增加而增大。流化剂的掺量可为水泥用量的0.3%~0.9%，以0.7%为最佳，掺量增多则坍落度的增长趋于平缓。如超过1.0%，混凝土将出现树脂状聚合，反而会影响操作。

流化剂可在搅拌混凝土时掺入，也可后期掺入。流态混凝土的坍落度随掺入后时间的延长而降低，且相同历时时，后掺法的坍落度较大。实践证明，搅拌混凝土时掺入流化剂所获得的坍落度，在混凝土运抵仓面时已有所降低。相比之下，后掺法入仓能获较大的坍落度，对混凝土施工更为有利，但后掺法多了在现场二次拌和的工序，增加了设备和费用。

流态混凝土的泌水量，当只掺流化剂时，与常态混凝土相近；如与加气剂复合掺用，流态混凝土的泌水量显著减少。流态混凝土的初凝时间与常态混凝土相同。流态混凝土对模板的侧压力较大，应增加模板的刚度和稳定性。流态混凝土的配比可直接采用常态混凝土的设计值，只需另按比例加入流化剂即可。

四、碾压混凝土施工

碾压混凝土是一种可以分层铺填、碾压施工的特殊混凝土，具有水泥用量少、粉煤灰掺量高、可大仓面连续浇筑上升、上升速度快、施工工序简单、造价低等特点，但施工工艺要求较高。自20世纪70年代出现碾压混凝土筑坝技术以来，不少国家相继应用这种新技术修筑混凝土坝和大体积混凝土建筑物,取得了丰富经验。我国于 20 世纪 80 年代开始进行这种技术的试验,经历了试验、探索、推广应用和创新等过程,在筑坝实践和基础理论研究方面已取得显著成效。

(一) 碾压混凝土材料要求

1. 水泥等胶凝材料

碾压混凝土一般采用硅酸盐水泥或矿渣硅酸盐水泥,优先采用散装水泥,水泥强度等级不低于 42.5,水泥运输及存放场地应有防雨及防潮设施,存放时间不应超过 3 个月。

碾压混凝土胶凝材料中掺合料所占的重量比,在外部碾压混凝土中不宜超过总胶凝材料的 55%,在内部碾压混凝土中不宜超过总胶凝材料的 65%。碾压混凝土的总胶凝材料用量不宜低于 130kg/m³,水胶比一般小于 0.70。

近年来,低热具有微膨胀性能的硅酸盐水泥,及大掺量粉煤灰是碾压混凝土施工的新趋势。粉煤灰掺用量一般在 50%~70%,具体掺用量应按照其质量等级、设计要求及通过试验论证确定。粉煤灰要求达Ⅰ、Ⅱ级灰的标准,无粉煤灰资源时,可以采用符合要求的凝灰岩、磷矿渣、高炉矿渣、尾矿渣、石粉等。

2. 集料

与常态混凝土一样,可采用天然集料或人工集料。砂料要质地坚硬、级配良好。细骨料的细度模数一般要求控制在 2.2~2.9(人工砂)或 2.0~3.0(天然砂),人工砂中的石粉($d\leqslant0.16$mm 的颗粒)含量(占细集料的重量比)以 10%~22% 为宜,天然砂的含泥量($d<0.08$mm 的颗粒)应不大于 5%。碾压混凝土对砂子含水率的控制要求比常态混凝土严格,拌和时砂子的含水率应不大于 6%。砂子含水量不稳定时,碾压混凝土施工层面易出现局部集中泌水现象。

碾压混凝土的粗集料最大的粒径,三级配不大于 80mm,二级配不大于 40mm。迎水面用碾压混凝土自身作为防渗体时,一般在一定宽度范围内采用二级配碾压混凝土。

3. 外加剂

碾压混凝土的外加剂具有十分重要的作用,外加剂的性能以缓凝作用为主,减水作用次之。碾压混凝土的初凝时间一般要求大于 12h,减水效果一般要求在 12%~20% 范围内。碾压混凝土宜掺用复合外加剂,夏天施工选用缓凝减水为主型外加剂,有抗冻要求的混凝土采用引气型外加剂。

(二) 碾压混凝土配合比

1. 对碾压混凝土的要求

(1) 混凝土质量均匀,施工过程中粗集料不易发生分离。

(2) 工作度适当,拌和物较易碾压密实,混凝土容重较大。

(3) 拌和物初凝时间较长,易于保证碾压混凝土施工层面良好黏结,层面物理力学性能好。

(4) 混凝土的力学强度、抗渗性能等满足设计要求,具有较高的拉伸应变能力。

(5) 对于外部碾压混凝土,要求具有适应建筑物环境条件的耐久性。

(6) 碾压混凝土配合比经现场试验后调整确定。

2. 碾压混凝土配合比设计参数的常用取值

(1) 掺和料掺量及胶凝材料用量。粉煤灰等掺和料掺量一般不超过65%，否则应该做专门试验确定。胶凝材料总用量一般取120～160kg/m³，大体积永久建筑物碾压混凝土的胶凝材料用量不宜低于130kg/m³。

(2) 水胶比。根据各工程材料和技术要求的不同应该有所差别，必须通过试验确定。国内各工程所使用的水胶比不超过0.70。

(3) 砂率。碾压混凝土砂率一般比常态混凝土高，使用天然砂石料时，三级配碾压混凝土的砂率为28%～32%，二级配时为32%～37%；使用人工砂时，砂率应增加3%～6%。

(4) 单位用水量。单位用水量不仅与混凝土的可碾性直接联系，而且与经济性相关，故在满足可碾性要求的情况下，通常取较小的单位用水量，以节约水泥和掺合料。三级配碾压混凝土，用水量为70～110kg/m³。

(5) VC值。振动压实指标（工作度或VC值）是碾压混凝土的一个重要指标，它是通过改良型维勃实验，在规定频率的振动台上达到合乎标准的时间值，一般以秒（s）计。通过大量的试验实践证明：当VC值小于40s时，碾压混凝土的强度随VC的增大而提高，当VC值大于40s时，碾压混凝土的强度随VC的增大而降低。

工程中为了保证碾压混凝土的可碾性、容易泛浆以及层面结合质量，拌和物现场VC值在5～12s比较合适。考虑到运输过程和不同气温条件，以及骨料的吸水率等因素对拌和物VC值的影响，推荐的搅拌机口VC值为5～12s。实际施工时，考虑各种因素的综合影响，搅拌机口VC值可低于5s。

碾压混凝土的坍落度等于零，其施工特点主要表现在以下方面：

(1) 由于坍落度为零，混凝土浆量又小，对振动碾压机械既有足够的承载力，又不至于像普通塑性混凝土那样受振液化而失去支持力。

(2) 由于水泥用量少，水化热总量小，而且薄层（25～70cm）浇筑，有利散热，可有效地降低大体积混凝土的水化热温升，温控措施简单，节省大量投资。

(三) 碾压混凝土施工工艺

碾压混凝土施工方法和常态混凝土施工相比，区别较大，其施工工艺流程如图5-31所示，施工作业流程如图5-32所示。

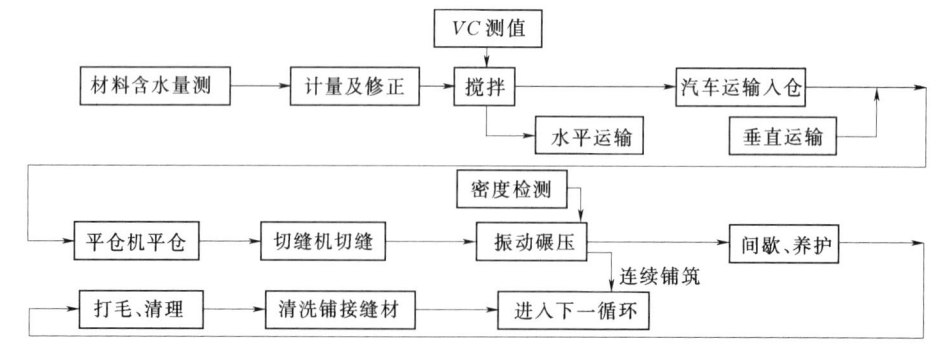

图5-31 碾压混凝土施工工艺流程图

第五节　特殊混凝土施工

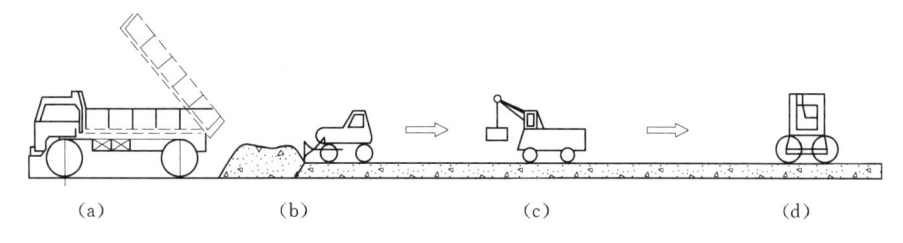

图 5-32　碾压混凝土施工作业流程图
(a) 自卸汽车供料；(b) 平仓机平仓；(c) 切缝机切缝；(d) 振动碾压实

1. 模板施工

碾压混凝土施工模板可采用翻升模板、预制混凝土模板、自升模板等，所采用的模板应能承受碾压产生的侧压力，且不影响碾压混凝土施工质量，不干扰其他施工作业。模板在使用时必须进行清洗上油，以使混凝土的外表清洁光滑。

2. 混凝土拌制

碾压混凝土可采用强制式或自落式搅拌设备拌和，也可采用连续式搅拌机拌和。其拌和时间一般比常态混凝土延长 30s 左右，因此拌和楼生产碾压混凝土时的生产率比常态混凝土低 10% 左右。同时拌制时，各种材料的投料顺序和搅拌时间必须通过拌和物的均匀性实验来确定。拌和物在卸入运输工具时，卸料出口与运输工具之间的自由落差应小于 2m。

3. 混凝土运输

碾压混凝土运输可采用自卸汽车、皮带输送机、真空溜槽、混凝土吊罐、缆机、门机、塔机等机具。自卸汽车运料直接入仓面时，在入仓前应对轮胎进行清理冲洗，并防止将污水带入仓面。真空溜槽垂直输送混凝土应保证溜槽的真空度，定期更换橡胶软皮，严格控制溜槽的下料速度。仓面上的运输汽车应保持清洁，加强保养维修，保持车况良好，无漏油、漏水现象。

4. 卸料

碾压混凝土施工采用大仓面薄层连续铺筑。汽车进仓卸料时，宜采用退铺法依次卸料，宜按梅花型依次堆放，先卸 1/3，移动 1m 左右位置，再卸 2/3，卸料应尽可能均匀，堆旁出现的分离骨料，应由人工或其他机械将其均匀摊铺到未碾压的混凝土面上。仓面的卸料位置一般应由专人负责，控制卸料的密度，卸料堆的边缘与模板的距离不应小于 1.2m。

5. 平仓与碾压

碾压混凝土在仓面可用薄层连续铺筑或间歇铺筑，铺筑方法宜采用平层通仓法。浇筑时，一般按条带摊铺，铺料条带宽根据施工强度确定，一般为 4~12m，铺料厚度为 35cm，压实厚度为 30cm，采用吊罐入仓时，卸料高度不宜大于 1.5m。铺料后常用平仓机或平履带的大型推土机平仓，也可用铲运机运输、铺料和平仓，平仓厚度应控制在 30cm 左右。为解决一次摊铺产生集料分离的问题，可采用二次摊铺，即先摊铺下半层，然后在其上卸料，最后摊铺成 35cm 的层厚。采用二次摊铺后，对料堆之间及周边集中的集料经平仓机反复推刮后，能有效分散，再辅以人工分散处理，可改善自卸汽车铺料引起的集料分离问题。

平仓完成后立即开始采用振动平碾碾压，振动碾一般选用自重大于10t的大型双滚筒自行式振动碾，碾压方式可采用"无振—有振—无振"的方法，振动碾的行进速度控制在1.0~1.5km/h。碾压遍数通过现场试碾确定，一般为无振2遍加有振6~8遍，连续上升铺筑的碾压混凝土，层间允许间隔时间应控制在混凝土初凝之前，且混凝土从拌和到碾压完毕的时间不应大于2h。坝体迎水面3~5m范围内，碾压方向应垂直于水流方向，其余部位也宜垂直于水流方向，碾压作业应采用搭接法，搭接宽度为10~20cm，端头搭接宽度为100cm。边角部位采用小型振动碾压实。碾压作业完成后，用核子密度仪检测其密度，达到设计要求后进行下一层碾压作业；若未达到设计要求，立即重碾，直到满足设计要求为止。施工中尽可能加快混凝土的运输速度，缩短仓面作业时间，做到在下一层混凝土初凝前铺筑完上一层碾压混凝土。碾压机在碾压过程中，如碾压层面由于水分蒸发而导致混凝土VC值偏大，发生久压不泛浆时，应利用碾压机上自带水箱，在碾压混凝土表面进行喷水补偿碾压，以达到碾压表面充分泛浆。

采用碾压施工法可以大大提高工程的施工速度，适用于大体积结构，特别是重力坝的施工。国内普遍采用一种坝型，"金包银式"碾压混凝土重力坝。所谓的"金包银"就是在重力坝的上下游一定范围，在孔洞及其他重要结构的周围采用强度高、抗渗好、抗磨好，但成本高的常态混凝土（普通混凝土），是为"金"，重力坝的内部采用成本相对低廉的碾压混凝土，是为"银"，如图5-33所示。

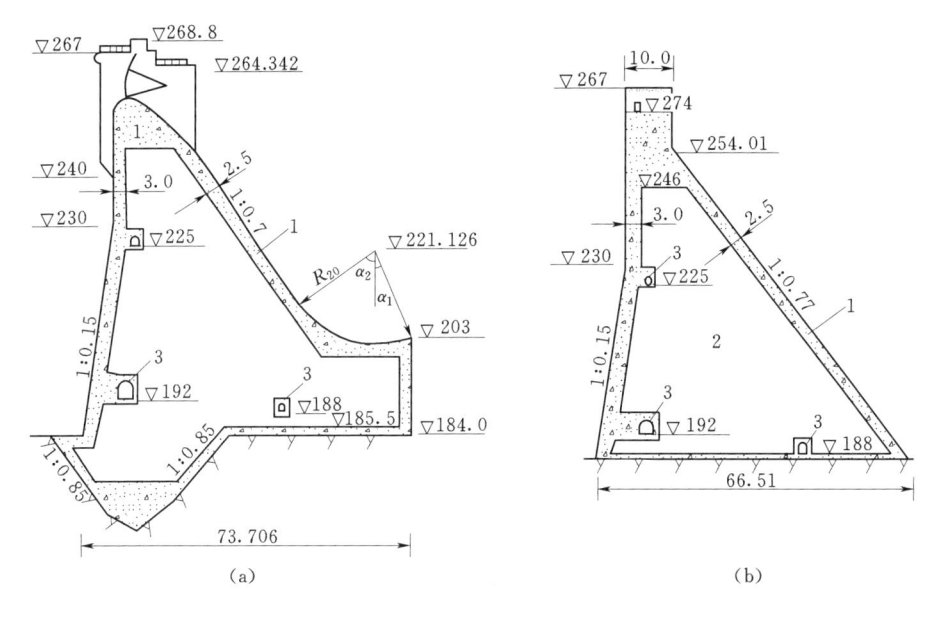

图5-33 "金包银"断面型式（高程：m，尺寸：m）
(a) 溢流坝；(b) 挡水坝
1—常态混凝土；2—碾压混凝土；3—廊道

当采用"金包银"法施工时，在周边常态混凝土与内部碾压混凝土结合面，尤其要注意保证接头质量。两种混凝土应交叉浇筑，并应在两种混凝土初凝之前振捣或碾压完毕。

6. 造缝

碾压混凝土一般采取几个坝段形成的大仓面通仓连续浇筑上升，坝体不设纵缝，采用切缝机切割坝段之间的横缝（缝内填设金属片或其他材料），埋设隔板或钻孔填砂形成，或采用其他方式设置诱导缝。切缝机切缝时，可采取先切后碾或先碾后切，成缝面积不少于设计缝面的60%。埋设隔板造缝时，相邻隔板间隔不大于10cm，隔板高度宜比压实层面低2~3cm。钻孔填砂造缝是待碾压混凝土浇筑完一个升程后，沿分缝线用手风钻造诱导孔，填缝材料一般采用塑料膜、铁片或干砂。

7. 碾压层面结合施工

碾压混凝土层面一般有两种，一种是连续碾压的临时施工层面，一般不需要处理；另一种是正常的间歇面，层面处理采用刷毛或冲毛清除乳皮，露出无浆膜的骨料，铺设一层10~15mm厚的垫层。垫层材料可选择水泥砂浆、粉煤灰水泥砂浆，或水泥净浆、水泥粉煤灰净浆等。

为改善碾压层面结合的状况，可采用下列措施：

(1) 铺筑面积确定情况下，提高碾压混凝土的铺筑强度。

(2) 配料时采用高效缓凝减水剂，以延长碾压混凝土的初凝时间。

(3) 气温较高时，采用斜层摊铺法铺料，以缩短层间间隔时间。

(4) 提高碾压混凝土拌和料的抗分离性，防止骨料分离及混入软弱颗粒。

(5) 防止外来水流入层面，做好防雨工作。

(6) 冬季注意防冻，夏秋季注意防晒。

(四) 碾压混凝土施工的质量控制

碾压混凝土施工过程中的质量控制主要有配料的质量控制、混凝土拌制质量控制、仓面浇筑质量控制、硬化混凝土试样等。

由于碾压混凝土含水量较低，拌和水量控制比常态混凝土要求更严格，而且混凝土拌和必须保证足够的拌和时间，以利拌和物充分拌和均匀。仓面质量控制的主要内容有卸料、平仓、碾压各项作业的控制，碾压密实度的控制等。

在卸料平仓过程中，应减轻或防止碾压混凝土拌和物骨料分离，严格控制铺料厚度，减少碾压层面的扰动破坏和污染。

1. 卸料、平仓、碾压中的质量控制

碾压混凝土在卸料、平仓、碾压施工过程中，应保证层间结合良好。卸料、铺料厚度要均匀，减少骨料分离，使层内混凝土料均匀，以利充分压实。卸料、平仓、碾压的质量要求与控制措施如下：

(1) 要避免层间间歇时间太长，防止冷缝发生。

(2) 防止骨料分离和拌和料过干。

(3) 为了减少混凝土分离，卸料落差不应大于2m，堆料高不大于1.5m。

(4) 入仓混凝土及时摊铺和碾压。

(5) 常态混凝土和碾压混凝土结合部的压实控制，无论采用先碾压后常态还是先常态后碾压，或两种混凝土同步入仓，都必须对两种混凝土结合部重新碾压。施工中除应注意接缝面外，还应防止常态混凝土水平层面出现冷缝。应对常态混凝土掺高效缓凝剂，使两种材料初凝时间接近，同处于塑性状态，保持层面同步上升，以保证结合部的质量。

（6）每一碾压层至少在6个不同地点，至少每2h检测一次。压实密度可采用核子水分密度仪、谐波密实度计和加速度计等方法检测，目前较多采用核子水分密度仪法进行检测。

2. 碾压混凝土的养护和防护

（1）碾压混凝土浇筑后必须养护，并采用恰当的防护措施，保证混凝土强度迅速增长，达到设计强度。其养护工艺过程参照常态混凝土养护工艺过程。

（2）从施工组织安排上，应尽量避免夏季和高温时施工。

碾压混凝土现场压实质量的检测，采用表面核子水分密度仪或压实密度计。每铺筑100～200m碾压混凝土至少应有一个检测点，每层应有3个以上检测点。测试在压实后1h内进行。

与碾压式土石坝类似，碾压混凝土坝填筑碾压施工中也可利用实时监控技术，实现大坝浇筑碾压质量实时监控。

对于碾压混凝土立模与不立模的选择：立模板容易保证建筑物的外形平整，但限制了施工速度；不立模不易控制建筑物的外形尺寸和表面质量。

第六节 大体积混凝土的裂缝与温度控制

根据我国的相关规范，大体积混凝土的定义为：混凝土结构物实体最小几何尺寸不小于1m的大体量混凝土，或预计会因混凝土中胶凝材料水化引起的温度变化和收缩而导致有害裂缝产生的混凝土。

大体积混凝土主要的特点就是体积大，最小断面的任何一个方向的尺寸最小为1m，它的表面系数比较小，水泥水化热释放比较集中，内部升温比较快。混凝土内外温差较大会使混凝土产生温度裂缝，影响结构安全和正常使用，所以必须从根本上分析它，来保证施工的质量。

水利工程中时常涉及大体积混凝土施工，如混凝土大坝、水闸、厂房等水工建筑物。

一、大体积混凝土的裂缝危害

大体积混凝土施工阶段所产生的温度裂缝，一方面是混凝土内部因素：混凝土在凝结过程中，表面散热快，内部散热慢，形成内外温差，内外体积变化各异，内胀外缩，从而使内外混凝土互相产生约束，特别是混凝土浇筑后外部温度骤降时，这种约束更强。由于这种约束的存在使混凝土的内部产生压应力，外部（表面）产生拉应力，当表面拉应力超过混凝土的抗拉强度时就会产生裂缝即表面裂缝。另一方面是混凝土的外部因素：由基础（岩基或老的混凝土面）对新浇混凝土的温度变形产生的约束称为基础约束。此约束在混凝土温升膨胀时使建筑物与基础接触的部位的混凝土产生压应力，在降温收缩时产生拉应力，混凝土抗压强度较大，但相对来说，混凝土抗拉强度却很小，所以温度应力超过混凝土能承受的抗拉强度时出现的裂缝，称为基础约束裂缝，此种裂缝往往自基础面向上发展。

对于混凝土重力坝来说，裂缝按深度的不同，分为贯穿裂缝、深层裂缝及表面裂缝三

第六节 大体积混凝土的裂缝与温度控制

种，如图 5-34 所示。平行于坝轴线的裂缝若贯穿整个坝段则称为贯穿裂缝，由混凝土表面裂缝发展为深层裂缝，最终形成贯穿裂缝。贯穿裂缝切断了结构的断面，可能破坏结构的整体性和稳定性，其危害性是较严重的。

当裂缝垂直于坝轴线时，切割深度可达 3～5m，称为深层裂缝，此种裂缝部分切断了结构断面，破坏坝体的整体性和防渗性，使坝基的扬压力恶化，有一定危害性。

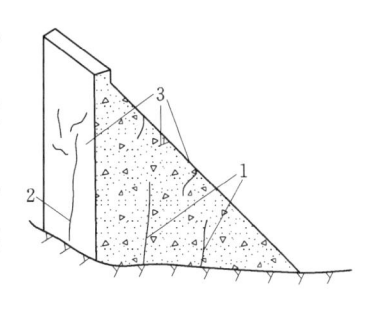

图 5-34 混凝土坝的温度裂缝示意图
1—贯穿裂缝；2—深层裂缝；3—表面裂缝

二、裂缝成因

1. 水泥水化热

水泥在水化过程中要释放出一定的热量，而大体积混凝土结构断面较厚，表面系数相对较小，所以水泥发生的热量聚集在结构内部不易散失，这样混凝土内部的水化热无法及时散发出去，以至于越积越高，使内外温差增大。单位时间混凝土释放的水泥水化热，与混凝土单位体积中水泥用量和水泥品种有关，并随混凝土的龄期而增长，由于混凝土结构表面可以自然散热，实际上内部的最高温度，多数发生在浇筑后的 3～5d。

2. 外界气温变化

大体积混凝土在施工阶段，它的浇筑温度随着外界气温变化而变化，特别是气温降低，会大大增加内外层混凝土温差，这对大体积混凝土是极为不利的。温度应力是由于温差引起温度变形造成的，温差越大，温度应力也越大。同时，在高温条件下，大体积混凝土不易散热，混凝土内部的最高温度一般可达 60～65℃，并且有较长的延续时间。因此，应采取温度控制措施，防止混凝土内外温差引起的温度应力。

3. 混凝土的收缩

混凝土收缩的主要原因是内部水蒸发引起混凝土收缩。混凝土中约 20% 的水分是水泥硬化所必需的，而约 80% 的水分要蒸发，这种蒸发会引起混凝土体积的收缩。如果混凝土收缩后，再处于水饱和状态，还可以恢复膨胀，并几乎达到原有的体积。干湿交替会引起混凝土体积的交替变化，这对混凝土结构是很不利的。影响混凝土收缩的因素主要是水泥品种、混凝土配合比、外加剂和掺合料的品种以及施工工艺（特别是养护条件）等，在施工过程中要重视上述影响因素。

三、大体积混凝土施工温度控制

为避免温度裂缝的产生，混凝土在施工时可采取下列措施：

（1）材料方面。

1）粗骨料宜采用连续级配，细骨料宜采用中砂，预冷骨料用冰屑拌和以降低入仓温度。

2）采用水化速度慢的水泥及掺缓凝剂，以防止水化热的集中产生；外加剂采用缓凝剂、减水剂；掺和料宜采用粉煤灰、矿渣粉等以减少水泥用量。

3）大体积混凝土在保证混凝土强度及坍落度要求的前提下，应提高掺和料及骨料的含量，以降低单方混凝土的水泥用量。

4）选择施工配合比，提高混凝土的早期抗裂能力；还可通过在大体积混凝土内部埋设块石,建筑物的不同部位采用不同强度等级的混凝土等方法降低混凝土的散热量。

5)水泥应尽量选用水化热低、凝结时间长的水泥,优先采用中热硅酸盐水泥、低热矿渣硅酸盐水泥、矿渣硅酸盐水泥、粉煤灰硅酸盐水泥、火山灰硅酸盐水泥等。在选用矿渣水泥时,应尽量选择泌水性的品种,并应在混凝土中掺入减水剂,以降低用水量。在施工中,应及时排出析水,或拌制一些干硬性混凝土均匀浇筑在析水处,用振捣器振实后,再继续浇筑上一层混凝土。

(2)施工措施方面。

1)可采取的措施有高堆骨料、廊道取料。

2)运输中加盖防晒设施,在雨后或夜间浇筑,仓面喷雾降温,浇后覆盖保温材料防晒。

3)合理选择浇筑块体积,开设散热槽;降低基础混凝土和老混凝土约束部位的浇筑层厚度(1~2m),并加大层间间歇时间(5~10d)。

4)大体积混凝土宜采用整体分层或推移式连续浇筑施工。整体分层连续浇筑或推移式连续浇筑,应缩短间歇时间,并在前层混凝土初凝之前将后浇混凝土浇筑完毕。层间间歇时间不应大于混凝土初凝时间,混凝土初凝时间应通过试验确定。当层间间歇时间超过混凝土初凝时间时,层面应按施工缝处理。

5)大体积混凝土可采取预埋冷却水管及加强水养护等措施。预埋冷却水管是将直径为20~25mm的钢管弯制成盘蛇形状,按照水平、垂直间距1.5~3m预埋在混凝土中,待混凝土发热时通水冷却降温,如图5-35所示。有的工程采用塑料拔管代替,即塑料管充气埋入混凝土中,待混凝土凝结、塑料管放气后,拔出塑料管形成过水通道,通地下水或者人工冷却水降温,如图5-36所示。

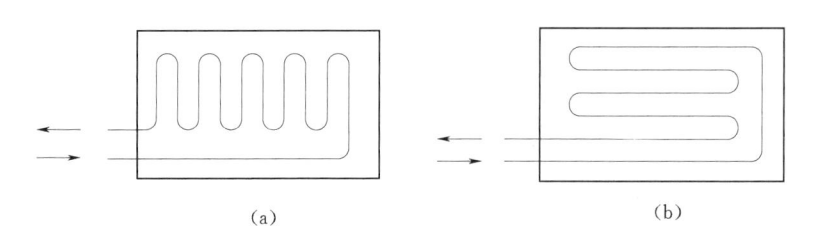

图5-35 冷却水管的布置图
(a)纵向布置;(b)横向布置

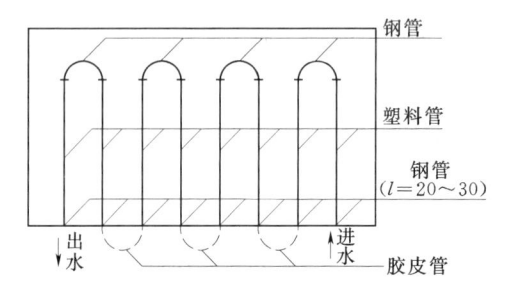

图5-36 塑料拔管的布置图

第七节 混凝土施工质量检测与控制

一、混凝土质量检测

为了保证混凝土工程质量，必须对混凝土生产的各个环节进行检测、控制，消除质量隐患。混凝土的质量检测主要包括混凝土在施工中的检测、混凝土的强度检验及混凝土建筑物的质量监测。

1. 混凝土施工中的检测

检测内容包括：水泥品种、生产日期及强度等级，砂、石的质量及含泥量，混凝土配合比、配料精度、搅拌时间、坍落度、运输振捣过程中有无分层离析，混凝土的振捣、养护等环节。规范对上述各环节的检查频率、方法、控制标准都作了详细的规定。检查频率一般要求在每一工作班至少两次。原材料检测项目和混凝土检测项目及抽样次数见表5-16和表5-17。

表5-16　　　　　　　　原材料检测项目一览表

材料名称	检测项目	取样地点	抽样频数	检测目的	控制目标
水泥	强度、凝结时间、安定性、稠度、细度	水泥库	1次/(200~400)t	检定出厂水泥质量是否符合国家标准	
	快速检定强度等级	拌和厂	1次/浇筑块或1次/400t	验证水泥活性	
混合材料	细度、需水量比、烧失量、密度、强度比	仓库	1次/(200~400)t或1次/d	检定活性，评定均匀性	
砂	表面含水率	拌和厂	1次/2h	调整混凝土加水量，筛分厂生产控制，调整配合比	±0.5%
	细度模数	拌和厂、筛分厂	1次/班		±0.2%
	含泥量	拌和厂、筛分厂	必要时		
石	超、逊径	拌和厂、筛分厂	1次/班	筛分厂生产控制，调整配合比	
	含泥量	拌和厂、筛分厂	必要时	筛分厂生产控制	
	表面含水率	拌和厂	1次/2h	调整混凝土加水量	
外加剂	有效物含量（或密度）	拌和厂	1次/班	调整加入量	

表5-17　　　　　　　　混凝土检测项目及抽样次数

检测对象	检测项目	取样地点	抽样频数	检测目的
新拌混凝土	坍落度	拌和机口	1次/2h	检测和易性
	水灰比		1次/2h	控制强度
	含气量		1次/2h	调整剂量
	湿度		根据需要	冬夏季施工及温度控制
硬化混凝土	抗压强度（以28d龄期为主，适量7d、90d强度）	拌和机口	1次/4h或1次/(150~300m³)	验收混凝土强度，评定混凝土生产控制水平

在施工中，通过随机抽样方式来真实反映混凝土质量情况。

(1) 检测过程严格遵守操作规程，把试验过程中产生的误差控制在允许范围内。

(2) 检测中确保按照随机抽样，避免抽样过程中的人为因素。

2. 混凝土的强度检验

混凝土养护后，应对其抗压强度通过留置试块做强度试验判定。强度检验以抗压强度为主，当混凝土试块强度不符合有关规范规定时，可以从结构中直接钻芯检验或采用非破损检验等方法作为辅助手段进行强度检验。

(1) 钻芯检验法。当需要对混凝土结构的强度进行复检，或由于其他原因需要重新核对结构的承载能力时，可以在混凝土结构物上直接钻取芯样，做抗压强度试验，以确定混凝土的强度等级。由于芯样是在结构物上直接钻取，因此所得的结果能较真实地反映结构物的强度。

钻取混凝土芯样是采用内径100mm或150mm的金刚石或人造金刚石薄壁钻头钻取芯样，钻取芯样的数量视实际需要而定，取样部位应该避开主筋、预埋件的位置，并应在结构或构件受力较小的部位。对于大体积混凝土取芯，可按每万立方米混凝土钻孔2～10m。钻取芯样法不适用于薄壁结构。

钻芯检验法往往与压水试验相配合。用钻机钻取芯样后，对钻孔进行压水试验，通过测试单位吸水率，判定混凝土的密实度及裂隙的情况。钻芯检验法往往用于大体积混凝土建筑物，对于小构件应以非破损检验法为主，只有在必要时才采用钻芯检验法。

(2) 非破损检验法。

1) 回弹法。回弹法是利用回弹仪，根据事先预测好的硬度-强度曲线，测定结构的抗压强度。但回弹仪测出的是构筑物表层混凝土的强度，与构筑物的整体抗压强度有一定的误差。

2) 超声法。超声法是利用超声波在密实度不同的混凝土中的行进速度不同的原理，将超声波穿过混凝土后，在接收器中记录下来，按事先建立的强度与速度的关系曲线换算成混凝土强度的一种测试方法。超声法的测试结果受到的影响因素较多，误差较大，但它可以准确地检测出混凝土缺陷的位置、大小和性质。

3) 超声回弹综合法。超声回弹综合法是建立在超声波传播速度和回弹值同混凝土抗压强度之间相互联系的基础上的，以声速和回弹值综合反映混凝土的抗压强度，所以可以较好地反映混凝土的整体质量。超声回弹综合法与超声或回弹单一法相比，可以抵消一些影响因素的干扰，互相弥补各自的不足，因此精度高、适应范围广，使用日益广泛。

对于混凝土建筑物除了进行强度检验外，还应采用物理监测、原型观测等方法对建筑物进行质量监测。

3. 混凝土建筑物的质量监测

(1) 物理监测。物理监测就是采用超声波、γ射线、红外线等仪表监测裂缝、孔洞和混凝土的弹性模量。例如，面表仪能监测混凝土构筑物表面以下3m深的混凝土质量，并能够计算动弹性模量及剪切模量。

(2) 原型观测。原型观测指的是在混凝土浇筑时，埋设电阻温度计来监测运行期混凝土内部的温度变化；埋设裂缝计（测缝计）监测裂缝的发展情况；埋设渗压计监测坝基扬压力和坝体渗透压力的大小；埋设应力应变计监测坝体等建筑物的应力应变变化情况；埋设钢筋计监测结构内部钢筋的工作情况。同时，还可对坝体或其他建筑物进行位移、沉降等外部观测。

二、混凝土常见质量问题与控制措施

当混凝土施工完成之后，如发现质量不满足要求，应及时分析原因，采取适当措施加以修补。水利工程中混凝土的常见质量问题如下。

1. 麻面

造成混凝土麻面的主要原因是模板吸水、模板没有刷"脱模剂"、振捣不够（尤其邻近模板的混凝土）。修补的方法一般是先用钢丝刷或压力水清除麻面松软的表面，再用高强度等级的水泥砂浆或环氧树脂砂浆填满抹平，并加强养护。

2. 蜂窝

蜂窝主要是由于材料配比不当、混凝土混合物均匀性差（搅拌不均或分层离析）、模板漏浆或振捣不密实造成的。处理方法是首先去掉附近不密实的混凝土及突出的和松动的骨料颗粒并冲洗干净，然后抹高强度等级水泥砂浆结合层，再用比原强度等级高一级的细石混凝土填塞，用钢筋人工捣实，并加强养护。

3. 孔洞

孔洞往往是由于钢筋非常密集架空混凝土或漏振造成的。处理方法是首先清除孔洞表面不密实的混凝土及突出的和松动的骨料颗粒并冲洗干净，架设模板（必要时加设钢筋）浇筑同强度等级或高一级强度等级的混凝土，并振捣密实，加强养护。当孔洞较隐蔽时可用压力灌浆法进行修补。

4. 裂缝

混凝土发生裂缝的原因较复杂，裂缝的类别主要有表面干缩裂缝和温度裂缝，应根据裂缝的种类分析原因。当裂缝较细、较浅且所在的部位不重要时，可将裂缝加以冲洗，用水泥砂浆或环氧树脂砂浆抹补。当裂缝较宽、较深且所在的部位重要（如过高速水流的部位）时，应沿裂缝凿去薄弱部分，然后采用水泥或化学灌浆。

三、混凝土质量的评定

工程中，对于混凝土结构的质量好坏，通过混凝土的抗压、抗拉、抗渗及抗冻等指标判定。由于混凝土抗压构件的特性，各项指标与抗压指标均有一定联系，因此，在混凝土质量评定时，以抗压强度作为主要指标，具体指标参见相关的工程建设法律与规范。

对涉及混凝土结构安全的重要部位，应进行结构实体检验，检验从取样到实施以及检验单位的资质等，均应满足规范要求。

对混凝土强度的检验，应以在混凝土浇筑地点制备，并与结构实体同条件养护的试件强度为依据，采用非破损或局部破损的检测方法，按国家现行有关标准的规定进行。在混凝土质量检验与评定时应注意以下几点：

（1）现场混凝土质量检验应以抗压强度为主，并以 150mm 立方体试件，标准养护条件下的抗压强度为标准。

（2）混凝土试件以机口随机取样为主，每组混凝土试件应在同一储料斗或运输车箱内取样制作。浇筑地点取一定数量的试件进行比较。

(3) 同强度等级凝土试件取样数量应遵守下列规定：

1) 抗压强度。大体积混凝土 28d 龄期每 500m³ 成型 1 组，设计龄期每 1000m³ 成型 1 组；结构混凝土 28d 龄期每 100m³ 成型 1 组，设计龄期每 200m³ 成型 1 组。每一浇筑块混凝土方量不足以上规定数字时，也应取样成型 1 组试件。

2) 抗拉强度。28d 龄期每 2000m³ 成型 1 组，设计龄期每 3000m³ 成型 1 组。

3) 抗冻、抗渗或其他特殊指标应适当取样，其数量可按每季度施工的主要部位取样成型 1~2 组。

(4) 混凝土强度的检验评定应以设计龄期抗压强度为准，宜根据不同强度等级按月评定，当组数不足 30 组时，设计龄期混凝土抗压强度质量标准见表 5-18。

表 5-18 设计龄期混凝土抗压强度质量标准

项　目		质量标准	
		优良	合格
任何一组试块抗压强度最低不应低于设计值的	$f_{cu.k} \leqslant 20MPa$	85%	
	$f_{cu.k} > 20MPa$	90%	
无筋或少筋（配筋率不超过 1%）混凝土强度保证率不低于		85%	80%
钢筋（配筋率超过 1%）混凝土强度保证率不低于		95%	90%

注　$f_{cu.k}$ 表示混凝土设计龄期的立方体抗压强度标准值。

(5) 混凝土设计龄期抗冻检验的合格率。素混凝土不应低于 80%，钢筋混凝土不应低于 90%；混凝土设计龄期的抗渗检验应满足设计要求。

(6) 混凝土生产质量水平应采用现场试件 28d 龄期抗压强度标准差表示，其评定标准见表 5-19。

(7) 已建成的结构物，应进行钻孔取芯和压水试验。大体积混凝土取芯和压水试验可按每万立方米混凝土钻孔 2~10m，具体钻孔取样部位、检测项目与压水试验的部位、吸水率的评定标准，应根据工程施工的具体情况确定。钢筋混凝土结构物应以无损检测为主，必要时采取钻孔法检测混凝土。

表 5-19 混凝土生产质量水平

评定指标		生产质量水平	
		优良	合格
抗压强度标准差/MPa	$f_{cu.k} \leqslant 20MPa$	≤3.5	≤4.5
	$20MPa < f_{cu.k} \leqslant 35MPa$	≤4.0	≤5.0
	$f_{cu.k} > 35MPa$	≤4.5	≤5.5

【练习与思考】

1. 钢筋冷拉的控制方法有哪些？
2. 钢筋的连接方法有哪些？各有何优缺点？

【练习与思考】

3. 按使用方式模板的分类有哪些?
4. 简述滑模施工的特点、施工工艺及技术要点。
5. 如何确定混凝土施工配合比?
6. 什么是冷缝,怎样避免冷缝?
7. 混凝土出现裂缝时应如何处理?
8. 竖缝分块与通仓浇筑有何不同?各有何特点?
9. 水电站厂房施工有何特点?
10. 如何保证碾压混凝土的质量?

第五章 视频、课件

第六章 隧洞及地下厂房施工

水利工程中有许多地下建筑物，比如隧洞、地下厂房等。这些工程在地下施工，施工场地相对狭小，施工环境和条件比较恶劣，施工过程中干扰大，组织安排比较复杂；施工地质条件复杂，周边岩体安全问题复杂。随着对地下空间的开发利用越来越多，对地下建筑物的施工也提出了更高的要求。

本章主要介绍隧洞及地下厂房施工中的开挖、锚喷支护和衬砌施工等主要问题。

第一节 隧洞的开挖

隧洞是水利工程中常见的建筑物之一，一般可分为过水隧洞和不过水隧洞两类。过水隧洞主要有引水隧洞、导流隧洞、泄洪隧洞等；不过水隧洞主要有交通洞、地下洞库等。隧洞施工主要包括岩体开挖、出渣、临时支护、混凝土衬砌、洞室灌浆及质量检查等，在施工过程中，还要注意施工动力供应、洞内外交通、通风散烟、除尘排水和照明等问题。

由于隧洞多在岩石中开凿，开挖掘进方法有钻孔爆破法和掘进机开挖。钻爆法开挖的施工过程为测量放线、钻孔、装药、爆破、通风散烟、安全检查与处理、装渣运输、洞室临时支护、洞室衬砌或支护、灌浆及质量检查等。衬砌和支护的型式，常用现浇钢筋混凝土衬砌及喷锚支护。

一、开挖方式

隧洞的开挖方式有全断面开挖法和导洞开挖法两种。开挖方式的选择主要取决于隧洞围岩的类别、断面尺寸、施工机械化程度和施工水平。

1. 全断面开挖法

全断面开挖是指整个开挖断面一次钻爆开挖成型，在隧洞断面不大（不超过 $16m^2$），或断面尺寸虽较大，但地质条件好，山岩压力不大，不需要支撑或只需要局部简单支撑，而机械设备又比较完善时，可采用全断面开挖法。

全断面开挖的施工程序是全断面一次开挖成洞，后面紧跟衬砌作业。其施工特点是净空面积大，各工序相互干扰小，有利于机械化作业，施工组织较简单，掘进速度快。但这种方式受到机械设备、地质条件和断面尺寸的限制。

全断面开挖又分为垂直掌子面掘进和台阶掌子面掘进两种，如图 6-1、图 6-2 所示。

垂直掌子面掘进能使用多台钻机或钻孔台车，因而适宜大型机械设备施工。此法采用钻孔台车钻孔，装渣机向电瓶机车牵引的斗车装渣，衬砌采用钢模台车立模，由混凝土泵及其导管运输混凝土进行浇筑。

台阶掌子面掘进是将整个断面分为上、下两层，上层超前 2~3.5m，上下层同时爆破。通风散烟后，迅速清理好台阶上的石渣，就可以在台阶上钻孔，使下层出渣与上层钻

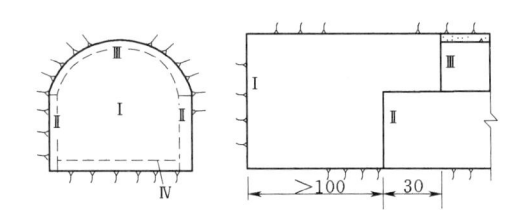

图 6-1 全断面开挖方法（单位：m）
Ⅰ~Ⅳ—开挖及衬砌程序

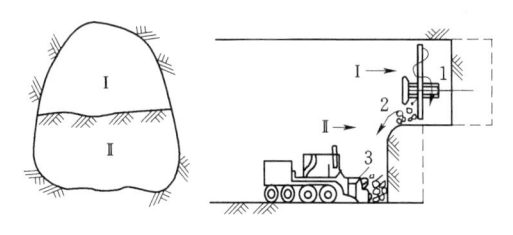

图 6-2 全断面台阶法掘进示意
Ⅰ—上台阶；Ⅱ—下台阶
1—上台阶钻孔；2—扒落石渣；3—出渣后再钻孔

孔同时作业。下层爆破由于增加了临空面，可以少用炸药。这种方式适用于断面较大，围岩稳定性好，但又缺乏钻孔台车等大型机械设备的情况。在掘进过程中要求上、下两层同时爆破，掘进深度应大致相同。

2. 导洞开挖法

在待开挖的隧洞中先开挖一个小断面的洞作为先导，称为导洞，等导洞贯通后，再扩大开挖出设计断面。隧洞较长时，也可在导洞开挖一定距离后，接着进行断面扩大，使导洞开挖与断面扩大相隔 10~15m 的距离同时并进。

根据导洞在横断面位置的不同，分为下导洞、上导洞、中导洞、双导洞等。工程中常用的是下导洞开挖法和上导洞开挖法。

（1）下导洞开挖法。导洞布置在断面的下部，其施工程序如图 6-3 所示。下导洞开挖适用于岩石稳定、地下水较多的情况。其优点是运输方便，上部扩大，可利用岩石自重提高爆破效果，排水容易，开挖与衬砌施工干扰小、施工速度较快；缺点是顶部钻孔比较困难，遇岩石破碎时，施工不够安全。

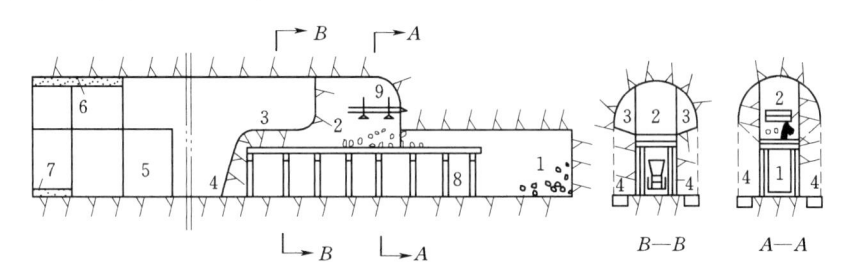

图 6-3 下导洞开挖法施工顺序
1—下导洞；2—顶部扩大；3—上部扩大；4—下部扩大；5—边墙衬砌；
6—顶拱衬砌；7—底板衬砌；8—漏斗棚架；9—脚手架

（2）上导洞开挖法。当地质条件较好时，可以在断面全部挖好后再进行衬砌，并先衬边墙后衬顶拱；当地质条件不好时，应采用边开挖边衬砌、先衬顶拱后衬边墙的顺序，即在同一断面上，开挖与衬砌交叉作业，以确保施工安全。

上导洞开挖适用于岩石稳定性差、地下水不多、机械化程度不高的情况。其优点是顶部开挖规格易于掌握，支撑简单，遇顶部岩石破碎时，可在开挖后立即衬砌，以保证施工安全；缺点是上部排水不方便，开挖与衬砌常互相干扰，施工速度较慢。

常用的上导洞边挖边衬、先拱后墙衬砌法，能及时形成混凝土顶拱，保证后续工序施工安全；但施工干扰大，衬砌整体性差。

导洞一般采用上窄下宽的梯形断面，这样的断面受力条件较好，也便于利用断面底角布置风、水、电等管线。导洞断面尺寸根据开挖、支撑、运输工具的大小和人行通道的布置确定，安全距离不小于20cm。在满足导洞施工的前提下，应尽可能减少断面尺寸，以加快进度，节约炸药用量。

二、炮孔布置与装药量计算

隧洞开挖广泛采用钻孔爆破法。应根据设计要求、地质情况、爆破材料及钻孔设备等条件，做好布置炮孔、确定装药量、选择爆破方法等工作。

1. 炮孔分类与布置

炮孔按所起作用不同分为掏槽孔、崩落孔和周边孔三种，如图6-4所示。掏槽孔通常布置在开挖断面的中下部，是整个断面炮孔中必须首先起爆的炮孔，由于其密集的布孔与装药，先在开挖面（只有一个自由面）上炸出一个槽腔，其作用是增加爆破的临空面。为保证一次掘进的深度及掏槽效果，掏槽孔要比其他炮孔略深15~20cm，装药量比崩落孔多20%左右。

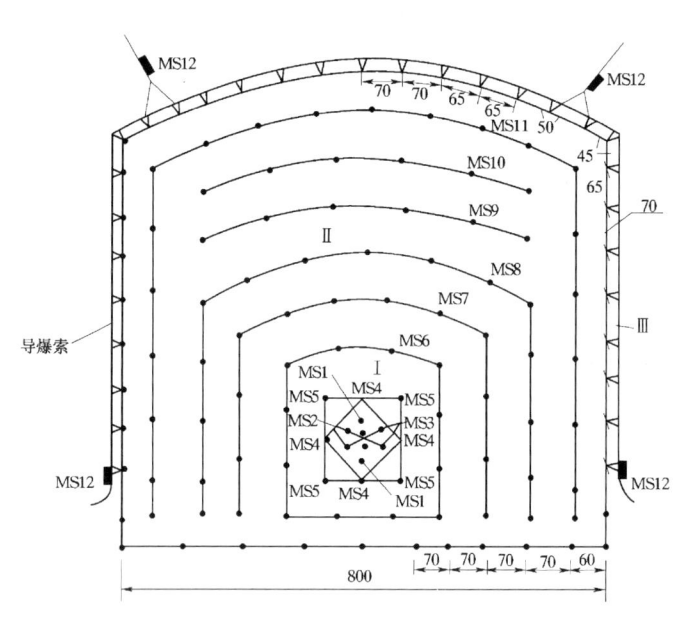

图6-4 炮孔布置示意图（单位：cm）
Ⅰ—掏槽孔（1~5）；Ⅱ—崩落孔（6~11）；Ⅲ—周边孔（12）

崩落孔大致均匀地分布在掏槽孔外围，在掏槽孔与周边孔之间。在掏槽孔起爆后，崩落孔由中心往周边逐层顺序起爆，其作用是扩大掏槽孔炸出的槽腔，崩落开挖面上的大部分岩石，同时也为周边孔爆破创造自由面。通常崩落孔与开挖断面垂直，孔底应落在同一平面上。

周边孔是沿断面设计边线布置的炮孔，布置在开挖断面四周，周边孔每个角上须布置角孔，一般在断面炮孔中最后起爆，其主要作用是控制洞室的开挖轮廓。周边孔的孔口应离边界线 10～20cm，以利钻孔。上述周边孔爆破后，开挖面高低不平，超欠挖量很大，围岩爆破裂隙也多。在隧洞开挖施工中，为降低糙率可采用光面爆破技术。

这三类炮孔可以通过微差网络路径实现毫秒延迟间隔的顺序起爆，先起爆的炮孔为后起爆的炮孔减小岩石的夹制作用，并增大自由面。

隧洞开挖面上的炮孔总数 N，常用下面经验公式估算：

$$N = k_1 \sqrt{fS} \tag{6-1}$$

式中　k_1——系数，一个临空面用 2.7，两个临空面用 2.0；
　　　f——岩石的坚固系数；
　　　S——开挖断面面积，m^2。

炮孔深度应根据断面大小、围岩类别、钻孔机具和掘进循环时间进行选择。在一般情况下，崩落炮孔的深度近似等于开挖循环的进尺值。循环进尺值可按下列原则确定：当隧洞围岩为Ⅰ～Ⅲ类时，风钻钻孔可用 1.2m，钻孔台车钻孔可用 2.5～4m；当隧洞围岩为Ⅳ～Ⅴ类时，不宜超过 1.5m。掏槽孔和周边孔的深度可根据崩落孔深度确定。

2. 装药量

隧洞爆破中，炸药用量直接影响开挖断面的轮廓、掘进速度、围岩稳定和爆破安全。此外，爆落石块的大小还影响装渣运输。

由于岩石性质和岩层的构造差别甚大，断面大小、爆落块度及炸药性质也不完全相同，因此装药量必须经过现场试验确定，开工前可按下式估算：

$$Q = KSL \tag{6-2}$$

式中　Q——掘进中的炸药用量，kg；
　　　K——单位炸药消耗量，kg/m^3；
　　　S——开挖断面面积，m^2；
　　　L——崩落孔炮孔深度，m。

各种炮孔的装药深度和药包直径有所不同。通常掏槽孔的装药深度为孔深的 60%～67%，药包直径为孔径的 3/4；崩落孔和周边孔装药深度为孔深的 40%～55%，药包直径崩落孔为孔径的 3/4，周边孔为 1/2。炮孔装药完成后采用黏土与砂的混合物进行堵塞，黏土与砂的比例为 1:3。爆破顺序一般是由内向外逐层进行，即按掏槽孔、崩落孔、周边孔的顺序进行。起爆应采用电爆法，用延期或毫秒电雷管控制爆破顺序。隧洞爆破，应采用光面爆破或预裂爆破技术，以保证开挖面光滑平整。

3. 钻孔作业

钻孔作业在掘进循环时间中占有很大的比重。在隧洞断面不大或机械化程度不高的情况下，常用风钻钻孔。为了提高钻孔速度，应使用多台风钻同时工作，但应保证每台风钻有 2～4m^2 的工作面。当隧洞断面较大时，可采用钻孔台车或多臂钻来提高钻孔速度。

在钻孔完成之后，进行装药、堵塞、起爆等施工，其基本要求遵照爆破作业规范要求。

三、装渣与运输

出渣是隧洞开挖中最繁重的工作，费力费时，所花时间约占一次爆破开挖循环时间的 50% 左右，是决定掘进速度的关键工序。出渣的方式有以下几种：

(1) 人工出渣。人工出渣常用架子车或窄轨斗车运渣，适用于小型工地。为提高出渣效率，常借助工作台车或堆渣棚架在装渣点放置钢板，使爆落石渣堆落在钢板上以便铲渣。

(2) 装岩机装渣。装岩机装渣采用窄轨机车牵引斗车或矿车出渣，适用于小断面隧洞或大断面分部开挖的隧洞。出渣设备有电动或风动翻斗式装岩机、电动扒斗式装岩机、窄轨电力机车或蓄电池机车牵引 $0.6\sim1.0\mathrm{m}^3$ 的翻斗车。运输线路应铺双线，并在适当位置铺设岔道，以满足装车及调度需要。如用单线时，则应多设错车道。

(3) 装载机或短臂正向铲挖掘机装车。此法采用自卸汽车运输，适用于大断面隧洞全断面开挖。洞内宜设双车道，如用单车道时，每隔 200～300m 应设错车道。

四、临时支护

洞室开挖后，围岩形成新的应力状态，在围岩稳定性较差的洞室，容易发生坍塌或岩块松动跌落，产生安全事故。所以应根据地层条件、洞室断面、开挖方式和围岩裸露时间等因素，进行必要的临时支护。

临时支护的形式很多，可分为传统的构架式支撑和锚喷支护两类。喷混凝土和锚杆支护是一种临时性和永久性相结合的支护形式，应优先采用。构架式支撑的结构形式有门框形和拱形两种，如图 6-5、图 6-6 所示。

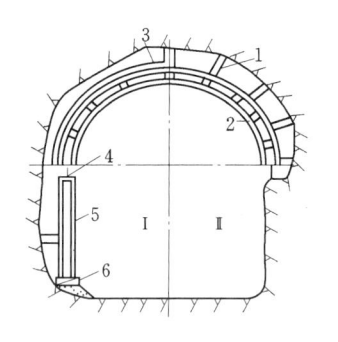

图 6-5 门框形木支撑
Ⅰ—半截面（有立柱）；Ⅱ—半截面（无立柱）
1—垫木；2—纵向拉杆；3—衬板；
4—工字托梁；5—立柱；6—楔块

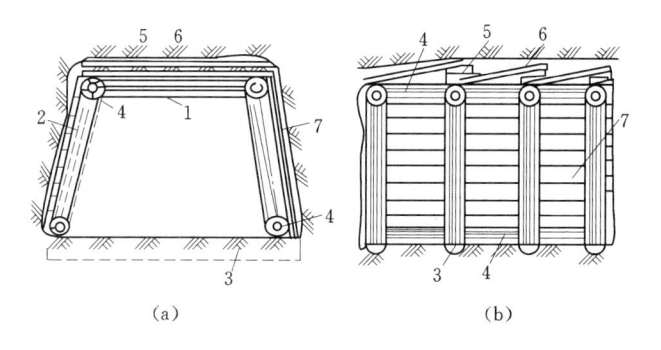

图 6-6 钢拱支撑
(a) 横剖面；(b) 纵剖面
1—顶梁；2—立柱；3—底梁；4—纵向撑木；
5—垫木；6—顶衬板；7—侧衬板

门框形木支撑适用于支洞的临时支撑。拱形钢支撑由一排排拱架（或框架）所构成。拱架（框架）的基本构件是立柱和拱梁（顶梁），有时还设置底梁，纵向用拉杆连接。立柱应放在平整的岩面或基座上，用楔块固定，拱架（框架）与围岩之间用衬板、垫木塞紧。钢支撑运用于大断面或不稳定围岩的洞室。临时支护除满足强度、刚度、稳定性要求外，应力求结构简单，便于安装拆除，少占用洞内净空。

五、隧洞开挖的辅助作业

隧洞开挖的辅助作业有通风、防尘、防有害气体、供水、排水、供电、照明等。很明显，做好这些辅助作业是改善施工人员作业环境、洞内劳动条件和工程顺利进行的必要保证，可以有效保障地下工程施工的施工条件。

1. 通风与防尘

通风和防尘的目的是排除因凿岩、爆破、装渣、喷射混凝土和内燃机运行等而产生的有害气体和岩石粉尘，保证供给工人必要的新鲜空气，并改善洞内温度、湿度和气流速度等，创造满足卫生标准的洞内施工环境。这些辅助作业，在长隧洞开挖中有更加重要的意义。

（1）通风方式。通风方式有自然通风和机械通风两种。自然通风只有在掘进长度不超过40m时，才允许单独采用，一般工程中较少使用。工程中更多情况都采用专门的机械通风设备。机械通风的布置方式有压入式、吸出式和混合式三种，如图6-7所示。

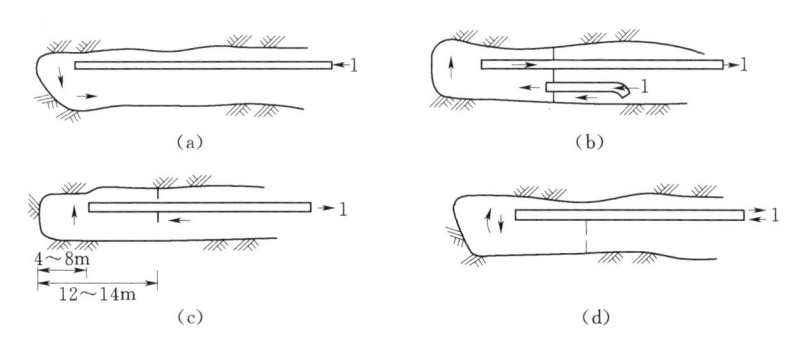

图6-7 隧洞机械通风方式

（a）压入式；（b）两台鼓风机混合式；（c）吸出式；（d）一台可转向的鼓风机混合式

1—鼓风机，箭头为气流方向

压入式通风是通过风管将新鲜空气沿风管送到工作面附近，冲淡施工产生的污浊空气，同时经过洞身排至洞外，保证施工洞中新鲜空气的及时供给。此法的优点是施工人员比较集中的工作面附近能够很快地获得新鲜空气；缺点是洞内污浊空气由洞身流出洞外，流经整个隧洞，污浊空气容易扩散到整个洞室。

吸出式通风是通过风管将工作面前的污浊空气吸走并排至洞外，新鲜空气则由洞口流入洞内。此法的优点是工作面处的污浊空气能在较短时间内经由管路吸出，避免了沿整个洞室流通扩散；缺点是新鲜空气流到工作面比较缓慢，且易遭污染，对较长的平洞尤为明显。

工程中，有时为了充分发挥风机机械的通风效能，加快换气速度，常利用帆布、塑料布等帘幕来防止爆破产生的污浊气体的扩散，使排除污浊气体的范围缩小。帘幕设在靠近工作面处，由于工作环境和条件的特点，幕帘和工作面应该具有一定的防爆距离，一般为12～15m。

对于机械通风方式的选择，主要考虑洞室型式、断面大小以及隧洞长度。对于施工中的竖井、斜井和短洞开挖，一般采用压入式通风；当开挖隧洞面积比较小，但比较长时，一般采用吸出式通风；当开挖隧洞面积比较大，洞长也比较大时，宜采用混合式通风。

（2）通风量。通风量可按以下要求分别计算，并取其中最大值，再考虑20%～50%的风管漏风损失。

1）按洞内同时工作的最多人数计算，每人所需通风量为$3m^3/min$。

2）按冲淡爆破后产生的有害气体的需要计算，使其达到允许的浓度（一氧化碳的允许浓度应控制在 0.02%以下)。

3) 按洞内最小风速不低于 0.15m/s 的要求，计算和校核通风量。

2. 排水与供水

洞内渗水及施工废水需及时排水，当隧洞开挖是向上坡进行，且水量不大时，可沿洞底设置排水沟，使水顺沟排出。当隧洞开挖是向下坡进行或洞底水平时，应将隧洞沿纵向分成数段，每段设置排水沟和集水井，用水泵排出洞外。

3. 供电与照明

洞内供电线路一般采用三相四线制。由于洞内空间小、潮湿，所有线路、灯具、电气设备都必须注意绝缘、防水、防爆，防止安全事故的发生。开挖区的电力起爆主线，必须单独设置，与一般供电线路分两侧架设，以示区别。

六、隧洞开挖的循环作业

用钻爆法开挖隧洞包括钻孔、装药、爆破、散烟、安全检查、出渣、临时支撑和铺轨等工序。从第一次钻孔到第二次钻孔，构成一个循环。为便于交接班，应使一昼夜中的循环次数为整数，常用的循环时间为 4h、6h、8h、12h 等。

为确保掘进速度，常采用流水作业法组织各工序进行开挖掘进工作。在一个循环时间内，各工序的起止时间和进度安排，常用循环作业图表示。

循环作业的编制步骤如下：

(1) 计算开挖面的炮孔数目 N，见式 (6-1)。

(2) 计算开挖面掘进 1m 时的炮孔总长 $L_{总}$。

$$L_{总} = \frac{N \times 1}{\eta} \quad (m) \tag{6-3}$$

式中 η——炮孔利用系数，为 0.8~0.9。

(3) 计算开挖面掘进 1m 时的钻孔时间 $t_{钻}$。

$$t_{钻} = \frac{L_{总}}{\pi_{钻} n \varphi} \quad (h) \tag{6-4}$$

式中 $\pi_{钻}$——台风钻的生产率，m/h，当使用手持式风钻时可取 3；
n——使用的风钻台数；
φ——n 台风钻同时工作的系数。

(4) 计算开挖面掘进 1m 时的出渣时间 $t_{渣}$。

$$t_{渣} = \frac{sk_{松} \times 1}{\pi_{渣}} \tag{6-5}$$

式中 s——开挖断面面积，m^2；
$k_{松}$——岩石松散系数，为 1.6~1.9；
$\pi_{渣}$——装岩机的生产率，m/h。

(5) 确定其他辅助工序的时间 $T_{辅}$(h)，包括装药、爆破、通风排烟、爆破后检查处理、铺接轨道等工序所占用的时间，可按工程类比法确定。

(6) 计算开挖面循环掘进深度 L。

$$L = \frac{T - T_{辅}}{t_{钻} + t_{渣}} \tag{6-6}$$

全断面台阶法掘进方案,工作开始时,先将上台阶的石渣扒到洞底,因而上台阶钻孔可与下台阶出渣平行作业,然后进行下台阶钻孔,最后上、下台阶同时装药爆破。

第二节 掘 进 机 开 挖

掘进机是一种专用的隧洞掘进设备。它依靠机械的强大推力及回转刀具开挖的剪切力破碎岩石,配合连续出渣,具有比钻爆法更高的掘进速度,是可以同时破碎洞内围岩及掘进,形成整个隧道断面的一种新型、先进的隧道施工机械。

一、掘进机的工作原理及分类

按掘进机在工作面上的切削过程,分为全断面掘进机和部分断面掘进机,如图6-8所示。按破碎岩石原理不同,掘进机可分为滚压式和铣削式。我国采用比较多的是滚压式全断面掘进机,适于中硬岩至硬岩。滚压式主要是通过水平推进油缸,使刀盘上的滚刀强行压入岩体,利用刀盘旋转推进过程中的挤压和剪切的联合作用破碎岩体。铣切式掘进机适用于煤层及软岩中,是利用岩石抗弯、抗剪强度低的特点,靠铣削(即剪切)加弯折破碎岩体。碎石渣由安装在刀盘上的铲斗铲起,转至顶部集料斗卸在皮带机上,通过皮带机运至机尾,卸入运输设备送至洞外。

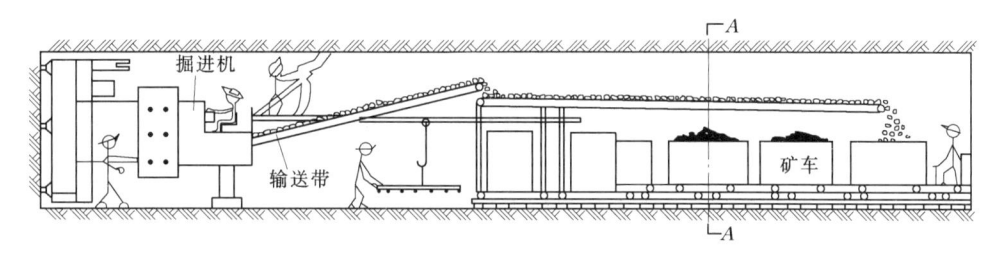

图6-8 掘进机工作示意图

掘进机在推进油缸的轴向压力作用下,电动机驱动滚刀盘旋转,将岩石切压破碎,其周围有勺斗,随转动而卸到运输带上。硬岩不需支护,软岩支护时可喷射、浇灌混凝土或装配预制块。该机在岩性均匀、巷道超过一定长度时使用,经济合理。

在我国,隧道掘进机包含两种,习惯上将用于软土地层的称为盾构,将用于岩石地层的称为全断面岩石隧道掘进机(tunnel boring machine,TBM)。通常定义中的TBM以岩石地层为掘进对象,它与盾构的主要区别就是不具备泥水压、土压等维护掌子面稳定的功能。

掘进机适用于地质条件良好、岩石硬度适中(抗压强度30~150N/mm²)、岩性变化不大的水平或倾斜的圆形隧洞。对于椭圆形隧洞,可通过调整刀盘倾角来实现,掘进机开挖直径为1.8~11m,一般采用全断面掘进,也可采用分级扩孔开挖。

二、掘进机开挖隧洞特点

隧道掘进机是一种高智能化,集机、电、液、光、计算机技术为一体的隧道施工重大技术装备。随着我国经济的快速发展,国内城市化进程不断加快,在地铁隧道、水工隧道、市政管道等隧道工程施工中大量使用隧道掘进机。

与传统钻爆法相比，掘进机开挖具有以下特点：

(1) 隧洞施工中利用机械切割、挤压破碎，可以同时完成隧道的掘进、出渣、衬砌支护等作业，同时，施工安全易于控制，施工环境和工作条件比较好，节省劳力，整个施工过程能较好地实现机械化和自动控制。

(2) 在地质条件相对单一的情况下，掘进机设备易于操控，可以提高掘进速度，同时挖掘的洞壁比较平整，断面均匀，可以有效避免超欠挖以及对周围岩体的扰动，后期的衬砌支护也比较方便。

(3) 掘进机依靠机械破碎岩体，在挖掘过程中产生大量热量，因此对通风要求较高。

(4) 依靠切割和挤压破碎岩体，设备磨损比较快，设备配件复杂昂贵，而且安装费时。因此，对于短距离隧洞开挖并不经济，实践证明，一般隧洞长度大于 3km 时采用掘进机施工比较经济。

(5) 掘进机施工对于转弯的控制施工要求较高，由于机身长度较长，一般隧洞的转弯半径不能小于 400m。

实践证明，掘进机开挖隧洞的单价比钻爆法开挖的单价高约 1.78 倍，但由于提高了掘进速度，减少了支洞数量和长度，降低了隧洞超挖岩石量和混凝土超填量，通过综合经济效益分析，掘进机施工的隧洞成洞造价比钻爆法低 35% 左右。

由此可见，在隧洞开挖时，选择钻爆破法开挖还是掘进机掘进方案，必须结合工程实际情况，进行合理的技术经济比较后确定。

第三节 隧洞的支护与衬砌

地下隧洞在开挖过程中，对原有的岩体及围岩应力场等产生影响，在施工过程中甚至施工完成后可能会出现坍塌等现象。因此，确保隧洞施工围岩的稳定安全是隧洞施工的非常重要的问题。

为了防止隧洞可能出现的坍塌等情况，隧洞开挖过程中常常采用不同形式的喷锚支护来确保安全，在隧洞开挖完成后则多采用现浇或者预制混凝土及时衬砌的形式。

一、隧洞的支护

按照地下工程施工的相关规范要求，在地下工程施工中，对围岩进行保护与加固优先采用锚喷支护方式。实践证明对于不同地层条件、断面大小和不同用途的隧洞都具有比较好的适用性。

喷锚支护是利用高压喷射水泥混凝土和打入岩层中的锚杆加固围岩，使锚杆、混凝土喷层和围岩成为共同作用的整体，把一定厚度的围岩转变成自承拱，有效地稳定围岩，防止岩体松动、分离，阻止围岩变形。衬砌结构与围岩形成共同工作的整体，提高围岩的自身稳定能力，将围岩转化为承重结构的一部分。

喷锚支护的类型有四种：①锚杆支护，在临时支护中多用楔缝式锚杆，永久支护多用砂浆锚杆；②喷混凝土支护；③砂浆锚杆和喷混凝土联合支护，多用于稳定性较差的围岩；④砂浆锚杆、钢筋网和喷混凝土联合支护，多用于软弱岩体和破碎带的支护。

喷锚支护可以作为临时性支护结构，也可以用于永久性支护结构。当隧洞周围岩体相对破碎时，工程中也会采用铁丝网拉挡锚杆之间小的岩石，这样可以增强混凝土喷层，对喷锚支护起到加固作用。

工程中，喷锚支护具有显著的技术经济优势，大量的实践统计证明，锚喷支护较传统的模注混凝土衬砌，混凝土用量减少50%，用于支承及模板的材料可全部节省，出渣量减少15%～25%，劳动力节省50%，造价降低50%左右，施工速度加快一倍以上，同时因其良好的力学性能与工作特性，对围岩的支护更合理更有效。

（一）喷锚支护的作用与选择

喷锚支护在洞室开挖后，采用锚杆和混凝土联合体及时支护围岩，具有一定的柔性，物理力学性能良好，可以提高围岩的整体性和自承能力，抑制变形的发展；同时有效地控制和调整围岩应力分布，避免围岩松动和坍塌，加强围岩的稳定性。

由于地下岩体条件复杂多变，隧洞围岩变形、破坏的形式与过程各不相同，但总体来看，可以分为局部性破坏和整体性破坏两大类。

1. 局部性破坏

局部性破坏的表现形式包括开裂、错动、崩塌等，多发生在受到地质结构面切割的坚硬岩体中。这种破坏有时是非扩展性的，即到一定限度不再发展；有时是扩展性的，即个别岩块首先塌落，然后由此引起连锁反应而导致邻近较大范围甚至整个断面的坍塌。

对于局部性破坏，只要在可能出现破坏的部位对围岩进行支护就可有效地维持洞体的稳定。实践证明，喷锚支护是处理局部性破坏的一种简易而有效的手段。利用锚杆的抗剪与抗拉能力，可以提高围岩的稳定性和整体性。

对于喷混凝土支护，其作用表现在：①填平凹凸不平的壁面，以避免过大的局部应力集中；②封闭岩面，以防止岩体的风化；③堵塞岩体结构面的渗水通道，胶结已经松动的岩块，以提高岩层的整体性；④提供一定的抗剪力。

2. 整体性破坏

整体性破坏是大范围内围岩应力超限所引起的一种破坏现象。常见的形式为压剪破坏，多发生在围岩应力大于岩体强度的地方，出现大范围塌落、边墙挤出、底鼓、断面大幅度缩小等破坏。在这种情况下，一般采取整体性加固措施，对隧洞整个断面进行支护。为达到这一目的，采用喷混凝土与系统锚杆支护相结合的方法，不仅能够加固围岩，还可以调整围岩的受力分布。

实际工程中，对于整体状围岩，一般只喷射混凝土，防止围岩表面风化和消除表面凹凸不平以改善受力条件，在局部出现较大应力区时才加设锚杆；在块状围岩中，必须充分利用压应力作用下岩块间的镶嵌和咬合产生的自承作用；喷锚支护能防止因个别危石崩落引起的坍塌。

在层状围岩中，洞室开挖后，围岩的变形和破坏，除了层面倾角较陡时表现为顺层滑动外，主要表现为在垂直层面方向的弯曲破坏，用锚杆加固可使围岩发挥组合梁的作用。对于软弱围岩，采用喷锚支护时，通过底部加固使喷层成为封闭环，用锚杆使周围一定厚度范围内的岩体形成"承载环"，以提高围岩自承能力。

（二）锚杆支护

工程中常用的锚杆是用钢筋制作的杆状构件，配合使用某些机械装置、砂浆等胶凝材料，按一定施工工艺，将其锚固于地下洞室围岩的钻孔中，起到加固围岩、承受荷载、阻止围岩变形的目的。

根据围岩变形与破坏的特性，从发挥锚杆不同作用考虑，锚杆在洞室的布置有局部（随机）锚杆和系统锚杆。

局部（随机）锚杆主要用来加固危石，防止掉块；系统锚杆将被结构面切割的岩块串联起来，使分割的围岩组成一体，提高围岩承载力。系统锚杆锚固深度并不一定要在稳定岩体中，在破碎围岩中，常常采用密集的、比较短的锚杆，锚固效果也比较好。

在水工隧洞中常用的锚固方式有机械性锚固和胶结型锚固。前者常用楔缝式锚杆和胀壳式锚杆，后者常用砂浆锚杆，有普通砂浆锚杆和楔缝式注浆锚杆等，锚杆的类型如图6-9所示。

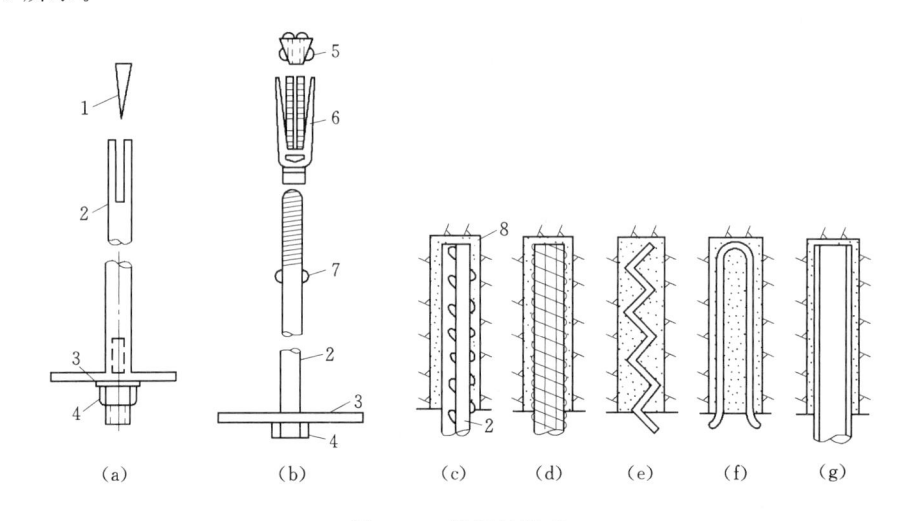

图6-9 锚杆的类型
(a) 楔缝式锚杆；(b) 胀壳式锚杆；(c) 螺纹或竹节钢筋砂浆锚杆；(d) 中空螺纹或竹节钢筋砂浆锚杆；
(e) 波浪形钢筋砂浆锚杆；(f) 倒U形钢筋砂浆锚杆；(g) 钢管砂浆锚杆
1—楔块；2—锚杆；3—垫板；4—螺帽；5—锥形螺帽；6—胀圈；7—突头；8—水泥砂浆或树脂

1. 楔缝式锚杆施工

楔缝式锚杆施工顺序是先按设计孔位钻孔，将楔块放入锚杆楔缝内，把带楔块的锚杆插入钻孔，使楔块与孔底接触，用铁锤或风镐对锚杆冲击，使楔块插入缝内，迫使锚头张开，楔紧在眼底孔壁，最后安上垫板，拧紧螺帽。

2. 砂浆锚杆施工

砂浆锚杆施工程序是钻孔、钻孔清洗、压注砂浆和安设锚杆。可以先压注砂浆后安设锚杆，也可以先安设锚杆后压入砂浆。

钻孔时要控制孔位、孔向、孔径、孔深符合设计要求。钻孔完成后要进行孔内清洗，确保砂浆与岩石的黏结性。

压注砂浆要确保孔内砂浆填充饱满，压注砂浆用风动锚孔灌浆机进行。灌浆时先将砂浆装入罐内，打开进气阀使压缩空气进入罐内，砂浆即沿管道进入孔内。锚杆徐徐插至孔底后，立即在孔口楔紧，待砂浆凝固后再拆除楔块。

先设锚杆后注砂浆的施工工艺,用真空压力法注浆,如图6-10所示。注浆时先启动真空泵,通过端部的抽气管抽气,然后由灰浆泵将砂浆压入孔内,一边抽气一边压浆,砂浆注满后,停灰浆泵,而真空泵继续工作几分钟,以保证注浆质量。

先注砂浆后设锚杆时,注浆管宜插入孔底,随砂浆的注入徐徐匀速拔出,拔管过快会使砂浆脱节。

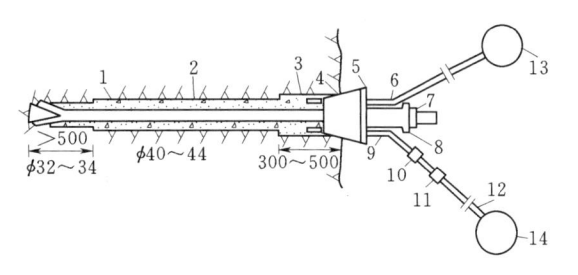

图6-10 真空压力注浆孔口装置简图(单位:mm)
1—锚杆;2—砂浆;3—抽气管;4—皮封闭塞;5—垫板;6—抽气管接真空泵;7—螺帽;8—套筒压紧装置;9—注浆管接灰浆泵;10、11—阀门;12—高压软管;13—真空泵;14—灰浆泵

(三)喷混凝土施工

喷混凝土是将水泥、砂、石子和速凝剂等材料,按一定比例混合后,装入喷射机中,用压缩空气将混合料压送到喷嘴处与水混合(干喷),或直接拌和成混凝土(湿喷),然后再喷到岩石表面及裂隙中,将分离的岩面黏结成整体,提高围岩的自身强度,使之起到支护作用。

喷混凝土支护结构在初期凝固过程中,可以适应隧洞周围岩体变形,具有一定强度和柔性。喷混凝土与岩体表面形成黏结力,充填围岩的缝隙,抵抗岩体变形和松动,同时也对岩体具有一定的封闭作用,减缓岩体风化,是一种良好的隧洞支护方式。

喷混凝土的拌和材料宜采用普通水泥,要求良好的骨料,10mm以上的粗骨料控制在30%以下,最大粒径小于25mm;不宜使用细砂。

喷混凝土的配合比可按类比法选择后再通过试验确定,水泥与砂石的重量比为1:4～1:5,砂率为50%～60%,水灰比为0.4～0.5。

喷混凝土的施工方法主要有干喷法、湿喷法及裹砂法三种,如图6-11所示。

(1)干喷法。将水泥、砂、石和速凝剂在干燥状态下拌和均匀,用压缩空气输送到喷嘴处,再与适量水混合,喷射到岩石表面。也可以将干混合料压送到喷嘴处,再加液体速凝剂和水进行喷射。这种施工方法便于调节加水量,控制水灰比;但喷射时粉尘较大,对施工人员操作技术要求高,要求水灰比小,骨料级配连续,水泥用量大,一般可获得28～34MPa的混凝土强度和良好的黏着力。干喷法施工喷射速度大,粉尘污染及混凝土回弹严重,施工有一定的局限性。

(2)湿喷法。将拌好的混凝土通过压浆泵送至喷嘴,并用压缩空气补给能量进行喷射。施工时随喷随拌,这种方法喷射速度较低,混凝土拌和水灰比越大,初期强度较低。湿喷法主要改善了喷射时粉尘较大的缺点,相对于干喷法材料配合易于控制,工作效率比干喷法高。

(3)裹砂法。根据现场情况将砂子调湿到一定含水率后加入全部用量的水泥,经裹砂机搅拌,使砂粒外面包裹一层低水灰比的水泥浆壳,之后加入拌和用水与减水剂,形成砂浆。这种砂浆易于泵送,水灰比稳定,与干式骨料混合时在喷嘴处无需另加水,因此喷射混凝土的质量稳定。

为保证喷混凝土的质量,必须合理控制有关施工参数,主要有以下内容:

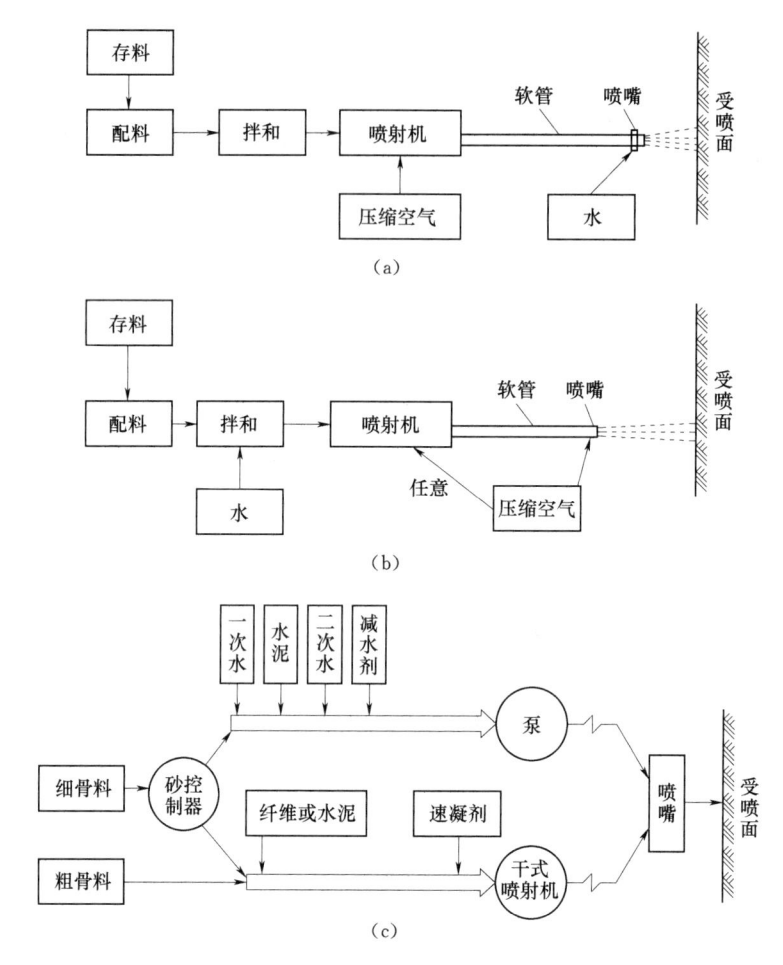

图 6-11 不同喷射方式的工艺流程图
(a) 干喷法；(b) 湿喷法；(c) 水泥裹砂法

(1) 风压正常作业时喷射机工作室内的风压，当风压过大，混凝土回弹量大；当风压过小，喷射速度低，混凝土不易密实，一般控制在 0.2MPa 左右。

(2) 水压。喷头处的水压必须大于该处风压 0.1~0.15MPa，以保证混合料充分润湿均匀。

(3) 喷射方向和喷射距离。喷头与受喷面应垂直，偏角宜控制在 20°以内，并稍微向刚喷射的部位倾斜。最佳喷射距离为 1m 左右，过远或过近都会增加回弹量。

(4) 喷射分层和间歇时间。分层喷射的间歇时间与水泥品种、速凝剂型号及掺量、施工温度等因素有关。一般应在前层混凝土终凝后，并有一定强度时，再喷后一层为好。当喷混凝土设计厚度大于 10cm 时，应分层喷射。当掺有速凝剂时，一次喷射顶拱厚度 5~7cm，边拱厚 7~10cm，不掺时应薄些。

(5) 喷射区段与喷射顺序。喷射作业应分区段进行，区段长一般为 4~6m。喷射时，通常是先墙后拱，自下而上进行，如图 6-12 所示。喷头的运动呈螺旋形划圈，划圈直径为 30cm 左右，并以每次套半圈地前进。

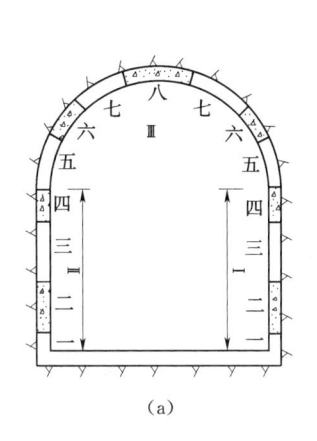

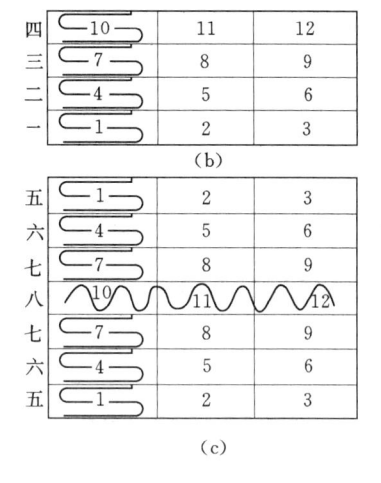

图 6-12 不喷射区段和喷射顺序
(a) 喷射分区；(b) 侧墙Ⅰ、Ⅱ区喷射次序；(c) 顶拱Ⅲ区喷射次序

(6) 养护。喷后 2～4h 后开始洒水养护，洒水次数以保持混凝土表面充分湿润为宜，养护历时不少于 14d。

此外，一些工程应用喷射钢纤维混凝土进行边坡维护及建筑物补强加固等，取得满意的效果。此法因增加了钢纤维，明显改善了喷混凝土的物理力学性能。有关资料表明，钢纤维掺入率显著影响复合材料的各项物理力学指标，一般掺入率为 1%～3%。

二、隧洞的衬砌

隧洞的衬砌施工有现浇、预填骨料压浆和预制安装等方法。本节主要介绍现浇混凝土的衬砌方法。

(一) 衬砌的分缝分块

在隧洞洞轴线上设有永久性结构缝时，可按结构缝分段施工，若结构缝间距过大或无永久性结构缝时，则设施工缝分段浇筑。一般分段长度为 6～18m，视地质条件、隧洞断面大小、施工方法及浇筑能力等因素而定。

分段浇筑的顺序有跳仓浇筑、分段流水浇筑、分段留空档浇筑三种方式，如图 6-13 (a)～(c) 所示。

衬砌施工在横断面上分块进行，一般分成底拱、边拱和顶拱，如图 6-13 (d)、(e) 所示，其浇筑顺序一般是先底拱，后边拱，再顶拱，其中边拱和顶拱可以分块浇筑，也可以连续浇筑，视模板型式和浇筑能力而定。在地质条件较差时，可以先浇筑顶拱，再浇筑边拱（边墙）和底拱（底板）。有时为了满足开挖与衬砌平行作业的要求，在隧洞底板还未清理成形以前，可先浇好边拱（边墙）和顶拱，最后浇筑底拱（底板）。后两种浇筑顺序，在浇筑顶拱、边拱（边墙）时，应注意防止衬砌的位移和变形，做好分块接头处反缝的处理，必要时反缝要进行灌浆。

(二) 衬砌混凝土的浇筑

1. 模板架立

对于底拱，如果中心角不大，只需架立两端模板，待混凝土浇筑后，用弧形样板将表

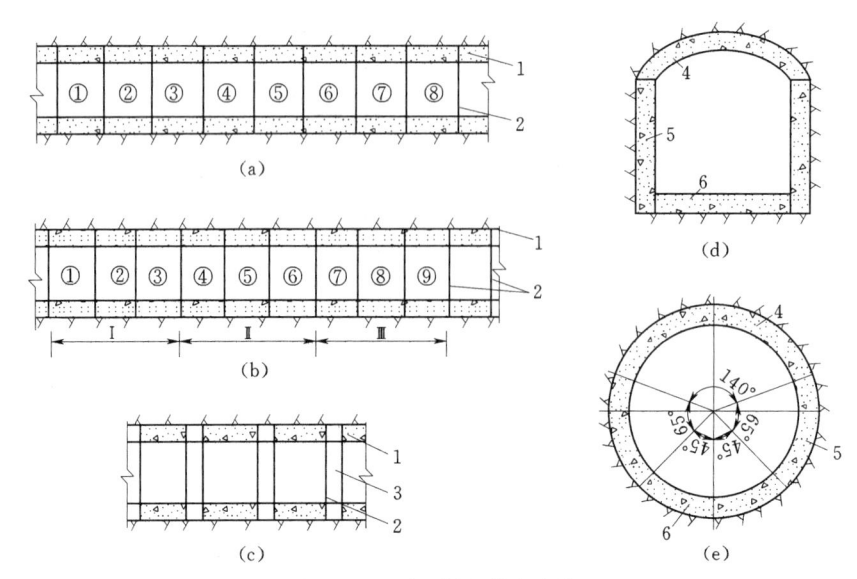

图 6-13 隧洞衬砌分段分块

(a) 跳仓浇筑，先浇①、③、⑤、…段，后浇②、④、⑥、…段；(b) 分段流水浇筑，在大段Ⅰ、Ⅱ、Ⅲ、…之间进行流水作业；(c) 分段留空档浇筑，空档1m左右，最后浇筑；(d) 在结构转折点处设施工；(e) 在内力较小部位设施工缝

①、②、…、⑨—分段序号；Ⅰ、Ⅱ、Ⅲ—流水段序号；
1—止水；2—缝；3—空档；4—顶拱；5—边拱（边墙）；6—底拱（底板）

面刮成弧形即可。当中心角较大时，一般采用悬吊式模板，如图 6-14 所示。先立端部模板，再立弧形模板桁架，然后随混凝土浇筑，逐渐从中间向两旁安装悬吊式模板。边拱和顶拱可用桁架式模板，如图 6-15 所示。通常是在洞外先将桁架拼装好，运入洞内安装就位后再安设面板。

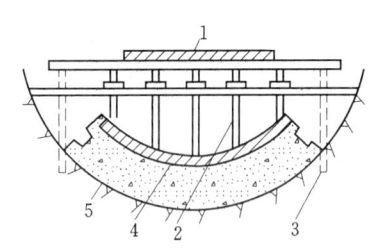

图 6-14 悬吊式模板
1—脚手板；2—固定模板的悬吊杆；3—支撑边柱；4—悬吊模板；5—已浇混凝土

在大中型隧洞衬砌时，可用移动式钢模台车，如图 6-16 所示。它可沿专用轨道移动，上面装有垂直和水平千斤顶及调节螺杆，用来撑开、收拢模板支架和调整模板就位。

2. 衬砌的浇筑和封拱

隧洞衬砌的混凝土多采用二级配混凝土。在中小型隧洞施工中，运送混凝土常用手推车和斗车。当浇筑底拱时，可在其脚手架上运送混凝土直接倾倒入仓。浇筑边拱时，混凝土可由模板上预留的几层窗口进料。对于大型隧洞，多采用混凝土搅拌运输车运输到浇筑部位，用混凝土泵浇入仓内。

隧洞的衬砌封拱是指在顶拱混凝土浇筑完前，将拱顶范围内未充满混凝土的空隙和预留的进出口窗口进行浇筑、封堵填实的过程。封拱衬砌与围岩紧密接触，以及形成完整的拱圈是非常重要的。

工程中多采用封拱盒法和混凝土泵封拱。封拱盒法封拱如图 6-17 所示。浇筑顶拱

第三节 隧洞的支护与衬砌

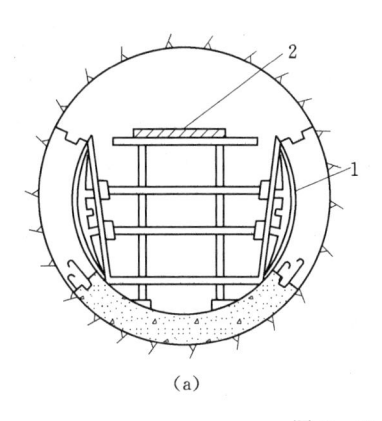

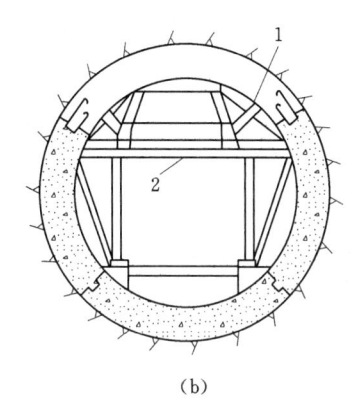

图 6-15 桁架式模板
(a) 边拱桁架式模板;(b) 顶拱桁架式模板
1—桁架式模板;2—工作平台或脚手架

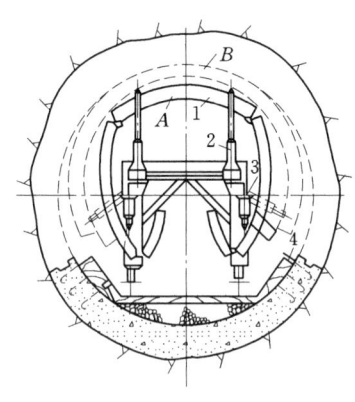

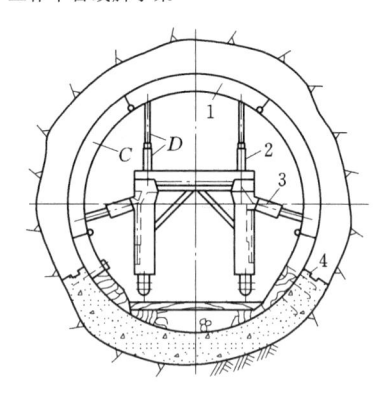

图 6-16 钢模台车工作过程示意图
A—活动台车钢模就位;B—支起顶部钢模;C—支起两侧钢模;D—台车脱离钢模
1—钢模;2—液压千斤顶;3—螺杆千斤顶;4—预埋锚筋

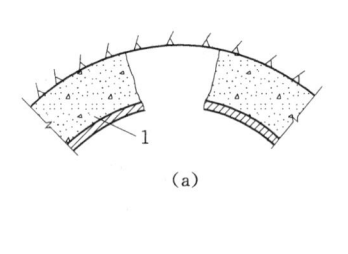

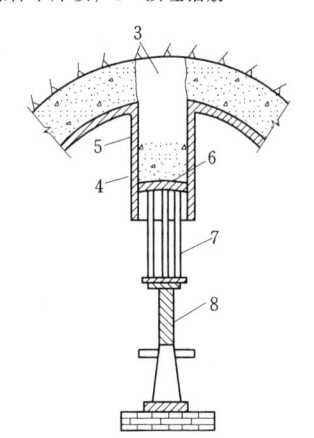

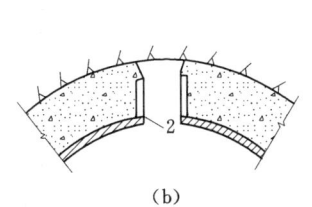

图 6-17 封拱盒封拱示意图
(a) 工人退出窗口时的混凝土浇筑面;(b) 装模框后浇筑情况;(c) 最后封拱盒封拱
1—已浇混凝土;2—模框;3—封拱部分;4—封拱盒;5—进料活门;
6—活动封口板;7—顶架;8—千斤顶

时，混凝土在模板顶部预留的几个窗口进料，顺洞轴线方向倒退浇筑，边浇边退边封闭窗口，最后由端部挡板上预留的小窗口进料直到四周浇筑完成为止。之后在窗口四周立侧模，待混凝土达到一定强度后，拆除侧模，凿毛先浇的混凝土后安装封拱盒。封堵时，先将混凝土料从盒侧活门送入，再用千斤顶顶起活动封门板，将盒内混凝土压入待封部位。

混凝土泵浇筑边拱和底拱，如图6-18所示，此法既可解决在狭窄隧洞内的运输问题，又可提高混凝土的浇筑质量。封拱时在导管末端接上冲天尾管伸入仓内，等顶拱混凝土凝固后，将外伸的尾管切除，并用灰浆抹平，如图6-19所示。为了排除仓内空气和检查顶拱的混凝土填满程度，可在仓内最高处设通气管。

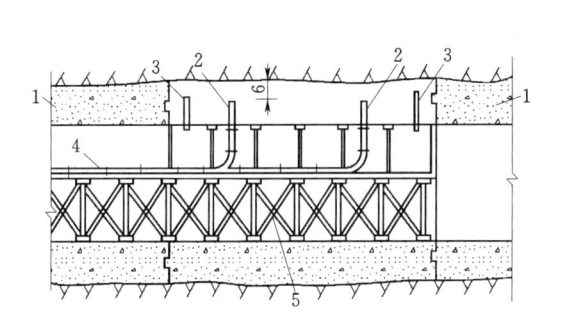

图6-18 混凝土泵封拱示意图
1—已浇段；2—冲天尾管；3—排气管；4—导管；
5—脚手架；6—尾管出口与岩面距离

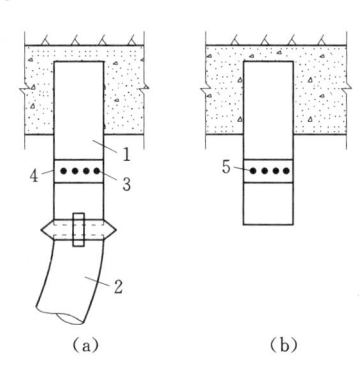

图6-19 尾管孔眼布置
(a) 浇筑混凝土时的情况；(b) 拆除导管后的情况
1—尾管；2—导管；3—直径2～3cm的孔眼；
4—薄铁皮铁箍；5—插入孔眼的钢筋

三、隧洞灌浆

隧洞灌浆有回填灌浆和固结灌浆两种。前者是堵塞岩石与衬砌之间的空隙，以弥补混凝土浇筑质量的不足，所以只限于顶拱范围内；后者是为了加固围岩，以提高围岩的整体性和强度，所以范围包括断面四周的围岩。

为了节省钻孔工作量，两种灌浆都需要在衬砌时预留直径为38～50mm的灌浆钢管，并固定在模板上。

图6-20为两种隧洞灌浆管孔的布置。灌浆管孔沿洞轴线2～4m布置一排，各排孔位交叉排列。此外，还需要布置一些检查孔，用以检查灌浆质量。

灌浆必须在衬砌混凝土达到一定强度后才能进行，先进行回填灌浆，隔一个星期后再进行固结灌浆。灌浆时应先用压缩空气清孔，然后用压力水冲洗。灌浆在断面上应自下而上进行，并利用上部管孔排气。在洞轴线方向采用隔排灌注、逐步加密的方法。

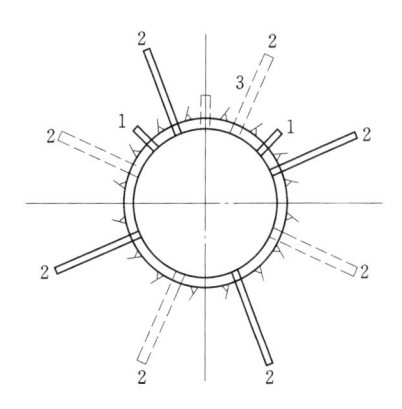

图6-20 灌浆管孔的布置
1—回填灌浆管；2—固结灌浆管孔；3—检查管

为了保证灌浆质量和防止衬砌结构的破坏，必须严格控制灌浆压力。回填灌浆压力为：无压隧洞第一序孔用 100～304kPa，有压隧洞第一序孔用 200～405kPa；第二序孔可增大 1.5～2 倍。固结灌浆的压力，应比回填灌浆的压力高一些，以使岩石裂缝灌注密实。

第四节　水电站厂房施工

一、水电站厂房的施工特点

水电站厂房包括主厂房和副厂房，其中主厂房安装水轮发电机组、蜗壳、座环、桥式吊车等主要机电设备。安装立轴水轮发电机组的水电站厂房多为钢筋混凝土结构，通常以发电机层楼板为界，分为上部结构、下部结构。上部结构有梁、板、柱结构，与一般工业厂房相似，这部分结构的施工往往与机电设备安装平行交叉进行，干扰性大，必须注意施工安全；下部结构主要包括机墩、蜗壳、尾水管、基础板、上下游围墙等，多属大体积混凝土，与混凝土坝施工基本相同，但这部分结构形状复杂、钢筋密、孔洞及预埋件多、质量要求高，模板的制作和安装都比较困难。

大型厂房还要求严控混凝土温差。此外，下部结构因浇筑仓面狭窄，给混凝土运输浇筑工作带来一定的困难。

二、厂房混凝土施工

1. 厂房混凝土的分层分块

厂房下部结构混凝土是大体积混凝土，由于受到浇筑能力的限制及温度控制的要求，必须分层分块。分块形式主要有通仓浇筑、错缝分块等。

由于厂房结构的特点，施工时常常预留宽槽和封闭块，主要设于大型厂房某些易于开裂的关键部位，如在进口段与主机段之间预留宽度 1～1.5m，深度可达 10m 以上的宽槽；在尾水管上弯段、框架结构的顶板上预留宽度 1～1.5m，深度约 3m 的封闭块。预留的宽槽和封闭块暂时不浇，待周边混凝土充分收缩后，再在低温季节用微膨胀混凝土回填。这种施工方法对削减施工期温度应力有显著效果，预留宽槽还可减少进口段与主机段的施工干扰，加快厂房施工进度。大型厂房下部结构分层分块，如图 6-21 所示。

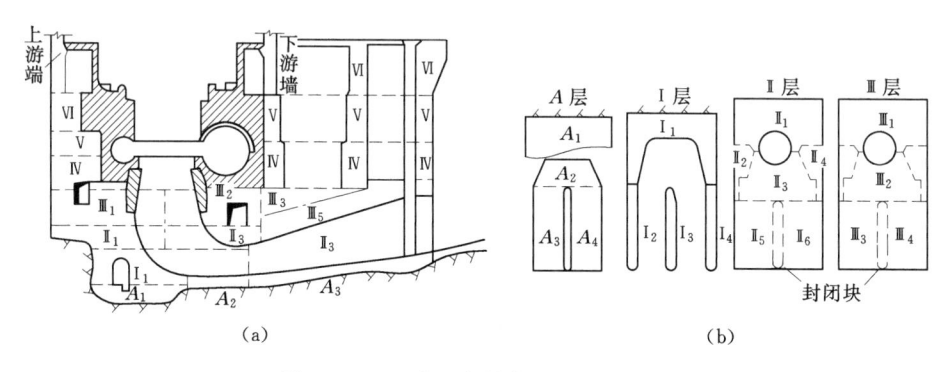

图 6-21　厂房下部结构的分层分块图
(a) 机组中心线剖面图；(b) A 层及Ⅰ、Ⅱ、Ⅲ层平面图

2. 厂房混凝土浇筑方案

大中型厂房工程，多采用门机、塔机浇筑方案，其布置主要取决于厂区地形、厂房类型和尺寸、起重机械的性能等情况。

对于坝后式厂房与河床式厂房，门机和塔式常布置在厂房上游侧、下游侧、上下游两侧，并沿厂房纵向开行，也可以布置在厂房端部，以满足施工的需要。

为了提高起重机械的设备利用能力，完成厂房上部结构的浇筑和吊装任务，在施工的中期和后期，常将门机和塔机布置在已浇筑好的闸墩、尾水平台或坝体上。图6-22为坝后式厂房混凝土浇筑方案，该厂房在上下游两侧各布置一台10t塔机，以完成厂房绝大部分混凝土浇筑，混凝土的水平运输，主要来自102m高程的铁路运输线。在施工后期，布置在厂坝之间82m高程处的塔机，将妨碍各坝块压力钢管的安装和混凝土浇筑，故将塔机从左向右逐步后退，直到拆除。此时还需在尾水平台100.70m高程布置一台门机。

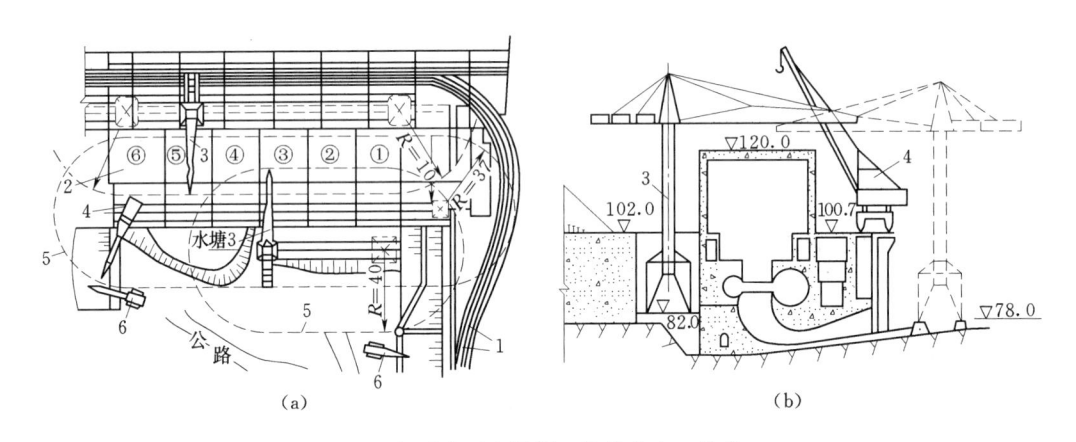

图6-22 坝后式厂房混凝土浇筑方案（单位：m）
(a) 平面图；(b) 立视图
1—铁路运输线；2—厂房；3—塔机；4—门机；5—门、塔机控制范围；6—带式起重机

对于引水式电站的厂房，一般都靠山布置，厂房上游侧场地比较狭窄，故一般都把起重机布置在厂房下游侧，主要料物也从下游运入。

需注意上述各种类型的大中型厂房工程，当门、塔机栈桥尚未形成时，基础部位浇筑或在门、塔机控制范围之外的厂房部位浇筑，都需要布置辅助机械和设备来完成混凝土浇筑任务。近年来，高架门机的广泛使用，简化了起重机械布置，加快了厂房施工进度。

缺乏机械设备的小型厂房工程，常采用满堂脚手架方案浇筑厂房下部结构混凝土，即在基坑中布满脚手架，上面铺设马道板，再用手推车、机动翻斗车、皮带机等运输混凝土，并辅以溜槽、溜管卸料。当厂区地形有利时，可将混凝土拌和站设在较高的地方，只用简单的排架配合溜槽、溜管运输混凝土。但是，厂房上部结构的混凝土浇筑和屋顶结构的吊装，仍需设置起重机械，如履带式起重机、桅杆式起重机、金属井架等。

三、施工程序

主厂房混凝土施工的一般程序如图6-23和图6-24所示。其中，主机段蜗壳底板和侧墙浇筑后，即可组织土建施工和机电设备安装的平行交叉作业。

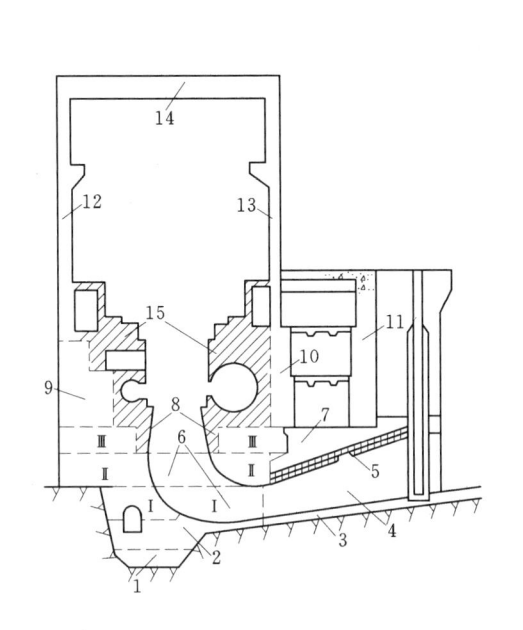

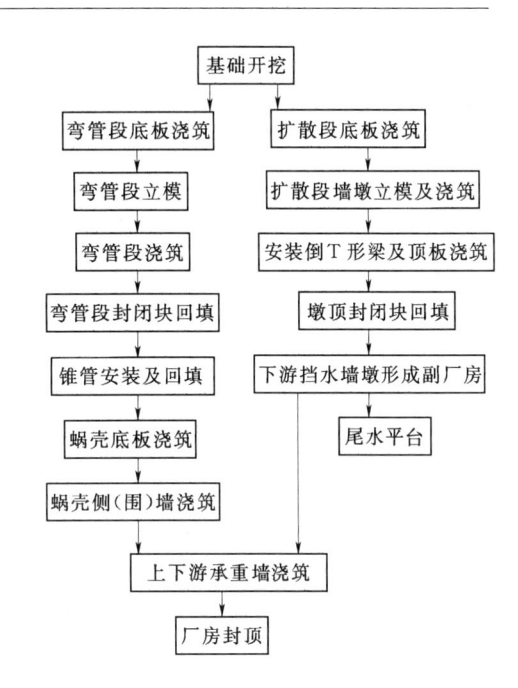

图 6-23　主厂房混凝土施工程序图

1—基础填筑；2—弯管段底板；3—扩散段底板；4—扩散段墩墙；5—倒 T 形梁；6—弯管段；7—扩散段顶板；8—锥管段；9—蜗壳上游侧墙；10—蜗壳下游侧墙；11—挡水墙墩；12—上游墙；13—下游墙；14—屋顶；15—二期混凝土

图 6-24　主厂房一期混凝土施工程序图

一方面浇筑厂房上下游承重墙、吊车梁、屋顶等结构，并完成厂房桥吊的安装；另一方面安装蜗壳、座环、机井里衬等设备，并完成设备外围及有关部位的二期混凝土浇筑。在上述两方面工作都完成后，即可利用桥吊安装水轮机、发电机、调速设备等。

四、尾水管模板施工

水电站厂房多采用肘形尾水管，由圆锥段、弯管段、扩散段三部分组成。其中圆锥段是正圆锥形，由于流速较高，一般都采用钢板内衬，并结合二期混凝土施工。扩散段横截面为矩形，且宽度和高度都按直线变化，模板的施工相对较容易。弯管段形状最为复杂，其模板的施工是难点。

1. 弯管段模板制作

先绘出一系列水平截面与弯管段外形轮廓的交线图（单线图），主要根据厂家提供的正视图、平面图和基本尺寸进行绘制，可采用图解法或数解法；再选制作框架的木材，控制木材的含水率在 20% 左右。框架上弦、下弦等构件，先按设计图尺寸在铺设的放样台上按 1:1 比例放出大样，并用杉木薄板按大样尺寸制成样板，校正无误后，最后按样板进行取料、划线、裁料和构件制作。

模板框架及其连接构件制作好后，必须进行整体试拼装。试拼装的过程为搭设整体拼装台及防雨棚；测量放线，测出平台高程和控制点线；逐层安装框架及连接件；选用经水浸泡过的小木条（宽 3~5cm、厚约 1cm）拼钉 2~4 层面板，并将板缝错开，模板表面刨光，直到合格为止；拼装合格后的模板，按各部位编号，拆散后运往现场安装。对于大型模板，只需拼装框架及连接件，不钉面板，以便分件运输；对于小型模板，可在加工厂整体或分节拼好，并钉上面板，直接运往现场。

2. 模板安装

先在基坑内按混凝土分层要求浇至底板高程，在底板上游侧底 1m 左右，便于模板支撑和固定。然后在已浇混凝土面上进行测量放样，放出机组中心线、尾水管中心线、高程点、控制点和外围检查点的坐标。安装时，将模板用起重机吊入，按控制点对位，应使模板上的中心线与基坑内的中心线重合，同时控制安装高程。定位后进行临时固定，并校正，最后用钢筋拉条和钢顶撑进行固定。

安装完毕后，按安装规范进行质量检查。

五、机组二期混凝土施工

在厂房的水下混凝土施工中，为了便于安装水轮发电机组并确保安装精度，通常将机电埋件周围的混凝土划分为二期混凝土，其施工紧密配合安装工作进行。

为满足安装要求并便于立模扎筋，二期混凝土也是分层浇筑，有些部位还需留待第三期浇筑。图 6-25 是一种大型机组二期混凝土分层图，共分五层进行浇筑。

机组二期混凝土施工特点是：要求与机电埋件安装紧密配合，工作面狭小，相互干扰尤为突出；某些特殊部位，如钢蜗壳与座环相连的阴角处，机墩顶部以定子螺栓孔等部位回填的混凝土，承受的荷载大、质量要求高，但这些部位仓面小、钢筋密、进料和振捣都比较困难。现就主要部位的施工措施介绍如下。

1. 圆锥段里衬二期混凝土

尾水管圆锥段，用钢板里衬作为二期混凝土内侧模板。根据混凝土侧压力的大小，校核里衬刚度是否满足要求，必要时可在里衬内侧布置桁架加强，或在仓内增设拉条、支撑加固。

圆锥段里衬底部与一期混凝土之间，一般留有 20cm 左右的垂直间隙，以保证里衬安装的精度。二期混凝土施工时，再用韧性材料作间隙部位的模板，使里衬与一期混凝土衔接平整。里衬二期混凝土回填，因仓位狭长，为避免产生不规则裂缝，在里衬安装完毕后，还需在其径向设置 2～4 条引缝片。引缝片采用 2～3mm 厚的薄钢板垂直布置，其高度约为浇筑层厚 h 的 1/3，两端焊接在里衬及一期混凝土壁埋件上。上、下浇筑层设置的引缝片，还应错开 5°左右，如图 6-26 所示。

2. 钢蜗壳下半部二期混凝土

该部分位于钢蜗壳中心线以下，其中施工难度最大的是蜗壳与座环相连处的阴角部位，该部位空间狭窄、进料困难，而且很难振捣密实。为了保证质量，施工时常采取以下专门措施：

（1）在座环或蜗壳上开口进料。在水轮机厂制造时，在座环或蜗壳上预留若干进料孔。当蜗壳下部混凝土浇筑时，先在蜗壳外边卸料，用铁铲向蜗壳底部送料，并振捣密实。混凝土上升到蜗壳底面后，就不能从底部向阴角部位进料，而只能在蜗壳或座环上预留的孔口进料，争取进入振捣。阴角上的尖角部分无法进入时，用软轴振捣器插入孔中振捣，直到混凝土填满座环上的孔口。

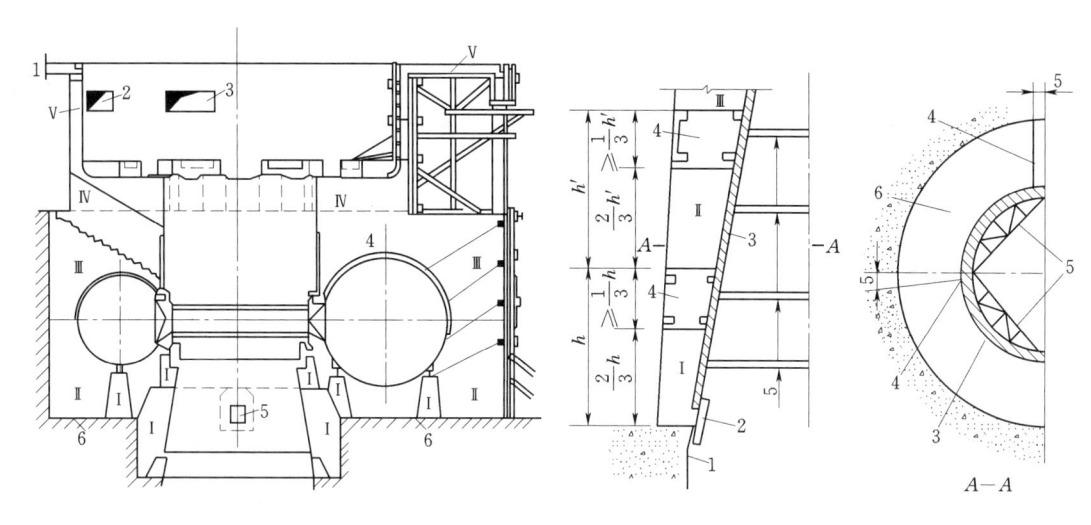

图 6-25 大型机组二期混凝土施工分层图
1—通风孔；2—发电机中性点电流互感器；3—发电机
主引出线电流互感器孔；4—钢蜗壳弹性垫层；
5—尾水管进人孔；6——期混凝土

图 6-26 圆锥里衬二期混凝土与引缝片示意图
1—弯管段；2—韧性接头模板；3—钢板里衬；
4—引缝钢板；5—桁架；6—二期混凝土

图 6-27 为蜗壳阴角部位浇筑工艺布置图，预留孔口位置，选择在靠近座环底板的钢蜗壳侧面。

（2）预埋骨料或混凝土砌块灌浆施工法。在阴角部位浇筑前，预先用骨料填塞或混凝土砌块砌筑，骨料或砌块可用钢筋托住，并在尖角部分安装回填灌浆管路。灌浆管可采用直径 25mm 左右的钢管，沿机组径向间隔 2m 布置一根，一端管口朝上并用水泥纸包裹，另一端管口比较集中地引至水轮机层楼面，编号保管。当机组二期混凝土全部浇完 15d 后，采用压力为 303.9kPa（即 3 个大气压）的水泥砂浆灌注，直到阴角空隙处灌满为止。

进浆管也可以直接预留在座环顶部，但会对座环板造成缺陷。

图 6-27 蜗壳阴角部位浇筑工艺布置图
1—转料平台；2—转料工具；3—操作平台；
4—操作跳板；5—导叶；6—座环
底板；7—钢板里衬

3. 钢蜗壳上半部二期混凝土

施工时应注意搞好钢蜗壳上半部弹性垫层的施工，及水轮机井钢衬与钢蜗壳之间凹槽部位的浇筑。为了使钢蜗壳与上部混凝土分开，保证钢蜗壳不承受上部混凝土结构传来的荷载，常在蜗壳上半圆表面铺设 5~6cm 厚的弹性垫层。弹性垫层由两层油毛毡夹一层沥青软木构成。施工时，先在蜗壳上刷一层热沥青（温度不低于 140℃），趁热将预制的沥青软木块铺上，再铺二毡三油即成。预制的软木块，可采用较小尺寸，以便吻合蜗壳弧度。此外，在浇混凝土时，还应防止水泥砂浆浸入垫层，使垫层失去弹性作用。

机井钢衬与蜗壳之间的凹槽部位，由于钢筋较密，施工时应采用细石混凝土，并注意捣实。同时注意蜗壳内外侧混凝土的浇筑速度，应大致按相同高程上升，以免接头处产生陡坡或冷缝。

钢蜗壳外围混凝土浇筑，无论是上半部或下半部，还必须考虑蜗壳承受外压时的稳定性。一般在蜗壳内设置临时支架支撑，以抵抗混凝土侧压力。

4. 发电机机墩及风罩二期混凝土

机墩是发电机支承结构，多采用圆筒形，圆筒厚度在1.5m左右，圆筒顶部预留有通风槽和定子地脚螺栓孔，是二期混凝土施工中结构复杂，钢筋和预埋件较多的部位。

施工时，机墩内外侧模板采用一次或二次架立，并需要考虑模板的整体稳定性。通风槽模板由于底面积大，应考虑浇筑时的上浮力。定子地脚螺栓孔模板应严格控制安装位置，便于拆除和清渣。机墩内的钢筋网和预埋件，宜适当增加焊固点，埋件露出面应牢固地固定在模板上。

混凝土浇筑时，宜采用溜管或溜槽入仓，进行薄层浇筑，并减小混凝土骨料粒径，加大坍落度。遇有凹腔部位模板时，模板四周要均匀卸料，以防模板向一侧倾斜。浇筑结束时，应严格控制墩顶浇筑高程。机墩顶部的定子地脚螺栓孔，立模、拆模、出渣和混凝土回填都比较困难。地脚螺栓安装后，由于孔口有定子基础板盖住，振捣器不能插入时，回填的混凝土可利用预先放入孔内的振动环振捣。振动环通过钢筋和孔口外的振动器相连接，如图6-28所示。

为了方便施工，某大型电站预先用钢板做成铁盒子，代替定子地脚螺栓木模板，不需要拆模。但在浇筑前须用砂子临时将盒子填满，孔口也用钢板临时封闭，防止浇筑时盒子变形和砂浆渗入盒内。地脚螺栓安装后，再用细石混凝土回填。机组经多年运转，未发现异常现象。

发电机风罩墙与机墩相连，墙厚仅30～50cm，且有双层钢筋网，常用软轴插入式振捣器振捣。浇筑时应控制混凝土骨料级配、坍落度和整个风罩墙均匀上升的速度，并可适当延长振捣时间，以保证振捣密实，其余施工方法与机墩施工相同。

六、厂房上部结构施工

水电站厂房上部结构与一般工业厂房相似，主要由屋顶、立柱、吊车梁、纵向联系梁、圈梁、柱间围墙等组成。构件多为钢筋混凝土结构，也有在特殊情况下采用钢结构的。厂房柱间围墙，如无防洪、承重等要求，则通常采用砖砌体。

钢筋混凝土构件的施工方法有现场浇筑和预制装配法两种。现场浇筑的构件刚度大，受力条件好，但施工比较困难，主要适用于重型结构；预制装配的构件施工方便，主要适用于轻型结构，并有相应的设备吊装能力。下面仅就现场浇筑法加以介绍。

1. 立柱现浇

厂房立柱布置在下部结构的一期混凝土上，并与基础固结。按照厂房施工程序安排，当立柱基础浇筑完成后，立柱应立即施工，以利及早安装桥吊，使机组安装和厂房二期混凝土施工能快速进行。现场浇筑的厂房立柱，一般先安装钢筋，后安装模板。

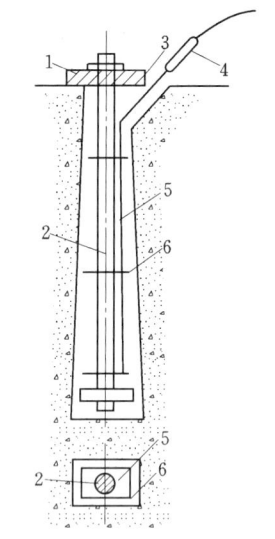

图6-28 定子地脚螺栓孔振动环示意图
1—定子基础板；2—定子地脚螺栓；3—混凝土进料；4—振动器；5—钢筋；6—振动环

立柱模板主要解决垂直度、施工时的侧向稳定及抵抗混凝土侧压力等问题。模板安装时，按照边线先将柱底部分固定好位置，再将模板竖起来，用临时支撑固定，然后用锤球校正垂直度。检查无误后，即可将模板外侧的柱箍箍紧，再用支撑钉牢固定。柱模之间，还要用水平撑及剪刀撑相互撑牢。

立柱混凝土浇筑时，可搭设卸料平台，采用溜管下料、分层浇筑的方式。各层施工缝设在基础顶面、梁及牛腿下面，在浇筑过程中，应控制好混凝土料的级配、坍落度和上升速度（一般不超过 0.5m/h），并及时纠正模板变形。

2. 屋顶现浇

厂房重型结构的屋顶横梁，重量、厚度和跨度均较大，施工比较困难。屋顶横梁的现场浇筑程序如下：

（1）模板架立。一般考虑以下立模方法：

1）采用预应力钢筋混凝土梁，安装在上下游承重墙上，并作为屋顶横梁的一部分，在其上浇筑混凝土到设计厚度。此法不影响下面桥吊的运行。

2）利用屋顶横梁钢筋做成上承重构架，将模板悬挂其上，再浇筑混凝土。此法将增加 20%~40%的钢材用量。

3）利用临时钢架支撑在牛腿或立柱预埋型钢上，作为下承重构架，以支撑模板，如图 6-29 所示，此法可回收大量钢材，但装拆较麻烦，且影响桥吊运行。

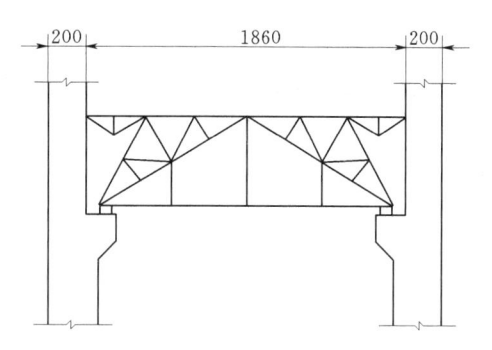

图 6-29 临时钢架布置（单位：cm）

（2）钢筋安装。钢筋安装既可采用散装法，也可采用整装法。

（3）混凝土浇筑。混凝土浇筑应由上下游向中间，或由中间向上下游浇筑。当屋顶横梁为双层结构时，下层混凝土强度达到设计要求后，方可浇筑上层混凝土。

【练习与思考】

1. 隧洞的开挖方式有哪些？有何特点？
2. 简述钻爆法施工炮孔分类和作用。
3. 隧洞开挖的辅助作业有哪些？
4. 掘进机开挖与传统钻爆法相比有何特点？
5. 简述喷锚支护的作用。
6. 简述隧洞衬砌的顺序以及影响因素。
7. 水电站厂房施工注意哪些问题？

第六章 视频、课件

第七章 河道及输水建筑物施工

第一节 堤防工程施工

堤防是指沿河、渠、湖、海岸或行洪区、分洪区、围垦区的边缘修筑的挡水建筑物，其主要目的是防御洪水泛滥、保护居民和工农业生产。堤防工程是世界上最早广为采用的一种重要防洪工程，筑堤是防御洪水泛滥的主要措施。堤防的功能包括泄洪排沙、抵挡风浪及抗御海潮。

根据修筑的位置不同，堤防可分为河堤、江堤、湖堤、海堤以及水库、蓄滞洪区低洼地区的围堤等；按其功能可分为干堤、支堤、子堤、遥堤、隔堤、行洪堤、防洪堤、围堤（圩垸）、防浪堤等；按建筑材料可分为土堤、石堤、土石混合堤和混凝土防洪墙等；按堤身断面分斜坡式堤、直墙式堤或直斜复合式堤。

堤防工程的型式应根据因地制宜、就地取材的原则，结合堤段所在的地理位置、重要程度、堤址地质、筑堤材料、水流及风浪特性、施工条件、运行和管理要求、环境景观、工程造价等，通过技术经济比较来综合确定。如土石堤与混凝土堤相比，边坡较缓，占用面积空间大，防渗防冲及抗御超额洪水与漫顶的能力弱，需合理和科学设计。混凝土堤则坚固耐冲，但对软基适应性差，造价高。堤防根据所处的地理位置和堤内地形切割情况，堤基水文地质结构类型如图 7-1 所示。

堤防施工主要包括堤料选择、堤基（清理）施工、堤身填筑（防渗）等内容。

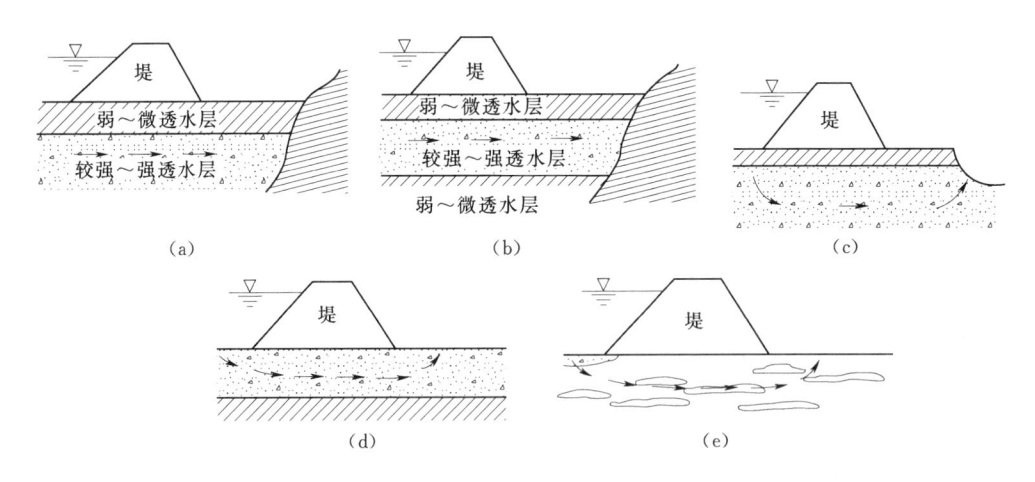

图 7-1 堤基水文地质结构类型
(a) 透水层堤后封闭模式；(b) 下封闭模式；(c) 透水层堤后被切割模式；
(d) 上部透水的渗漏模式；(e) 多层渗漏模式

第一节 堤防工程施工

一、筑堤材料

1. 堤料选择

根据设计要求，结合土（石）质、天然含水量、运距、开采条件等因素，合理选择取料区，一般应注意以下几点：

（1）淤泥土、杂质土、冻土块、膨胀土、分散性黏土等特殊土料，一般不宜用作填筑堤身，若必须采用时，应有技术论证和制定专门的施工工艺。

（2）土石混合堤、砌石堤（墙）、混凝土堤（墙）所采用的石料、砂砾石料及拌制混凝土和水泥砂浆的水泥、水、外加剂等，应符合相关规范要求。

（3）土料多用于堤身填筑和防渗、压浸，石料用于护坡，砂砾石料用于排水、反滤及混凝土骨料，天然砂砾石缺乏时可用人工碎石料代替。

（4）选用的反滤料（含土工织物），应满足设计提出的保土、透水、防堵等要求。

2. 堤料采集与选购

（1）陆上料区开挖前须将其表层的杂质和耕作土、植物根系等清除，水下料区开挖前须将表层稀软淤土清除，确保取料区的位置和取料深度符合设计要求。

（2）土料的开采应综合考虑料场、施工条件等因素，并符合下列要求：

1）料场周围应布置截水沟，料场排水措施安排得当；遇雨时，对坑口坡道宜用防水编织布进行覆盖保护。

2）当筑堤材料天然含水量接近施工控制下限值时，宜采用立面开挖；当含水量偏大，以及在层状筑堤材料中有必须剔除的不合格料层时，宜采用平面开挖；当层状筑堤材料允许掺混或冬季开采筑堤材料时，宜用立面开挖。开采时取料坑壁应稳定，立面开挖时严禁掏底施工。

（3）不同粒径组的反滤料，应根据设计要求筛选加工或选购，并需按不同粒径组分别堆放；用非织造土工织物代替时，其选用规格应符合设计要求。

（4）堤基及堤身结构采用的土工织物、加筋材料、土工防渗膜、塑料排水板及止水带等土工合成材料，应根据设计要求的型号、规格、数量选购，有产品合格证和质量检测报告。

（5）采集或选购的石料，除应满足岩性、强度等性能指标外，其形状、尺寸和块重，也需符合设计要求。

二、堤基施工

1. 堤基清理

（1）堤基基面的清理范围包括堤身、铺盖、压载的基面，其边界应在设计基面边线外30~50cm。

（2）堤基表层不合格土、杂物等必须清除，堤基范围内坑、槽、沟等，应按堤身填筑要求进行回填处理。

（3）堤基开挖、清除的弃土、杂物、废渣等，均应运到指定的场地堆放。

（4）基面清理平整后，应及时报验并抓紧施工。若不能立即施工，应做好基面保护，复工前应再检验，必要时须重新清理。

2. 软弱堤基处理

(1) 浅埋的薄层采用挖除软弱层换填砂、土时,应按设计要求用中粗砂或砂砾,铺填后及时予以压实。厚度较大难以挖除或挖除不经济时,可采用铺垫透水材料加速排水和扩散应力、在堤脚外设置压载、打排水井或塑料排水带、放缓堤坡、控制加荷速率等方法处理。

(2) 流塑态淤质软黏土地基采用堤身自重挤淤法施工时,应放缓堤坡、减慢堤身填筑速度、分期加高,直至堤基流塑变形与堤身沉降平衡、稳定。

(3) 软塑态淤质软黏土地基上,在堤身两侧坡脚外设置压载体处理时,压载体应与堤身同步、分级、分期加载,保持施工中的堤基与堤身受力平衡。

(4) 抛石挤淤应使用块径不小于30cm的坚硬石块,当抛石露出土面或水面时,改用较小石块填平压实,再在上面铺设反滤层并填筑堤身。

(5) 修筑重要堤防时,可采用振冲法或搅拌桩等方法加固堤基。

3. 透水堤基处理

(1) 浅层透水堤基宜采用黏性土截水槽,或其他垂直防渗措施截渗。黏性土截水槽施工时,宜采用明沟排水或井点抽排,回填黏性土应在无水基底上,并按设计要求施工。

(2) 深厚透水堤基上的重要堤段,可设置黏土、土工膜、固化灰浆、混凝土、塑性混凝土、沥青混凝土等地下截渗墙。

(3) 用黏性土做铺盖或用土工合成材料进行防渗,应按相关规定施工。铺盖分片施工时,应加强接缝处的碾压和检验。

(4) 采用槽型孔浇筑混凝土或高压喷射连续防渗墙等方法,对透水堤基进行防渗处理时,应符合防渗墙施工的规定。

(5) 砂性堤基采用振冲法处理时,应符合相关标准的规定。

4. 多层堤基处理

(1) 多层堤基如无渗流稳定安全问题,施工时仅需将清基后的表层土夯实即可填筑堤身。

(2) 盖重压渗、排水减压沟及减压井等措施可单独使用,也可结合使用。表层弱透水覆盖层较薄的堤基,如下卧的透水层均匀且厚度足够时,宜采用排水减压沟,其平面位置宜靠近堤防背水侧坡脚。排水减压沟可采用明沟或暗沟,暗沟可采用砂石、土工织物、开孔管等。

(3) 堤基下有承压水的相对隔水层,施工时应保留设计要求厚度的相对隔水层。

(4) 堤基面层为软弱或透水层时,应按软弱堤基、透水堤基施工处理。

5. 岩石堤基处理

(1) 强风化岩层堤基,除按设计要求清除松动岩石外,筑砌石堤或混凝土堤时,基面应铺层厚大于30mm的水泥砂浆;筑土堤时,基面应涂层厚为3mm的黏土浆,然后进行堤身填筑。

(2) 裂缝或裂隙比较密集的基岩,可采用水泥固结灌浆或帷幕灌浆进行处理。

三、堤身填筑与砌筑

主要介绍碾压筑堤、土料吹填筑堤、抛石筑堤、砌石筑墙(堤)等工艺。

第一节 堤防工程施工

1. 碾压筑堤

(1) 填筑作业要求。

1) 地面起伏不平时，按水平分层由低处开始逐层填筑，不得顺坡铺填。堤防横断面上的地面坡度陡于1:5时，应将地面坡度削至缓于1:5。

2) 分段作业面的最小长度不应小于100m，人工施工时作业面段长可适当减短。相邻施工段作业面宜均衡上升，若段与段之间不可避免出现高差时，应以斜坡面相接。分段填筑应设立标志，上下层的分段接缝位置应错开。

3) 在软土堤基上筑堤或采用较高含水量土料填筑堤身时，应严格控制施工速度，必要时在堤基、坡面设置沉降和位移观测点进行控制。如堤身两侧设计有压载平台时，堤身与压载平台应按设计断面同步分层填筑。

4) 采用光面碾压实黏性土时，在新层铺料前应对压光层面作刨毛处理；在填筑层检验合格后因故未及时碾压，或经过雨淋、暴晒使表面出现疏松层时，复工前应采取复压等措施进行处理。

5) 施工中若发现局部"弹簧土"、层间光面、层间中空、松土层或剪切破坏等现象时，应及时处理，并经检验合格后方准铺填新土。

6) 施工中应协调好观测设备安装埋设和测量工作的实施，已埋设的观测设备和测量标志应保护完好。

7) 对占压堤身断面的上堤临时坡道作补缺口处理时，应将已板结的老土刨松，并与新铺土一起按填筑要求分层压实。

8) 堤身全断面填筑完成后，应作整坡压实及削坡处理，并对堤身两侧护堤地面的坑洼进行铺填和整平。

9) 对老堤进行加高培厚处理时，必须清除结合部位的各种杂物，并将老堤坡挖成台阶状，再分层填筑。

10) 黏性土填筑面在下雨时不宜行走践踏，不允许车辆通行。雨后恢复施工，填筑面应经晾晒、复压处理，必要时应对表层再次进行清理。

11) 土堤不宜在负温下施工。如施工现场具备可靠保温措施，允许在气温不低于-10℃的情况下施工。施工时应取正温土料，土料压实时的气温必须在-1℃以上，装土、铺土、碾压、取样等工序快速连续作业。要求黏性土含水量不得大于塑限的90%，砂料含水量不得大于4%，铺土厚度应比常规要求适当减薄，或采用重型机械碾压。

(2) 铺料作业要求。

1) 应按设计要求将土料铺至规定部位，严禁将砂（砾）料或其他透水料与黏性土料混杂，上堤土料中的杂质应予清除。如设计无特别规定，铺筑应平行堤轴线顺次进行。

2) 土料或砾质土可采用进占法或后退法卸料，砂砾料宜用后退法卸料。砂砾料或砾质土卸料如发生颗粒分离现象时，应采取措施将其拌和均匀。

3) 铺料厚度和土块直径的限制尺寸，宜通过碾压试验确定；在缺乏试验资料时，可参照表7-1的规定取值。

4) 铺料至堤边时，应比设计边线超填出一定余量，人工铺料宜为10cm，机械铺料宜为30cm。

表 7-1　　　　　　　　　　　铺料厚度和土块直径限制尺寸表

压实功能类型	压实机具种类	铺料厚度/cm	土块限制直径/cm
轻型	人工夯、机械夯	15~20	≤5
	5~10t 平碾	20~25	≤8
中型	12~15t 平碾 斗容 2.5m³ 铲运机 5~8t 振动碾	25~30	≤10
重型	斗容大于 7m³ 铲运机 10~16t 振动碾 加载气胎碾	30~50	≤15

（3）压实作业要求。施工前应先做现场碾压试验，验证碾压质量能否达到设计压实度值。若已有相似施工条件的碾压经验时，也可参考使用。

1）碾压施工应符合下列规定：碾压机械行走方向应平行于堤轴线；分段、分片碾压时，相邻作业面的碾压搭接宽度，平行堤轴线方向的宽度不应小于 0.5m，垂直堤轴线方向的宽度不应小于 2m；拖拉机带碾或振动碾压实作业时，宜采用进退错距法，碾迹搭压宽度应大于 10cm；铲运机兼作压实机械时，宜采用轮迹排压法，轮迹应搭压轮宽的 1/3；机械碾压应控制行车速度，以不超过下列规定为宜，平碾为 2km/h，振动碾为 2km/h，铲运机为 2 档。

2）机械碾压不到的部位，应辅以夯具夯实，夯实时应采用连环套打法，夯迹双向套压，夯压夯 1/3，行压行 1/3；分段、分片夯实时，夯迹搭压宽度应不小于 1/3 夯径。

3）砂砾料压实时，洒水量宜为填筑方量的 20%~40%；中细砂压实的洒水量，宜按最优含水量控制；压实作业宜用履带式拖拉机带平碾、振动碾或气胎碾施工。

4）当已铺土料表面在压实前被晒干时，应采用铲除或洒水湿润等方法进行处理；雨前应将堤面做成中间稍高两侧微倾的状态并及时压实。

5）在土堤斜坡结合面上铺筑施工时，要控制好结合面土料的含水量，边刨毛、边铺土、边压实。

6）进行垂直堤轴线的堤身接缝碾压时，须跨缝搭接碾压，其搭压宽度不小于 2.0m。

（4）堤身与建筑物接合部施工。土堤与刚性建筑物，如涵闸、堤内埋管、混凝土防渗墙等相接时，施工应符合下列要求：

1）建筑物周边回填土方，宜在建筑物强度达到设计强度 50%~70% 的情况下施工。

2）填土前，应清除建筑物表面的乳皮、粉尘及油污等；对表面的外露铁件（如模板对销螺栓等）宜割除，必要时对铁件残余露头用水泥砂浆覆盖保护。

3）填筑时，须先将建筑物表面湿润，边涂泥浆、边铺土、边夯实；涂浆高度应与铺土厚度一致，涂层厚为 3~5mm，并应与下部涂层衔接；不允许泥浆干涸后再铺土和夯实。

4）制备泥浆应采用塑性指数 $I_P>17$ 的黏土，泥浆的浓度可用 1:2.5~1:3.0（土水重量比）。

5）建筑物两侧填土，应保持均衡上升；贴边填筑宜用夯具夯实；铺土层厚度宜为

15~20cm。

(5) 土工合成材料填筑要求。工程中常用到土工合成材料，如编织型土工织物、土工网、土工格栅等，施工时按如下要求控制：

1) 筋材铺放基面应平整，筋材垂直堤轴线方向铺展，长度按设计要求裁制。

2) 筋材不宜有拼接缝。如筋材必须拼接时，应按不同情况区别对待：编织型筋材接头的搭接长度不宜小于15cm，以细尼龙线双道缝合，并满足抗拉要求；土工网、土工格栅接头的搭接长度不宜小于5cm（土工格栅至少搭接一个方格），并以细尼龙绳在连接处绑扎牢固。

3) 铺放筋材不允许有褶皱，并尽量用人工拉紧，以U形钉定位于填筑土面上，填土时不得发生移动。填土前如发现筋材有破损、裂纹等质量问题，应及时修补或作更换处理。

4) 筋材上面可按规定层厚铺土，但施工机械与筋材间的填土厚度不应小于15cm。

5) 加筋土堤压实，宜用平碾或气胎碾；但在极软地基上筑加筋土堤时，开始填筑的二、三层宜用推土机或装载机铺土压实，当填筑层厚度大于0.6m后，方可按常规方法碾压。

6) 加筋土堤施工时，最初二、三层填筑应遵照以下原则：在极软地基上作业时，宜先由堤脚两侧开始填筑，然后逐渐向堤中心扩展，在平面上呈凹字形向前推进；在一般地基上作业时，宜先从堤中心开始填筑，然后逐渐向两侧堤脚对称扩展，在平面上呈凸字形向前推进；随后逐层填筑时，可按常规方法进行。

2. 土料吹填筑堤

(1) 土料吹填筑堤方式。常用土料吹填筑堤方式有挖泥船法、水力冲挖机组法两种。挖泥船又分绞吸式和斗轮式两种型号。水下挖土多采用绞吸式、斗轮式挖泥船，水上挖土多用水力冲挖机组。所挖泥土均采用管道以压力方式输送至作业面，并在挖泥船取土区设置水尺和挖掘导标。

排泥管线路布置时应平顺，避免死弯。对水、陆排泥管的连接，应采用柔性接头。排泥管出泥口的布置方式如下：

1) 吹填用于堤身两侧池塘洼地的充填时，排泥管出泥口可相对固定。

2) 吹填用于堤身两侧填筑加固平台时，排泥管出泥口应适时向前延伸或增加出泥支管，不宜相对固定；每次吹填层厚不宜超过1.0m，并应分段间歇施工，分层吹填。

(2) 不同土质吹填筑堤原则。

1) 无黏性土、少黏性土适用于吹填筑堤，若用于老堤背水侧，培厚加固更为适宜。

2) 流塑-软塑态中、高塑性的有机黏土不应用于筑堤。

3) 软塑-可塑态黏粒含量高的壤土和黏土不宜用于筑堤，但可用于充填堤身两侧的池塘洼地加固堤基。

4) 可塑-硬塑态的重粉质壤土和粉质黏土适用于绞吸式、斗轮式挖泥船，以黏土团块的方式吹填筑堤。

(3) 吹填区修筑围堰要求。

1) 应认真清基，并确保围堰填筑质量。

2) 每次筑堰高度，除黏土团块吹填可达 2m 高外，一般不宜超过 1.2m。

3) 根据不同土质，围堰断面可采用下列尺寸：对于黏性土，顶宽 1~2m，内坡 1:1.5，外坡 1:2.0；对于砂性土，顶宽 2m，内坡 1:1.5~1:2.0，外坡 1:2.0~1:2.5。

4) 筑堰土料可就近取土或在吹填区内取用，但取土坑边缘距堰脚不应小于 3m。

5) 在浅水域或有潮汐的江河滩地，可采用水力冲挖机组等设备，向透水编织布长管袋中充填土（砂）料垒筑围堰，但需及时对围堰表面作防护。

6) 应按设计要求做好截渗沟的排水和围护；泄水口可采用溢流堰、跌水、涵管、竖井等结构形式。

(4) 吹填法填筑新堤要求。

1) 先在两堤脚处各做一道纵向围堰，然后按照分仓长度要求做多道横向分隔围堰，构成多个封闭仓区，然后逐区分层吹填。

2) 排泥管道居中布放，采用端进法吹填直至吹填仓末端。

3) 每次吹填层厚，除黏土团块允许 1.8m 以外，一般为 0.3~0.5m。

4) 每层吹填完成后应间歇一段时间，待吹填土初步排水固结后才允许继续施工，必要时需辅设仓内排水设施加快排水固结。

5) 当吹填接近堤顶，吹填面变窄不便施工时，可改用碾压法填筑至堤顶。

结合工程进展，吹填法施工管理应注意做好以下几点：

1) 加强管道和围堰巡查，掌握管道工作状态和吹填进展趋势。

2) 统筹安排水上、陆上施工，适时调度吹填区分仓轮流作业，提高机船施工效率。

3) 检查吹填筑堤时的开挖土质、泥浆浓度及吹填有效土方利用率等项目。

4) 适时检测吹填土沿程沉积颗粒大小分布状况，以及干密度和强度与吹填土固结时间的关系。

5) 控制排放尾水中未沉淀土颗粒的含量，防止河道、沟渠淤积。

6) 气温在 $-5°C$ 以下时，吹填筑堤应连续施工；若需停工时，应以清水冲刷管道，并放空管道内存水。

3. 抛石筑堤

(1) 在水域或陆域软基地段采用抛石法筑堤时，应先实施抛石棱体，再以其为依托填筑堤身闭气土方。

(2) 实施抛石棱体时，在水域，应在两条堤脚线外各做一道；在陆域，可仅在临水侧的堤脚线外做一道。

(3) 抛石棱体定线放样，在陆域软基地段或浅水域，应插设标杆，间距以 50m 为宜；在深水域，放样控制点需专设定位船，并通过岸边架设的经纬仪定位。

(4) 进行抛石作业，应符合以下规定：

1) 陆域软基地段或浅水域抛石，可用自卸车辆载料，并以端进法向前延伸立抛，立抛时可根据现场情况，采用不分层或分层阶梯方式抛投。

2) 在软基上的立抛厚度，以不超过地基土的相应极限承载高度为原则。

3) 在深水域抛石，宜用驳船在水上定位后分层平抛，每层厚度不宜大于 2.5m。

(5) 抛填石料块重以 20~40kg 为宜，抛投时应大小搭配。

(6) 当抛石棱体达到预定断面高程,并经沉降初步稳定后,应按设计轮廓将抛石体整理成型。

(7) 抛石棱体与闭气土方的接触面,应根据设计要求,做好砂石反滤层或土工织物滤层。

(8) 软基上采用抛石法筑堤,若堤基有已铺填的透水材料或土工合成加筋材料的加固层时,应采取措施加以保护。

(9) 陆域抛石筑堤,宜用自卸车辆,由抛石棱体背水侧开始填筑闭气土方,并逐渐向堤身扩展;闭气土方有填筑密实度要求的,应符合规范的相关规定。

(10) 水域抛石筑堤,两抛石棱体之间的闭气土体,宜用吹填法施工;在吹填土层露出水面,且表面土层初步固结后,宜采用可塑性大的土料,碾压填筑一个厚度约1m的过渡层,随后按常规方法填筑。

(11) 用抛石法填筑土石混合堤时,应在堤身范围内设置一定数量的沉降、位移观测标点。

4. 砌石筑墙(堤)

浆砌石墙(堤)宜用块石砌筑;如规则石料不够,可采用粗料石或混凝土预制块对砌体进行镶面;仅有卵石的地区,也可采用卵石砌筑,但砌体强度应达到设计要求。

(1) 浆砌石砌筑应符合下列要求:

1) 砌筑前,应在砌体外将石料上的泥垢冲洗干净,砌筑时保持砌石表面湿润。

2) 应采用坐浆法分层砌筑,铺浆厚宜3~5cm,随铺浆随砌石,砌缝需用砂浆填充饱满,不得无浆直接贴靠,砌缝内砂浆应采用扁铁插捣密实;严禁先堆砌石块再用砂浆灌缝的方式操作。

3) 上、下层砌石应错缝砌筑;砌体外露面应平整美观,外露面上的砌缝应预留约4cm深的空隙,以备勾缝处理;水平缝宽应不大于2.5cm,竖缝宽应不大于4cm。

4) 砌筑因故停顿且砂浆已超过初凝时间,应待砂浆强度达到2.5MPa后才可继续施工;继续砌筑前,应将原砌体表面的浮渣清除。

5) 勾缝作业时须先清缝,用水冲净并保持缝槽湿润;勾缝砂浆应分次向缝内填塞密实,严禁勾假缝、凸缝;低温时水泥砂浆拌和时间宜适当延长,拌和物料温度不低于5℃。

6) 小雨中施工时,宜适当减小水灰比,遇见中到大雨时应停止施工,并妥善保护工作面;雨后若表层砂浆或混凝土尚未初凝,可加铺水泥砂浆后继续施工,否则应按工作缝要求进行处理。

7) 浆砌石在0~5℃的环境中施工时,应对砌筑层表面进行保温处理;在0℃以下又无保温措施时,应停止施工。

8) 浆砌石墙(堤)分段施工时,相邻施工段的砌筑面高差应不大于1.0m。

(2) 混凝土预制块镶面作业,应符合下列要求:

1) 预制块尺寸及混凝土强度应满足设计要求。

2) 砌筑时,应根据设计要求排布丁、顺砌块;砌缝应横平竖直,上下层竖缝错开距离不应小于10cm,丁石的上、下方不得有竖缝。

3) 砌缝内砂浆应填充饱满,水平缝宽应不大于1.5cm;竖缝宽不大于2cm。

(3) 对浆砌石防洪墙的变形缝和防渗止水结构部位,宜预留茬口,用浇筑二期混凝土的方式处理。

(4) 干砌石砌筑应符合下列要求:

1) 不得使用有尖角或薄边的石料砌筑,石料最小边尺寸不宜小于 20cm。

2) 砌石应垫稳填实,与周边砌石靠紧,严禁加空。

3) 严禁出现通缝、叠砌和浮塞;不得在外露面用块石砌筑,而中间以小石填心;不得在砌筑面以小块石、片石找平;堤顶应以大石块或混凝土预制块压顶。

4) 承受大风浪冲击的堤段,宜用粗料石丁扣砌筑。

5. 堤身防渗施工

(1) 黏土防渗体施工。

1) 在清理过的无水基底上进行。

2) 坡脚截水槽应与堤身防渗体协同铺筑,尽量减少接缝。

3) 分层铺筑时,上、下层接缝应错开,每层厚以 15~20cm 为宜,层面间应刨毛、洒水。

4) 相邻工作面搭接碾压应符合设计要求。

(2) 土工膜防渗施工。

1) 铺膜应选择在小于二级风的天气进行。

2) 铺膜前,应将膜下基面铲平;土工膜质量也应检验合格。

3) 大幅土工膜拼接,宜采用胶接法黏合或热元件法焊接,胶接法搭接宽度为 5~7cm,热元件法焊接叠合宽度为 1.0~1.5cm。

4) 应自下游侧开始,依次向上游侧平展铺设,避免土工膜打皱。

5) 已铺土工膜上的破孔应及时粘补,粘贴膜大小应超出破孔边缘 10~20cm。

6) 土工膜铺完后应及时铺填(砌)保护层。

6. 反滤、排水施工

(1) 铺反滤层前,应将基面用挖除法整平,对个别低洼部分,应采用与基面相同土料或反滤层第一层滤料填平。

(2) 反滤层铺筑应符合下列要求:

1) 铺筑前应做好场地排水,设好样桩,备足反滤料。

2) 不同粒径组的反滤料层厚必须符合设计要求。

3) 应由底部开始向上,按设计结构层要求逐层铺设,并保证层次清楚、互不混杂,不得从高处顺坡倾倒。

4) 分段铺筑时,应使接缝层次清楚,不得发生层间错位、断缺、混杂等现象。

5) 陡于 1:1 的反滤层施工时,应采用挡板支护铺筑。

6) 已铺好反滤层的工段,不允许人车通行,应及时铺筑上层堤料。

7) 下雪天应停止铺筑,雪后复工时,应严防冻土、冰块和积雪混入料内。

(3) 土工织物作反滤层、垫层、排水层铺,设应符合下列要求:

1) 铺设前应对材料质量进行复验,材料质量必须合格,有扯裂、蠕变、老化等现象的材料均不得使用。

2) 铺设时，自下游侧开始依次向上游侧铺展，上游侧织物应搭接在下游侧织物上，或者采用专用设备缝制。

3) 在土工织物上铺砂时，织物接头不宜用搭接法连接。

4) 土工织物长边宜顺河铺设，并避免张拉受力、折叠、打皱等情况发生。

5) 土工织物层铺设完毕，应尽快铺设上一层堤料。

(4) 堆石排水体应按设计要求分层实施，施工时不得破坏反滤层，靠近反滤层处用较小石料铺设，堆石上下层面应避免产生水平通缝。

(5) 排水减压沟应在枯水期施工，沟的位置、深度和断面均应符合设计要求。

(6) 排水减压井应按设计要求，并参照有关规范施工。钻井宜用清水固壁，并随时取样，绘制地质柱状图，钻完井孔要用清水洗井，经验收合格后安装井管。每口井均应建立施工技术档案。

四、堤岸防护

河道堤岸受风浪、水流、潮汐作用，可能发生冲刷破坏的堤段，宜采用工程措施和生物措施相结合的防护方法。工程措施主要有坡式护岸、坝式护岸和墙式护岸等。工程布设之前，应对河道或沟道的两岸情况进行调查研究，分析在修建护岸护滩工程之后，下游或对岸是否会发生新的冲刷。工程应大致按地形设置，外沿顺直，力求没有急剧弯曲，工程高度应保证高于最高洪水位。

(一) 坡式护岸

坡式护岸也称平顺护岸，用抗冲材料直接铺敷在岸坡及堤脚一定范围，形成连续的覆盖式护岸，对河床边界条件改变较小，是一种常见的、需要优先选用的型式。枯水位以下采取护坡脚工程，枯水位与洪水位之间采用护坡工程。一般施工顺序是先护脚，后护坡、封顶。

1. 护脚工程

护脚工程是防护及崩岸整治工程中的基础，护脚方式有抛石（石笼）、抛土袋（土工包）、抛柴枕、抛六棱框架、充沙模袋软体沉排、模袋混凝土（固化砂浆）沉排、铰链混凝土块沉排、混凝土沉井等多种，应遵照设计要求选用。

(1) 抛投石料（石笼、土工包、柴枕、六棱框架等）护脚。抛投前将抛投材料运至施工现场，抛投区的水深、流速、断面形状等抛投前测量完毕，并掌握抛投物料在水中的位移规律。

1) 抛投石料，如图 7-2 所示，施工中要严格控制量方，对运送石料的船只应抽样称重检查，确定合理的孔隙率；抛投石笼尺寸，如图 7-3 所示，按需要和抛投手段确定；抛投土袋（编织袋）或土工包时，袋、包材料的孔径大小，要与土（砂）粒径相匹配；土（砂）的充填度以 70%～80% 为宜，土袋重不应少于 50kg，装土（砂）后封口绑扎应牢固。

2) 抛投时机宜在枯水期内选择。在抛投区平面图上，利用定位船，对抛投作业进行控制。

3) 定位船按划定网格，用经纬仪或全站仪布控，抛投船只挂靠在定位船，由施工技术员指定的位置，从深水网格开始向浅水网格依次抛投。遵循原则为：抛石护脚宜从下游

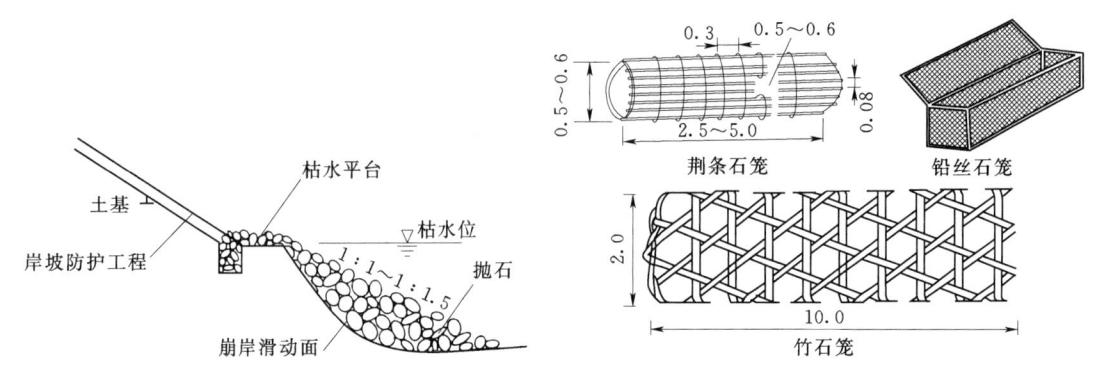

图 7-2 抛石护脚示意图   图 7-3 几种常用的石笼构件图（单位：m）

侧向上游侧依次抛投，水深流急时，应先用较大石块在护脚部位下游侧，按设计厚度抛一石埂，然后再逐次向上游抛投；石笼抛完后，须用大石块将笼与笼之间不严密处抛投补齐；岸上抛投土袋宜用滑板，使土袋准确入水叠压；船上抛投土（砂）袋，在流速过大的情况下，可将几个土袋捆绑抛投；抛土工包时，宜用开体船；抛柴枕护脚，应从防护段的上游抛起，使柴枕入水后有藏头的地方，分段抛枕时要求同时进行，以更好地相互衔接，如图 7-4、图 7-5 所示；抛投六棱框架护脚，宜将三个框架串连扎成一组抛投。

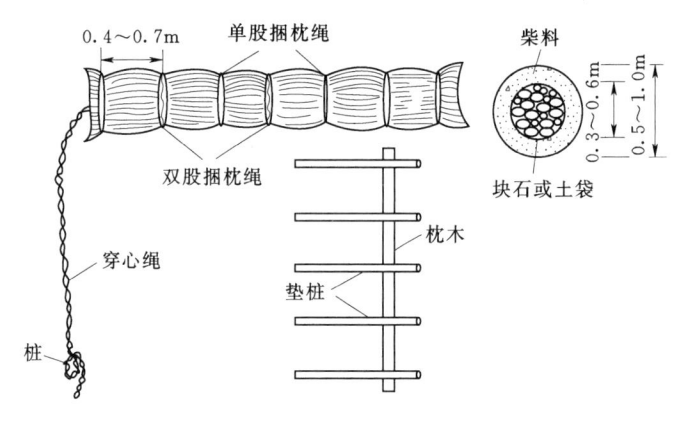

图 7-4 捆柴枕示意图

4）对于抢险或应急护脚工程，应从最能控制险情的部位抛起，依次展开。

5）抛投过中应及时探测水下抛石坡度、厚度，检查抛投施工情况是否符合设计要求。

（2）沉排（充砂模袋软体排、模袋混凝土排、模袋固化砂浆排等）护脚。

1）模袋或排体织物质量应满足设计要求，孔径大小应与充填土（砂）粒径相匹配。

2）施工前按设计要求将软体排或模袋排布加工好，按施工计划运至现场。排体宽度（顺水流方向）一般为 10~15m。

3）由经纬仪、全站仪或 GPS 准确定位，在需要防护的堤岸边，将软体排或模袋排布沿垂直水流方向展开。

4）袋或管袋软体排的充砂和沉放，如图 7-6 所示。

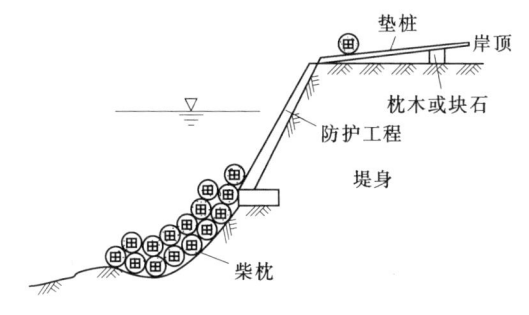

图 7-5 柴枕护脚示意图　　图 7-6 土工织物软体沉排护岸剖面示意图

5) 铺排是沉排护脚的重点工序。铺排常用方式有退放铺排、水上拖排沉放、水下拖拉铺排、卷排滚铺等。铺排方案确定后，提前按施工组织设计要求，备好所需铺排船舶与设施。铺排前，应按设计要求将排体锚定系统（如带锚桩的钢筋混凝土系排梁、T形锚桩、压重混凝土枯水平台等形式）的施工完成。

6) 沉排时，严格控制铺排船移位、定位。排体间的连接，采用上游侧排体搭压在下游侧排体上的方式，搭接量应符合设计要求。排体搭接时，应密切关注河岸的起伏不平以及排布收缩等因素的影响，除备足常规矩形排体外，还须准备梯形等异型排体插铺。

7) 对于排体较长、水深较大的铺排护脚施工，应有潜水员在水下引导铺排作业。

(3) 铰链混凝土块沉排护脚。

1) 在堤（或岸滩）顶稳定地面，沿整治段方向开挖、铺垫层、立模、浇筑成一钢筋混凝土系排梁，并洒水养护14天。

2) 施工前将质量合格的铰链混凝土块排体，运至整治段附近堆放，备好起重和运排船只。

3) 用两艘驳船组合成一艘沉排船，在钢板平台的近岸侧焊制圆弧形滑板，并设置拉排梁、卡排梁、拉排卷扬机、提升机等专用设备。

4) 沉排顺序在垂直水流方向上，由堤（岸）边向河心进占；在顺水流方向上，由下游侧向上游侧进占。沉排时，由经纬仪控制沉排船移位、定位，必要时由潜水员辅助操作。排体单元应平稳、缓慢沉入到水下设计部位。

5) 排体搭接遵照上游排体搭压在下游排体上的原则。排体下如需要铺设土工合成材料时，材料规格和质量应满足设计要求。

(4) 混凝土沉井护脚。

1) 施工前将质量合格的混凝土沉井运至现场。

2) 将沉井按设计要求，在枯水时河滩面上准确定位。

3) 人工或机械挖除沉井内的河床介质，使沉井平稳沉至设计高程。

4) 向混凝土沉井中回填砂石料，填满后，顶面应以大石块盖护。

2. 护坡工程

护坡方式有堆石、干砌石、浆砌石、灌砌石、混凝土预制压块、现浇混凝土板、模袋混凝土以及草皮生态防护等方式，应遵照设计要求和防护段实际情况选用。

护坡施工基本要求：护坡施工应在护脚施工合格的基础上，先从坡脚开始，依次向上护至坡顶；护坡脚槽施工应在低水位时进行，若工程规模较大时，可分段开挖脚槽，并及时砌筑；护坡前，按设计要求先进行削坡，坡面必须平顺坚实，不得有突起、松动块体或虚土浮渣等缺陷；堤（岸）坡线的修整也应大体平顺、流畅；在处理好的坡面上，按设计要求铺好碎石粗砂反滤层或土工合成材料垫层；用压有块石的土工布排体将坡脚处盖护，以防坡脚被风浪冲塌；当坡工程规模较大时，可分块逐一进行护坡施工。

（1）铺土工布堆石护坡。

1）按设计要求铺好反滤垫层，或用土工合成材料替代。

2）堆石作业应综合考虑设计要求、施工能力和江（河、湖）水位等因素，具体确定分层和分段的施工顺序。

3）当施工设计中有控制堆石速率要求时，应设置沉降观测点，准确控制堆石间歇时间。

4）堆石作业可根据护坡工程的具体情况，一次或多次堆放至顶坎。

（2）砌石护坡。

1）按设计要求削坡，并砌筑好条埝，铺好垫层或反滤层。

2）干砌石护坡由低处向高处逐层铺砌，铺砌要嵌紧、整平，铺砌厚度达到设计要求。

3）浆砌石护坡时，应做好排水孔施工。

4）灌砌石护坡，要确保混凝土灌筑质量，灌料饱满、振捣密实。护坡结构示意图如图7-7所示。

（3）预制混凝土锁块护坡。

1）按设计要求人工开挖沟槽，砌筑好条埝。

2）坡面开挖修整，自上而下精心修坡，并洒水湿润后夯实。

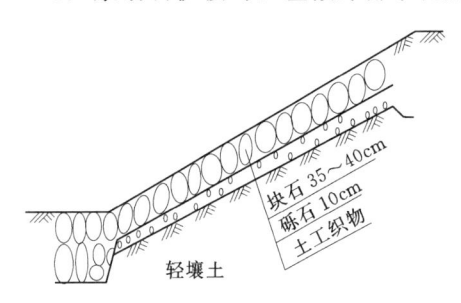

图7-7 护坡结构示意图

3）铺设砂石垫层，要求层次分明且振动密实。

4）从坡脚开始，向上分层铺砌预制混凝土锁块，铺砌时应符合下列规定：①有长裂纹和缺棱掉角的预制混凝土锁块应剔除；②锁块铺砌应平整密实，不能有架空、超高现象；③预制块体缝口应紧密、均匀，缝线应规则；④铺砌好的预制混凝土锁块，坡面上不得堆放预制块或其他重物。

若采用带有锚桩的钢筋混凝土框架梁内铺混凝土预制锁块进行护坡时，应符合下列要求：

1）施工前将预制钢筋混凝土锚桩（长度一般为2~3m）运至现场堆放。

2）按设计要求将锚桩打入堤（岸）坡上，并将桩顶部分凿毛。

3）按设计要求，沿锚桩走向挖好锚定沟及堤（岸）坡上的排水盲沟。

4）立好框架梁模板，并将系排梁（预留有锚定钩）、锚桩和联系梁浇筑成一个整体框架。

5）框架梁格内铺土工布，排水盲沟内填碎石，再压盖混凝土预制锁块。

6）框架梁、锚定沟混凝土施工应满足规范要求。

(4) 草皮生态防护。

1) 根据堤(岸)坡具体情况，草皮护坡选用适合当地生长、根系发达的草种，铺植要均匀，草皮厚度不应小于3cm，并加强草皮养护，提高成活率。

2) 对有特殊要求的堤(岸)坡防护，辅以土工材料三维植物网垫，或格栅固土种植基等措施。

3) 护堤林、防浪林栽植，按设计要求确定树种、林带宽度和株、行距，并要适时栽种，保证成活率，同时作好消浪效果观测点的选择。

4) 植草皮、植防浪林等生态堤(岸)坡防护措施，要与其他措施(如堆石护脚、预制混凝土空心块护坡等)配合使用。护坡护基效果良好。

其他护坡形式，如现浇混凝土护坡、模袋混凝土护坡等，可参考有关规定执行。

堤顶防护与要求，可参阅规范，封顶工程要与护坡工程密切配合，连续施工，不遗留任何缺口。对顶部边缘处的集水沟、排水沟等设施，要精心组织施工。

(二) 坝式护岸

坝式护岸是依托堤身、滩岸修建，主要有丁坝、顺坝以及丁坝与顺坝结合的拐头坝等型式，如图7-8所示。引导水流离岸，防止水流、风浪、潮汐直接侵袭、冲刷堤岸，危及堤防安全，在一定条件下为河堤、海堤防护所采用。坝式护岸按结构材料、坝高及水流、潮流流向关系，可选用透水、不透水、淹没、非淹没、上挑、正挑、下挑等型式。坝式护岸工程可依堤岸修建，丁坝坝头的位置在规划的治导线上，顺坝沿治导线布置。

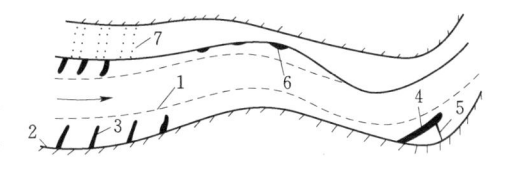

图7-8 多种坝型联合布置示意图
1—整治线；2—大堤；3—丁坝；4—顺坝；
5—格坝；6—柳石枕；7—活柳坝

1. 丁坝

丁坝具有束窄河床、调整水流、保护河岸的性能。丁坝由坝头、坝身和坝根三部分组成，坝根与河岸相连，坝头伸向河槽，在平面上呈丁字形，如图7-9所示。按照坝轴线与水流方向的交角，可分为上挑、下挑、正挑三种。

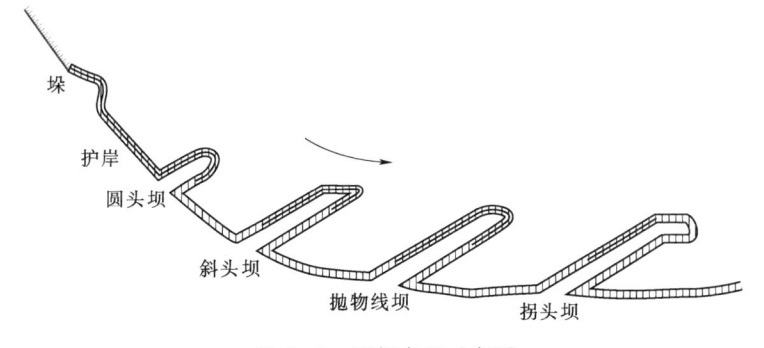

图7-9 丁坝布置示意图

(1) 丁坝的平面布置：丁坝间距一般为坝长的1～3倍，处于治导线凹岸以外位置的丁坝及海堤的促淤丁坝的间距可增大；非淹没丁坝宜采用下挑型式布置，坝轴线与水流流

243

向的夹角可采用30°～60°，强潮海岸的丁坝，坝轴线应垂直于强潮流方向。

(2) 浆砌石丁坝或抛石丁坝的主要尺寸如下：坝顶高程一般高出设计水位1m左右；坝体长度根据工程的具体条件确定，以对向滩岸不遭受冲刷为原则；坝顶宽度为1～3m；两侧坡度为1:1.5～1:2.0。

(3) 土心丁坝坝身用壤土、砂壤土填筑，坝身与护坡之间设置垫层，一般采用砂石、土工织物做成。坝顶宽度宜采用5～10m，根据工程的需要可适当增减；坝的上下游护砌坡度宜缓于1:1；护砌厚度可取0.5～1.0m；土心丁坝在土与护坡之间应设置垫层。根据反滤要求，可采用砂石垫层或土工织物垫层，砂层垫层厚度宜大于0.1m；土工织物垫层的上面宜铺薄层砂卵石保护。

(4) 对不透水淹没丁坝的坝顶面，宜做成坝根斜向河心和纵坡，其坡度可为1%～3%。

2. 顺坝

顺坝是一种纵向整治建筑物，由坝头、坝身和坝根三部分组成。坝身一般较长，与水流方向大致平行或有很小交角，沿整治线布置，如图7-10所示。顺坝具有束窄河槽、引导水流、调整岸线的作用，因此又称导流坝。顺坝分淹没式、非淹没式两种形式。淹没式顺坝多用于枯水航道整治，其坝顶高程由整治水位决定，并且自坝根至坝头逐渐降低成一缓坡，坡度可以略大于水面比降。为了促淤防冲，顺坡与堤岸之间可以加筑若干格坝，格坝的间距为其长度的1～3倍，过流格坝的坝顶高程略低于顺坝。对于非淹没式顺坝，一般多在下端留有缺口，以便洪水倒灌落淤。

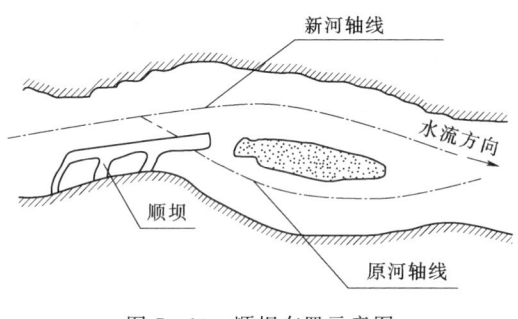

图7-10 顺坝布置示意图

顺坝根据建坝材料，有土质顺坝、石质顺坝与土石顺坝三类。土质顺坝的坝顶宽2～5m，一般3m左右，背水坡不小于1:2.0，迎水坡1:1.5～1:2.0；石质顺坝的坝顶宽1.5～3.0m，背水坡1:1.5～1:2.0，迎水坡1:1.0～1:1.5；土石顺坝坝基为细砂河床的，应设沉排，沉排伸出坝基的宽度，背水坡不小于6m，迎水坡不小于3m。

(三) 墙式护岸

墙式护岸为重力式挡墙护岸，它对地基要求较高，造价也较高，因而主要用于堤前无滩、水域较窄、防护对象重要、受地形条件或已建建筑物限制的塌岸堤段。墙式护岸的结构形式，临水面可采取直立式，背水面可采取直立式、斜坡式、折线式、卸荷台阶式等型式；墙体材料可采用混凝土、浆砌石等，一般布设要求如下：

(1) 墙后与岸坡之间，应回填砂、砾石，与墙顶相平。墙体设置排水孔，排水孔处设反滤层。

(2) 沿墙式护岸长度方向设置变形缝，其分缝间距：钢筋混凝土结构20m，混凝土结构15m，浆砌石结构10m。岩基上的墙体分段可适当加长，在堤基条件改变处应增设变形缝，并作防渗处理。

(3) 墙式护岸嵌入岸坡以下的墙基结构，可采用地下连续墙结构、沉井结构或桩基结构，可采用钢筋混凝土或少筋混凝土。

(4) 地下连续墙、沉井采用钢筋混凝土结构时，断面尺寸应结合结构分析确定。

(四) 其他防护型式

除以上三种型式外，工程中常采用桩式护岸、植树种草等生物防护措施维护陡岸的稳定，保护堤脚不受强烈水流的淘刷，促淤保堤。

桩式护岸的材料采用木桩、钢桩、预制钢筋混凝土桩、大孔径钢筋混凝土管桩等。桩的长度、直径、入土深度、桩距、结构等，根据水深、流速、泥沙、地质等情况分析确定。桩的布置可采用1~3排桩，按需要选择丁坝、顺坝等，排距可采用2.0~4.0m。同一排桩的桩与桩之间可采用透水式、不透水式。透水式桩间应以横梁连系并挂尼龙网、铅丝网、竹柳编篱等构成屏蔽式桩坝。桩间及桩与堤脚之间可抛石块、混凝土预制块等护桩护底防冲。有条件的岸滩应采取生态护岸技术，如植树、植草等生物防护措施，可设置防浪林台、防浪林带、草皮护坡等。

第二节 渠 道 施 工

渠道作为输水建筑物，横断面型式有梯形、矩形、U形及复式断面等。渠道施工包括渠道开挖、渠堤填筑和渠道衬砌，其特点是工程量大、施工线路长、工种单一，适合于流水作业施工。渠道基槽应根据设计测量放线，进行挖、填和修整，严格控制渠道基槽断面的高度、尺寸和平整度。

一、渠道开挖

渠道开挖的施工方法有人工开挖、机械开挖和爆破开挖等。选择哪种开挖方法，主要取决于技术条件、土壤种类、渠道纵横断面尺寸、地下水位等因素。渠道开挖的土方多堆在渠道两侧用作渠堤。对于岩基渠道和盘山渠道，宜采用爆破开挖法，一般先挖平台再挖槽。现主要介绍人工开挖和机械开挖渠道施工。

1. 人工开挖

在干地上开挖渠道时，应自中心向外，分层下挖，边坡处可按边坡比挖成台阶状，待挖至设计深度时，再进行削坡。必须弃土时，做到远挖近倒、近挖远倒、先平后高。受地下水影响的渠道应设排水沟，开挖方式有一次到底法和分层下挖法，如图7-11所示。

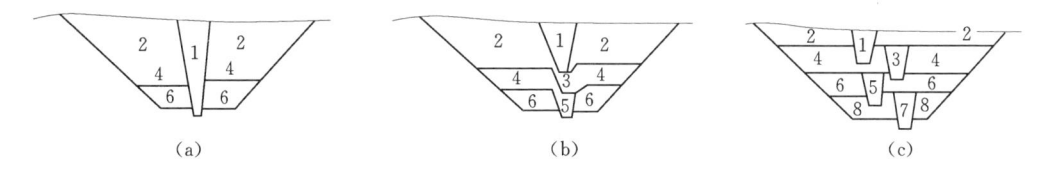

图7-11 人工开挖排水法
(a) 一次到底法；(b) 中心排水沟；(c) 翻滚排水沟
2、4、6、8—开挖顺序；1、3、5、7—排水沟次序

当开挖土质较好且开挖深度较浅时，可选择一次到底法，如图7-11 (a) 所示；如开挖深度较深，一次开挖到底有困难时，可结合施工条件分层开挖。图7-11 (b) 适用于工期短、地下水来量小和平地开挖的情况，可选择中心设排水沟。图7-11 (c) 适用于开挖

深度大、土质差、地下水量大的情况。

2. 机械开挖

机械开挖主要有推土机开挖、铲运机开挖、单斗式挖掘机开挖等。

(1) 推土机开挖渠道。采用推土机开挖渠道，深度一般不超过 2.0m，填筑渠道高度不宜超过 3m，边坡不宜陡于 1:2，如图 7-12 所示。在渠道施工中，推土机还可以平整渠底，清除植土层，修整边坡，压实渠道等。

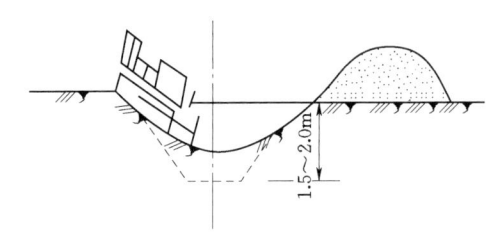

图 7-12 推土机开挖渠道

(2) 铲运机开挖渠道。半挖半填渠道或全挖方渠道就近弃土时，采用铲运机开挖最为有利。需要在纵向调配土方的渠道，如运距不远也可用铲运机开挖。铲运机开挖渠道的开行方式如下：

1) 环形开行。当渠道开挖宽度大于铲土长度，而填土或弃土宽度又大于卸土长度时，可采用横向环形开行，如图 7-13 (a) 所示。反之，则采用纵向环形开行如图 7-13 (b) 所示。铲土和填土位置可逐渐错动，以完成所需断面。

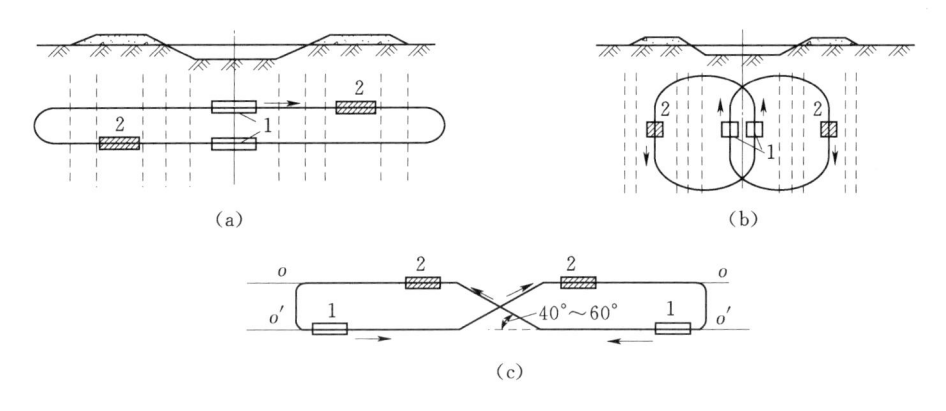

图 7-13 铲运机的开行路线
(a) 环形横向开行；(b) 环形纵向开行；(c) "8" 字形开行
1—铲土；2—填土；o-o—填方轴线；o'-o'—挖方轴线

2) "8" 字形开行。当工作前线较长，填挖高差较大时，应采用 "8" 字形开行，如图 7-13 (c) 所示，其进口坡道与挖方轴线间的夹角以 40°～60° 为宜，过大则重车转弯不便，过小则加大运距。采用铲运机工作时，应本着挖近填远，挖远填近的原则施工，即铲土时先从填土区最近的一端开始，先近后远；填土则从铲土区最远的一端开始，先远后近，依次进行，这样不仅创造下坡铲土的有利条件，还可以在填土区内保持一定长度的自然地面，以便铲运机能高速行驶。

(3) 反向铲挖掘机开挖渠道。当渠道开挖较深时，采用反向铲挖掘机开挖，具有方便快捷、生产率高的特点，在生产实践应用相当广泛，其布置方式有沟端开挖和沟侧开挖。

(4) 拉铲挖掘机开挖渠道。采用拉铲挖掘机开挖，根据渠道尺寸和挖掘机本身技术性能，有四种开挖方式：沟端开挖、沟侧开挖、连续开挖和翻转法，如图 7-14 所示。

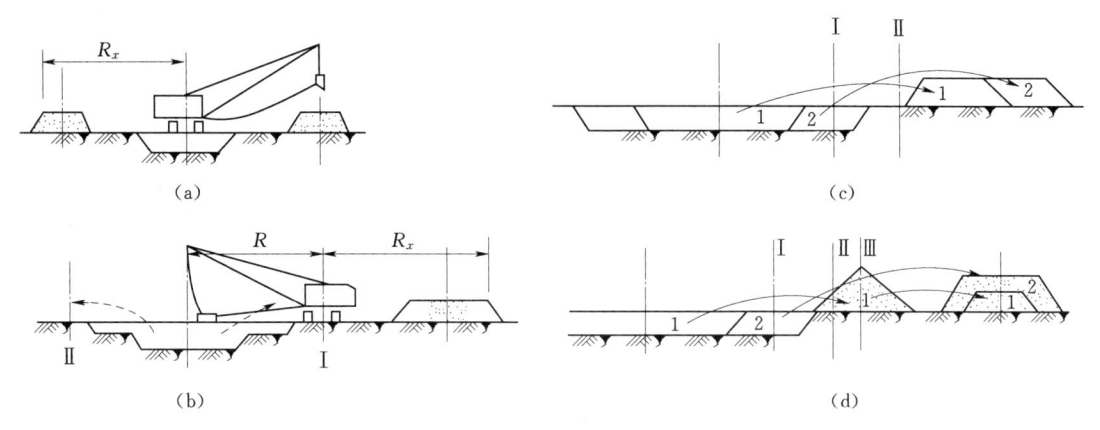

图 7-14 拉铲挖掘机开挖渠道
(a) 沟端开挖；(b) 沟侧开挖；(c) 连续开挖；(d) 翻转法

二、渠堤填筑

筑渠堤用的土料，不得掺有杂质，以黏土略含砂质为宜。如果用几种土料，应将透水性小的填筑在迎水坡，透水性大的填筑在背水坡。

新建填方渠道，填筑前应清除填筑范围内的草皮、树根、淤泥、腐殖土和污物，刨松基土表面，适当洒水湿润，然后摊铺选定的土料，分层压实。每层铺土厚度，机械压实时，不应大于 30cm；人工夯实时，不应大于 20cm。土料含水量应按最优含水量控制。针对新建半挖半填渠道的填筑部位，应利用挖方土料，按要求进行填筑，达到密实、稳定。在开挖和填筑施工中，应避免扰动挖方基槽土的结构。填方渠道的取土坑与堤脚保持一定距离，挖土深度不宜超过 2m，取土宜先远后近，并留有斜坡道以便运土。半填半挖渠道应尽量利用挖方筑堤，只有在土料不足或土质不适用时，才在取土坑取土。

挖方渠槽、填方渠槽和已建渠道改建工程中，将原渠槽填筑到设计高程时，应按设计定好渠线中心桩，测量好高程，定好两侧开挖线。采用机械或人工开挖法施工时，先粗略开挖至接近渠底，再将中心桩移至渠底，重新测量高程后挖完剩下的土方。然后每隔 5～10m 挖出标准断面，在两个标准断面间拉紧横线，按横线从上至下边挖边刷坡，并用断面样板逐段检查，反复修整，直至符合设计要求。

堤顶应做成坡度为 2%～5%的坡面，以利排水。填筑高度应考虑沉陷，一般可预加 5%的沉陷量。填筑完成后，可对渠堤进行夯实（人工夯实或机械压实）。对小型渠道土堤，夯实宜采用人力夯和蛙式夯击机。砂卵石填堤，可选用轮胎碾或振动碾，在水源充沛的地方可用水力夯实。

三、渠道衬砌

渠道衬砌的目的是防止渗漏，保护渠基不风化，减少糙率，美化建筑物。目前渠道衬砌的材料有灰土、三合土（四合土）、水泥土、砌石、混凝土、沥青材料和膜料等。在选择衬砌时，应就地取材，考虑防渗效果、渠道输水能力和抗冲能力、管理与养护等因素。

1. 灰土衬砌

由石灰和土料混合而成，衬砌的灰与土的配合比一般为 1:3～1:9，一般厚度控制在 10～20cm。灰土施工时，先将过筛后的细土和石灰粉干拌均匀，再加水拌和，然后堆放一段时间，使石灰粉熟化，稍干后即可分层铺筑夯实，拍打坡面消除裂缝，灰土夯实后养护一段时间再通水。也有一些工程直接采用土料（黏性土、黏砂混合土）衬砌，厚度大于 30cm。

无条件进行试验时，灰土、三合土等土料的最优含水率选取，灰土可采用 20%～30%，三合土、四合土可采用 15%～20%。

此种衬砌就地取材，施工简便、造价低，但抗冻、耐久性差，可用于气候温和地区的中、小型渠道防渗衬砌。

2. 水泥土衬砌

水泥土主要原材料为壤土、砂壤土、水泥等，配合比应通过试验确定。一般无冻融作用地区，水泥土配合比为 1:9～1:7；有冻融作用地区，配合比为 1:6～1:5。水泥土防渗结构的厚度，宜采用 8～10cm，小型渠道不能小于 5cm。拌和水泥土时，宜先干拌，再湿拌均匀。

铺筑塑性水泥土前，应先洒水润湿渠基，安设伸缩缝模板，然后按先渠坡后渠底的顺序铺筑。水泥土料应摊铺均匀，浇捣拍实。初步抹平后，宜在表面撒一层厚度 1～2mm 的水泥，随即揉压抹光。铺筑应连续，每次拌和料从加水至铺筑宜在 1.5h 内完成。

考虑预制时，将水泥土料装入模具中，压实后拆模，放在阴凉处静置 24h 后，洒水养护。在渠基修整后，按设计要求铺砌预制板，板间用水泥砂浆挤压、填平，并及时勾缝与养护。

3. 砌石衬砌

砌石衬砌材料有卵石、块石、条石等，砌筑方法有干砌和浆砌两种。砌石防渗结构，宜采用外形方正、表面凸凹、不大于 10mm 的料石，上下面平整、无尖角薄边、块重不小于 20kg 的块石，长径不小于 20cm 的卵石，矩形、表面平整、厚度不小于 30mm 的石板等。

护面式防渗结构的厚度，浆砌料石宜采用 15～25cm，浆砌块石宜采用 20～30cm，浆砌石板的厚度不宜小于 3cm（寒区浆砌石板厚度不宜小于 4cm）。

在砂砾石地区，坡度大、渗漏强的渠道多采用浆砌卵石衬砌，施工时应先按设计要求铺设垫层，然后再砌卵石。砌卵石的基本要求是使卵石的长边垂直于边坡或渠底，并砌紧、砌平、错缝坐落在垫层上。为了防止砌面被局部冲毁而扩大，每隔 10～20m 距离用较大的卵石砌一道隔墙。渠坡隔墙可砌成平直形，渠底隔墙可砌成拱形，其拱顶迎向水流方向，以加强抗冲能力。隔墙深度可根据渠道可能冲刷深度确定。渠底卵石的缝最好垂直于水流方向，这样抗冲效果较好。不论是渠底还是渠坡，浆砌料石、块石、卵石和石板宜在砌筑砂浆初凝前勾缝，勾缝应自上而下用砂浆充填、压实和抹光。

4. 混凝土衬砌

混凝土衬砌防渗效果好，一般能减少 90% 以上渗漏量，耐久性强、糙率小、强度高、适应性强。工程中多采用板型结构，素混凝土板常用于水文地质条件较好的渠段，厚度控制在6～12cm；钢筋混凝土板则用于地质条件较差和防渗要求较高的重要渠道，厚度控制在6～10cm。钢筋混凝土板按其截面形状的不同，有矩形板、楔形板、肋梁板等不同型式。矩形板适用于无冻胀地区的各种渠道；楔形、肋形板多用于冻胀地区的各种渠道；一些小型渠道在工程中有时也采用槽型结构。

(1) 现场浇筑。大型渠道的混凝土衬砌多为就地浇筑，渠道在开挖和压实处理以后，先设置排水，铺设垫层，然后再浇筑。渠底跳仓浇筑，但也有依次连续浇筑的。渠坡分块浇筑时，先立两侧模板，然后随混凝土的升高，边浇筑边安设表面模板；如渠坡较缓，用表面振动器捣实混凝土时，则不安设表面模板。在浇筑中间块时，应按伸缩缝宽度设立两边的缝子板。缝子板在混凝土凝固以后拆除，以便灌浇沥青混合物、聚氯乙烯胶泥和沥青油毡等填缝材料。近年来，一些工程采用了先进的渠道衬砌成套设备，如矩形、U形衬砌机能够完成布料、平仓振捣、衬砌一体化的施工作业，工效大为提高。

混凝土拌和站的位置，根据水源、料场分布和混凝土工程量等因素来确定。中、小型工程人工施工时，拌和站控制渠道长度以150～400m为宜；大型渠道采用机械化施工时，以每3km移动一次拌和站为宜；有条件时还可采用移动式拌和站或汽车搅拌机。

(2) 预制铺砌。装配式混凝土衬砌，是在预制场制作混凝土板，运至现场安装和灌筑填缝材料。预制板的尺寸应与起吊运输设备的能力相适应，适宜厚度为4～10cm，人工安装时，一般为0.4～0.6m^2。装配式衬砌预制板，施工受气候影响条件较小，在已运用的渠道上施工，可减少施工与放水间的矛盾。但装配式衬砌的接缝较多，防渗、抗冻性能差，一般在中、小型渠道采用。

此外，喷射混凝土已在工程中应用，作为衬砌渠道，具有强度高、厚度薄、抗冻及抗渗性好、施工方便等优点，适宜厚度为4～8cm，适用于大型渠道和U形渠道衬砌。

5. 塑料薄膜衬砌

塑料薄膜具有造价低（运输量少、施工简单）和效果好（适用性强）等优点，多采用埋藏式，可用于铺设梯形、复式梯形、矩形、锯齿形等断面。铺设范围有全铺式、半铺式、底铺式，半铺式和底铺式可用于宽浅渠道，或渠坡有树木的改建渠道。为了施工方便，一般多采用梯形边坡，保护层可用素土夯实或加铺防冲材料，其厚度应不小于30cm。在寒冷冻深较大的地区，保护层厚度常采用冻深的1/3～1/2。塑料薄膜防渗的关键是要铺好保护层，以延长使用年限。

膜料（如土工膜、复合土工膜等）可在现场边铺边连接，一般按先下游后上游的顺序，上游幅压下游幅，接缝垂直于水流方向铺设膜层。膜层不要拉得太紧，并平贴渠基，膜下空气应完全排出。填筑过渡层或保护层的施工速度应与铺膜速度相配合，避免膜层裸露时间过长。填筑保护层的土料，不得含石块、树根、草根等杂物。采用压实法填筑保护层时，禁止使用羊足碾。施工中要注意检查并粘补已铺膜层的破孔，粘补膜应超出破孔周边10～20cm。

一般无过渡层的防渗结构，用于土渠基和用黏性土、水泥土作保护层的防渗工程；有过渡层的防渗结构，用于岩石、砂砾石、土渠基和用石料、砂砾石、现浇碎石混凝土或预制混凝土作保护层的防渗工程。

第三节 水 闸 施 工

水闸是一种低水头建筑物，可完成灌溉、排涝、防洪、给水等多种任务，一般由上游连接段、闸室段和下游连接段三部分组成，如图 7-15 所示。水闸施工内容主要有地基开挖与处理、闸室施工（如底板、闸墩等）、上下游连接段施工（如护坦、海漫等）。现主要介绍闸基开挖与处理和闸室施工。

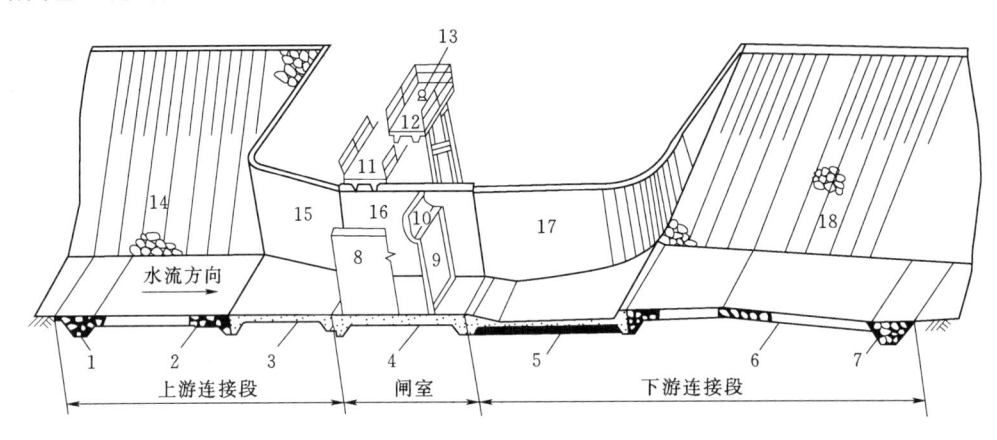

图 7-15 水闸组成部分
1—上游防冲槽；2—上游护底；3—铺盖；4—底板；5—护坦（消力池）；6—海漫；7—下游防冲槽；
8—闸墩；9—闸门；10—胸墙；11—交通桥；12—工作桥；13—启闭机；14—上游护坡；
15—上游翼墙；16—边墩；17—下游翼墙；18—下游护坡

一、水闸的施工特点

平原地区水闸一般有以下施工特点：
(1) 施工场地较开阔，便于施工场地布置。
(2) 地基多为软土地基，开挖时施工排水较困难，地基处理较复杂。
(3) 拦河闸施工导流较困难，常常需要一个枯水期完成主要工作量，施工强度高。
(4) 砂石料需要外运，运输费用高。
(5) 水闸结构多为薄而小的结构，施工工作面较小。

二、闸基开挖与处理

（一）软基开挖

软基开挖的施工与一般土方开挖相同，可选用人工挖运、推土机配合皮带机或斗车挖运、反向铲或铲运机挖运、正向铲开挖配合自卸汽车等。要注意尽量减少渗入基坑的水量，使边坡保持稳定。由于软基的施工条件比较特殊，针对具体情况，应采取相应的措施。

1. 淤泥

(1) 稀淤泥。稀淤泥特点是含水量高、流动性大、装筐易漏。当稀淤泥较薄、面积较小时，可将干砂倒入，进占挤淤而形成土埝，在土埝上进行挖运作业；如面积较大，要同时填筑多条土埝，分区治理，以防乱流；若淤泥深度大、面积广，可将稀泥分区围埝，分别排入附近挖好的深坑内。

(2) 烂淤泥。烂淤泥特点是淤泥层较厚、含水量较小、锹插难拔、粘锹不易脱离。为避免粘锹，挖前先将锹蘸水。为解决立足问题，可自坑边沿起，集中力量突破一点，一直挖到埝土上，再向四周扩展；或者采用苇排铺路法，即将芦席扎成捆枕，每三枕用桩连成苇排铺在烂泥上，以便施工挖运。

(3) 夹砂淤泥。夹砂淤泥特点是淤泥中有一层或几层夹砂层。如果淤泥厚度较大，可采用前面的方法挖除；如果淤泥层很薄，先将砂面晾干，能站人时方可进行挖除，开挖时连同下层淤泥一同挖除，露出新砂面，切勿将夹层挖混，造成开挖困难。

2. 流砂

开挖前可人工降低地下水位，不但可以防止流砂产生，而且使土的安息角和密实度增大，减少开挖和回填量。工程中可用管井排水法或轻型井点系统降低地下水位。

采用明式排水开挖基坑时，由于形成了较大的水力坡降，造成渗流挟带细砂从坑底上冒，或在边坡形成管涌、流土等现象。为避免产生流砂现象，可采取以下措施：

(1) 苇捆叠砌拦砂法。苇捆起到拦砂导渗作用。先沿基坑边线挖出一圈，随即用苇捆靠边叠砌，其上可用土袋或块石适当压重；接着再挖第二层，同样砌一圈苇捆，同时在基坑内布置网格状集水沟。

(2) 柴枕拦砂法。此法既可截住由雨水造成的坡面流砂，又可防止由于坡内渗水压力过大造成坡脚坍陷，适用于坡面较长、基坑开挖很深的情况。

(3) 坡面铺设护面层。此法可以防止地面径流的冲刷，并起反滤作用，防止坡内渗水把泥砂带出，适用于基坑不大和不深的情况。护面层有两种：一种是在坡面上铺粗砂一层，其上再铺小石子一层，厚度为 5～8cm；另一种是在坡面上铺设爬坡式柴枕，并从坡脚向上，每隔适当距离打入钎枕桩，在坡角设排水沟。

3. 泉眼

泉眼的产生，多因为基坑排水不畅，地下水未能很快降低，导致地下水穿过薄弱土层向外流出。若泉眼水为清水，只需将流水引向积水井，排出基坑外；若为混水，先在泉眼上抛粗砂一层，其上再铺小石一层，使泉水中带泥砂的混水变清水流出，引向积水井，排出基坑外；若泉眼位于建筑物底部，应在泉眼上浇筑混凝土，这时先在泉眼上铺设砂石滤层，并用管子将泉水引出混凝土之外，管子浇入混凝土中，最后用较干的水泥砂浆将排水管堵塞。

(二) 软基处理

软基处理方法有换土法、排水法、振冲法、钻孔灌注法及旋喷法等。

(1) 换土法。软土层厚度不大时可全部挖除，换填砂土或重粉质壤土，分层夯实。施工时要注意排水，保证干地作业。

(2) 排水法。通常用砂井排水法，砂井直径一般为 30～50cm，井距为井径的 4～10倍。打设砂井的方法很多，以水射法为最好，此法用起重设备吊起，用高压水泵供水。高压水由射水头的喷水嘴喷出，冲射软土成孔，在高压水和环刀切割下，射水头下的土变成泥浆，随上升水流排出井口。当冲到设计深度时，在离井底 50～100cm 处继续冲射 2～

3min，以彻底排泥和清除井底沉淀物。成孔后灌注洁净级配良好的中、粗砂，即构成砂井；也可采用直径7~12cm的聚丙烯编织袋装砂，以导管式震动打桩机械埋入（袋装砂井）；或采用塑料板排水法，层中的固结渗流水通过滤膜渗入到沟槽内，并通过沟槽从顶部的排水砂垫层中排出。塑料排水板采用导管式震动插板机埋入地层。

(3) 振冲法。振冲法是用振冲器在土层中振冲成孔，同时填以最大粒径不超过5cm的碎石（或砾石），形成碎（砾）石桩以达到加固地基的目的。振冲法所需主要机具有吊车或卷扬机、振冲器、供水泵、地面电器控制设备及排污设备等。施工时边振边往孔内填料，每次填料厚度不大于80cm，振密一段上提一段，如此分层填料与振实，即形成密实的桩柱，如图7-16所示。

(4) 钻孔灌注法。施工时用大锅锥或水冲法造孔，在孔中放入预制好的钢筋骨架，水下浇筑混凝土即成灌注桩，再连接各桩顶成一整体，作为建筑物的承台。桩基不仅解决了软基的承载力不足的问题，同时也增强了建筑物的抗滑稳定。

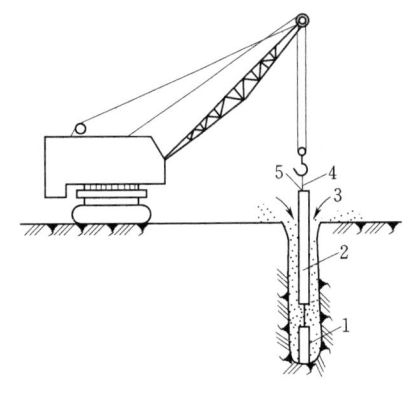

图7-16 振冲法施工示意图
1—振冲器；2—吊杆；3—填料；
4—高压水量；5—电源线

三、闸室施工

(一) 浇筑块划分与浇筑顺序

1. 浇筑块划分

混凝土水闸常由沉陷缝、温度缝分为许多结构块，施工时应尽量利用永久性接缝分块。若划分浇筑块面积太大，混凝土拌和运输能力或浇筑能力难以满足要求时，则可设置一些施工缝。

浇筑块的大小，即浇筑块的体积不应大于拌和站相应时间的生产量。浇筑块面积应保证混凝土浇筑中不出现冷缝。浇筑块的高度，可视建筑物结构尺寸、季节施工要求及架立模板情况而定。若每日不采用三班连续生产时，还要受混凝土浇筑相应时间的生产量的限制，即满足下式要求：

$$H \leqslant \frac{Qm}{F} \tag{7-1}$$

式中　H——浇筑块高度，m；

　　　Q——混凝土拌和站的生产率，m^3/h；

　　　F——浇筑块平面面积，m^2；

　　　m——每日连续工作的小时数，h。

2. 混凝土的浇筑顺序

施工中应根据工序先后、模板周转、供料强度及上下层、相邻块间施工影响等因素，确定各浇筑块的浇筑方式、浇筑次序、浇筑日期，以便合理安排混凝土施工进度。安排浇筑进度时，应考虑以下几点：

(1) 先深后浅。基坑开挖后应尽快完成底板浇筑，为防止地基扰动或破坏，应优先浇深基础，后浇浅基础，再浇筑上部结构。

（2）先重后轻。荷重较大的部位优先浇筑，再浇相邻荷重较小的部位，以减小两者之间的不均匀沉陷。

（3）先主后次。优先浇筑上部结构复杂、工序时间长、对工程整体影响大的部位或浇筑块。同时注意新筑块浇筑时，其模板已架立，钢筋、预埋件已安设，且已浇筑块应达一定强度。

（二）闸底板施工

1. 平底板施工

水闸平底板浇筑时，一般采用逐层浇筑法。但当底板厚度不大，拌和站的生产能力受到限制时，亦可采用斜层浇筑法。

运输混凝土入仓时，必须在仓面上搭设纵横交错的脚手架。混凝土柱间距视脚手架横梁的跨度而定，柱顶高程应低于闸底板表面，底板立模如图7-17所示。

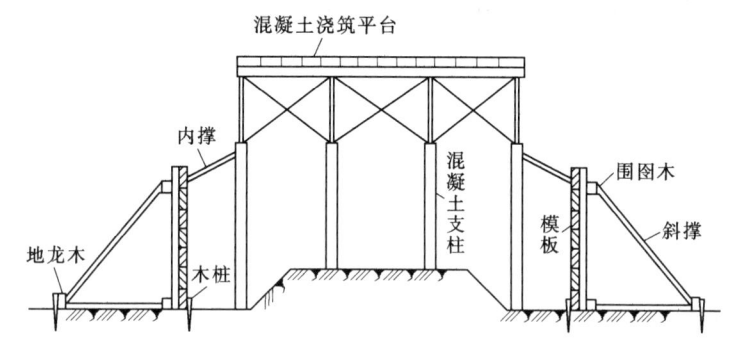

图7-17 底板立模与仓面脚手示意图

底板混凝土的浇筑，一般先浇上、下游齿墙，然后再从一端向另一端浇筑。当底板混凝土方量较大，且底板顺水流长度在12m以内时，可安排两个作业组分层浇筑。首先两组同时浇筑下游齿墙，待齿墙浇平后，将第二组调至上游浇齿墙，第一组则从下游向上游浇第一坯混凝土。

当底板浇筑接近完成时，可将脚手架拆除，并立即把混凝土表面抹平，混凝土柱则埋入浇筑块内，作为底板的一部分。

为了节省水泥，在底板混凝土中可埋入大块石，但应注意勿砸弯钢筋或使钢筋错位。所以抛块石时，最好在一定部位临时抽掉一些面层钢筋，采取固定位置抛块石，为了使块石埋入一定部位，可用滚动的办法就位。混凝土浇至接近面层钢筋位置时，应将原钢筋按设计要求复位。

2. 反拱底板的施工

（1）施工程序。由于反拱底板对地基的不均匀沉陷反应敏感，必须注意其施工程序，采用方法有下面两种：

1）先浇闸墩及岸墙，后浇反拱底板。为了减少水闸各部分在自重作用下的不均匀沉陷，可将自重较大的闸墩岸墙等先行浇筑，并在控制基底不产生塑性开展的条件下，尽快均衡上升到顶。对于岸墙，还应考虑尽量将墙后还土夯填到顶，这样使闸墩岸墙预压沉实，然后再浇反拱底板，从而改善底板的受力状态。此法目前采用较多，对于黏性土或砂性土均可采用。

2）反拱底板与闸墩岸墙底板同时浇筑，此法适用于地基较好的水闸，对于反拱底板的受力状态较为不利，但保证了建筑的整体性，同时减少了施工工序，便于施工安排。对于缺少有效排水措施的砂性土地基，采用此法较为有利。

(2) 施工要点。

1）由于反拱底板采用土模，因此必须做好排水工作。尤其是砂土地基，不做好排水工作，拱模控制将很困难。

2）挖模前必须将基土夯实，放样时应严格控制曲线。土模挖出后，应先铺一层10cm厚的砂浆，待其具有一定强度后加盖保护，以待浇筑混凝土。

3）采用第一种施工程序，在浇筑岸、墩墙底板时，应将接缝钢筋一头埋在岸、墩墙底板之内，另一头伸入土模中，以备下一阶段浇入反拱底板。岸、墩墙浇筑完毕后，应尽量推迟底板的浇筑，以便岸、墩墙基础有更多的时间沉实。为了减少混凝土的温度收缩应力，底板混凝土浇筑应尽量选择在低温季节进行，并注意施工缝的处理。

4）当采用第二种施工程序时，为了减少不均匀沉降对整体浇筑的反拱底板的不利影响，可在拱脚处预留一缝，缝底设临时铁皮止水，缝顶设"假铰"，待大部分上部结构荷载施加以后，在低温期用二期混凝土封堵。

5）为了保证反拱底板的受力性能，在拱腔内浇筑的门槛、消力坎等构件，需在底板混凝土凝固后浇制二期混凝土，且不应使两者成为一个整体。

(三) 闸墩与胸墙施工

闸墩的特点是高度大、厚度小、门槽处钢筋密、预埋件多、闸墩相对位置要求严格，所以闸墩的立模与混凝土浇筑是施工中的主要问题。

1. 闸墩模板安装

为使闸墩混凝土一次浇筑达到设计高程，闸墩模板不仅要有足够的强度，而且要有足够的刚度。所以闸墩模板安装常采用"铁板螺栓、对拉撑木"的立模支撑方法。近年来，滑模施工技术日趋成熟，闸墩混凝土浇筑逐渐采用滑模施工。

(1) "铁板螺栓，对拉撑木"的模板安装。立模前，应准备好两种固定模板的对销螺栓：一种是两端都绞丝的圆钢，直径可选用12mm、16mm或19mm，长度大于闸墩厚度，并视实际安装需要确定；另一种是一端绞丝，另一端焊接一块5mm×40mm×400mm扁铁的螺栓，扁铁上钻两个圆孔，以便固定在对拉撑木上。

闸墩立模时，其两侧模板要同时相对进行，先立平直模板，次立墩头模板。在闸底板上架立第一层模板时，上口必须保持水平，在闸墩两侧模板上，每隔1m左右，钻与螺栓直径相应的圆孔，并于模板内侧对准圆孔，撑以毛竹管或混凝土撑头，然后将螺栓穿入，且端头穿出横向双夹围图和竖直围图木，然后用螺帽拧紧在竖直围图木上。铁板螺栓带扁铁的一端与水平对拉撑木相接，与两端均绞丝的螺栓要相间布置。在对拉撑木与竖直围图木之间要留有10cm空隙，以便用木楔校正对拉撑木的松紧度。对拉撑木是为了防止每孔闸墩模板的歪斜与变形。若闸墩不高，每隔二根对销螺栓放一根铁板螺栓，如图7-18、图7-19所示。

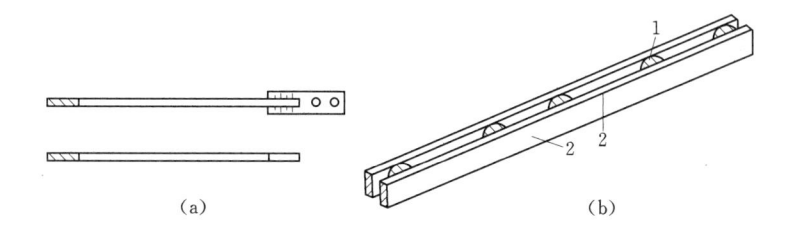

图 7-18 对销螺栓及双夹围图示意图

(a) 对销螺栓和铁板螺栓；(b) 双夹围图

1—每隔 1m 一块的 2.5cm 小木块；2—两块 5cm×15cm 的木板

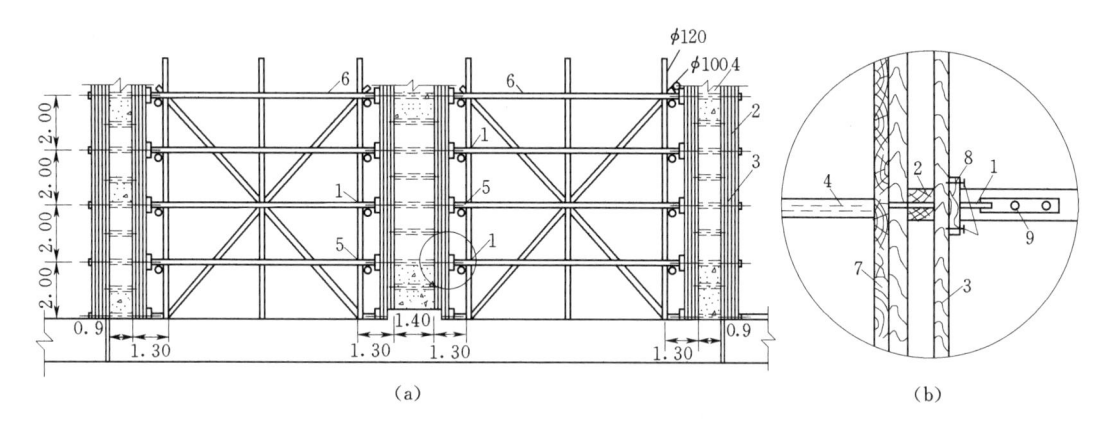

图 7-19 铁板螺栓对拉撑木支撑的闸墩模板示意图

1—铁板螺栓；2—双夹围图；3—纵向围图；4—毛竹管；5—马钉；
6—对拉撑木；7—模板；8—木楔块；9—螺检孔

闸墩两端的圆头部分，待模板立好后，在其外侧自下而上，相隔适当距离，箍以半圆型粗钢筋铁环，两端焊以扁铁并钻孔，钻孔尺寸与对销螺栓相同，并将它固定在双夹围图上，如图 7-20 所示。

当水闸为三孔一联整体底板时，中孔可不予支撑。在双孔底板的闸墩上，宜将两孔同时支撑，这样可使三个闸墩同时浇筑。

(2) 翻模施工。由于钢模板的广泛应用，施工人员依据滑模的施工特点，发展设计了用于闸墩施工的翻模施工法。此法立模时一次至少立 3 层，当第二层模板内混凝土浇至腰箍下缘时，第一层模板内腰箍以下部分的混凝土须达到脱模强度（以 98kPa 为宜），这样便可拆掉第一层，去架立第四层模板，并绑扎钢筋，以此类推，保持混凝土浇筑的连续性，避免产生次缝。如江苏省高邮船闸，仅用了两套共 630m² 组合钢模，就代替了原计划四套共 2460m² 的木模，节约木材 200 多 m³，具体组装如图 7-21 所示。

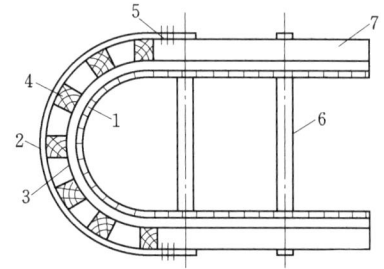

图 7-20 闸墩圆头立模示意图

1—模板；2—半圆钢筋环；3—板墙筋；
4—竖直围图；5—扁铁；6—毛竹管；7—双夹围图

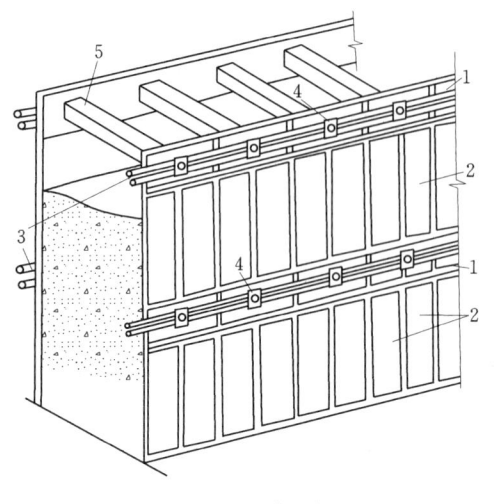

图 7-21 翻模组装图
1—腰箍模板；2—定型钢模；3—双夹围图（钢管）；
4—对销螺栓；5—水泥撑头

2. 混凝土浇筑

闸墩模板立好后，随即进行清仓工作，用压力水冲洗模板内侧和闸墩底面，污水由底层模板上的预留孔排出。清仓完毕堵塞小孔后，即可进行混凝土浇筑。

闸墩混凝土的浇筑，主要是解决两个问题，一是每块底板上闸墩混凝土的均衡上升；二是流态混凝土的入仓，及仓内混凝土的铺筑。为了保证混凝土的均衡上升，运送混凝土入仓时，应很好地组织，使在同一时间运到同一底块各闸墩的混凝土量大致相同。

为防止流态混凝土自 8～10m 高度下落时产生离析，采用溜管运输，可每隔 2～3m 设置一组。由于仓内工作面窄，浇捣人员走动困难，可把仓内浇筑面分划成几个区段，每区段内固定浇捣工人，这样可提高工效，每坯混凝土厚度可控制在 30cm 左右。

3. 胸墙施工

胸墙施工在闸墩浇筑后、工作桥浇筑前进行，全部重量由底梁及下面的顶撑承受。下梁下面立两排排架式立柱，以顶托底板。立好下梁底板并固定后，立圆角板再立上游面板，然后吊线控制垂直；接着安放围图及撑木，使之临时固定在下游立柱上，待下梁及墙身扎铁后由下而上的立上游面模板，再立下游面模板及顶梁；模板用围图和对销螺栓与支撑脚手相连接。胸墙多属板梁式简支薄壁构件，故在闸墩立胸墙槽模板时，先要作好接缝的沥青填料，使胸墙与闸墩分开，保持简支；其次在立模时，先立外侧模板，等钢筋安装后再立内侧模板，而梁的面层模板应留有浇筑混凝土的洞口，当梁浇好后再封闭；最后，胸墙底与闸门顶止水联系，所以止水设备安装要特别注意。

（四）止水设施的施工

为了适应地基的不均匀沉降和伸缩变形，在水闸设计中均设置温度缝与沉陷缝，并常用沉陷缝代温度缝作用。缝有铅直和水平的两种，缝宽一般为 1.0～2.5cm，缝中填料及止水设施，在施工中应按设计要求确保质量。

1. 沉陷缝填料的施工

沉陷缝的填充材料，常用的有沥青油毛毡、沥青杉木板及沥青芦席等多种，其安装方法有以下两种。

（1）将填充料用铁钉固定在模板内侧后再浇混凝土，拆模后填充材料即可贴在混凝土上，然后立沉陷缝的另一侧模板和浇混凝土，具体过程如图 7-22 所示。如果沉陷缝两侧的结构需要同时浇灌，则沉陷缝的填充材料在安装时要竖立得平直，浇灌时，沉陷缝两侧流态混凝土的上升高度要一致。

（2）先在缝的一侧立模浇混凝土，在模板内侧，预先钉好安装填充材料的长铁钉数排，并使铁钉的 1/3 留在混凝土外面，然后安装填料、敲弯铁尖，使填料固定在混凝土面上，再立另一侧模板和浇混凝土，具体过程如图 7-23 所示。

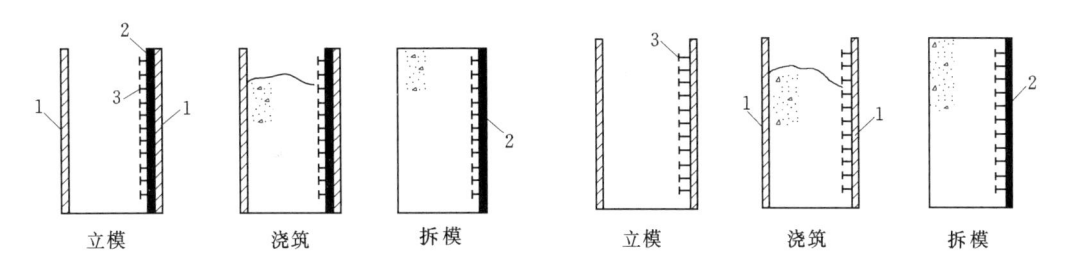

图 7-22　先装填料后浇混凝土的填料施工
1—模板；2—填料；3—铁钉

图 7-23　先浇混凝土后装填料的填料施工
1—模板；2—填料；3—铁钉

若闸墩沉陷缝两侧的混凝土要同时浇筑，可借固定模板用的预制混凝土块和对销螺栓夹紧，使填充材料竖立平直，浇筑时混凝土上升要均衡。

2. 止水的施工

凡是位于防渗范围内的缝，都有止水设施。止水设施分垂直止水和水平止水两种，可参阅有关规范。水平止水大都采用塑料止水带或橡胶止水带，如图 7-24 所示，其安装与沉陷缝填料的安装方法一样，如图 7-25 所示。

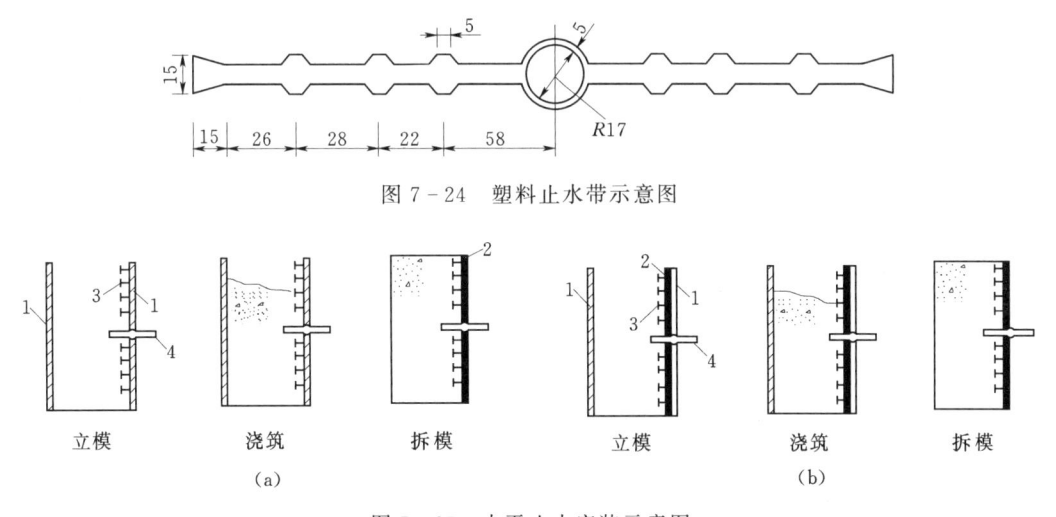

图 7-24　塑料止水带示意图

图 7-25　水平止水安装示意图

有关闸室上部结构施工等内容，可采用立模现浇或预制吊装施工。采用预制构件设计时，要考虑运输、吊装、接缝及建筑物的整体性要求，并拟定出经济合理的吊装方法和施工技术措施。

第四节　渡　槽　施　工

渡槽是一种跨越性输水建筑物，有预制装配式施工、现浇混凝土施工及浆砌石施工法。近年来，为解决现浇大型 U 形渡槽的抗裂、抗弯问题，应用了现浇后张无黏结预应力技术。

一、装配式渡槽施工

装配式渡槽施工包括预制和吊装两个施工过程。它与现浇式渡槽相比，有简化施工、缩短工期、提高质量、减轻劳动强度、节约钢木材、降低工程造价等优点。

1. 构件的预制

(1) 排架的预制。排架是渡槽的支承构件，为便于吊装，一般在就近槽址的场地预制，可采用地面立模和砖土胎模施工。

1) 地面立模是在平坦夯实的地面上，按排架形状放样定位，用配比为 1:3:8 的水泥黏土砂浆抹面，厚约 0.5~1cm，压抹光滑作为底模。立上侧模后，涂刷隔离剂，再安放好事先绑扎好的钢筋骨架，即可浇筑混凝土。拆模后，当强度达到 70% 时，即可移出存放，以便重复利用场地。

2) 砖土胎膜的底模和侧模采用砌砖或夯实土做成，与构件的接触面用水泥黏土砂浆抹面，并涂上脱模剂，即可绑扎钢筋浇制构件。用夯土制作的土模，必须先用木胎作母模夯筑成型。

(2) 槽身预制。为便于预制后直接吊装，整体槽身预制宜在两排架之间或排架一侧进行。槽身的方向可以垂直或平行于渡槽的纵向轴线，根据吊装设备和方法而定。要避免因预制位置选择不当，在起吊时发生摆动或冲击现象。

U 形薄壳梁式槽身的预制，有正置和反置两种浇筑方式。正置浇筑是槽口向上，其优点是内模拆除方便，吊装时不必翻身；但底部混凝土不易捣实，适用于大型渡槽或槽身不便翻身的情况。反置浇筑是槽口向下，其优点是易捣实，混凝土质量易保证；缺点是增加了翻身工序。常用木内模有折合式、活动支撑式等。对于中小型工程，槽身预制还可采用砖模、土模等，如图 7-26 所示。

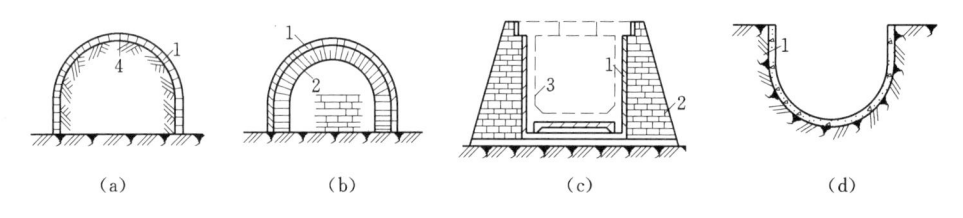

图 7-26 砖土材料内外模
(a) 反置土内模；(b) 反置砖内模；(c) 正置砖外模；(d) 正置土外模
1—1:4 水泥砂浆层，厚 3~5mm；2—砖砌体；3—槽身；4—填土

2. 渡槽吊装

(1) 排架吊装。吊装方法通常有滑行法和旋转法两种。

1) 滑行法是由吊装机械将排架一端吊起，另端沿地面滑行，竖直后吊离地面，再插入基础杯口中。校正位置后，可按设计要求做好排架与基础的接头。

2) 旋转法是在排架预制时，使架脚靠近基础杯口，吊装时，以起重机吊钩拉吊构件顶部，使排架绕架脚旋转，直立后吊起插入基础杯口，再校正、固结。如在杯口一侧留出供架脚滑入的缺口，并于基础和排架适当位置预埋铰圈，则排架脚可在吊装中不离地面而滑入杯口。

（2）槽身吊装。槽身吊装按起重设备架立的位置不同，有以下几种：

1）起重设备在渡槽两侧地面时，起重设备在地面组装、拆卸、转移都较方便，且稳固安全；但要求起重设备高度大，易受地形限制，特别是跨越河床水面时，起重设备的架立、移动都比较困难。此法适用于起吊高度不大、地势较平坦的渡槽吊装。

吊装方式可选用独脚扒杆、悬臂扒杆、桅杆式起重机或履带式、汽车式起重机等。

2）起重设备立在排架或槽身上，此法不受地形限制，起重设备的高度不大，但设备的装拆和移动须在高空进行。有些吊装方法会使已架立的排架承受较大的偏心荷载，必须对排架结构进行加强。

吊装方法有槽身上设置双人字悬臂扒杆吊装、排架顶上设置龙门架吊装槽身等。

3）起重设备立在两岸高地，利用两岸高地架设固定式简易缆索式起重机，如图7-27所示。当渡槽横跨峡谷、两岸地形陡峻、构件无法在河谷内预制时，可采用缆机吊装。

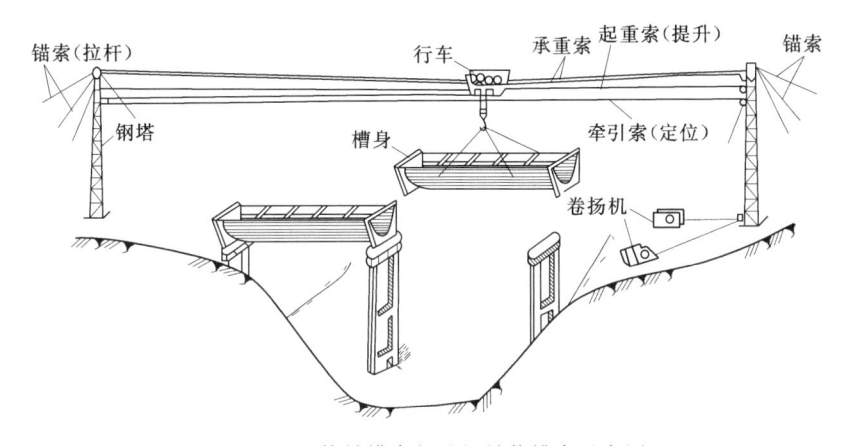

图7-27 简易缆索起重机吊装槽身示意图

二、现浇预应力钢筋混凝土槽身施工

对于大型U形渡槽的现浇施工，主要需解决抗裂抗渗问题。若采用预应力钢筋混凝土结构，不仅能提高混凝土的抗裂性、抗渗性与耐久性，减轻构件自重，并可节约钢筋20%～40%。制造预应力钢筋混凝土构件的方法，基本上可分为先张法和后张法两大类。

1. 先张法

在浇筑混凝土之前，先将钢筋拉张固定，然后立模浇筑混凝土，待混凝土完全硬化后，去掉拉张设备或剪断钢筋。此法利用钢筋弹性收缩的作用，通过钢筋与混凝土间的黏结力，把压力传给混凝土，使混凝土产生预应力。先张法施工设备，如图7-28所示，包括台座、承力架、加拉螺杆和螺母、夹具等。

台座是先张法的基本设备，有槽式台座和墩式台座两种。槽式台座加盖后可以进行蒸汽养护加速周转，并能承受较大荷载。

承力架承受张拉力，并传给台座。张拉力是由螺杆螺母的相对运动产生的，螺杆的拉力通过螺母作用在承力架上。夹具主要用来固定

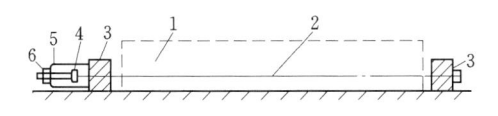

图7-28 先张法施工
1—待浇混凝土；2—预加应力钢筋；3—台座；
4—夹具；5—承力架；6—加拉螺帽

钢筋。

2. 后张法

后张法就是在混凝土浇好以后再张拉钢筋。这种方法是在设计配置预应力钢筋的部位预先留出孔道，等到混凝土达到设计强度后，再穿入钢筋进行张拉。张拉锚固后，混凝土获得压应力，并在孔道内灌浆，也有不灌浆的无黏结预应力钢筋混凝土施工法，最后卸去锚固外面的张拉设备。

后张法不用台座，直接利用构件当台座，因此适用于大型构件，施工工序比较复杂（较先张法多留孔、穿筋、灌浆等工序），但预应力钢筋可按曲线布置，能做大型构件分块制作的拼装等。

【练习与思考】

1. 堤岸防护有哪几种形式？各自采用哪些具体措施？
2. 水闸施工内容有哪些？闸室施工应注意哪些问题？
3. 水工隧洞施工有何特点？
4. 橡胶坝锚固结构型式有哪些？
5. 橡胶坝坝袋安装应注意哪些问题？
6. 管道开槽法施工和不开槽法施工有何不同？
7. 管道的开槽法施工包括哪些程序？
8. 渠道开挖方法有哪些？试加以简述。
9. 人工下管有哪几种方法？
10. 渡槽吊装有哪几种方法？
11. 简述先张法和后张法的区别。
12. 水闸混凝土浇筑的顺序要考虑哪几方面？

第七章 视频、课件

第八章 施工组织设计

第一节 基本建设程序

水利工程建设要经过规划、设计、施工等阶段，及试运转和验收等过程，整个过程由一系列紧密联系的工作环节组成，建设中涉及国民经济多个部门，工程投资大、工期长、技术复杂。水利工程的施工组织是一项系统工程，工程建设前必须做好施工场地的平面和空间布置，保证施工的速度、质量和安全，在规定的时间内，优质高效地完全成建设任务。在不同的施工阶段，组织设计要求的工作深度有所不同，是编制工程投资估算、总概算和招、投标文件的主要依据。要编制好施工组织设计，必须要熟悉基本建设规律，按水利工程建设程序进行。

一、基本建设的程序及特点

基本建设程序是指基本建设项目从决策、设计、施工到竣工验收全过程中，各项工作所必须遵循的先后次序。设计工作一般分两阶段进行，即初步设计和施工图设计。对于重大工程建设项目或新型、特殊工程项目，采用三阶段设计，即初步设计、技术设计和施工图设计。在建设实施阶段，基本建设程序对水利工程施工组织设计起到了指导性的作用，施工单位须严格履行合同，和建设单位、设计单位、监理工程师密切配合。施工过程须按设计图纸严格进行，各个环节要相互协调、科学管理，确保工程质量。水利水电工程基本建设程序如图 8-1 所示。

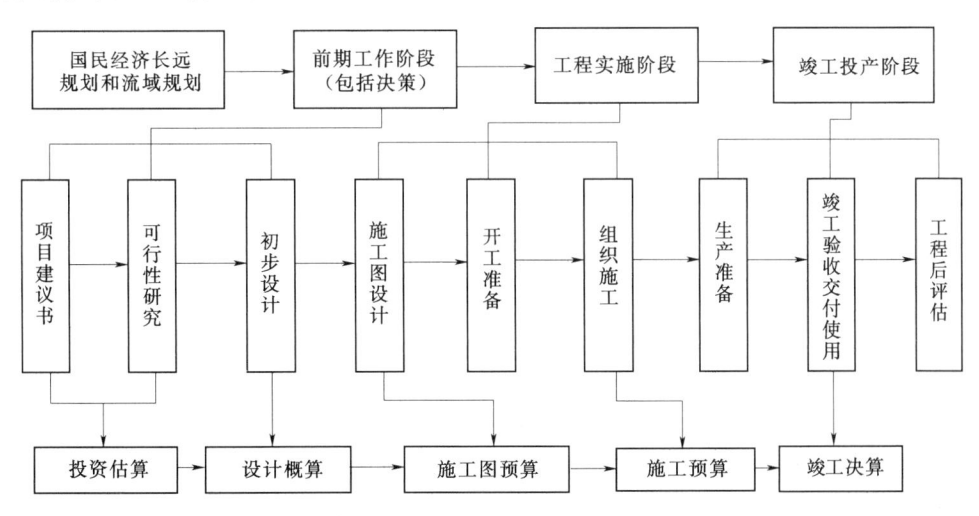

图 8-1 水利水电工程建设程序与概预算关系简图

(一) 水利工程基本建设的各个阶段

水利基本建设程序一般分为流域（或区域）规划、项目建议书、可行性研究、初步设计、施工准备（包括招标设计）、建设实施、生产准备、竣工验收、项目后评价等阶段。

1. 流域（或区域）规划

流域（或区域）规划就是根据该流域（或区域）的水资源条件，及国家长远计划对该地区水利建设发展的要求，制定该流域（或区域）水资源的梯级开发和综合利用的最优方案。

2. 项目建议书

项目建议书又称立项报告，是在流域（或区域）规划的基础上，由主管部门提出的建设项目轮廓设想，主要是从宏观上衡量分析该项目建设的必要性和可能性，即分析其建设条件是否具备，是否值得投入资金和人力。项目建议书是进行可行性研究的依据。

3. 可行性研究

可行性研究的目的是研究兴建本工程技术上是否可行，经济上是否合理，其主要任务如下：

(1) 论证工程建设的必要性，确定本工程建设任务和综合利用的主次顺序。

(2) 确定主要水文参数和成果，查明影响工程的主要地质条件和存在的主要地质问题。

(3) 基本选定工程规模。

(4) 选定基本坝型和主要建筑物的基本型式，初选工程总布置。

(5) 初选水利工程管理方案。

(6) 初步确定施工组织设计中的主要问题，提出控制性工期和分期实施意见。

(7) 评价工程建设对环境和水土保持设施的影响。

(8) 提出主要工程量和建材需用量，估算工程投资。

(9) 明确工程效益，分析主要经济指标，评价工程的经济合理性和财务可行性。

4. 初步设计

初步设计是在可行性研究的基础上进行的，是安排建设项目和组织施工的主要依据。初步设计的主要任务如下：

(1) 复核工程任务及具体要求，确定工程规模，选定水位、流量、扬程等特征值，明确运行要求。

(2) 复核区域构造稳定，查明水库地质和建筑物工程地质条件、灌区水文地质条件和设计标准，提出相应的评价和结论。

(3) 复核工程的等级和设计标准，确定工程总布置，以及主要建筑物的轴线、结构型式与布置、控制尺寸、高程和工程数量。

(4) 提出消防设计方案和主要设施。

(5) 选定对外交通方案、施工导流方式、施工总布置和总进度、主要建筑物施工方法及主要施工设备，提出天然（人工）建筑材料、劳动力、供水和供电的需要量及来源。

(6) 提出环境保护措施设计，编制水土保持方案。

(7) 拟定水利工程的管理机构，提出工程管理范围、保护范围以及主要管理措施。

(8) 编制初步设计概算，利用外资的工程应编制外资概算。

(9) 复核经济评价。

5. 施工准备阶段

项目在主体工程开工之前，必须完成各项施工准备工作，其主要内容包括以下几方面：

(1) 施工现场的征地、拆迁工作。

(2) 完成施工用水、用电、通信、道路和场地平整等工程。

(3) 必需的生产、生活临时建筑工程。

(4) 组织招标设计、咨询、设备和物资采购等服务。

(5) 组织建设监理和主体工程招投标，并择优选定建设监理单位和施工承包队伍。

6. 建设实施阶段

建设实施阶段是指主体工程的全面建设实施，项目法人按照批准的建设文件组织工程建设，保证项目建设目标的实现。

主体工程开工必须具备以下条件：

(1) 前期工程各阶段文件已按规定批准，施工详图设计可以满足初期主体工程施工需要。

(2) 建设项目已列入国家或地方水利建设投资年度计划，年度建设资金已落实。

(3) 主体工程招标已经决标，工程承包合同已经签订，并已得到主管部门同意。

(4) 现场施工准备和征地移民等建设外部条件能够满足主体工程开工需要。

(5) 建设管理模式已经确定，投资主体与项目主体的管理关系已经理顺。

(6) 项目建设所需全部投资来源已经明确，且投资结构合理。

7. 生产准备阶段

生产准备是项目投产前要进行的一项重要工作，是建设阶段转入生产经营的必要条件。项目法人应按照建管结合和项目法人责任制的要求，适时做好有关生产准备工作。

生产准备应根据不同类型的工程要求确定，一般应包括如下内容：生产组织准备；招收和培训人员；生产技术准备；生产物资准备；正常的生活福利设施准备；及时具体落实产品销售合同协议的签订，提高生产经营效益，为偿还债务和资产的保值、增值创造条件。

8. 竣工验收，交付使用

竣工验收是工程完成建设目标的标志，是全面考核基本建设成果、检验设计和工程质量的重要步骤。竣工验收合格的项目即可从基本建设转入生产或使用。

建设项目的建设内容全部完成，经过单位工程验收，符合设计要求，并按水利基本建设项目档案管理的有关规定，完成了档案资料的整理工作，在完成竣工报告、竣工决算等必需文件的编制后，项目法人按照有关规定，向验收主管部门提出申请，根据国家和部颁验收规程，组织验收。

竣工决算编制完成后，须由审计机关组织竣工审计，审计报告作为竣工验收的基本资料。

9. 项目后评价

建设项目竣工投产后，一般经过1～2年生产运营后，要进行一次系统的项目后评价，主要内容包括：影响评价、经济效益评价、过程评价。

项目后评价一般按三个层次组织实施，即项目法人的自我评价、项目行业的评价、计划部门（或主要投资方）的评价。

项目后评价工作必须遵循客观、公正、科学的原则，做到分析合理、评价公正。通过建设项目的项目后评价以达到总结经验、研究问题、吸取教训、提出建议、改进工作，不断提高项目决策水平和投资效果的目的。

（二）基本建设程序的特点

（1）建设项目单一性。水电建设项目有特定的目的和用途，须单独设计和单独建设。即使为相同规模的同类项目，由于工程地点、地区条件和自然条件如水文、气象等不同，设计和施工有一定差异。

（2）建设地点固定，工期长，耗资较大。项目施工中消耗的人力、物力和财力，在工程费用中占有较大的比例。同时，由于工程复杂艰巨，建设周期长。小型工程短则二三年，大型工程长则十几年，例如龙羊峡、李家峡、三峡工程。

（3）涉及面广，问题复杂。项目一般为多目标综合开发利用，具有防洪、灌溉、发电、供水、航运等综合效益，需科学组织和编写施工组织设计，优质高速地完成预期目标。

二、建设项目划分

水利水电基本建设项目一般包括新建、续建、改建、加固和修复工程建设项目。工程质量评定时，一般逐级划分为若干个扩大单位工程（又称单项工程）、单位工程、分部工程和单元工程，如图8-2所示。也有一些工程按单位工程、分部工程和单元工程三级划分。

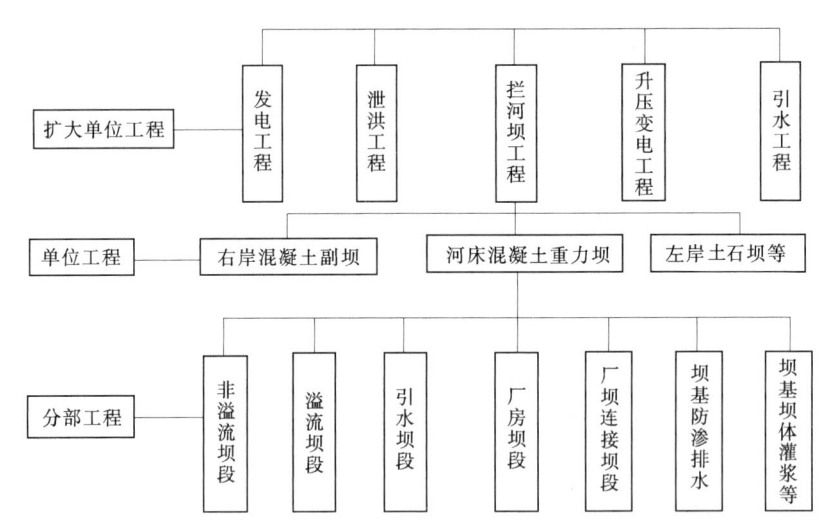

图8-2 水利水电建设项目划分简图

1. 扩大单位工程

扩大单位工程是指由几个单位工程联合发挥同一效益与作用，或具有同一性质和用途的工程，具有独立的设计文件，可独立发挥生产能力或效益，如发电工程、拦河坝工程、航运工程、引水工程等。

2. 单位工程

单位工程是指具有独立的施工条件或有独立作用的工程，由若干个分部工程组成，如溢流坝、泄洪洞，水电站引水工程中的进水口、调压井等。

3. 分部工程

分部工程是指组成单位工程的各个部分。如隧洞工程可分为开挖工程、衬砌工程等；混凝土坝工程可以分为非溢流坝段、溢流坝段、引水坝段、厂坝连接坝段、坝基及坝体接缝灌浆等分部工程。

4. 单元（分项）工程

单元工程是组成分部工程的，由几个工种施工完成的最小综合体，也是建设项目最基本的组成单元和日常质量考核的基本单位。可依据设计结构、施工部署或质量考核要求把建筑物划分为层、块、区、段，如混凝土浇筑仓等。

第二节　施　工　组　织　设　计

一、施工组织设计任务与分类

1. 施工组织设计的任务

施工组织设计的任务包括：从施工的角度对建筑物的位置、型式及枢纽布置进行方案比较；选定施工方案并拟定施工方法；确定施工程序及施工进度；计算工程量及相应的建筑材料、施工设备、劳动力及工程投资需用量；进行工地各项业务的组织，确定场地布置和临时设施等。

根据基建程序，在可行性研究中，施工组织设计要根据工程施工条件，从施工导流及度汛、对外交通、当地建材、施工厂区布置和施工进度等主要方面，对不同坝址的建设条件进行技术经济综合论证。初步设计阶段的施工组织设计，主要是配合坝型选择和枢纽布置方案进行的，要求重点研究导、截流（包括施工期度汛通航、过木、下闸蓄水及下游供水）、当地建设材料料源、对外交通运输、主体工程的施工程序、施工方法、施工布置、混凝土温度控制设计与温控措施、施工工厂规模及临建工程量、施工总布置和施工总进度安排等，并通过分析比较，选定技术先进、经济合理的设计方案，对某些重大技术问题，必要时提出专题报告。在招标投标活动中，参加招标的单位，都要从各自的角度，分析施工条件，研究施工方案，提出质量、工期、施工布置等方面的要求，以便对工程的投资或造价作出合理的估计。在技术设计和工程施工过程中，要针对各单项工程或专项工程的具体条件，编制单项工程或专项工程施工措施设计，从技术组织措施上具体落实施工组织设计的要求。

2. 施工组织设计的分类

根据编制的对象或范围不同，可将施工组织设计分为三类：

（1）施工组织总设计。针对整个水利水电枢纽工程编制的施工组织设计，一般在工程设计阶段编制，相对比较宏观、概括和粗略，对工程施工起指导作用。

(2) 单项工程施工组织设计。按单项（单位）工程编制施工组织设计（或施工计划）。

(3) 分部（分项）工程施工组织设计或年度、季度施工计划的实施计划。此计划即以分部（分项）工程为编制对象，用以具体实施其施工全过程的各项施工活动的技术、经济和组织的综合性文件，它将单位工程施工组织设计进一步具体化，是专业工程的具体施工设计。

二、施工组织设计内容

施工组织设计的内容是根据不同工程的特点和要求，结合现有的和可能创造的施工条件，从实际出发，决定各种生产要素（材料、机械、资金、劳动力和施工方法等）的结合方式。尽管在不同设计阶段编制的施工组织设计文件，内容和深度不尽相同，但应包含施工方法与相应的技术组织措施、施工进度计划、施工现场平面布置、各种资源需要量及其供应等内容。施工组织设计的重点是施工平面布置图、进度计划和施工方案。

1. 施工条件分析

施工条件包括工程条件、自然条件、物质资源供应条件以及社会经济条件等，主要有：工程所在地点、对外交通运输、枢纽建筑物及其特征；地形、地质、水文、气象条件；主要建筑材料来源和供应条件；当地水源、电源情况，施工期间通航、过木、过鱼、供水、环保等要求；国家对工期、分期投产的要求；施工用地、居民安置以及与工程施工有关的协作条件等。施工条件分析需在简要阐明上述条件的基础上，着重分析它们对工程施工可能带来的影响和后果。

2. 施工导流与截流

施工导流设计应在综合分析导流条件的基础上，确定导流标准和导流量，划分导流时段，明确施工分期，选择导流方案、导流方式和导流建筑物，进行导流建筑物的设计，提出导流建筑物的施工安排，拟定截流、拦洪度汛、基坑排水、通航过木、下闸封孔、供水、蓄水发电等措施。

3. 主体工程施工

主体工程，包括挡水、泄水、引水、发电、通航等主要建筑物，应根据各自的施工条件，对施工程序、施工方法、施工强度、施工布置、施工进度和施工机械等问题，进行分析比较和选择。必要时，对其中的关键技术问题，如特殊的基础处理、大体积混凝土温度控制、土石坝合龙、拦洪及光爆喷锚等问题，进行专门的设计和论证。

对于有机电设备和金属结构安装任务的工程项目，应对主要机电设备和金属结构的加工、制作、运输、预拼装、吊装以及土建工程与安装工程的施工顺序等问题，提出相应的设计方案。

4. 施工交通运输

施工交通运输分为对外交通运输和场内交通运输。对外交通运输是在弄清现有对外水陆交通和发展规划的情况下，根据工程对外运输总量、运输强度和重大部件的运输要求，确定对外交通运输方式，选择线路和线路的标准，规划沿线重大设施与国家干线的连接，并提出场外交通工程的施工进度安排。场内交通运输应根据施工场区的地形条件和分区规划要求，结合主体工程的施工运输，选定场内交通主干线路的布置和标准，提出相应的工程量。施工期间，若有船、木过坝问题，应作出专门的分析论证，提出解决方案。

5. 施工辅助企业和大型临建工程

根据工程施工的任务和要求,对主要施工辅助企业(如混凝土骨料开采加工系统、土石料场和土石料加工系统、混凝土拌和和制冷系统、钢筋加工厂、预制构件厂、木料加工厂、机械修配系统、汽车修配厂等),应分别确定各自的位置、规模、设备容量、生产工艺、占地面积、建筑面积和土建安装工程量,并提出土建安装进度和分期投产的计划;对大型临建工程(如导流设施、施工道路、施工栈桥、过河桥梁、缆机平台、风、水、电、通信系统等),要作出专门设计,确定其工程量和施工进度安排。

6. 施工总布置

施工总布置主要是根据工程规模、施工场区的地形地貌、枢纽主要建筑物的施工方案、各项临建设施的布置要求,研究解决主体工程施工期间所需的辅助企业、交通道路、仓库、施工动力、给排水管线等设施的总布置问题,对施工场地进行分期分区规划,确定分期分区布置方案和各承包单位的场地范围,对土石方和开挖、堆弃和填筑进行综合平衡,使整个工地形成一个统一的整体。具体而言,主要有以下几点:

(1) 结合对外运输方案、主体工程施工方案,选定场内运输方式和两岸交通联系方式。

(2) 确定场内区域划分原则,布置各施工辅助设施、仓库站场、施工管理及生活福利设施。

(3) 选择和布置给水、供电、供气和通信等系统及干管、干线。

(4) 确定施工场地排水防洪标准,布置排水防洪沟涵、管道系统。

(5) 规划弃渣、堆料场地,做好土石方平衡及开挖土石方调配方案。

(6) 研究和确定环境保护和水土保持措施。

7. 施工总进度

施工总进度的任务是根据工程所在地区的自然条件、社会经济资源及工程建设目标、水工设计方案、工程施工方案、工程施工特性等,研究确定关键性工程的施工进度,从而选择合理的总工期及相应的总进度;在保证工程质量和施工安全的前提下,协调平衡和安排其他单项工程的施工进度,使工程各阶段、各单项工程、各工序间统筹兼顾,最大限度地合理使用建设资金、劳力、机械设备和建筑材料。

施工总进度的安排必须符合国家对工程投产所提出的要求。为了合理安排施工进度,必须仔细分析工程规模、导流程序、对外交通、资源供应、临建准备等各项控制因素,拟定整个工程,包括准备工程、主体工程和结束工作在内的施工总进度,确定各项目的起讫日期和相互之间的衔接关系;对导流截流、拦洪度汛、封孔蓄水、供水发电等控制环节,工程应达到的形象面貌,需作出专门的论证;对土石方、混凝土等主要工种工程和施工强度,对劳动力、主要建筑材料、主要机械设备的需用量,要进行综合平衡;要分析施工工期和工程费用的关系,提出合理工期的推荐意见。

8. 主要技术及物资供应计划

根据施工总进度的安排和定额资料的分析,对主要建筑材料(如钢材、钢筋、木材、水泥、粉煤灰、油料、炸药等)和主要施工机械设备,列出总需要量和分年需要量计划,必要时还需提出进行试验研究和补充勘测的建议,为进一步深入设计和研究提供依据。

9. 拆迁赔偿和移民安置计划

拆迁赔偿和移民安置计划主要包括拆迁数量、征占地面积、补偿标准以及生活生产安置等。

10. 施工组织领导

施工组织设计中应明确提出施工组织机构、管理方式、隶属关系和人员配备等。

11. 附图及说明

在完成上述设计内容时,还应提交以下附图:

(1) 施工场外交通图及施工转运站规划布置图。
(2) 施工征地规划范围图及施工总布置图。
(3) 施工导流方案综合比较图及施工导流分期布置图。
(4) 导流建筑物结构布置图及导流建筑物施工方法示意图。
(5) 施工期通航过木布置图。
(6) 主要建筑物土石方开挖程序及基础处理示意图。
(7) 主要建筑物的混凝土及土石方填筑施工程序、施工方法及施工布置示意图。
(8) 地下工程开挖、衬砌施工程序、施工方法及施工布置示意图。
(9) 机电设备、金属结构安装施工示意图。
(10) 砂石料系统、混凝土拌和及制冷系统布置图。
(11) 施工总进度表及施工关键路线图。

综上所述,在编制施工组织设计时,应注意以下几点:

(1) 运用系统的观念和方法,建立施工组织设计编制工作的标准。
(2) 选择合理的施工方案是施工组织设计的核心,应借鉴国内外先进施工技术,运用现代科学管理方法,从技术及经济上比较,选出最合理的方案来编制施工组织设计。
(3) 运用现代化信息技术,实行施工组织设计的模块化编制,内容应简明扼要,突出目标。
(4) 贯彻国家质量管理体系标准,实现设计和施工技术一体化,使新的技术成果在施工组织设计中得到应用。

第三节 施工进度计划

施工进度计划是施工组织设计的重要组成部分,是对工程建设实施计划管理的重要手段,它规定了工程项目施工的起讫时间、施工顺序和施工速度,是工程项目施工的时间规划,是控制工期的有效工具。

施工进度计划可用进度表(横道图)或网络图的形式来表示。横道图优点是图面简单明确,直观易懂,缺点是不能表示各分项工程之间的逻辑关系,不能反映进度安排的工期、投资或资源等参数的相互制约关系;网络图能明确表示分项工程之间的依存关系和控制工期的关键线路,进行施工进度的优化和调整比较方便。

第三节 施工进度计划

一、流水作业法

(一) 流水作业的概念与作用

在组织 m 个工程对象施工时，通常有顺序施工、平行施工和流水施工三种形式。

(1) 顺序施工是施工对象一个接一个依次进行施工的方法，各工作队按顺序依次在各施工对象上工作。这种方法组织较简单，同时投入的劳动力和物资资源量较小，但各专业工作队不能连续工作，工地物资资源的消耗也有间断性，施工工期长，一般用于规模较小，工作面有限的工程。

(2) 平行施工是所有施工对象同时开工，齐头并进，同时完工的组织施工方法。采用平行施工方法可以缩短工期，但劳动力和资源需要量集中，施工组织管理复杂，且费用高，此法仅用于工期要求紧，需要突击的工程。

(3) 流水施工是将拟建工程按工程特点和结构部位划分为若干施工段，各工作队按一定的顺序和时间，间隔连续地在各施工对象上工作。流水施工综合了顺序施工和平行施工的特点，消除了它们的缺点，保证了各工作队的工作，物资资源的消耗具有连续性和均衡性。流水作业法是组织生产的一种高级形式，它运用流水作业原理，对于保持施工作业的连续性、均衡性，充分利用时间和空间，进行专业化施工，保证工程质量，提高工效和降低成本有着显著的作用。

(二) 流水作业法的表述形式

1. 水平图表

水平图表如图8-3所示，其横坐标表示持续时间，纵坐标表示施工过程或施工对象的名称或编号。

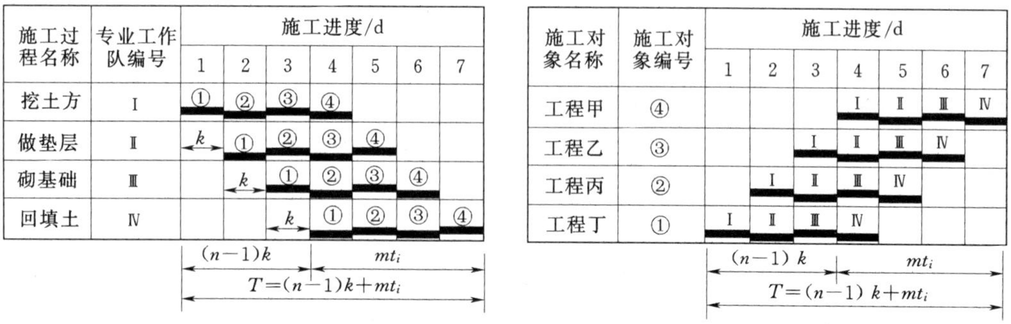

图 8-3 流水作业水平图表

T—流水施工的总工期；m—施工段的数目；n—施工过程或专业工作队的数目；
t_i—流水节拍；K—流水步距，此例 $K=t_i$

2. 垂直图表

垂直图表的表述方式如图8-4所示，其横坐标表示持续时间，纵坐标表示工程项目或施工工段的名称或编号，图中符号同前。

(三) 流水作业参数

组织流水施工，应依据工程类型、平面形式、结构特点和施工条件，确定下列流水作业参数。

1. 施工过程数（n）

施工过程是指用以表达流水施工在工艺上开展层次的有关过程，施工过程的数目，通常以 n 表示。施工过程可以根据计划需要确定其粗细程度，既可以是一个具体的工序，也可以是一个分项工程，还可以是它们的组合。

施工过程数与建筑物和构筑物的复杂程度、施工方法等有关。确定施工过程数要适当，应突出主导施工过程或主要专业工种，若取得太多太细，会给计算增添麻烦，在施工进度计划上也会带来主次不分的缺点；但若取的太少又会使计划过于笼统，失去指导作用。

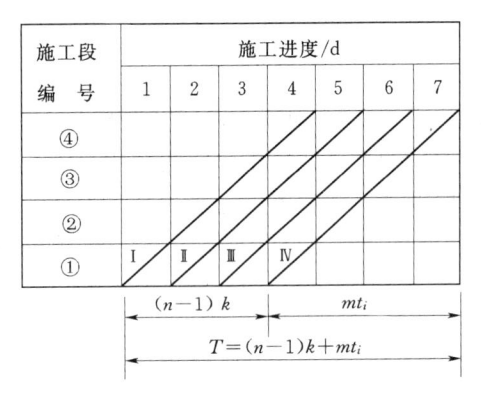

图 8-4 流水作业垂直图表

2. 施工段数（m）

把拟建工程在平面上划分为若干个劳动量大致相等的施工段落，即为施工段，段数一般以 m 表示。在划分施工段时，应遵循以下原则：

（1）要求专业工种在各个施工段上所消耗的劳动量大致相等，相差幅度不宜超过 15%。

（2）每一施工段的大小，应满足专业工种对工作面的要求，并以主导施工过程的工作需要为主。

（3）施工段数目应根据各工序在施工过程中工艺周期的长短来确定，能满足连续作业、不出现停歇的合理流水施工要求。

（4）施工段分界应尽可能与工程的自然界相吻合，如伸缩缝、沉降缝等，对于管道工程可考虑划在检查井或阀门井等处。各层房屋的竖向分段一般与结构层一致，并应使各施工过程能连续施工，即各施工过程中，工作队完成第一段，立即转入第二段，完成第一层的最后一段，立即转入第二层的第一段，因而每层的最少施工段数目 m_0 应满足：$m_0 \geqslant n$，其中 m_0 为每层最少施工段数，n 为施工过程数。

3. 流水节拍（t_i）

流水节拍是指各个专业工作队在各个施工段，完成各自施工过程所需的持续时间，通常以 t_i 表示。流水节拍决定施工的速度和施工的节奏性，因此，各专业工作队的流水节拍一般应成倍数，以满足均衡施工的要求。流水节拍的确定，应考虑劳动力、材料和施工机械供应的可能性，以及劳动组织和工作面使用的合理性，通常按下式计算：

$$t_i = Q_i / S_i R_i N = P_i / R_i N \tag{8-1}$$

式中 t_i——某施工过程在某施工段上的流水节拍；

Q_i——某施工过程在某施工段上的工程量；

S_i——某专业工种或机械的产量定额；

R_i——某专业工作队人数或机械台数；

N——某专业工作队或机械的工作班次；

P_i——某施工过程在某施工段上的劳动量。

4. 流水步距（$k_{i,i+1}$）

在流水施工过程中，相邻两个专业工作队先后进入第一施工段开始施工的时间间隔，称为流水步距，通常以$k_{i,i+1}$表示。正确的流水步距应与流水节拍保持一定的关系。确定流水步距应遵循以下原则：

(1) 要保证每个专业工作队，在各个施工段上都能连续作业。

(2) 要使相邻专业工作队，在开工时间上实现最大限度地、合理地搭接。

(3) 要满足均衡生产和安全施工的要求。

5. 技术间歇时间（S）

由于工艺和组织原因引起的等待时间，称为技术间歇时间，应对不同的间歇时间分别考虑。

工艺间歇是指在流水施工中，由于施工工艺的要求，某施工过程在某施工段上，除流水步距以外必须停歇的时间间隔。

组织间歇是指施工中，由于考虑组织技术的因素，某施工过程在某施工段上，除流水步距以外增加的必要时间间隔。

6. 平行搭接时间（C）

组织流水施工时，在工作面允许的条件下，某些施工过程可以与其他施工过程平行作业，其搭接时间以C表示。

（四）流水施工基本方式

流水施工有流水段法和流水线法，可以根据构筑物的结构特点进行选用。根据各施工过程时间参数的不同特点，流水段法可分为固定节拍专业流水、成倍节拍专业流水和分别流水等几种形式。

1. 固定节拍专业流水

固定节拍专业流水是指在所组织的流水范围内，各施工过程的流水节拍均相等，并且等于流水步距，即$t_i=K=$常数。由于流水节拍相等，因此各施工过程的施工速度是一样的，两相邻施工过程间的流水步距等于一个流水节拍。这种组织方式能够保证专业工作队的工作连续、有节奏，可以实现均衡施工，从而最理想地达到组织流水作业的目的。

固定节拍流水施工工期，可以由下式计算：

$$T=(m+n-1)t_i-\sum C+\sum S \tag{8-2}$$

式中　m——施工段数；

n——专业施工队数；

$\sum C$——所有平行搭接时间的总和；

$\sum S$——所有技术间歇时间的总和。

【工程实例一】某工程由挖土方、做垫层、砌基础、回填土四个过程组成，它在平面上划分为四个施工段，各施工过程在各个施工段上的流水节拍均为1天，试组织固定节拍的流水施工。

解：根据题设条件和要求，其基本步骤如下：

(1) 确定流水步距。

$$K=t=3(\text{d})$$

(2) 确定流水工期。
$$T=(4+4-1)\times1=7(\text{d})$$
(3) 绘制流水指示图表,如图 8-3 (a) 所示。

2. 成倍节拍专业流水

在组织流水施工时,通常会遇到不同施工过程之间,由于劳动量的不等以及技术或组织上的原因,其流水节拍互成倍数,从而形成成倍节拍专业流水。即不同施工过程的 t_i 成倍数关系,同一过程不同段的 t_i 相等。成倍节拍流水又分为一般成倍节拍流水和加快速度的成倍节拍流水施工。

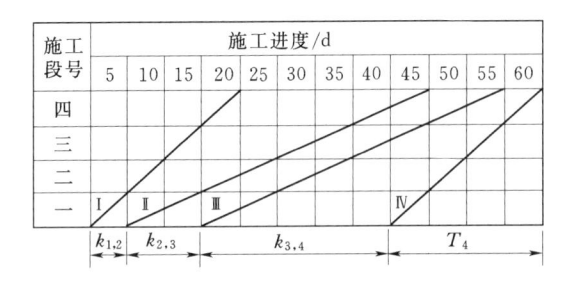

一般成倍节拍流水,关键在于求出各施工过程的流水步距,使各专业施工队都能连续施工,实现最大限度地、合理地搭接。各施工过程的流水步距的计算公式为

$$K_i = \begin{cases} t_{i-1}, & \text{当 } t_{i-1} \leqslant t_i \\ mt_{i-1}-(m-1)t_i & \text{当 } t_{i-1} > t_i \end{cases} \tag{8-3}$$

一般成倍节拍流水施工的工期,可按下式计算:
$$T=\sum K_{i,i+1}+T_n-\sum C+\sum S \tag{8-4}$$

式中 $\sum K_{i,i+1}$——流水步距总和;

T_n——最后一个施工过程在施工段上的持续时间之和;

$\sum C$——所有平行搭接时间的总和;

$\sum S$——所有技术间歇时间的总和。

【工程实例二】假若工地需安装 400m 管道,分 4 段施工,工序分为①测量放样开挖每段 $t_i=5$ 天;②基础垫层施工每段 $t_i=10$ 天;③管道安装每段 $t_i=10$ 天;④回填压实每段 $t_i=5$ 天,试组织一般成倍节拍流水。

解:(1) 按式 (8-3) 计算流水步距:
$$t_1 < t_2 \quad K_2 = t_1 = 5(\text{d})$$
$$t_2 = t_3 \quad K_3 = t_2 = 10(\text{d})$$
$$t_3 > t_4 \quad K_4 = mt_3-(m-1) \quad t_4 = 4\times10-3\times5=25(\text{d})$$

(2) 按式 (8-4) 确定流水工期。
$$T=(5+10+25)+4\times5=60(\text{d})$$

(3) 绘制流水指示图表,如图 8-5 所示。

加快速度的成倍节拍流水,为了加快流水施工的速度,当不同施工过程在同一施工段上的流水节拍之间存在一个最大公约数时,可按最大公约数的倍数确定每个施工过程的专业工作队,这样便构成了一个工期最短的成倍节拍流水施工方案,其基本步骤如下:

(1) 确定流水步距。
$$K_b=\text{最大公约数}\{\text{各施工过程流水节拍}\} \tag{8-5}$$

图 8-5 一般成倍节拍流水图表

式中 K_b——流水步距,数值上等于所有流水节拍的最大公约数。

(2) 确定专业施工队的数目。每个施工过程所需的专业施工队的数目,可由下式计算:

$$b_j = \frac{t_i}{K_b} \quad (8-6)$$

式中 b_j——某施工过程所需的专业施工队数目;

t_i——某施工过程的流水节拍。

成倍节拍流水施工的专业施工队的总和可按下式计算:

$$n' = \sum_{j=1}^{n} b_j \quad (8-7)$$

(3) 确定流水施工工期。成倍节拍流水的施工工期,可由下式计算:

$$T = (m+n'-1)K_b - \Sigma C + \Sigma S \quad (8-8)$$

式中 m——施工段数;

n'——专业施工队总和;

ΣC、ΣS——同式(8-4)。

(4) 绘制流水施工指示图表。【工程实例二】如组织加快成倍节拍流水,可有效缩短工期,计算如下:

1) 确定流水步距

$$K_b = 最大公约数\{5;10;10;5\} = 5(d)$$

2) 确定专业施工队的数目,由式(8-8)得

$$b_1 = 5/5 = 1$$
$$b_2 = 10/5 = 2$$
$$b_3 = 10/5 = 2$$
$$b_4 = 5/5 = 1$$
$$n' = 1+2+2+1 = 6$$

3) 确定流水施工工期

$$T = (4+6-1) \times 5 = 45(d)$$

4) 绘制流水施工指示图表,如图 8-6 所示。

3. 分别流水法

当各施工段的工程量不等,各队(组)的生产效率互有差异,并且也不可能组织固定节拍或成倍节拍流水时,可组织分别流水。它的特点是各施工过程的流水节拍随施工段的不同而改变,不同施工过程之间流水节拍的变化又有很大差异。通过组织各专业施工队连续流水作业,使得专业工作队之间在一个施工段内不相互干扰,或前后两专业施工队之间工作紧紧衔接。

组织分别流水法的关键是正确计算流水步距,可采用"相邻队组每段作业时间累加数列错

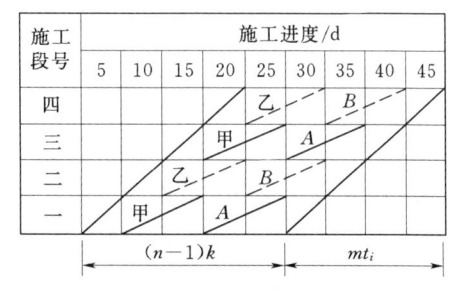

图 8-6 加快成倍节拍流水图

位相减取最大差"的方法进行计算,即首先分别将两相邻工序,每段作业时间逐项累加得出两个数列,后续工序累加数列向后错一位对齐,逐个相减最后得到第三个数列,从中取最大值,即为两工序施工队间的流水步距。

分别流水的施工工期的计算计算公式为

$$T = \sum K_i + \sum t_n \tag{8-9}$$

式中 $\sum K_i$——各流水步距之和;

$\sum t_n$——最后一个施工过程在各施工段的持续时间之和。

【工程实例三】某工程的各段流水节拍见表8-1,组织分别流水作业并绘制流水作业图。

表8-1 某工程流水节拍表

施工过程	流水节拍			
	①	②	③	④
A	2	3	1	2
B	3	2	2	1
C	3	2	3	2

解:(1)累加各施工过程的流水节拍,形成累加数据数列。

施工过程A为2、5、6、8;施工过程B为3、5、7、8;施工过程C为3、5、8、10。

(2) A、B两个相邻施工过程的累加数据数列错位相减:

$$\begin{array}{r} 2\ 5\ 6\ 8 \\ -3\ 5\ 7\ 8 \\ \hline 2\ 2\ 1\ 1\ -8 \end{array}$$

可得 $K_{ab}=2$,同理可求出B、C两个相邻施工过程的流水步距 $K_{bc}=3$。

(3)计算工期,由式(8-10)得

$$T = \sum K_i + \sum t_n = (2+3) + (3+2+3+2) = 15(d)$$

(4)其分别流水作业图,如图8-7所示。

4. 流水线法

在工程中常遇到延伸很长的构筑物,其长度可达数十米甚至数百公里,这样的工程称为线性工程,如管道、道路工程等。由于其工程数量沿着长度方向均匀分布,且结构情况一致,在组织流水作业时,只需将线性工程分为若干施工过程,分别组织施工队;然后各施工队按照一定的工艺顺序相继投入施工,各队以固定的速度沿着线性工程的长度方向不断向前移动,每天完成同样长度的工作任务,称为流水线法。流水线法只适用于线性工程,它同流水段法的区别就在于,流水线法没有明确的施工段,只有速度进展问题。如将施工段理解为在一个工作班内,在线性工程上完成某一施工过程所进展的长度,那么流水线法就和流水段法一样了,因此,流水线法实际上是流水段法的一个特例。

流水线法的总工期,可用下式计算:

$$T = (n-1)K + L/V \tag{8-10}$$

图 8-7 分别流水施工图

式中 T——线性工程的总工期；

L——线性工程的总长度；

V——工作队移动的速度，km/班或 m/班；

K——流水步距；

n——施工过程数或工作队数。

二、网络计划技术

施工进度计划常以图表的形式来表述，主要有横道图、网络图、时标网络图、里程碑图以及进度曲线图等几种类型。其中比较常见的是横道图、网络图和时标网络图。

用横道图表示的施工进度计划，一般包括两个基本部分，即左侧的工作名称及工作的持续时间等基本数据部分和右侧的横道画线部分。该计划明确表示出各项工作的划分、工作的开始时间和完成时间、工作持续时间、工作之间的搭接关系，以及整个工程项目的开工时间、完工时间等，如图 8-8 所示。

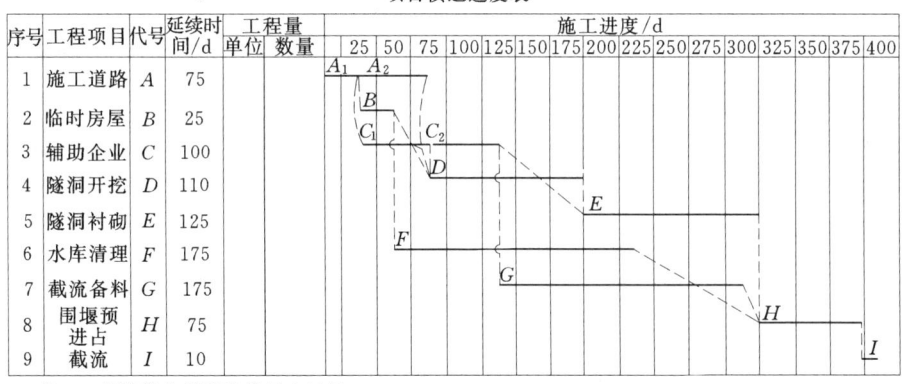

项目横道进度表

注：1. 实线代表项目及其起止时间。
2. 虚线指出项目间的逻辑关系。
3. 延续时间一栏数据，系根据工程量和施工能力估算而得的结果，未列出计算过程。

图 8-8 某工程施工进度计划横道图

275

横道计划的优点是形象、直观，易于编制和理解，因而长期以来被广泛应用于建设工程进度控制中。但利用横道图表示的进度计划，存在以下缺点：

(1) 不能明确反映出各项工作之间错综复杂逻辑关系；不便于分析工作及总工期的影响程度，不利于工程建设进度的动态控制。

(2) 不能明确地反映出影响工期的关键工作和关键线路，也就无法反映出整个工程项目的关键所在，因而不便于进度控制人员抓住主要矛盾。

(3) 不能反映出工作所具有的机动时间，看不到计划的潜力所在，无法进行最合理的组织和指挥。

(4) 不能反映工程费用和工期之间的关系，因而不便于缩短工期和降低成本。

网络图采用网络的结构形式表示工程项目的活动内容及其相互关系，如图8-9所示。优点是能明确表示分项工程之间的逻辑关系，能标出控制工期的关键路线，确定某项工程的浮动时间；缺点是进度状况不能一目了然，绘图的难度和修改的工作量大，使用要求较高，识图较困难。

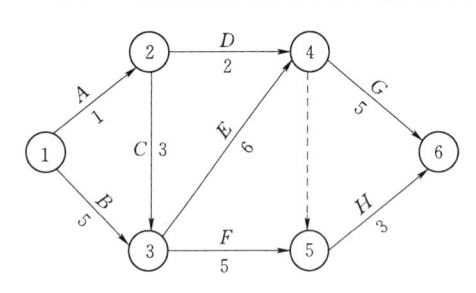

图8-9 某工程施工进度计划网络图

时标网络图是横道图与网络图的结合，既是一个网络计划，又是一个水平进度计划，能够清楚地标明计划的时间进程，明确项目之间的逻辑关系，并且可以根据网络图确定同一时间对材料、机械、设备以及人力的需要量，特别适合大型复杂项目的进度编制需要。

(一) 网络图的概念与作用

网络计划技术是用网络图解模型表达计划管理的一种方法，其基本原理是应用网络图描述一项计划中各个工作（任务、活动、过程、工序）的先后顺序和相互关系；估计每个工作的持续时间和资源需要量；通过计算找出计划中的关键工作和关键线路；再通过不断改变各项工作所依据的数据和参数，选择出最合理的方案并付诸实施；然后在计划执行过程中进行有效的控制和监督，保证最合理地使用人力、物力以及财力和时间，顺利完成规定的任务。目前网络图越来越多地被应用于资源和成本优化、工程投标、签订合同和拨款业务、工程建设监理等方面。

构成网络图的基本组成部分有：箭线、节点和线路。根据箭线和节点所表示的内容不同，网络图有双代号、单代号两种表示方法。现以双代号网络图为例来说明各组成部分的含义，如图8-10所示。

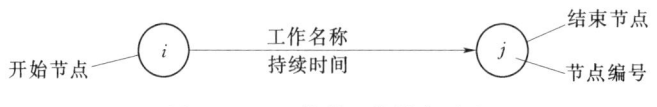

图8-10 工作的双代号表示法

1. 箭线

在双代号网络图中，箭线表示工作。通常将工作的名称或代号放在箭线的上方，完成该项工作所需的时间写在箭线下方，箭尾表示工作的开始，箭头表示工作的结束，箭线的长短和曲折对网络图没有影响（时标网络图除外）。

根据计划的编制范围不同，工作可以是分项、单元、单位工程或工程项目。一般来讲，工作需要占用时间和消耗资源，如挖基坑、绑扎钢筋、浇灌混凝土等。有些技术问题，如混凝土的养护、满水试验观测等，也应作为一项工作，不过它只占用时间而不消耗资源。因此，凡是占用时间的过程都应作为一项工作看待，即在网络图中有一条相应的箭线。为了正确表示各项工作之间的逻辑关系，常引入所谓"虚工作"，它既不占用时间，也不消耗资源，以虚线表示。

2. 节点

用圆圈或其他封闭图形表示的箭线之间的连接点称为节点。节点也称为事件，它表示工作的开始、结束或衔接等关系。网络图中的第一个节点叫起始节点，最后一个节点叫终结节点，它们分别表示一项任务的开始和完成，其他节点叫中间节点。

为了使网络图便于检查和计算，所有节点均应统一编号，若某工作的箭尾和箭头节点分别是 i 和 j，则 $i-j$ 即表示该工作的代号，节点编号不应重复。为计算方便和更直观起见，箭尾节点的号码应小于箭头节点的号码，即 $i<j$。编号方法可以沿水平方向，也可沿垂直方向，由前到后顺序进行，可按自然数连续编号，但有时由于网络图需要调整，因此也可以不连续编号，以便增添。

3. 线路

从起始节点沿箭线方向顺序通过一系列箭线与节点，最后到达终结节点的若干条"通路"称为线路。显然，线路有很多条，通过计算可以找到需用工作时间最长的线路，这样的线路称为关键线路（关键线路最少为一条，也可能有若干条）。位于关键线路上的工作称为关键工作，常以粗线或双线表示。

关键工作完成的快慢直接影响着工程的总工期，这就突出了整个工程的重点，使施工的组织者明确主要矛盾。非关键线路上的工作则有一定的机动时间，称为时差。如果将非关键工作的部分人工、机具转到关键工作上去，或者在时差范围内对非关键工作进行调整，则可达到均衡施工的目的。关键工作与非关键工作，在一定条件下可能相互转化，而由它们组成的线路，也随之转化。

（二）双代号网络图的编制

1. 双代号网络图的绘制

（1）正确表达各项工作间的逻辑关系。逻辑关系是指工作进行的、客观上存在的一种先后顺序关系。这里既包括客观上的先后顺序关系，也包括施工组织要求的相互制约、相互依赖的关系，前者称为工艺逻辑，后者称为组织逻辑。逻辑关系的正确与否是网络图能否反映工程实际情况的关键。某项工作和其他工作的相互关系可以分为三类，即紧前工作、紧后工作、平行工作，如图 8-11 所示。

（2）双代号网络图的绘制规则。绘制网络图时，除了必须正确反映项目之间的逻辑关系以外，还应遵循以下规则：

1）网络图中不允许出现循环线路（闭合

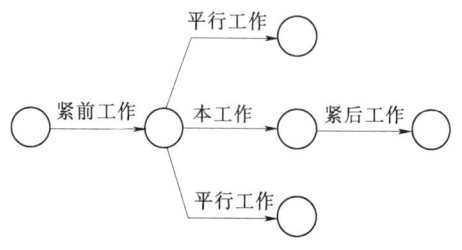

图 8-11 工作的逻辑关系

回路）。

2）为了统一计算基准，在一个网络图中只能有一个起始节点和一个终结节点（多目标网络图除外），以统一整个网络进度的开工、完工时间。

3）为了方便计算，对网络图的节点要进行编号，通常的做法是从网络图的始端到终端顺序递增编号，编号可以连续也可间断，但要防止重复（在网络图中不允许出现代号相同的箭线），并保持箭尾编号小于箭头编号。

4）在网络图中不允许出现有双向箭头或无箭头的线段。

5）不允许出现没有起始节点的工作。

6）表示两项工作的箭线发生交叉时可采用如图 8-12 所示的暗桥法，断线法，或指向法等来处理。

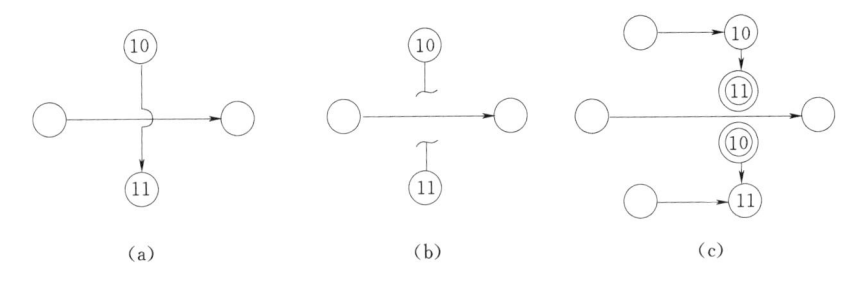

图 8-12 箭线交叉的处理方法
(a) 暗桥法；(b) 断线法；(c) 指向法

7）网络图中，应尽量避免使用反向箭线。因为反箭线容易发生错误，可能会造成循环线路，在时标网络图中更是不允许的。

8）正确使用虚箭线（虚项目），虚项目的延续时间为零，不耗用任何资源。

虚箭线主要用于工作的逻辑连接和工作的逻辑"断路"两个方面，例如绘制网络图时遇到如图 8-13 所示的情况，这里 A 工作不仅制约 B 工作，而且制约 D 工作，C 工作仅制约 D 工作，而不制约 B 工作，这时必须在节点②和⑤之间引入虚箭线。又如某基础工程施工由挖槽、垫层、墙基和回填四项工作组成，分两段施工，因为挖槽 2 与墙基 1 没有逻辑上的关系（垫层 2 与回填土也是），所以必须增加虚箭线来加以分隔，如图 8-14 所示。这种用虚箭线隔断网络图中无逻辑关系的各项工作的方法称为"断路法"，这种方法在组织分段流水作业的网络图中使用很多，虚箭线的数量应以必不可少为限度。

图 8-13 虚箭线的应用一

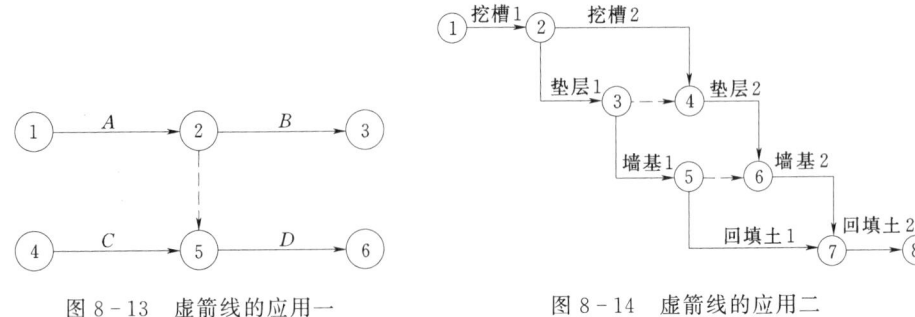

图 8-14 虚箭线的应用二

2. 双代号网络计划时间参数的计算

网络计划的时间参数是确定关键工作、关键线路和计划工期的基础，也是判定非关键工作机动程度和进行计划优化、调整与动态管理的依据。网络计划的时间参数可直接按工作计算，计算过程比较直观，也可按节点算出节点时间参数，再进行推算，多用于计算机计算中。常用的计算方法有图上计算法、表上计算法、矩阵法和电算法等，由于计算原理和计算公式相同，现结合图 8-15 分别讨论如下。

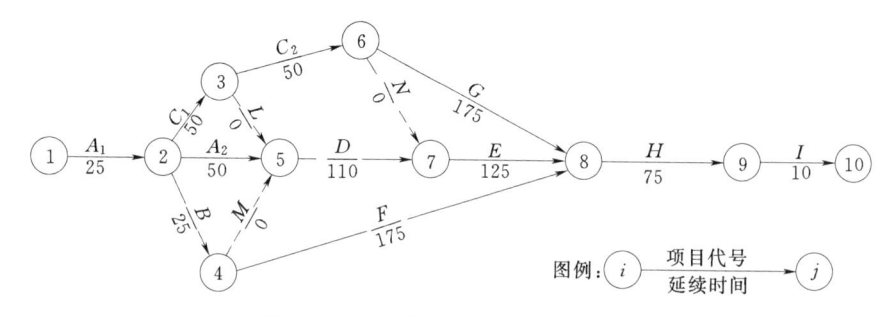

图 8-15 双代号网络进度计算举例

（1）最早可能开工时间 ES。在网络图中任何一个项目，只有它的紧前项目都完工以后才有可能开工，因此，每个项目都有一个最早可能开工时间。计算最早可能开工时间应从网络的始端节点起，循着箭线的指向顺序逐项进行，直到终端节点止。

如果网络图的节点编号是从 1 开始到 n 结束，并设定整个网络进度的起始时间为零，则各项目的最早可能开工时间为

$$ES_{1j}=0, 1<j \leqslant n \tag{8-11}$$

$$ES_{ij}=\max(ES_{hi}+t_{hi}), \quad 2 \leqslant i<j \leqslant n \tag{8-12}$$

式中 ES_{1j}——前节点为 1 的项目，即与网络始端相连的项目的最早开工时间，均按零计算；

ES_{ij}——其他任意项目 (i, j) 的最早开工时间；

ES_{hi}——项目 (i, j) 的紧前项目 (h, i) 的最早开工时间；

T_{hi}——紧前项目 (h, i) 的延续时间。

（2）最早可能完工时间 EF。任意项目的最早可能完工时间，为它的最早可能开工时间和本项目的延续时间之和，即

$$EF_{ij}=ES_{ij}+t_{ij}, 1 \leqslant i<j \leqslant n \tag{8-13}$$

以网络终端节点 n 为后节点的项目 (i, n)，其最早可能完工时间的最大值，就是网络计划的总工期 T。故有

$$T=\max_{i}(EF_{in}) \tag{8-14}$$

（3）最迟必须完工时间 LF。最迟必须完工时间是指不致延误总工期的最迟完工时间，它等于紧后项目最迟开工时间的最小值。计算最迟必须完工时间，从网络的终端节点起，逆箭线指向，逆序逐项进行，直到始端节点为止。通常规定以 n 为后节点的项目 (i, n)，其最迟必须完工时间等于总工期 T，即

$$LF_{ij}=T=\max_{i}(EF_{in}), 1 \leqslant i<n \tag{8-15}$$

其他各项目的最迟完工时间按定义有

$$LF_{ij} = \min_k(LF_{jk} - t_{jk}), 1 \leqslant i < j < n \quad (8-16)$$

这里,项目 (j,k) 为项目 (i,j) 的紧后项目。

(4) 最迟必须开工时间 LS。任意项目最迟必须开工时间为最迟必须完工时间与该项目的延续时间之差,即

$$LS_{ij} = LF_{ij} - t_{ij}, 1 \leqslant i < j < n \quad (8-17)$$

(5) 总时差 TF。总时差是指不致延误总工期的机动时间。任意项目的总时差为

$$TF_{ij} = LS_{ij} - ES_{ij} = LF_{ij} - EF_{ij}, 1 \leqslant i < j < n \quad (8-18)$$

(6) 自由时差 FF。自由时差是指不致延误紧后项目开工的机动时间,它应等于紧后项目最早开工时间的最小值与本项目最早完工时间之差,即

$$FF_{ij} = \min_k(ES_{jk}) - EF_{ij}, 1 \leqslant i < j < n \quad (8-19)$$

双代号网络图主要时间参数汇总表见表 8-2。

表 8-2　　　　　　　　　　双代号网络图主要时间参数

种类	符号 双代号	含　义	求取方法	备注
节点最早时间	T_i^E	节点处最早时间		
节点最迟时间	T_i^F	节点处最迟时间		
工作持续时间	D_{i-j}	本工作持续时间		
工作的最早可以开始时间	T_{i-j}^{ES}	一旦具备工作条件,便立即进行的工作开始时间	$ES_{ij} = \max(ES_{hi} + D_{hi})$	
工作的最早可能完成时间	T_{i-j}^{EF}	与上一时间参数对应的工作完成时间	$EF_{ij} = ES_{ij} + D_{ij}$	
工作的最迟必须开始时间	T_{i-j}^{LS}	在不影响总体工程任务,按计划工期完成前提下工种的最晚开始时间	$LS_{ij} = \min LS_{jk} - D_{if}$	备注: 1. IJ、HJ、JK 分别表示双代号网络图中的本工作及其紧前,紧后工作,设表收居工作。 2. 要求工期及不按计算工期取值确定的计划工期均与时间参数计算无关
最迟必须完成时间	T_{i-j}^{LF}	与上一时间参数对应的工作完成时间	$LF_{ij} = LS_{ij} + D_{ij}$	
工作总时差	F_{i-j}^T	在不影响总体工程任务,按计划工期完成前提下本项工作拥有的机动时间	$TF_{ij} = LS_{ij} - ES_{ij}$	
工作自由时差	F_{i-j}^F	在不影响紧后工作最早可以开始时间前提下,本项工作拥有的机动时间	$FF_{ij} = ES_{jk} - ES_{ij} - D_{ij}$	
相邻两工作时间间隔	LAG	本工作最早完成时间与紧后工作最早开始时间的间隔	$LAG_{ijk} = ES_{jk} - EF_{jk}$	
计算工期	T_C	由关键线路决定网络计划总持续时间	$T_C = \max(ES_{in} + D_{in})$	
计划工期	T_P	基于计算工期高速形成的工期取值,一般令 $T_P = T_C$		
求工期	T_r	外界所加工期限制条件		

根据以上公式对图8-15的网络计划进行计算，其结果示于图8-16和表8-3中。

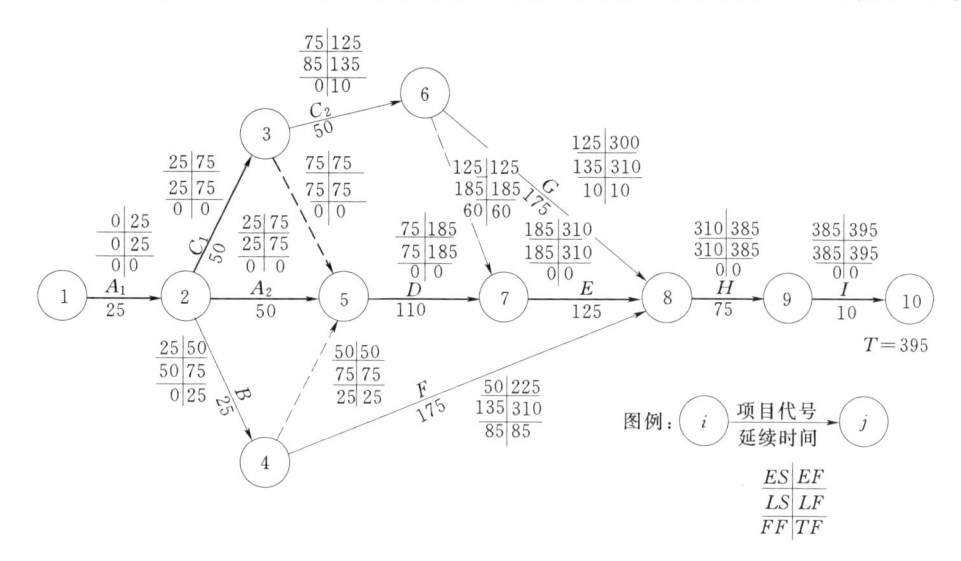

图8-16 双代号网络计划时间参数计算

表8-3 时间参数计算表

序号	工程项目及其代号	t	ES	EF	LF	LS	TF	FF	备注
1	(1, 2)，A_1	25	0	25	25	0	0	0	关键
2	(2, 3)，C_1	50	25	75	75	25	0	0	关键
3	(2, 4)，B	25	25	50	75	50	25	0	
4	(2, 5)，A_2	50	25	75	75	25	0	0	关键
5	(3, 5)，L	0	75	75	75	75	0	0	关键，虚项目
6	(3, 6)，C_2	50	75	125	135	85	10	0	
7	(4, 5)，M	0	50	50	75	75	25	25	虚项目
8	(4, 8)，F	175	50	225	310	135	85	85	
9	(5, 7)，D	110	75	185	185	75	0	0	关键
10	(6, 7)，N	0	125	125	185	185	60	60	虚项目
11	(6, 8)，G	175	125	300	310	135	10	10	
12	(7, 8)，E	125	185	310	310	185	0	0	关键
13	(8, 9)，H	75	310	385	385	310	0	0	关键
14	(9, 10)，I	10	385	395	395	385	0	0	关键

3. 双代号网络计划调整

网络计划初始方案确定以后，最常遇到的问题是计算工期不满足要求，这时就需要进行调整。调整的方法有两类：第一类需要改变网络图的结构；第二类是网络图结构不变，只改变工作的持续时间。

(1) 网络图结构调整。调整网络图结构的方法有两种：一种是改变施工方法，这时网络图一般应重新绘制和计算；另一种是在施工方法没有改变的情况下，调整工作的逻辑关系（主要指组织逻辑关系的调整，工艺逻辑关系一般不变），并对网络图进行修正及重新计算时间参数。

（2）关键工作持续时间的调整。工期的缩短，可以通过增加劳动力或机械设备，缩短关键工作的持续时间来实现；也可以通过某些非关键工作向关键工作的资源转移来实现。

选择压缩工作顺序的方法有：顺序法、加权平均法、选择法等。顺序法是按关键工作开工时间来确定，先干的先压缩。加权平均是按关键工作持续时间长度的百分比压缩。这两种方法没有考虑需要压缩的关键工作所需资源是否有保证及相应的费用增加幅度。选择法更接近实际，即按一定次序先选择优先压缩的工作。这些工作包括：对质量影响不大的工作、有充足库存材料和机械的工作、缩短持续时间增加工人或其他资源最少的工作、缩短持续时间所需增加费用最少的工作。

（三）单代号网络图的编制

1. 单代号网络图的绘制

单代号网络图具有容易绘制、无虚工作、便于修改等优点，近年来国外对单代号网络图逐渐重视起来，特别是西欧一些国家正不断扩大单代号网络图的应用。单代号网络图也是由许多节点和箭线组成，但是其含义与双代号不同。单代号网络图的节点表示工作，通常将一项工作的工作名称、持续时间、连同编号等一起写在圆圈或方框里，而箭线只表示工作之间的逻辑关系，如图 8-17（a）所示，其他常用的绘图符号还有几种，如图 8-17（b）所示。

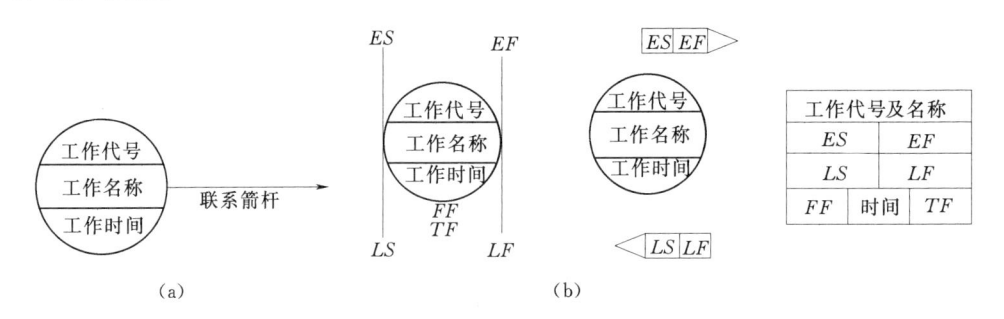

图 8-17 工作的单代号表示法

绘制单代号网络图的逻辑规则与双代号网络图基本相同，但要注意，如果单代号网络图在开始和结束时的一些工作缺少必要的逻辑联系，必须在开始和结束处增加虚拟的起始节点和终结节点。

2. 单代号网络计划时间参数的计算

单代号网络计划与双代号网络计划只是表现形式和参数符号不同，其表达内容是完全一样的。所以计算时除时差外，只需将双代号计算式中的符号加以改变即可适用。

（四）时标网络计划

时标网络计划是以时间坐标为尺度表示工作时间的网络计划。它吸取了横道图直观易懂的优点，使用方便。

1. 双代号时标网络计划

双代号时标网络计划可按最早时间也可按最迟时间绘制。绘制方法是先计算无时标网络计划的时间参数，再在时标上进行绘制，也可不经计算直接绘制。

下面以图 8-18 和图 8-19 为例，说明不经计算直接按最早时间绘制双代号时标网络计划的步骤：

(1) 绘制时标表。

(2) 将起始节点定位在时标表的起始刻度线上，见图 8-19 中的节点①。

(3) 按工作持续时间在时标表上绘制起始节点的外向箭线，见图 8-19 中的①—②，①—③，①—④。

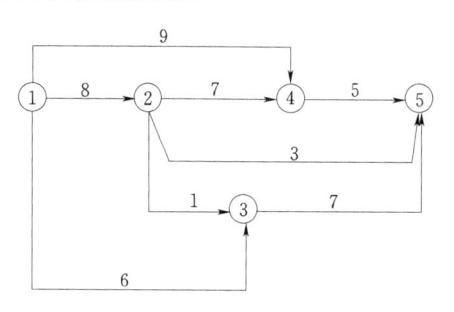

图 8-18 双代号无时标网络计划

(4) 工作的箭头节点，必须在其所有内向箭线绘出以后，定位在这些内向箭线中最晚完成的实箭线箭头处，如图 8-19 中的节点③，④，⑤。

(5) 某些内向实箭线长度不足以达到该箭头节点时，水平部分用波形线补足，其末端有垂直部分时用实线绘制，如图 8-19 中的①—③，①—④，②—⑤，③—⑤。如果虚箭线的开始节点和结束节点之间有水平距离时，也以波形线补足，垂直部分用虚线绘制。

无论是上述哪种情况，水平波形线的长度就表示该工作的自由时差。

(6) 用上述方法自左至右依次确定其他节点的位置，直至终结点定位，绘制完成，见图 8-19。确定节点位置时，尽量

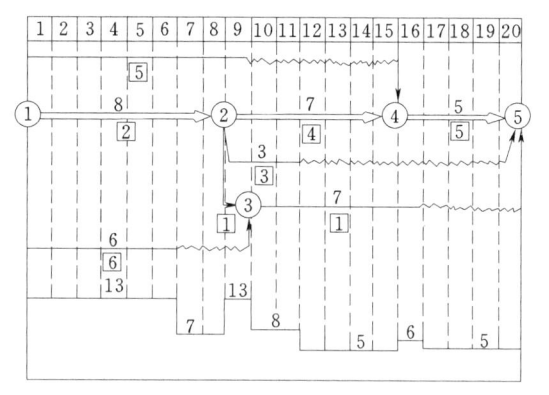

图 8-19 双代号最早时间时标网络计划及资源动态曲线

与无时标网络图的节点位置相当，保持布局不变。工作的总时差可自右到左逐个推算。

关键线路可依据下述方法判定：自终结节点逆箭头方向观察，凡自始至终不出现波形线路的通路，即为关键线路，如图 8-19 中的①→②→④→⑤线路。

图 8-19 下方的资源动态曲线是把每天的资源需要量逐天累加绘制的，对施工中资源使用很有用途，也是网络调整与成本控制的分析依据。

2. 单代号时标网络计划

单代号时标网络计划的优点是更与横道图相似。由于每个节点代表一项工作，把节点拉长，其形状与横道图完全相同，而且有竖向箭线表示彼此制约关系，还可表示出关键线路；缺点是竖向箭线时常重叠，不易看清。为此，可用圆弧过桥和平行竖箭线方法来解决，如图 8-20 所示。

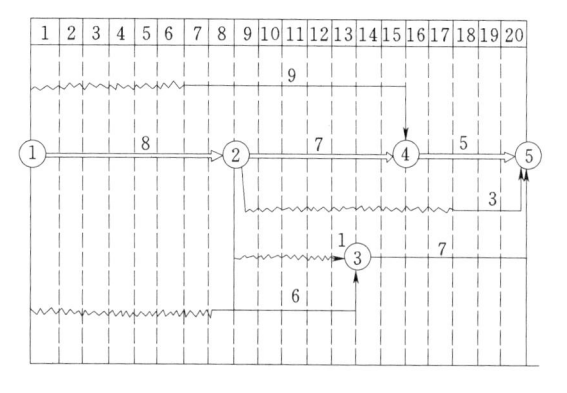

图 8-20 单代号时标网络图

图中虚方框表示非关键工序的最迟位置，据此也可画时标网络，其绘制方法与双代号类似。

第四节 施 工 总 布 置

施工总布置是施工场区在施工期间的空间规划，是施工组织设计的重要内容。

一、施工总布置的概念与目标

施工总布置设计，涉及的问题比较广泛，且每个工程各有其特点，共性少，难有一定格式可以沿用。所以在设计过程中，要根据工程规模、特点和施工条件，以永久建筑物为中心，研究解决主体工程施工与其辅助企业、交通道路、仓库、临时房屋、施工动力、给排水管线及其他施工设施等总布置问题，即正确解决施工地区的空间组织问题，以期在规定期限内完成整个工程的建设任务。

（一）施工总布置的概念

施工总布置是在分析施工场区的地形条件、枢纽布置情况和各项临时设施布置要求的前提下，确定施工场地的分期、分区、分标布置方案，对施工期间所需的交通运输设施、各类生产和生活用房、动力管线及其他施工设施作出平面上和立面上的布置，从场地安排上，为减少施工干扰、保证施工安全和工程质量、加快施工进度和降低工程造价创造环境条件。它是施工组织设计的重要组成部分，是施工期间对整个施工场区的空间规划。

无论工程建设的哪个阶段，施工总布置都是不可缺少的。可行性研究阶段，应着重对主要场区划分、主要料场、对外交通、场内主干线以及它们之间的衔接等问题作出规划，提出主要施工设施的项目，估算建筑面积、占地面积、主要工程量等技术经济指标；初步设计阶段，应分别对施工场地的划分、生产生活设施的布置、料场及其生产系统布置、主要施工工厂及大型临时设施的布置、场内主要交通运输线路的布置以及场内外交通的衔接等，拟定布局方案并进行论证比较，选择合理的方案，并提出各项施工设施布置的建筑面积、占地面积、工程量及相应的机械设备、建筑材料数量等技术经济指标；技术设计和工程施工阶段，主要是在初步设计的基础上，进一步完善、落实布置的具体内容，进行详细分区布置设计，并对主要施工工厂进行工艺布置设计，对大型临建工程作出结构设计。

（二）施工总布置目标

施工总布置的成果，主要是标示在一定比例尺（总平面图 1：2000～1：5000）的施工场区地形图，即施工总布置图，它是施工组织设计的主要成果之一。

施工总布置图应包括一切地上和地下、已有和拟建的建筑物和构筑物，以及一切为施工服务的临时性建筑物和施工设施。

临时性建筑物和施工设施主要有：施工导流建筑物，交通运输系统，料场及其加工系统，各种仓库、料堆和弃料场，混凝土产生系统，混凝土浇筑系统，机械修配系统，金属结构、机电设备和施工设备安装基地，风、水、电供应系统，钢筋加工、木材加工、预制构件等施工工厂，办公及生活用房，安全防火设施等。

施工总布置的成果，除了集中反映在施工总布置图上以外，还应提出各类临时建筑物、施工设施的分区布置一览表，包括它们的占地面积、建筑面积和建筑安装工程量等；

对施工征地应估计面积并提交使用计划,同时研究还地造田和征地再利用的措施;对重大施工设施的场址选择和大宗物料的运输,应进行单独研究并提出优选方案。

施工总布置是一个复杂的系统工程,施工过程又是一个动态过程:永久性建筑物将随施工进程按一定顺序修建;临时性建筑物和临时设施则随着施工的进展而逐渐建造、拆除转移或废弃;同时,水文、地形等自然条件也将随着施工的进展而不断变迁。因此,研究施工总布置,解决施工地区空间组织问题,必须同施工进度等施工组织设计的其他环节协调考虑。对于工期较长的大型水电工程,还需根据不同施工时期的现场特点,分期作出布置。

二、施工总布置图设计原则与内容

(一) 施工总布置图设计原则

施工总布置图的设计,由于施工条件多变,不可能列出一种一成不变的格局,只能根据实践经验,因地制宜,依据有利生产、经济合理的原则,优化场地布置,创造性地予以解决。

一般说来,设计施工总布置图应该遵循以下原则:

(1) 综合考虑工程规模、水利枢纽布置、主体建筑物型式和特点、施工条件以及所在地区社会和自然条件、建设管理模式、工程施工分标因素及其对施工总布置的影响。

(2) 临时建筑物和施工设施的布置,必须满足主体工程施工的要求,互相协调、避免干扰,尤其不能影响主体工程的施工和运行,做到施工临时设施与永久性设施相互结合、统一规划。

(3) 场地划分和布局应符合有利生产、方便生活、易于管理、经济合理的原则,并符合国家有关安全、防火、卫生和环保等的专门规定。

(4) 主要的施工设施、施工工厂的防洪标准,可根据它们的规模大小、使用期限和重要程度,在5~20年重现期内选用。必要时,宜通过水工模型试验来论证场地防护范围。

(5) 为保障工程施工质量,有利于施工安全和工程管理,加快施工进度,提高经济效益创造条件。

(6) 施工总布置应紧凑、合理,合理规划工程用地、节约用地,并尽量利用荒地、滩地、坡地,不占或少占良田,符合移民安置、环境保护和水土保持要求,明确可利用场地的相对位置、高程、面积。

(7) 对外交通的衔接方式、场站位置、主要交通干线及跨河设施的布置情况、交通必须满足施工需要,适应施工程序、工艺流程的要求;全面协调单项工程、施工企业、地区间交通运输的连接与配合,力求使交通联系简便、运输组织合理、节省线路和设施的工程投资、减少管理运营费用。

(8) 做好土石方挖填平衡,统筹规划堆渣、弃渣场地,弃渣处理应符合环境保护及水土保持要求。

(9) 主要施工设施和主要辅助企业的防洪标准应根据工程规模、工期长短、水文特性和损失大小,采用防御10~20年一遇的洪水标准,高于或低于上述标准,要进行论证。

(二) 施工总布置图设计内容

施工总布置图设计内容主要包括以下几方面:

(1) 施工用地范围。

(2) 一切地上和地下的已有和拟建建筑物、构筑物及其他设施的平面位置与尺寸。

(3) 永久性和半永久性坐标的位置，必要时标出建筑物场地的等高线。

(4) 场内取土和弃土的区域位置。

(5) 为施工服务的各种临时设施的位置，这些包括：

1) 施工导流建筑物如围堰、隧洞等。

2) 交通运输系统，如公路、铁路、车站、码头、车库、桥涵等。

3) 料场及其加工系统，如土料场、石料厂、砂砾石料场、骨料加工厂等。

4) 各种仓库、堆料、弃料场等。

5) 混凝土制备及浇注系统。

6) 机械维修系统。

7) 金属结构、机电设备和施工设备安装基地。

8) 风、水、电供应系统。

9) 其他施工工厂，如钢筋加工厂、木材加工厂、预制构件厂等。

10) 办公及生活用房，如办公室、宿舍、实验室等。

11) 安全防火设施及其他，如消防站、警卫室、安全警戒线等。

三、施工总布置图的设计步骤

设计施工总布置图，大体可以按以下步骤进行：

(1) 收集和分析基本资料。所需的基本资料包括：施工场区的地形图，拟建枢纽的布置图，已有的场外交通运输设施，运输能力和发展规划，施工所在地的城镇及工矿企业、有关建筑标准、可供利用的住房、当地建筑材料、水电供应以及机械修配能力等情况，施工场区的土地状况，料场位置和范围，河流水文特征资料，施工地区的地质及气象资料，施工组织设计中的有关成果，如施工方法、导流程序和进度安排等。

(2) 列出临建工程项目清单并计算场地面积。在掌握基本资料的基础上，根据工程的施工条件，结合类似工程的施工经验，编拟临建工程项目单，估算它们的占地面积、敞棚面积、建筑面积，明确它们的建筑标准、使用期限以及布置和使用方面的要求，对于施工工厂还要列出它们的生产能力、工作班制、水电动力负荷以及服务对象等情况。必要时，应结合施工分期分区情况来编列清单，使临建工程的分片布置更加清晰。

(3) 进行现场布置总体规划。施工现场总体规划是施工总布置的关键，要着重研究解决一些重大原则问题，如总体布局、主要交通干线及场内外交通衔接、临建工程与永久设施的结合、施工前后期的结合等。在工程施工实行分项承包时，尤其要作好总体规划，明确划分各承包单位的施工场地范围，并按总体规划要求进行布置。

(4) 临时建筑物的具体布置。临时建筑物的布置，通常是在现场布置总体规划的基础上，根据对外交通方式，按实际地形地貌，依一定顺序进行的。

(5) 方案调整与选定。施工场地布置的协调和修正，主要是检查临建工程与主体工程之间有无矛盾，各项临建工程之间有无干扰，生产和施工工艺是否协调，防火安全和环境卫生能否满足要求，占用农田是否合理等，如有不协调的地方，进行适当调整。通常要提出若干个布置方案，进行综合评价和选择，并对选定的方案绘制施工总布置图。

需要指出，施工总布置方案可以从不同的角度来进行评价，其评价因素主要有定性因素和定量因素两大类。经常用来对定性、定量因素进行综合评价的方法有：层次分析法、效用函数法、模糊分析法、专家评分法等。

另外，随着现代施工标准化工地的建设，在工程施工中，也要注意施工通信系统的布置。一般要求施工通信系统设置应符合迅速、准确、安全、方便的原则，同时要考虑通信系统与地方通信网络相结合。

【练习与思考】

1. 施工组织设计内容有哪些？各内容之间有何关系？
2. 顺序施工与流水施工有何不同？
3. 何谓成倍节拍专业流水？与分别流水法有何不同？
4. 试比较横道图与网络图的优缺点。
5. 绘制网络图时应注意哪些问题？
6. 双代号网络图与单代号网络图有何不同？
7. 何谓施工进度计划？简述其编制方法和步骤。
8. 施工总布置图主要包括哪些内容？
9. 施工大型临时设施有哪些？施工布置应注意哪些问题？

第九章 施 工 管 理

　　水利工程施工管理是一个综合复杂的系统工程，是企业为完成建筑产品对施工全过程进行的组织管理工作。特别是推行业主（项目法人）负责制、招标承包制、建设监理制和合同管理制以来，要求采用现代管理的手段，对工程实行全面、全过程的监督和管理。施工管理水平，对于缩短建设周期、降低工程造价、提高施工质量、保证施工安全至关重要。

　　现代施工管理可概括为三个阶段，即输入、处理和输出阶段。针对水利工程施工，输入阶段主要有设计、施工组织、施工预算、材料、施工机具与设备、现场准备等；处理阶段主要为完成施工及工程竣工等；输出阶段有工程交工，完成要求的技术经济指标等。按业务性质分有计划管理、质量管理、技术管理、财务管理、成本管理、定额管理、信息管理等等。本章主要学习计划管理、质量管理、成本管理、安全管理。

第一节 施工进度计划管理

一、施工进度计划分类

　　水利水电工程的施工进度计划，按内容范围和管理层次一般分成以下三类：

　　（1）施工总进度计划。施工总进度计划是对某一水电工程整个枢纽编制的，它将整个枢纽工程划分成若干个单项工程，定出每个项目的施工顺序和起止日期，以及施工准备和结尾工作项目的施工顺序和施工期限。

　　（2）单项工程进度计划。单项工程进度计划的对象是各扩大单位工程或单位工程，如大坝、电站厂房、导流建筑物等，它将单项工程划分成若干个分部分项工程，甚至更细的项目，定出这些项目的施工顺序和起止日期，并安排单项工程施工准备和结尾工作项目的施工顺序和施工期限。

　　（3）施工措施计划。施工措施计划一般按日历时段（如月，季，年等）编制，将处于该时段中的所有工程，包括它们的准备和结束工作，按结构部位以及工种进行分项，定出施工顺序和起止日期。

　　在施工组织设计中，主要研究前两种进度计划；在施工阶段则更侧重于施工措施计划，它是实施性进度计划。

二、施工进度计划编制

（一）施工进度计划的编制原则

编制施工进度计划（特别是施工总进度），主要应遵循以下基本原则：

（1）严格执行基本建设程序和国家方针政策，遵守有关法令法规，满足国家和上级主管部门对本工程建设的具体要求。

(2) 编制施工进度计划，应以规定的竣工投产要求为目标，分清主次，抓住施工过程中对施工进度起控制作用的环节（如导流截流、拦洪度汛、下闸蓄水、供水发电等），与施工组织的其他各专业设计统筹考虑，确保工期。

(3) 按合理的顺序进行项目排队，按均衡连续有节奏的方式组织工程施工，减少施工干扰，从施工顺序和施工速度等组织措施上保证工程质量和施工安全。

(4) 考虑到水电工程施工既受自然条件干扰和制约，又受社会经济供应条件的影响和限制，编制施工进度计划时要做到既积极可靠又留有适当的余地。

(5) 编制施工进度计划时，需要对人力物力进行综合平衡，在保证施工质量和工期的前提下，充分发挥投资效益。

(二) 施工进度计划编制的方法和步骤

不论是三类施工进度计划中的哪一类，其内容范围和项目划分的粗细程度虽有所不同，但编制方法和步骤基本一致。

1. 收集基本资料

编制进度计划一般要具备以下资料：

(1) 上级主管部门对工程建设开竣工投产的指示和要求，有关工程建设的合同协议。

(2) 工程勘测和技术经济调查的资料，如水文、气象、地形、地质、当地建筑材料，以及工程所在地的工矿资源、水库淹没和移民安置等资料。

(3) 工程规划设计和概算方面的资料。

(4) 国民经济各部门对施工期间防洪、灌溉、航运、放木、供水等方面的要求。

(5) 施工组织设计其他部分对施工进度的限制和要求，如交通运输能力、技术供应条件、施工分期、施工强度限制等。

(6) 施工单位施工能力方面的资料等。

2. 列出工程项目

工程列项的粗细程度应与进度计划的内容范围相适应，与定额相适应，要防止漏项。通常的做法是，按施工先后顺序和相互关联密切程度依次一一列表填明。

在总进度计划中，若按扩大单项工程列项，可以有准备工程、导流工程、拦洪坝工程、溢洪道工程、引水工程、水电站、升压变电站、水库清理工程、结束工作等；对于单项工程进度，若按分部分项工程列项，以拦河坝工程为例可以有：准备工作、基础开挖、基础处理、河床坝段、岸坡坝段、坝顶工程等；对于施工措施计划，若按结构部位分项，以砼坝为例，可按浇筑部位列项，如坝身、溢流面、挑流坎、闸墩、工作桥、公路桥等；若按工种分项，还可按浇筑部位细分为安装模板、架设钢筋、埋设冷却水管、层间处理、混凝土浇筑及养护、模板拆除等。

3. 计算工程量和施工延续时间

根据列出的项目，分别计算工程量和工作时间。

工程量的计算应根据设计图纸，按工程性质，考虑工程分期和施工顺序等因素，分别按土方、石方、水上、水下、开挖、回填、砼等进行计算。有时为了分期、分段组织施工的需要，要计算不同高程（如拦河坝）、不同桩号（如渠道）的工程量，并作出累积曲线。

根据计算的工程量，应用相应的定额资料，可以计算或估算各项目的施工延续时间。为了便于对施工进度进行分析比较和调整，常用三值估计法估计出施工延续时间 t，可通过下式计算：

$$t=(t_a+4t_m+t_b)/6 \tag{9-1}$$

式中　t_a——最乐观的估计时间，即最紧凑的估计时间，或称项目的紧缩时间；

t_b——最悲观的估计时间，即最松动的估算时间；

t_m——最可能的估计时间。

4. 分析确定项目逻辑关系

项目逻辑关系，是由施工组织、施工技术等许多因素决定的，应逐项研究，仔细确定，概括说来可分为两类：

(1) 工艺关系，即由施工工艺决定的逻辑顺序关系。如土建工程中的先基础（地下）后上部（地上）；混凝土浇筑中的模板安装、钢筋架立、混凝土浇筑、养护和拆模；土方填筑中的铺土、平土、洒水、压实、刨毛等。这些逻辑顺序一般是不允许违反的，否则将造成不必要的损失。

(2) 组织关系，即由施工组织安排决定的衔接关系。如由于劳动力的调配、施工机械的转移、建筑材料的供应和分配、机电设备进场等原因，安排一些项目在先，另一些项目滞后，均属组织关系所决定的顺序关系。由组织关系所决定的衔接顺序，一般是可以改变的，只要改变相应的组织安排，有关项目的衔接顺序就会有相应的变化。

5. 初拟施工进度

通过项目之间逻辑关系的分析，掌握了工程进度的特点，理清了工程进度的脉络，就可以初步拟出一个施工进度方案。

对于蓄水枢纽工程的施工总进度计划，其关键项目一般位于河床，故常以导流程序为主要线索，先将施工导流、围堰截流、基坑排水、坝基开挖、基础处理、施工度汛、坝体拦洪、下闸蓄水、机组安装和引水发电等关键性控制进度安排好，其中应包括相应的准备、结束工作和配套辅助工程的进度，构成总的轮廓进度，然后再配合安排不受水文条件控制的其他工程项目，形成整个枢纽工程施工总进度计划草案。

对于引水枢纽工程，一般引水建筑的施工期限为控制总进度的关键。

6. 优化、调整和修改

初拟施工进度以后，要配合施工组织设计其他部分的分析，对一些控制环节、关键项目的施工强度、资源需用量、投资过程等重大问题，进行分析计算和优化论证，以期对初拟的进度进行修改和调整，使之更加完善合理。

必须指出的是，施工进度的优化调整往往要反复进行，工作量比较大，一般通过网络计划的优化来实现。

7. 提出施工进度成果

经过优化调整修改之后的施工进度计划，可以作为设计成果，整理以后提交审核。同时还应提交有关主要工种施工强度、主要资源需用强度和投资费用动态过程等方面的成果。

三、施工进度计划控制

施工计划控制是一个动态过程,影响因素有人为因素、技术因素、材料和设备因素、地基因素、资金因素、气候及环境因素等。以施工单位为例,影响进度计划,如施工组织设计的编制、生产能力和管理素质、投入人力及分包施工单位的进度保证能力等。此外,还包括不可预见事件的发生,如工程事故、恶劣气候等。

可见,计划实施过程中,在科学组织调度下,保证其有节奏和均衡地进行施工的同时,应根据计划实施反馈信息,了解工程进展情况,并组织有关部门及时检查,发现某一阶段或某一工序施工进度与计划有偏离时,要积极寻找原因,及时协调和调整,并制定出因工程条件发生变化的应变措施,修改和完善原有施工计划,使施工计划真正起到组织施工活动的作用。

计划调控时,常根据施工需要,绘制工程进度管理、材料供应管理等曲线,以便对工程进度、材料等进行适时控制。

施工进度控制时,可采用以下几种方法。

1. 横道图控制法

采用横道图可将计划进度与实际进度表示出来,通过比较而直观了解工程进展情况,工程中常用实线(粗实线)、虚线或双线分别表示实际进度和计划进度。此法不足在于难以清晰反映出进度的差距,及某工序对其他工序和整个工程的影响,利用横道图控制大而复杂的工程进度时较为困难。

为此,工程应用中将传统横道图与网络图结合起来成为新横道图。其根据网络计划编制,但与网络计划表达形式不同,主要保留了计划中明确的工作逻辑关系和各工作的时间参数的正确表达。

2. 工程进度管理曲线控制法

以横轴表示工期,以纵轴表示工程进度参数的累计量(如工程量、施工强度等),可分别绘出实际曲线和计划曲线,如图 9-1 所示。图中可看出实际进度与计划进度的差距,一定程度上克服横道图表示法的不足,但仍难以直接反映某项作业滞后对其他作业和整个工程的影响。

由于实际进度曲线随工程条件和管理条件而变化,工程中常使实际进度曲线保持在一定的安全区域(即控制曲线的允许上、下限)内,以便进行施工进度控制。该区域为满足施工管理基本条件,适时调整施工进度曲线的变化范围。

3. 网络计划控制

利用现代网络计划管理施工进度,可在计划网络图上直接标示实际进度,根据反馈的信息及时进行施工进度调整,对施工进度的控制比较方便,也有利于施工管理,是进行适时控

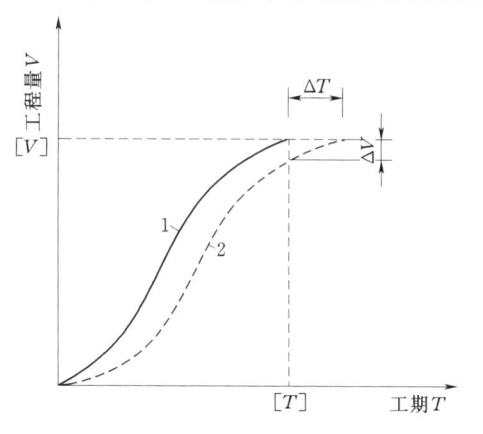

图 9-1 工程进度管理曲线
1—计划进度;2—实际进度
$[V]$—计划工程量;$[T]$—计划工期;
ΔV—工程量偏差;ΔT—工期偏差

制的有效手段。

按网络图绘制的计划进度管理曲线，通常用最早时间、最迟时间分别绘出两条资源累计曲线，其形似香蕉，又称香蕉曲线。

需指出，在计划管理工作中，一方面要科学编制计划，另一方面也要采取可行措施，加强管理，以保证各项工作和任务顺利进行。

为及时了解工程进展情况，可采取措施如下：

(1) 建立定期例会制度。分析工程实施情况，不断总结经验教训，提高施工和管理水平。

(2) 加强施工调度与管理。按施工计划调度劳力、材料和机械设备，发现问题及时解决。

(3) 建立定期检查制度。直观检查工程实际的施工进展情况及质量、安全、文明施工等，了解计划实施和存在的问题。

(4) 加强机械维修管理。现代水利工程对施工机械的要求越来越高，综合机械化施工已成为必然趋势，应有计划地对施工机械和设备进行保养，如润滑、调整、检查和修理等，以提高工效，满足施工的需要。

(5) 强化基本资料整理和统计工作。应利用现代工具和手段进行管理，科学地归类分析与整理。在计划管理中，施工进度统计是统计工作中心，消耗统计是经济核算的关键，质量统计是工程顺利施工的根本。要重视和发挥统计工作的作用，利用基本数据和资料为工程施工服务。

第二节 质 量 管 理

质量管理是指制定和实施质量方针的全部管理职能，是施工管理的中心工作，包括为实现质量目标而进行的战略策划、资源分配及其他有系统的活动，如质量策划、实施和评价，工程施工中有关技术组织措施的改进、施工技术规范的制定和贯彻、施工过程的安排和控制、技术岗位责任制的建立和推行等。

水利工程建设各单位推行全面质量管理，采用先进的质量管理模式和管理手段，推广先进的科学技术和施工工艺，依靠科技进步和加强管理，努力创建优质工程。

一、全面质量管理程序和特点

全面质量管理是将组织管理、专业技术、数理统计、系统理论等密切结合起来，建立一套完整的质量管理体系，主要包括以下几点：

(1) 情况调研，产品及工艺装备研制，材料供应、生产和检验及行政管理、经营管理等环节。

(2) 信息及时反馈，控制和改进质量。

(3) 科学运用系统理论、数理统计等方法，促使工作制度化和标准化。

(一) 工作程序

全面质量管理遵循科学的工作程序，即 PDCA 循环，它是计划、执行、检查、处理四个阶段的简称。

第二节 质 量 管 理

计划（plan）阶段主要为确定任务、目标、计划、管理项目和拟定措施等，分析现状和产生质量问题的原因，制定计划和有效技术组织措施，提出目标和相应的执行计划。

执行（do）阶段主要根据工程目标、质量标准及施工规范，按已确定的行动计划组织实施。

检查（check）阶段为计划与实际相比较，分析存在问题，调查执行效果。

处理（action）阶段为总结经验教训，不断提高施工技术和管理水平，并形成制度化和纳入规程，对于存在和未解决的问题，转入到下一管理循环。

PDCA 循环是一种周而复始、不断螺旋形循环和阶梯形上升的质量管理方法，促使工作质量、产品质量和管理水平不断提高，如图 9-2 所示。各级质量管理均有一个 PDCA 循环，每个 PDCA 循环都有新的目标和内容，其中处理（action）阶段是循环的关键。每一次循环后，制定新的质量计划与措施，使质量管理工作及工程质量进一步提高。PDCA 循环质量管理见表 9-1。

表 9-1　　　　　　　　　全面质量管理的四个阶段与八个步骤

阶段	工 作 步 骤
计划阶段（P）	1. 分析现状，找出问题，不能凭印象和表面作判断
	2. 分析各种影响因素，把各种可能因素一一进行分析
	3. 找出主要因素，改进工作，提高产品质量
	4. 研究对策，制定计划，确定目标
执行阶段（D）	5. 认真实施和执行预定的措施计划
检查阶段（C）	6. 检查执行措施计划后的效果
	7. 通过总结，制定标准，把成熟的措施订成标准，形成制度
处理阶段（A）	8. 遗留问题转入下一个循环

（二）工作特点

全面质量管理的特点表现在：

（1）全面的质量管理。质量包括技术指标和适用性、安全性、经济性等综合性质量指标，质量管理包括工程质量和影响质量的工作质量。

（2）全过程的质量管理。如对人、材料、机械、环境等，及施工中每一道工序和每一环节进行管理而形成严密的质量管理体系。全过程管理就是把工程质量贯穿于工程的规划、设计、施工、使用的全过程，尤其在施工过程中，要贯穿于每个单位工程、分部工程、分项工程和施工工序。

（3）全员的质量管理。动员和组织各部门及全体人员，即施工企业的全体人员，包括各级领导、管理人员、技术人员、政工人员、生产工人、后勤人员等，

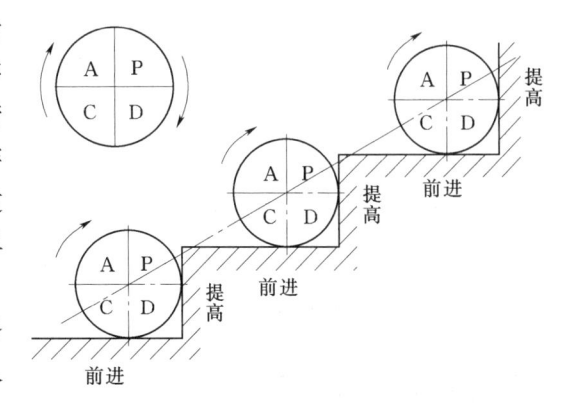

图 9-2　全面质量管理 PDCA 循环图
P—计划；D—执行；C—检查；A—处理

都要参与到质量管理中来,明确各自在全面质量管理中的义务和责任,明确各自的岗位责任,确保工作质量和工程质量。

(4) 多种多样的质量管理方法。影响工程质量的因素越来越复杂,既有物质的因素,又有人为的因素;既有技术因素,又有管理因素;既有内部因素,又有企业外部因素。要搞好工程质量,就必须把这些影响因素控制起来,分析它们对工程质量的不同影响。运用现代科技和先进的理论方法,如概率论、数理统计等,依靠数据资料作出判断和采取有效措施,质量管理工作由定性管理发展为定量管理。

根据以上特点分析,全面质量管理需注意以下几点:

(1) 按施工程序精心组织施工,文明施工。

(2) 对于重大和复杂技术问题,应就施工要求、方法、质量标准、组织设计等进行技术交底,协商讨论和制定技术措施。

(3) 质量计划如指标计划、措施计划是全面质量管理的目标,要明确和做好标准化(如技术标准、工作标准)工作。

(4) 明确岗位职责和权限,有效开展检查、督促及指导等,建立健全岗位责任制。

(三) 统计工具

全面质量管理需要调查、分析大量的数据和资料,常用的统计工具有直方图、排列图、因果分析图、分层法(分类法)、控制图、散布图(相关图)、统计分析表等。关于这几种工具的应用,可查阅有关说明。

二、工程质量事故与处理

1. 工程质量事故的分类

工程质量事故是指在水利工程建设过程中,由于建设管理、监理、勘测、设计、咨询、施工、材料、设备等原因,造成工程质量不符合规程规范和合同规定的质量标准,影响使用寿命和对工程安全运行造成隐患和危害的事件。按直接经济损失的大小、检查、处理事故对工期的影响时间长短和对工程正常使用的影响,水利工程质量事故分类标准见表 9-2:

表 9-2　　　　　　　　　水利工程质量事故分类标准

损失情况		事故类别			
		特大质量事故	重大质量事故	较大质量事故	一般质量事故
事故处理所需物资、器材和设备、人工等直接损失费/万元	大体积混凝土、金属制作和机电安装工程	>3000	>500 ≤3000	>100 ≤500	>20 ≤100
	土石方工程、混凝土薄壁工程	>1000	>100 ≤1000	>30 ≤100	>10 ≤30
事故处理所需合理工期/月		>6	>3 ≤6	>1 ≤3	≤1
事故处理后对工程功能和寿命影响		影响工程正常使用,需限制条件使用	不影响工程正常使用,但对工程寿命有较大影响	不影响工程正常使用,但对工程寿命有一定影响	不影响工程正常使用和工程寿命

注　1. 直接经济损失费用为必要条件,事故处理所需时间,以及事故处理后对工程功能和寿命影响主要适用于大中型工程。
　　2. 小于一般质量事故的质量问题称为质量缺陷。

(1) 一般质量事故。一般质量事故是指对工程造成一定经济损失，经处理后不影响正常使用并不影响使用寿命的事故。

(2) 较大质量事故。较大质量事故是指对工程造成较大经济损失或延误较短工期，经处理后不影响正常使用但对工程寿命有一定影响的事故。

(3) 重大质量事故。重大质量事故是指对工程造成重大经济损失或较长时间延误工期，经处理后不影响正常使用但对工程寿命有较大影响的事故。

(4) 特大质量事故。特大质量事故是指对工程造成特大经济损失或长时间延误工期，经处理后仍对正常使用和工程寿命造成较大影响的事故。

由于建设项目生产组织特有的流动性、综合性，劳动的密集性和协作关系的复杂性，工程质量事故的特点表现在以下方面：

(1) 复杂性。同类型工程因地区不同、施工条件不同，可引起诸多复杂的技术问题，造成质量事故的原因错综复杂。如坝体混凝土裂缝，可能由设计不良、计算错误、温控不当或建筑材料质量及施工质量低劣等诸多因素造成的，具体分析需加以处理。

(2) 严重性。质量事故会造成和影响施工的正常进行，给工程留下隐患或缩短建筑物的使用年限，严重时会影响安全甚至不能使用。如坝体垮坝等将造成重大损失。

(3) 可变性。工程质量问题随时间、环境、施工等情况而变化。如坝体裂缝、水闸渗透破坏等问题，应及时分析和采取补救措施，以免进一步发展和恶化。

(4) 多发性。多指工程质量通病，如砂浆强度不足、混凝土蜂窝麻面及常出现的裂缝等。

2. 工程质量事故的报告

事故发生后，事故单位要严格保护现场，采取有效措施抢救人员和财产，防止事故扩大。因抢救人员、疏导交通等原因需移动现场物件时，应当作出标志，绘制现场简图并作出书面记录，妥善保管现场重要痕迹、物证，并进行拍照或录像。

项目法人必须将事故的简要情况向项目主管部门报告。项目主管部门接事故报告后，按照管理权限向上级水行政主管部门报告。发生（发现）较大、重大和特大质量事故，事故单位要在48小时内向有关单位写出书面报告；突发性事故，事故单位要在4小时内电话向上级单位报告。

一般事故报告应包括以下主要内容：

(1) 工程名称、建设规模、建设地点、工期、项目法人、主管部门及负责人电话。

(2) 事故发生的时间、地点、工程部位及相应的参建单位名称。

(3) 事故发生的简要经过、伤亡人数和直接经济损失的初步统计。

(4) 事故发生原因初步分析。

(5) 事故发生后采取的措施及事故控制情况。

(6) 事故报告单位、负责人及联系方式。

3. 事故调查程序

事故调查的基本程序如下：

(1) 发生质量事故，要按有关规定及管理权限进行调查，查明事故原因，提出处理意见和提交事故调查报告。事故调查组成员实行回避制度。

(2) 事故调查管理权限。

1) 一般事故由项目法人组织设计、施工、监理等单位进行调查，调查结果报项目主管部门核备。

2) 较大质量事故由项目主管部门组织调查组进行调查，调查结果报上级主管部门批准，并省级水行政主管部门核备。

3) 重大质量事故由省级以上水行政主管部门组织调查组进行调查，调查结果报水利部核备。

4) 特大质量事故由水利部组织调查。

(3) 事故调查的主要任务。

1) 查明事故发生的原因、过程、财产损失情况和对后续工程的影响。

2) 组织专家进行技术鉴定。

3) 查明事故的责任单位和主要责任者应负的责任。

4) 提出工程处理和采取措施的建议。

5) 提出对责任单位和责任者的处理建议。

6) 提交事故调查报告。

(4) 事故调查组有权向事故单位、各有关单位和个人了解事故的有关情况。有关单位和个人必须实事求是地提供有关文件或材料，不得以任何方式阻碍或干扰调查组正常工作。

(5) 事故调查组提交的调查报告经主持单位同意后，调查工作即告结束。

4. 质量事故处理

(1) 质量事故处理的原则。发生质量事故，必须坚持"事故原因不查清楚不放过、主要事故责任者和职工未受到教育不放过、补救和防范措施不落实不放过"的原则，认真调查事故原因，研究处理措施，查明事故责任，做好事故处理工作。

(2) 质量事故处理职责划分。水利工程质量事故处理实行分级管理的制度。发生质量事故，必须针对事故原因提出工程处理方案，经有关单位审定后实施。

1) 一般质量事故，由项目法人负责组织有关单位制定处理方案并实施，报上级主管部门备案。

2) 较大质量事故，由项目法人负责组织有关单位制定处理方案，经上级主管部门审定后实施，报省级水行政主管部门或流域机构备案。

3) 重大质量事故，由项目法人负责组织有关单位提出处理方案，征得事故调查组意见后，报省级水行政主管部门或流域机构审定后实施。

4) 特大质量事故，由项目法人负责组织有关单位提出处理方案，征得事故调查组意见后，报省级水行政主管部门或流域机构审定后实施，并报水利部备案。

特别指出，事故处理需要进行设计变更的，需原设计单位或有资质的单位提出设计变更方案。需要进行重大设计变更的，必须经原设计审批部门审定后实施。

事故部位处理完成后，必须按照管理权限，经过质量评定与验收后，方可投入使用或进入下一阶段施工。

第三节 成　本　管　理

施工成本的管理，关系到工程费用的控制及工程施工进度等众多环节。针对水利工程投资多、规模庞大、建筑物及设备种类繁多的特点，成本管理是项目管理的核心工作。通过工程预算分解、动态资金管理以及基础管理等方面，施工单位要加强施工中各项费用的控制，减少浪费以及不必要的支出，增加经济效益，提高市场竞争力。

工程成本管理的主要内容包括以下几方面：

(1) 结合工程实际，分析和成本有关的各类作业。
(2) 根据规范，确定各类作业的计划成本。
(3) 结合现场实际和施工状况，深入调查、研究各类作业的实际成本。
(4) 各类作业的实际成本与计划成本进行对比，分析差异和找出原因。
(5) 采取相应措施控制施工成本。

一、成本管理的任务

成本管理应根据国家、水利行业有关工程建设法规、技术规程、技术标准及设计文件和施工合同，在保证工期和质量满足要求的情况下，利用组织措施、经济措施、技术措施、合同措施把成本控制在计划范围内，并进一步寻求最大程度的成本节约。施工成本管理的任务和环节主要包括成本预测、成本计划、成本控制、成本核算、成本分析和成本考核。

施工阶段影响投资的主要因素是施工工期、工程质量成本、人工成本、材料成本、机械使用成本和施工管理费。在控制投资时，主要为控制工程成本、总工期、施工索赔及工程变更等。结合工程实际，成本管理工作须注意以下几点：

(1) 数据和资料统计。严格执行有关规定，做好施工原始记录和报表。利用计算机加强对基本数据的分析统计工作，为工程成本分析和管理提供第一手资料。

(2) 计量检验。根据计量细则、方法及合同中的要求，做好计量检验工作，如计量器具、出入库检验制度等。工程中，计量与支付是财务管理的关键环节，是合同管理的重要内容。

施工阶段成本或投资控制的重要任务是控制付款，应严格进行工程量计量复核工作和工程付款账单复核工作，根据建筑材料、设备消耗、人工劳务消耗等，进行施工费用结算和竣工决算。

(3) 定额管理。定额是科学组织施工的必要手段，是进行按劳分配、经济核算、提高经济效益的有效工具，是确定工程造价和进行技术经济评价的依据，在施工阶段，作为班组下达具体施工任务和计划组织施工任务的基本依据。计划部门则根据施工任务，按定额计算人工、材料和机械设备的需要量和需要时间。供应部门根据计划，适时、保质保量地供应材料和机械设备。

(4) 施工预算。施工预算在施工图预算控制下，通过工料分析，计算拟建工程工、料和机具等需要量，根据施工图工程量、施工组织设计或施工方案、施工定额等资料编制，作为加强企业内部经济核算，节约人工和材料，向施工班组签发施工任务单和限额领料的主要依据。

二、成本管理控制与措施

施工中造成工程成本差异的原因较多，如施工现场条件变化、资源供应、设计变更、质量事故及临建工程增加等。施工成本控制是指在施工过程中，对影响施工成本的各种因素加强管理，并采取各种有效措施，将施工中实际发生的各种消耗和支出，严格控制在成本计划范围内，随时揭示并及时反馈，严格审查各项费用是否符合标准，计算实际成本和计划成本之间的差异并进行分析，进而采取多种措施，消除施工中的损失浪费现象。

施工成本控制贯穿于项目从投标阶段开始直至竣工验收的全过程，可分为事先控制、事中控制（过程控制）和事后控制。在项目的施工过程中，需按动态控制原理对实际施工成本的发生过程进行有效控制。

工程中成本控制一般根据目标成本（如施工预算），将任务逐步分解，如企业、工区、施工队（班组）等，对实际成本的形成过程进行监督和管理，将费用开支加以合理控制。施工阶段成本管理与控制，主要应加强合同管理、岗位和成本责任制管理、工程变更与索赔管理、信息管理、竣工决算管理等工作，现简要分述如下。

1. 合同管理

施工合同是协调项目法人（建设单位）与施工单位间相互关系、明确责任、互相制约、共同促进完成施工任务的法律性文件。特别要求施工企业加强合同管理，提高合同履约意识，它与提高企业的经济效益、保证利润目标的实现有着极为密切的联系。

合同管理要求按合同规定的工期、质量和投资组织施工，使合同实施按预定的计划和方向顺利进行。要求及时检查工程进度情况，已完工工程质量检验及措施执行情况，工程款支付及材料、设备供应情况，定期进行合同履约情况分析，纠正施工中偏离合同的现象。

工程成本控制和工程质量、进度密切相关。在工程质量保证的前提下，为便于进行成本控制，常进行计划费用、实际费用和进度比较，绘制工程进度与成本管理曲线，对工程未来的发展做出预测，估计其超支、节约或拖后的情况，以便进行适时调控。

2. 岗位和成本责任制管理

前已述及全面质量管理的概念和方法，在工程管理中，要明确制定和完善岗位质量规范，落实质量责任制。在成本管理中应做好以下工作：

（1）建立和完善管理制度，严格执行施工组织设计及各项降低成本的措施。

（2）落实成本责任制，进行检查、分析和改进。根据工程进展情况，分析人工费、材料费、机械使用费节超原因，以便采取措施进行处理。

（3）建立材料限额领料制度，进行成本核算。

3. 工程变更与索赔管理

水利工程施工涉及面广，技术复杂且工期较长，可能会发生工程变更，如设计图纸、施工时间、工程数量、技术规范等变更及合同条件的修改。任何部分的工程变更，业主、监理工程师和承包商均可以提出，但须经监理工程师批准，并发出有关的变更指令。

工程变更的程序为提出工程变更、审查工程变更、编制工程变更文件等。工程变更文件包括以下内容：

(1) 工程变更令,说明工程变更的理由,工程变更估价等情况。
(2) 工程量清单,填写项目变更前、后的单价、数量和金额及确定有关单价的资料。
(3) 设计图纸,应包括计算书及技术标准等内容。
(4) 其他文件,和工程变更有关的函件列入工程变更文件中。

索赔与反索赔工作在工程建设中越来越受到重视。可以认为索赔是一种管理手段,是施工合同履行中的促进剂。工程索赔一般有以下几种:

(1) 工程变更引起的索赔。
(2) 承包商自身以外的原因造成工程延误引起的索赔,如延期发出图纸、延期提供施工用地等。
(3) 承包商遇到无法预见的不利自然条件,或人为障碍引起的费用索赔。

索赔工作是一项较为复杂的工作,应遵循合同,坚持实事求是等原则,按有关规定和程序进行。

4. 竣工决算管理

竣工决算包括项目从筹建到竣工验收投产的全部实际支出费,是考核竣工项目概预算与基建计划执行情况,及分析投产效益的依据,对总结基本建设经验,降低建设成本,提高投资效益具有重要的价值。

日常管理和竣工决算应注意以下几点:

(1) 施工中原始资料分类立卷收集和整理。如图纸会审记录、修改或变更设计通知书、隐蔽工程检查验收证书、工程签证单及其他材料,做好竣工验收准备工作。
(2) 做好工程有关物资、账务和债权债务等工作,正确编制年度财务决算。
(3) 做好竣工决算报告。如竣工平面示意图、竣工决算说明书等。其中主要有概预算与工程计划执行情况,投资使用和基建支出情况,工程费用分配和投资分摊等。

结合工程实际,在成本管理中可进一步采取以下措施:

(1) 根据施工组织设计,合理安排劳力,提高工效。
(2) 强化材料采购、运输、保管及使用等环节,减少损耗。
(3) 做好机械设备日常保养和维修,提高施工机效。
(4) 积极推广和采用新技术、新工艺,不断提高施工技术和水平。
(5) 严格执行各项管理制度,明确各级施工成本管理人员的任务和职能分工、权利和责任。

第四节 施工安全管理

现代水利施工和机械化要求,使施工安全管理工作越来越受到重视,它直接关系到施工人员和国家财产的安全。水利水电建设工程施工安全管理,实行建设单位统一领导、监理单位现场监督、施工承包单位为责任主体的各负其责的管理体制。各单位必须充分认识安全生产的重要性,认真搞好安全生产教育,自觉执行安全规程,做到文明施工和科学管理。

对于安全生产,相关法规明确指出:安全生产工作应当以人为本,坚持安全发展,坚持安全第一、预防为主、综合治理的方针，强化和落实生产经营单位的主体责任，建立生产经营单位负责、职工参与、政府监管、行业自律和社会监督的机制。具体是：管行业必须管安全，要求行业主管部门同样要对所在行业的安全监督管理负责；管业务必须管安全，明确企业的主要负责人是安全第一责任人，企业的其他主要领导也要根据分管业务对安全生产工作负责；管生产经营必须管安全，进一步强调抓生产的同时必须兼顾安全，不能一味地追求利润而忽视了安全。

一、安全管理的概念

施工安全是指在施工过程中，在实现工程质量、成本、工期等目标的同时，保证从事施工生产的各类人员的生命安全，不造成人身伤亡和财产损失事故。

从生产管理的角度，安全管理可以概括为：在进行生产管理的同时，通过采用计划、组织、技术等手段，依据并适应生产中人、物、环境因素的运动规律，使其经济方面能充分发挥，而又有利于控制事故不致发生的一切管理活动。安全管理的中心问题，是保护生产活动中人的安全与健康，保证生产顺利进行。

施工安全管理的任务是，建筑生产安全企业为达到建筑施工工程中安全的目的，所进行的组织、控制和协调活动，主要内容包括制定、实施、实现、评审和保持安全方针所需的组织机构、策划活动、管理职责、实施程序、所需资源等。

安全法规、安全技术和工业卫生是安全控制的三大主要措施。安全法规侧重于对劳动者的管理，安全技术侧重于劳动对象和劳动手段的管理，工业卫生侧重于环境的管理。

二、安全管理的特点

1. 复杂性

水利工程施工中，施工项目是固定的，但是各生产要素，即生产过程中的人员、工具和设备具有流动性；另外，施工项目在野外，外部环境因素很多，如气候、地质、地形地貌、地域等，这些外部因素对施工项目的影响具有不确定性，这些生产和环境因素都决定了水利工程施工中安全管理的复杂性。

2. 多样性

受客观因素影响，水利工程项目具有多样性，使得建筑产品具有单件性，每一个施工项目都要根据特定条件和要求进行施工生产，对应施工项目的安全管理也具有多样性的特点，主要表现在以下几个方面：

（1）项目不能按相同的图纸、工艺和设备进行批量生产。

（2）因项目需要设置的组织机构，在项目结束后便不存在，生产经营的一次性特征突出。

（3）新技术、新工艺、新设备、新材料的应用给安全管理带来新的难题。

（4）人员的改变、安全意识、经验不同带来安全隐患。

3. 协调性

水利工程项目的施工过程，必须在同一个固定场地按严格的程序连续生产，上一道工序完成后进行下一道工序，上一道工序的生产结果往往被下一道工序所掩盖，而每一道工序都是由不同的部门和人员来完成的。施工过程的连续性和分工决定了施工安全管理的协调性，要求在安全管理中，不同部门和人员做好横向协调和配合，共同注意各施工生产过程接口处安全管理的协调，确保整个生产过程和安全。

4. 强制性

工程建设项目建设前，已经通过招投标程序确定了施工单位。由于目前建筑市场供大于求，施工单位大多以较低标价中标，实施中安全管理费用投入严重不足，不符合安全管理规定的现象时有发生，从而要求建设单位和施工单位重视安全管理经费的投入，达到安全管理的要求。

三、施工安全控制

1. 施工安全控制程序

施工安全控制的程序如图 9-3 所示。安全控制与管理贯穿工程建设的整个过程，各单位应贯彻"安全第一、预防为主"的方针，加强安全生产管理和制度建设，企业的第一负责人为安全生产的第一责任人。由建设单位组织，建立由施工、设计、监理等单位参加的工程施工安全管理机构，制定安全生产管理办法，明确各单位安全生产的职责和任务，共同做好工程施工安全生产工作。

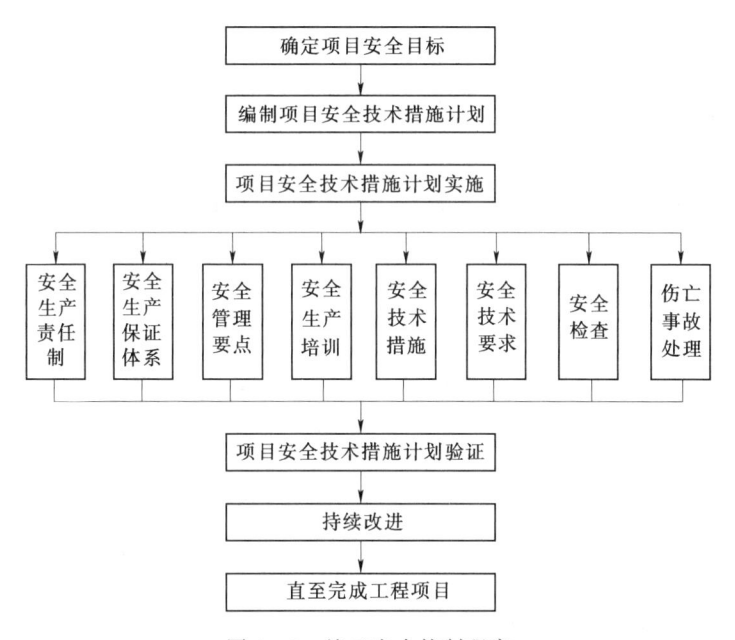

图 9-3 施工安全控制程序

各单位应按国家规定建立安全生产管理机构，配备符合规定的安全监督管理人员，健全安全生产保障体系和监督管理体系，以确保实现工程安全生产管理目标。

2. 施工单位安全控制

施工单位应持有安全生产许可证，按承包合同规定和设计要求，结合施工实际，编制相应的安全生产措施，对重大危险施工项目，应编制专项安全技术方案。为做好安全控制与管理工作，应从以下几方面着手：

（1）建立安全生产管理机构。工程实践表明，安全生产和文明施工，必须从上而下明确各自的安全生产职责,建立安全生产管理机构和安全生产责任制。

1) 实行管生产必须同时管安全的原则,明确各级安全生产负责人,严格按照合同文件、技术规范组织施工。

2) 落实安全管理和环境保护的要求。编制施工组织设计及施工计划时,同时编制施工安全技术措施。布置生产任务时,须进行安全技术交底。对达到一定规模的危险性较大的工程,应当编制专项施工方案,并附具安全验算结果,经施工单位技术负责人签字以及总监理工程师核签后实施,由专职安全生产管理人员进行现场监督,上述工程包括:基坑支护与降水工程,土方和石方开挖工程,模板工程,起重吊装工程,脚手架工程,拆除、爆破工程,围堰工程,其他危险性较大的工程。

3) 结合工程情况,设专职或兼职安全员。如各班组安全员负责本班组安全生产,组织班前、班后的安全检查等。

4) 把好安全生产"六关",即措施关、交底关、教育关、防护关、检查关、改进关。

(2) 安全教育与检查。

1) 利用多种形式进行安全宣传教育,提高职工的安全生产知识。

2) 进行安全知识教育和安全技术知识的培训工作。特别有针对性地组织职工学习安全生产、急救常识等,提高自我保护能力。

3) 教育职工遵守国家环境保护法令、法规。

4) 教育职工自觉遵守安全生产规章制度,不违章作业。

5) 加强对新职工的入场(厂)安全教育和岗位安全教育,确保安全生产。

6) 各类人员必须具备相应的执业资格才能上岗,特殊工种如爆破工、电工、驾驶员、焊工等,坚持培训和持证上岗制度。

7) 新技术、新工艺、新结构施工及复杂部位施工时,加强安全教育,并进行重点检查。

8) 节假日或季节性气候变化,应进行安全检查,进一步落实安全措施。

9) 经常检查与定期检查相结合,普通检查与重点检查相结合,建立定期与不定期的安全检查制度。

10) 根据检查结果和反馈信息,不定期召开安全形势分析会,提出整改意见并予以落实。对查出的安全隐患做到"五定",即定整改责任人、定整改措施、定整改完成时间、定整改完成人、定整改验收人。

(3) 安全事故处理。安全事故处理工作,是搞好安全生产重要的一环。若发生安全事故,按规定及时上报,并及时处理和分析原因,制定必要的防范措施。对违反政策法令和规章制度者,视情节轻重,损失大小等进行处理。

3. 监理单位安全控制

水利建设项目管理,使得以监理单位为核心的技术咨询服务体系在工程施工与管理中发挥重要的作用。为实现文明施工,完成质量控制、进度控制和投资控制三大目标,加强施工安全控制是监理工程师的一项重要任务,其职责主要有以下几方面:

(1) 贯彻执行党和国家的安全生产及劳动保护的政策法规。

(2) 指导施工单位及安全技术人员的工作,掌握安全生产情况。针对存在的问题,提出改进意见和措施。

（3）审查施工方案及安全技术措施，并检查执行情况。

（4）组织安全活动，定期召开安全工作会议。

（5）制止违章指挥和违章作业。

（6）工伤事故的调查和处理。

对施工单位安全技术措施审查时，主要考虑：

（1）施工总平面布置图。施工平面布置不当会造成施工干扰，影响施工进度，同时留下施工安全隐患。可着重检查炸药库、油库和其他易燃、易爆、有毒危险品库位是否满足安全要求；水平运输和垂直运输线路布置、电气线路及变配电设备布置是否满足安全要求等。

（2）施工现场安全管理。检查施工单位是否落实对施工现场安全管理的具体要求，以确保施工有秩序、安全进行。

（3）施工安全技术。针对不同部位，检查其措施是否到位和切实可行。

【练习与思考】

1. 施工计划的种类有哪些？试加以简述。
2. 什么是计划管理？其任务是什么？
3. 工程质量控制时应注意哪些问题？
4. 什么是全面质量管理？简述其特点。
5. 工程质量事故有哪些？如何避免事故的发生？
6. 简述工程成本的控制与措施。
7. 简述施工管理信息及信息流。
8. 施工现场对安全管理有何要求？

参 考 文 献

[1] 《中国水力发电工程》编审委员会. 中国水力发电工程：施工卷 [M]. 北京：中国电力出版社，2000.
[2] 钟汉华. 城市水利工程施工技术 [M]. 郑州：黄河水利出版社，2008.
[3] 袁光裕. 水利工程施工 [M]. 6版. 北京：中国水利水电出版社，2016.
[4] 董邑宁. 水利工程施工技术与组织 [M]. 2版. 北京：中国水利水电出版社，2010.
[5] 张玉福. 水利工程施工 [M]. 北京：中国水利水电出版社，2010.
[6] 齐宝库. 工程项目管理 [M]. 5版. 大连：大连理工大学出版社，2017.
[7] 田元福. 建设工程项目管理 [M]. 北京：清华大学出版社，2010.
[8] 李淑芹. 水利工程施工 [M]. 北京：中国水利水电出版社，2022.
[9] 司兆乐. 水利水电枢纽施工技术 [M]. 北京：中国水利水电出版社，2001.
[10] 龚晓南. 地基处理新技术 [M]. 西安：陕西科学技术出版社，1997.
[11] 牛运光. 土坝安全与加固 [M]. 北京：中国水利水电出版社，1998.
[12] 张正宇. 现代水利水电工程爆破 [M]. 北京：中国水利水电出版社，2003.
[13] 雒亿平，王琳. 水利工程建设项目管理 [M]. 北京：中国水利水电出版社，2022.
[14] 胡宝柱. 建设项目信息管理 [M]. 北京：中国水利水电出版社，1996.
[15] 水利部人事劳动教育司. 水利概论 [M]. 南京：河海大学出版社，2002.
[16] 《水利工程建设标准强制性条文》编制组. 水利工程建设标准强制性条文（2020年版）[M]. 北京：中国水利水电出版社，2020.
[17] 郑达谦. 给水排水工程施工 [M]. 北京：中国建筑工业出版社，1998.
[18] 毛建平. 水利水电工程施工 [M]. 郑州：黄河水利出版社，2004.
[19] 何佩德. 小型水利工程施工 [M]. 北京：水利电力出版社，1995.
[20] 田会杰. 给水排水工程施工. [M]. 2版. 北京：中国建筑工业出版社，1996.
[21] 高钟璞. 大坝基础防渗墙 [M]. 北京：中国电力出版社，2000.
[22] 杨康宁. 水利水电工程施工技术 [M]. 北京：中国水利水电出版社，1996.
[23] 邓学才. 施工组织设计的编制与实施 [M]. 北京：中国建材工业出版社，2000.
[24] 王英华. 水工建筑物 [M]. 北京：中国水利水电出版社，2004.
[25] 朱学敏. 起重机械 [M]. 北京：机械工业出版社，2003.
[26] 王运辉. 防汛抢险技术 [M]. 武汉：武汉水利电力大学出版社，1999.
[27] SL 314—2018 碾压混凝土坝设计规范 [S]
[28] DL/T 5110—2013 水电水利工程模板施工规范 [S]
[29] DL/T 5135—2013 水电水利工程爆破施工技术规范 [S]
[30] 张家驹. 水利水电工程资料员培训教材 [M]. 北京：中国建材工业出版社，2010.
[31] 顾志刚，刘武，王章忠. 水利水电工程施工技术创新实践 [M]. 北京：中国电力出版社，2010.
[32] 李广诚，司富安，杜忠信. 堤防工程地质勘察与评价 [M]. 北京：中国水利水电出版社，2003.
[33] SL 303—2017 水利水电工程施工组织设计规范 [S]
[34] SL 398—2007 水利水电工程施工通用安全技术规程 [S]
[35] SL 399—2007 水利水电工程土建施工安全技术规程 [S]
[36] 彭立前，孙忠. 水利工程建设项目管理 [M]. 北京：中国水利水电出版社，2009.

参 考 文 献

[37] 杨月林，朱均超. 水工建筑物水泥灌浆施工技术[M]. 武汉：长江出版社，2005.
[38] 包承纲. 堤防工程土工合成材料应用技术[M]. 北京：中国水利水电出版社，1999.
[39] SL 631—2012 水利水电工程单元工程施工质量验收评定标准：土石方工程[S]
[40] SL 632—2012 水利水电工程单元工程施工质量验收评定标准：混凝土工程[S]
[41] SL 18—2004 渠道防渗工程技术规范[S]
[42] SL 176—2007 水利水电工程施工质量检验与评定规程[S]
[43] SL 274—2020 碾压式土石坝设计规范[S]
[44] GB 50496—2018 大体积混凝土施工标准[S]
[45] SL 27—2014 水闸施工规范[S]
[46] SL 32—2014 水工建筑物滑动模板施工技术规范[S]
[47] SL 47—2020 水工建筑物岩石地基开挖施工技术规范[S]
[48] SL 49—2015 混凝土面板堆石坝施工规范[S]
[49] SL 53—94 水工碾压混凝土施工规范[S]
[50] SL/T 62—2020 水工建筑物水泥灌浆施工技术规范[S]
[51] SL 174—2014 水利水电工程混凝土防渗墙施工技术规范[S]
[52] SL 223—2008 水利水电建设工程验收规程[S]
[53] SL 260—2014 堤防工程施工规范[S]
[54] SL 377—2007 水利水电工程锚喷支护技术规范[S]
[55] SL 378—2007 水工建筑物地下开挖工程施工规范[S]
[56] SL 564—2014 土坝灌浆技术规范[S]
[57] SL 623—2013 水利水电工程施工导流设计规范[S]
[58] SL/T 802—2020 水工建筑物水泥化学复合灌浆施工规范[S]
[59] SL 648—2013 土石坝施工组织设计规范[S]
[60] SL 633—2012 水利水电工程单元工程施工质量验收评定标准：地基处理与基础工程[S]
[61] SL 634—2012 水利水电工程单元工程施工质量验收评定标准：堤防工程[S]
[62] SL 642—2013 水利水电地下工程施工组织设计规范[S]
[63] SL 757—2017 水工混凝土施工组织设计规范[S]
[64] SL 677—2014 水工混凝土施工规范[S]
[65] SL/Z 690—2013 水利水电工程施工质量通病防治导则[S]
[66] SL 714—2015 水利水电工程施工安全防护设施技术规范[S]
[67] SL 721—2015 水利水电工程施工安全管理导则[S]
[68] SL/T 795—2020 水利水电建设工程安全生产条件和设施综合分析报告编制导则[S]
[69] SL/T 789—2019 水利安全生产标准化通用规范[S]